植物地理学

（第二版）

主　编　马丹炜
副主编　张　宏

科学出版社
北　京

内 容 简 介

本书为四川省精品课程“植物地理学”的配套教材，根据学生认知规律编排教材内容，系统论述了植物形态结构、植物界各大类群的基本特征、植物分布区和植物区系、植物与生态因子之间的关系、植物种群和植物群落的基本特征以及世界植被类型的特点和分布规律。教材注重体现学科的最新研究成果，篇幅适宜，语言精练、流畅，图文并茂。

本书可作为高等院校地理科学、生物科学、环境科学、生态学及其相关专业的本、专科生教材，也可供相关专业人员、研究生和环境影响评价人员参考。

图书在版编目(CIP)数据

植物地理学 / 马丹炜主编. —2 版. —北京：科学出版社，2012.6
ISBN 978-7-03-034441-0

Ⅰ.①植… Ⅱ.①马… Ⅲ.①植物地理学-高等学校-教材
Ⅳ.①Q948

中国版本图书馆 CIP 数据核字(2012)第 105786 号

责任编辑：杨 红 / 责任校对：林青梅
责任印制：赵 博 / 封面设计：迷底书装

科学出版社出版
北京东黄城根北街 16 号
邮政编码：100717
http://www.sciencep.com
天津市新科印刷有限公司印刷
科学出版社发行 各地新华书店经销

*

2008 年 7 月第 一 版 开本：787×1092 1/16
2012 年 6 月第 二 版 印张：18 1/4
2024 年 7 月第二十四次印刷 字数：486 000

定价：59.00 元

(如有印装质量问题，我社负责调换)

《植物地理学》(第二版)
编委会成员

马丹炜　（四川师范大学生命科学学院）

张　宏　（四川师范大学地理与资源科学学院）

王石英　（四川师范大学地理与资源科学学院）

张　伟　（四川师范大学地理与资源科学学院）

杜　娟　（四川师范大学地理与资源科学学院）

第二版前言

《植物地理学》是四川省精品课程“植物地理学”的配套教材，为四川省教育厅2011年度“高等教育质量工程”批准立项的优秀教材，2012年入选四川省首批“十二五”本科规划教材。本教材第一版自2008年7月出版以来，由于该教材体系新颖，内容全面，适应21世纪高等学校教育改革的需求，在促进高校植物地理学教学质量方面起到了积极的作用，被全国数十所大学广泛使用，受到了使用单位广大师生的好评。

当代植物地理学及其相关学科飞速发展，新知识、新成果日新月异，与此同时，大专院校的教学改革也要求教材必须紧跟学科发展的步伐，与时俱进、不断更新。为此，我们广泛征求广大师生的意见和建议，对本教材第一版进行了深入细致的分析和总结，收集近4年来有关植物地理学的新成果、新理论，对本教材进行了修订。经过修订的第二版《植物地理学》教材基本上保持了第一版的总体框架。与第一版比较，第二版《植物地理学》主要对正文中许多内容进行了更新，以反映植物地理学最近的研究成果和思想。

我们根据本教材内容制作了相关多媒体课件，使用该教材的师生可登录四川省精品课程“植物地理学”课程网站(http://jpk.sicnu.edu.cn/xzxsj-bbs.asp?cno=200700001)查阅。

由于我们水平有限，修订工作难免存在缺陷，敬请广大读者批评指正！

马丹炜

2012年4月于成都

第一版前言

植物地理学(plant geography,phytogeography)是地理学和植物学之间的交叉学科,是研究生物圈中各种植物和各种植被的地理分布规律、生物圈各结构单元(各地区)的植物种类组成、植被特征及其与自然环境之间相互关系的科学。是自然地理学的一个重要领域,与动物地理学一起合称为生物地理学(Biogeography)。1807年Alexander von Humboldt创立植物地理学,200多年来,随着研究的深入,逐渐发展成为几门独立的学科。这些学科近年来都取得了迅猛的发展。植物地理学及其分支学科的理论、方法在植物系统研究、自然地理、植物资源、环境保护以及环境影响评价中都得到了广泛应用。

编者从事地理学教学20余年,经过多年的教学实践,在课程教案的基础上,参考国内外植物地理学及相关学科论著,吸取其精华部分编写了本书。本教材力求全面系统地介绍植物地理学各分支学科的基础知识,尽可能反映学科的新发展、新动态。随着教育形势的发展,高等师范院校地理科学专业的生源结构与过去相比已经发生了很大的变化,文科生源在地理科学专业的大学生中占有较大的比例,为此本教材简明扼要地介绍了植物的基本形态结构和基本类群,介绍的被子植物科主要是地球上植被类型的优势科,便于教学或学生自学,为植物地理学知识的教学做铺垫。植物种群是构成植物群落的基本结构单元,是由同种植物个体在一定时空上所形成的有机集合,具有新质而有别于植物个体和植物群落,其动态变化、种内关系和种间关系等对植被的特征及植被的分布具有较大的影响,为了强调植物种群的重要性,本教材把植物种群单独立列为一章介绍。本教材包括:绪论、植物形态结构和基本类群、植物区系地理、植物生活与环境、植物群落以及世界植被地理。系统介绍了植物地理学基础知识,既反映了过去的成果,又介绍了植物地理学及分支学科的新理论和新方法。每章结尾附有思考题,便于学生复习。

本教材为四川省精品课程《植物地理学》的配套教材,由课程主讲老师四川师范大学生命科学学院马丹炜教授和地理与资源科学学院张宏教授编写。可作为高等院校地理科学专业、环境科学专业、生态学专业、生物科学专业及相关专业的本科教材和研究生的参考书,也可作为植物学、地理学、生态学工作者以及环境影响评价人员的参考书。

本书在编写校稿过程中得到了研究生李永强、何杨艳、刘爽等同学的协助,四川大学王文国博士绘制了部分图片,并完成了部分校对工作,谨表谢忱!

由于编者知识水平有限,不当之处在所难免,敬请批评指正。

马丹炜

2008年春于成都

目　　录

第1章　绪　　论

1.1　植物地理学的研究对象和内容

1.1.1　植物地理学的研究对象

植物地理学(plant geography,phytogeography)是地理学和植物学的交叉学科,是自然地理学的一个重要分支领域,与动物地理学一起合称为生物地理学(biogeography)。1807年,植物地理学创始人亚历山大·洪堡德(Alexander Von Humboldt,1769～1859年)在其专著《植物地理学知识》中首次提出植物地理学这一名词。目前比较一致的定义是:植物地理学是研究生物圈中各种植物和各种植被的地理分布规律、生物圈各结构单元(各地区)的植物种类组成、植被特征及其与自然环境之间相互关系的科学。由此可见,植物地理学研究的对象就是作为生物圈基本组成要素之一的植被。

1.1.2　植物地理学的分支学科

自Humboldt创立植物地理学之后,随着研究的深入,植物地理学逐渐分化成几门独立的学科。

1. 植物区系地理学

植物区系(flora)是一个地区所有植物种类(科、属、种)的总称。植物区系地理学(floristic plant geography)是研究世界或某一地区植物种类的组成、分布格局、时空分布规律、形成原因和演化历史的科学。植物区系地理学力图阐明植物区系的性质、特点、发生发展、植物区系关系以及特有现象和替代现象及其成因。随着资料的积累,植物区系地理学内容日渐丰富,已成为研究植物种的分布区和不同地区植物区系分析的独立学科,又称为植物区系学(florology)。

2. 生态植物地理学

生态植物地理学(ecological plant geography)是研究外界环境因素对植物影响的科学。19世纪末至20世纪初,以研究植物个体与外界环境之间相互关系的植物个体生态学和以植物群落为研究对象的植被地理学(vegetation geography)或植物群落学(plant community ecology)从植物生态地理学中独立出来各自成为独立的学科。

3. 历史植物地理学

历史植物地理学(historical plant geography)是研究植物在地质历史中变迁的科学。历史植物地理学力图阐明植物种的起源及其分布的历史,阐明植物区系的发展史,记录生物在时空上的分布规律,重建分类群与分布区的历史,并作出与地史记录相吻合的生物分布格局的解释。目前植物历史地理学已经从植物地理学独立出来,结合古植物学(archaic botany)的研究单独发展。

4. 染色体地理学

染色体地理学(chromosome geography)也称为细胞地理学(cytogeogralphy)或基因染色体地理学(geography of gene and chromosome),是研究植物染色体多倍性与植物地理分布和生态适应关系的科学。染色体研究结果用来阐明一个类群的分布规律、起源中心、分化中心、迁移路线以及植物区系的发生发展,是一门新兴的边缘科学。20 世纪 30 年代,哈格吕普(O. Hagerup)、蒂施勒(O. Tischler)和明青(A. Muntzing)等几乎同时注意到植物种(或种内)二倍体和多倍体之间在地理学和生态学方面的相互关系,并提出研究多倍体和植物地理分布问题的 2 条途径:①研究种内、属内和科内二倍体分类群和多倍体分类群的关系;②研究某一地区植物区系或植物群落中二倍体分类群和多倍体分类群的相对频率。基于这两个方面的研究结果,可以探讨植物类群、植物区系和植物群落的分布规律与地理环境之间的关系。如多倍体植物与气候、温度、土壤因子、环境变迁、冰川作用、植物迁移、特有现象以及多倍体类型的频率与植物群落历史的关系等。从植物地理学的角度考虑,上述研究结果还可以进一步解释植物区系的起源、演化、迁移路线、分布区的形成和变化以及植物群落的演化历史。

上述植物地理学的分支学科都各自形成了一门独立的学科,其研究对象、研究内容、研究方法和研究目的各不相同。但是,相邻学科的相互渗透、多学科间的相互配合综合地解决问题,是当前学科发展的一种趋势。

1.1.3 植物地理学研究的内容与基本任务

植物地理学的基本任务是阐明地球上植物和植被分布的基本规律。具体研究内容包括地球上植被的组成结构、动态变化和分级分类;植被与环境之间的相互关系;植物分布区和植物区系的形成和演变;岛屿植物种的拓殖和灭绝等。通过研究植被分布的特点和规律,为保护生物多样性、合理利用野生植物资源、恢复重建退化生态系统和资源的可持续利用提供理论基础。

1.1.4 植物地理学与其他学科间的关系

植物地理学是一门综合性很强的边缘学科,与许多学科之间都存在着密切的关系。

1. 植物地理学与植物学的关系

植物地理学的研究对象——植被是由植物组成的,植物学是植物地理学研究的基础,植物系统发育分类学的目的是根据植物的亲缘程度及发展史,将现存的或过去生存过的植物列成一个系统。而植物地理学的研究为植物系统发育分类学的基本单位——物种的论证提供了基础资料。各类植物具有特殊的生物学特性或习性、构造、功能及对环境的反应,维持了各自的生存空间,植物的生长发育与区域分布密切相关,植物地理学研究植物的空间分布规律,因此植物学和植物地理学有着共同的研究领域。

2. 植物地理学与生态学的关系

自然界是一个整体,自然界中的生物成分和非生物成分彼此作用、相互制约,共同形成了一个功能单位——生态系统(ecosystem),植被是这个系统中的重要组分,如果没有植被,系统就不复存在,同时植被也受到系统其他成分的强烈影响。因此,以植被作为研究对象的植物地理学,与研究生物及其群体与环境之间相互关系和作用规律的生态学(ecology)之间,存在着非常密切的联系。事实上,二者关系极为密切,有时很难区别。

3. 植物地理学与自然地理学的关系

自然地理环境是由许多要素组成的,而植物是其中不可缺少的重要组成部分。自然地理学把植物作为地理环境的一个组成部分来进行研究,因而植物地理学就成为自然地理学的一部分。自然地理学的基本理论是植物地理学的基础,植物地理学为自然地理学提供植物学方面的论据。

4. 植物地理学与古植物学的关系

研究古植物发展的时空关系是植物地理学和古植物学共同研究的领域。植物地理学在研究植物的现在分布时,必然要研究它的过去分布,因为只有根据过去才能了解它们现在的分布区,而且古植物学资料是确立植物区系历史的唯一直接证据。

5. 植物地理学与遗传学的关系

植物种群及表现型的地理宏观现象与植物种群波动及地理变异中突变的遗传学机制的关系,使这两门学科相辅相成。

6. 植物地理学与古地理学、地质学的关系

作为单一要素的植物与古环境之间关系的研究,使植物地理学与古地理学、地质学融为一体。植物的存在比地球上所发生过的相当大一部分变迁长久得多,而这些变迁只有在植物的现代分布中才能反映出来。历史植物地理学对于地球历史过去各时期的地理学具有特殊的意义。反过来,古地理学资料又是历史植物地理学下结论的根据。

1.2 植物在生物圈中的作用

1.2.1 生物圈

地球大约在45亿年前形成,最早的生命大概出现在38亿年前。在生命出现以前,地球上只有浅海岩石和笼罩在其上的薄层气体,也就是说当时的地球仅仅由岩石圈、水圈和大气圈构成,地球环境十分严酷。后来生物出现并逐渐占据岩石圈、水圈和大气圈的一定区域形成了生物圈,从根本上改变了地球本身。简单地说,生物圈(biosphere)就是地球上存在生命的部分,由大气圈的下层(对流层),水圈和岩石圈的上层(风化壳)组成。根据生物分布的幅度,生物圈的上限可达到海平面以上10km的高度,下限可以达到海平面以下12km的深度。但是有机体能够定居的区域比这一范围要窄得多,绝大多数生物集中生活在地表100m以内和水体之下100m的范围内。

1.2.2 植物在生物圈中的作用

据估计,现存于地球上的植物有50万种以上,分布十分广泛,从赤道到两极,从平原到高山到处都可以见到其踪迹,甚至在裸露的岩石上、干热的荒漠中都有植物的分布。植物的质量占地球上有机体总质量的99%,成为生物圈有机部分的重要组成成分,在生物圈生态系统的物质循环和能量流动中处于关键地位。由于植物的生命活动，使地球上各自然圈之间联系起来，使各种物质和能量相互渗透，形成了地球表面所有物质能量运动以生物为转化和循环中心，向着越来越丰富的方向发展。

1. 植物是生产者

光合作用(photosynthesis)是绿色植物利用光能将 CO_2 和 H_2O 合成有机物，并释放 O_2 的过程。植物是自然界中的第一性生产者，即初级生产者。绿色植物通过光合作用过程将光能转化为化学能，并以各种形式(如形成糖类、蛋白质、脂肪等)贮藏能量。据资料介绍，地球上的陆地生态系统面积为 14.9 亿 km^2，净初级生产力 1.15×10^{15} kg/年；海洋生态系统面积为 51 亿 km^2，净初级生产力 1.70×10^{15} kg/年。因此，绿色植物是一个巨大的能量转化站和一个庞大的合成有机物质的绿色工厂，地球上其他生物和人类所需的能量和物质，都直接或间接来源于植物。可以说，没有绿色植物就没有生命。

2. 植物参与了自然界的物质循环

绿色植物在光合作用过程中，不断地释放 O_2，以补充因呼吸、燃烧等过程消耗 O_2 而引起的氧不足；微生物分解有机物质、动植物呼吸、火山爆发、物质燃烧等过程所释放的 CO_2，补充了大气中因光合作用而用去的 CO_2；C、O、H、N、P、S、K、Mg、Ca 以及各种微量元素(如 Fe、Mn、Zn、Cu、B、Cl、Mo 等)，被植物吸收后，又通过植物以各种途径返还给自然界。植物维持了自然界的物质平衡，也使整个自然界，包括生物和非生物之间成为不可分割的统一体。

3. 植物为地球上其他生物提供了赖以生存和繁衍后代的场所和物质基础

植物不仅为人类和其他生物提供了食物、药材、建筑材料和多种工业原料，而且创造了适于人类居住的环境。据统计，可供人类食用的植物有 7500 种，历史上曾有 3000 种植物被用作食物。目前，人类种植的粮食作物大约有 20 多种，大多为禾谷类植物，这些作物为人类提供了 90%的粮食；发展中国家 80%的人口使用的传统医药中很多是植物(如中药)，美国所有医学处方中 1/4 的药品有效成分从植物中提取，商业价值每年在 140 亿美元以上；此外，植物还为人类提供了大量的原材料，如木材、纤维、橡胶、造纸原料、淀粉、油、树脂、染料、酸、蜡、杀虫剂等。

4. 植物是环境的改造者

植物对环境具有强大的改造作用，表现在调节气候、涵养水源、保持水土、土壤形成、群落演替、净化环境等方面。此外，植物生命活动对环境的影响还表现在参与岩石的风化、地形的改变、某些岩石和非金属矿(硅石岩、泥炭、煤等)的建造，地下水、地表水的化学成分在相当大程度上受植物生命活动的制约。

植物群落尤其是森林在调节全球以及地方、区域的气候上都具有极为重要的作用。植被能遮断太阳辐射，改变风向和风速，缓和温度变化；能截流降水、保蓄降水、对降水起再分配作用，并通过根系吸收土壤中的水分，经蒸腾、蒸发作用将水汽送回大气，增加大气湿度，改造气流构造，加速降水过程，促进水分循环；大面积的森林、绿地以及宽阔的防护林带和浓密的城市行道树，对温度、湿度、风速、降水量都有一定的调节作用。

植物具有涵养水源，保持水土的作用。植物能截留降水，降雨时，雨水首先冲击树冠，然后穿过枝叶落地，不直接冲刷地表，从而减少表土的流失，同时，树冠本身还能积蓄一定数量的雨水。另外，林地土壤疏松，林内枯枝落叶、苔藓等覆盖物能吸收数倍于自身重量的水分，使雨水慢慢下渗，减少了地表径流，同时减少地面蒸发。

土壤的形成过程、土壤肥力的产生与植物的繁育密切相关。生物因素是促进土壤发生发展最活跃的因素。在植物的作用下，大量的太阳能被引进成土过程，使分散在岩石圈、水圈、大气圈中的营养元素有了向土壤积聚的可能，使土壤具有肥力的特性，推动了土壤形成和演化。在一定程度上讲，土壤的形成就是母质在一定条件下被生物不断改造的过程。如生活在岩石表面的地衣、苔藓等植物分泌一些酸性物质溶解岩面、并积蓄空气中的物质水分，促进了土壤的形成。实际上，植物群落组成的改变，必然会导致土壤中新质特征的产生。

植物参与湖泊沼泽的发展演变。苔藓植物生长快，吸水力强，能使沼泽陆地化或使森林沼泽化。水生或湿生的藓类常在湖泊或沼泽形成广大群落，这些藓类往往吸干积水，其遗体堆积成很厚的藓层填平洼地，其他水生植物和湿生的种子植物也逐年侵入藓类群丛中。随着藓群生长面积日益扩大，湖泊或沼泽的净水面日渐缩小，久而久之，湖泊或沼泽日益淤积而干涸，逐渐趋于陆地化，陆生的草本、灌木和乔木接踵而来，湖泊或沼泽便逐渐演替成森林；在寒冷的北方针叶林地带中，往往由于过分繁茂的苔藓植物大量吸收水分和使土壤酸性增大，抑制森林树木的生长，影响树种的萌发和林木的天然更新，导致林木生长停滞或逐渐死亡，逐渐使森林演变成沼泽。

植物具有净化环境的作用。①植物通过光合作用清除空气中过多的CO_2。②某些植物的叶粗糙多毛，或分泌黏液和油脂，能吸附空气中的飘尘，如每公顷云杉林和松林每年分别可吸收粉尘32t和36.4t。一般有行道树的街道，在离地面1.5m高的空气层中含尘率比没有树的街道低一半左右。③有些植物能吸收空气、水体、土壤中的有毒物质，减少环境中毒物的含量。植物还能使某些毒物在体内分解而转化为无毒物质，如SO_2进入植物叶片后形成了H_2SO_3和SO_3^{2-}，后者被植物本身氧化为毒性较小的SO_4^{2-}（其毒性比SO_3^{2-}小30倍），又如植物从水中吸收的丁酚进入植物体后，与其他物质形成复杂的化合物而失去毒性。④植物表面的气孔和绒毛等结构可吸收声波，树叶、枝条等对声波具有反射和折射，当声波传至植物体表面时，部分能量被消耗，故植物具有降噪的作用。据报道，10m宽的林带可以降低噪声3dB，40m宽的林带可以减低噪声10～15dB，50～100m宽的林带具有明显的减音效果，10m的草坪能降低噪声0.7dB。而且绿色使人的心理宁静。⑤某些植物对有毒气体特别敏感，当某些有毒气体在低浓度时，就能出现受害症状，反映出有毒气体的大概浓度，如苔藓植物对空气中的SO_2和HF等均具有敏感性，可以作为环境污染程度的指示。

综上所述，生命活动有力地推动了自然环境的发展变化，生物既是人类活动的必需资源，又是人类生存的基本条件，因此，以自然环境为研究对象的自然地理学理所当然要重视植物的地理意义。

1.3 植物地理学的发展简史

植物地理学是一门古老的学科，其发展大约经历了古代植物地理学的萌芽、植物地理学的奠基和发展三个时期。

1.3.1 古代植物地理学的萌芽

植物地理学思想的萌芽可以追溯到人类远古时代，人们在生产和生活中注意到不同的植被类型，如草原、森林、沼泽等。中国最早用文字记载了植物地理思想。周代的《诗经》(公元前1066～前403年)记载有刺榆和榆树两种非常接近的树木在生态分布上的差异性；西周(公元前1066～前771年)《禹贡》记载了当时黄河下游直到长江三角洲地带植被水平分布；战国时期的《管子·地员篇》分析了土地与植物相互关系的规律性，并注意到山地植被垂直分布的现象和阴阳坡的差别，并记载了江淮平原上沼泽植物的带状分布与水文土质的关系；秦汉以后，对于植物和生态因子之间的关系，历代均有所记载，如《本草纲目》、《左传》、《周礼·冬官考工记》等。

古希腊学者提奥夫拉斯特(Theophrastus，公元前372～前287年，亚里士多德的学生)随亚历山大大帝东征，一直到了印度。沿途他观察到不同地方拥有不同的植被——草原、荒漠和热带森林，发现了气候、土壤对植物分布的影响，他把这些观察记述于《植物历史》和《关于植被的论文》中。从Theophrastus开始，有了植被分布的概念。

1.3.2 植物地理学的奠基和发展阶段

林奈(C. Linnaeus，1707～1778年)是最早解释生物分布的学者之一，他认为不仅要阐明物种的数量，还要阐明物种的分布格局；法国人布丰(C. de Buffon，1707～1788年)观察到，地球上不同区域，即使气候和环境条件相同，所生存的动植物物种也往往不同。

18世纪末19世纪初，西方封建社会解体，资本主义开始兴起，工业生产上要求新的资源，刺激了探险和寻找资源的活动。大批学者加入到这一活动中，积累了大量有关植物和植被分布的资料。1792年，德国哥廷根(Gottingen)大学教授韦尔登诺(C. L. Willdenow，1765～1812年)在其出版的《草学基础》中，根据植物分布划分了不同的植物区域，并指出植物分布与环境条件尤其是与气候的关系，认为在具有相似气候的地区，即使相隔数千公里，例如南非和大洋洲，也能产生相似的植被；同时还讨论到区域的相似性，以及与大陆和海洋历史变迁的关系，从中可以看到现代植物地理学的雏形。在韦尔登诺学术思想的启发下，亚历山大·洪堡德到南美考察，历时五载，足迹遍及南美中部和北部。1807年，洪堡德的《植物地理学知识》出版，标志着植物地理学成为一门独立的学科。该书首次对植物群落进行了现代的描述，提出了"群丛"(association)和"外貌"(physiognomy)的概念，说明了等温线在植物地理分布上的意义。和洪堡德同时代的巴黎大学教授奥古斯丁·德勘多(Augustin P. de Coandoll，1778～1841年)和丹麦哥本哈根大学教授斯考(J. F. Schouw，1789～1852年)分别于1820年和1822年发表了《植物地理学知识》和《普通植物地理学》。斯考在书中描述了环境因素尤其是温度对植物分布的影响，并提出了在植物属名后加后缀的植物群落命名方法，明确地描述了植物地理学的三个古典方向：植物区系地理学、生态植物地理学和历史植物地理学；英国植物学家布朗(R. Brown，1773～1858年)曾于1801年参加英国的一个探险队到澳大利亚考察，1814年发表论文对澳洲植物和印度、南非以及南美洲的植物进行了比较。

阿尔方斯·德勘多(Alphonse de Candolle，1806～1893年)子承父业，1855年发表了《植物地理学》一书，该书是对当时植物地理学所有知识的综合和总结。他和Schouw一样，也特别重视温度与植物分布的关系，尤其是积温的作用，他根据植物与温度的关系划分植物类型。

1866年，德国学者格里泽巴赫(R. H. Grisebaeh，1814～1879年)在出版《植物地理的现代观点》一书中，首先提出地植物学"Geobotany"这一术语。他的另一部著作《地球上的植被》(1872)继承和发扬了洪堡德的外貌观点，创立了很详细的基本生活型系统，并确立了植被的分类单位——群系(formation)的概念，第一次以外貌为基础描述全球植被和气候特征的关系；

洛伦茨(Lorenz)在1858年发表的有关沼泽植被以及在1860年发表的有关喀斯特山地造林和熟化条件的论文中对植被分类单位以及植被制图都作了尝试;马瑞劳(Kemer von Marilaun)研究了匈牙利东部地区的植被,在1863年发表的《多瑙河地带的植物生活》中首先提出了群落分层性的概念,同时还注意到群落物候相的更替。他利用洪堡德的植物生活型,把植被划分为一些群系,并对这些群系做了相当详细的描述。

1859年,达尔文(Charles Darwin)的巨著《物种起源》(*Origin of Species*)问世,确立了进化论思想,论证了生物界的进化,用进化论的观点阐明生物的地理分布并解释其原因,把进化论引入生物地理学。

从19世纪末开始,植物地理学按照各个分支学科发展。普里夫的《历史植物地理学引论》(1932)和《历史植物地理学》(1944),古德的《有花植物地理学》(1953)、塔赫他间的地球植物区系区等对植物区系学和历史植物地理学产生了很大影响。

在生态植物地理学方面,19世纪末,丹麦学者尤金·瓦尔明(Eugene Warming)的《以植物生态地理学为基础的植物分布学》(1895)和德国学者希姆普(A. F. W. Schimper)的《以生理为基础的植物地理学》(1898)两部著作起到了巨大的推动作用,现代植物生态学和植物群落学主要是在这两部著作的基础上发展起来的。希姆普从植物生理功能与形态结构、生活力等方面,阐述了植物的生态适应;用环境因子的综合作用,阐明植物分布的多样性;从历史的发展观点,分析了植物和群落的起源与发展,开辟了生理生态学和进化生态学的广阔道路。继瓦尔明和希姆普之后,各国学者致力于本国和邻近地区植被的研究。由于地球表面上各个地区的植被及自然环境有很大的差异,各地区的文化水平和经济发展情况也不相同,生产上有待解决的主要问题各不一样,因而形成不同的学派,主要有四大学派,即英美学派、法瑞学派、北欧学派和俄国学派,各学派各有其研究的特色。

与植物地理学密切相关的生态学、植物学、气象和气候学、土壤学等学科的发展,为植物地理学的发展奠定了坚实的基础;古植物学、孢粉学、古地理学、考古学等的发展,为分析现代植物区系和植被形成过程提供了丰富的资料;数学、计算机技术和3S(RS、GIS、GPS)技术的飞速发展,为植物地理学的综合分析和研究提供了强有力的工具和手段。利用这些技术,可以对现存的植物地理分布格局等大量复杂资料进行规范、快速、准确处理,同时以直观、形象、生动的图像形式表达。植物地理学研究的最终目标是为认识并解决人类面临的资源与环境问题服务,在全球变化、生物多样性保护、生态环境保护以及农、林、牧、渔生产与管理等领域,发挥着重要的作用。

20世纪30年代开始,中国学者胡先骕(1894~1968年)、刘慎谔(1897~1975年)、李惠林(1911~2002年)、张宏达(1914~)、吴征镒(1916~)、王文采(1926~)、管中天(1925~)、李锡文(1932~)、秦仁昌(1898~1986年)、李恒(1929~)、路安民(1939~)等在植物地理学方面进行了开创性的研究工作。1949年中华人民共和国成立,随着国家各项大规模建设事业的开展,植物地理学研究也取得了很大进展,积累了大量研究资料,基本摸清了我国的植物分布情况。2004年10月,经过全国80余家科研教学单位的312位作者和164位绘图人员80年的工作积累、45年艰辛编撰的巨著——《中国植物志》全部出版,全书80卷126册,5000多万字。记载了我国301科3408属31142种植物的科学名称、形态特征、生态环境、地理分布、经济用途和物候期等。经过几辈科学家的努力,中国植物地理学也取得了丰硕的成果,先后出版了《中国的植被区划草案》(钱崇澍等,1956)、《中国植被》(吴征镒等,1980)、《中国自然地理·植物地理学》(吴征镒和王荷生,1983),《植物学基础与植物地理学》(南京农学院,

1961)、《植物地理学》(武吉华等,1979,1983,1995,2004;北京大学等,1980;张金泉,1989)、《植物区系地理》(王荷生,1992)、《中国种子植物属的分布区类型》(吴征镒,1991)、《中国种子植物区系地理》(吴征镒等,2011)、《中国植物地理》(应俊生和陈梦玲,2011)等专著和教科书。2007年朱华等发表《中国种子植物属的地理分布格局及其气候和地理关系》,2009年曼彻斯特(S. R. Manchester)、陈之端等发表《东亚种子植物特有属及其在北半球的古地理历史》,表明中国的植物地理学研究已经从叙述阶段开始步入分析阶段。

思 考 题

1. 阐明植物地理学研究的对象及主要内容。
2. 什么叫生物圈?阐明植物在生物圈中所起的作用。
3. 阐明植物地理学与植物学、生态学的关系。
4. 植物地理学经历了哪些发展阶段?

第 2 章 植物的形态结构和基本类群

2.1 植物的细胞

2.1.1 细胞的概念

1665 年,英国学者胡克(Robert Hooke)用自制的显微镜(放大倍数为 40～140 倍)观察了软木(栎树皮)的薄片,看到了极小的、类似蜂巢的封闭状小室,并首次借用拉丁文 cellar(后来英文用 cell 表示,清代植物学家李善兰将 cell 翻译为“细胞”)对其命名,实际上他当时所看到的是失去生活内容物,仅留下细胞壁的木栓细胞。后来,荷兰学者列文虎克(A. V. Leeuwenhoek)用显微镜,观察了许多动植物的活细胞与原生动物,1674 年他在观察鱼的红细胞时描述了细胞核的结构。意大利的马尔皮基(Malpighi)与英国的格鲁(Grew)注意到了植物细胞中细胞壁与细胞质的区别。20 世纪 50 年代以来电子显微镜的应用,使人们看到了更精细的细胞结构。

1. 细胞学说

德国植物学家施莱登(M. J. Schleiden)和德国动物学家施旺(M. J. Schwann)分别发表了《植物发生论》(1838)和《关于动植物的结构和生长的一致性的显微研究》(1839)的研究报告,提出了细胞学说,其主要内容是:一切植物和动物都是由细胞组成的,细胞是构成有机体的基本单位。细胞学说的创立,将生物界从根本上统一起来。恩格斯把细胞学说、能量转化与守恒定律和达尔文的进化论并列为 19 世纪自然科学的“三大发现”。

2. 细胞的基本概念

细胞(cell)是生物体形态结构和功能活动的基本单位。除病毒外,一切有机体都是由细胞构成的。单细胞植物以此完成其生命活动,多细胞植物的个体由成千上万的细胞组成,这些细胞形态、功能千差万别,但结构基本一致,彼此分工协作,共同完成新陈代谢过程。在单细胞生物和多细胞生物之间存在一类过渡类型——群体,是由几个或几十个未分化的相同的细胞组成,每个细胞的形态结构相同;每个细胞都有自己独立的一套完整的结构体系和全套遗传信息,构成了有机体生长发育和遗传的基本单位,并及时对外界环境做出反应。

3. 细胞的类型

根据细胞的结构和生命活动的主要方式,可以把细胞分为三大类。

(1) 原核细胞(prokaryotic cell)。原核细胞较小,直径为 0.2～10μm。结构简单,没有由生物膜围成的细胞器,没有核膜将遗传物质和细胞质隔开,遗传信息的载体仅为一环状 DNA,DNA 没有或很少与蛋白质结合。由原核细胞构成的生物称原核生物(prokaryote),包括支原体(mycoplasnm)、衣原体(chlamydia)、立克次氏体(rickettsia)、细菌(bacteria)、放线菌(actinomycetes)和蓝藻(myxophyceae)等,其中支原体是目前发现的最小的细胞。

(2) 真核细胞(eukaryotic cell)。真核细胞具有细胞器和典型的细胞核结构,除少数 DNA

存在于叶绿体和线粒体中外，大部分 DNA 集中在由核膜包被的细胞核中。在电子显微镜下(以下简称电镜)，真核细胞基本上划分为三大结构体系：以脂质及蛋白质成分为基础的生物膜结构系统，以核酸(DNA 和 RNA)与蛋白质为主要成分的遗传信息表达系统和由特异蛋白分子装配构成的细胞骨架系统。这三种基本结构体系构成了细胞内部结构精密、分工明确、职能专一的各种细胞器，并以此为基础保证了细胞生命活动具有高度程序化与高度自控性。由真核细胞构成的生物称为真核生物(eukaryote)，高等植物和绝大多数低等植物均由真核细胞构成。

(3) 古核细胞(archaic cell)。古核生物(archaeon)或称古细菌(archaebacteria)，是 20 世纪 80 年代出现的名称，表示一类生活在极端特殊环境中的细菌，如产甲烷细菌类(methanogens bacteria)、生长在浓度大的盐水中的盐细菌(halobacteria)、生长在煤堆中的热原质体(thermoplasma)、生长在硫黄温泉中的硫氧化菌(sulfolobus)等，目前已发现 100 多种这样的生物。因其形态结构、DNA 结构及其基本生命活动方式与原核细胞相似，过去把它们归属为原核生物。近些年的研究表明，它们的细胞壁成分、基因组结构、染色质结构、核糖体大小和成分、生化特征、分子进化特征等方面与原核细胞相去甚远，而和真核细胞非常接近，因而将其从原核生物中独立出来，称为古核生物，其细胞称为古核细胞。许多证据表明真核生物可能起源于古核生物。

2.1.2 植物细胞的形态结构

1. 植物细胞的形态

细胞的形态结构与其功能具有一致性和相关性。单细胞植物体因细胞处于游离状态，常为球形或近球形；多细胞植物体中，由于细胞相互挤压，往往形成不规则的多面体，高等植物体内的细胞具有精细的分工，形态差异很大(图 2.1)。

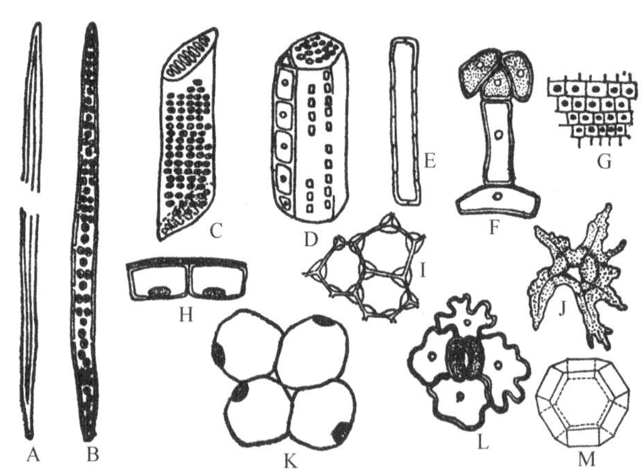

图 2.1 种子植物各种形态的体细胞(陆时万等，1991)

A. 纤维；B. 管胞；C. 导管分子；D. 筛管分子和伴胞；E. 木薄壁组织细胞；F. 分泌毛；G. 分生组织细胞；H. 表皮细胞；I. 厚角组织细胞；J. 分枝状石细胞；K. 薄壁组织细胞；L. 表皮和保卫细胞；M. 十四面体薄壁细胞图解

细胞体积大小与其生命活动的特点有关。首先，细胞通过其表面与外界环境进行物质交换，细胞体积与其相对表面积呈反比，细胞小则相对表面积大，有利于细胞与外界环境的交换物质；其次，细胞内的物质运输与信息交流与细胞的体积有关。细胞体积小，能增加细胞物质运输和信息交流的速度；第三，细胞的生命活动受细胞核的控制。各种类型的细胞，细胞核大小差异不大，一个细胞核内所含的遗传物质有限，所能控制细胞质的量必定有限，因此细胞质的体积不可能无限增大。植物细胞的直径一般在 20～50μm，较大细胞直径也不过 100～200μm，需要借助显微镜才能辨别；少数植物细胞如西瓜(*Citrullus vulgaris*)的果肉细胞直径可达 1mm，苎麻(*Boehmeria nivea*)纤维细胞的长度可达 550mm，这些巨大的细胞用肉眼即可看到。

2. 植物细胞的结构

植物细胞虽然大小、形态、功能各不相同，但基本结构一致，都由原生质体(protoplast)和细胞壁(cell wall)两部分组成(图 2.2)。组成原生质体的物质称为原生质(protoplasm)，由水和无机盐等无机物和糖类、蛋白质、脂质、核酸、维生素等有机物组成。植物细胞中还常常具有一些贮藏物质或代谢产物，称为后含物(ergastic substance)。细胞壁是包被在原生质体外面的保护结构。植物细胞具有细胞壁、液泡和质体，而与动物细胞相区别。

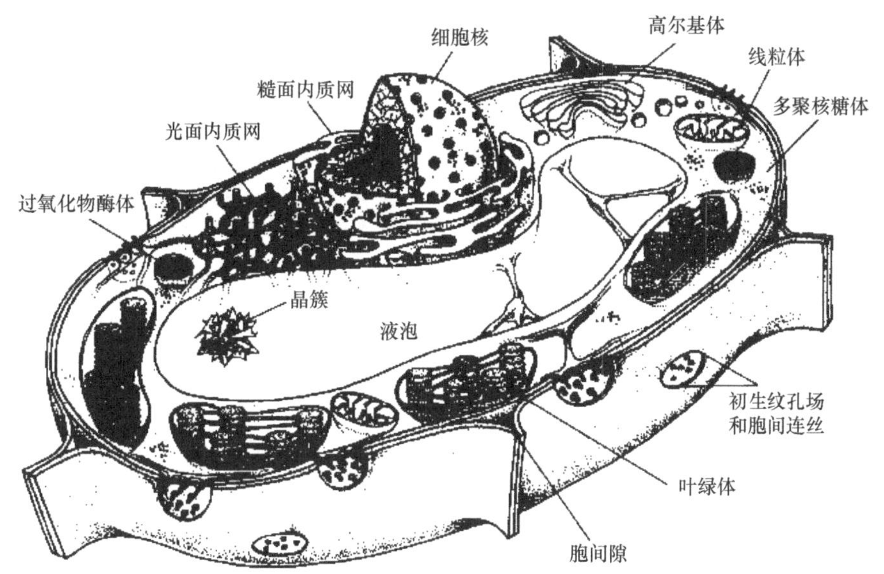

图 2.2　植物细胞结构示意图(杨继等，1999)

植物细胞的基本结构可概括如下：

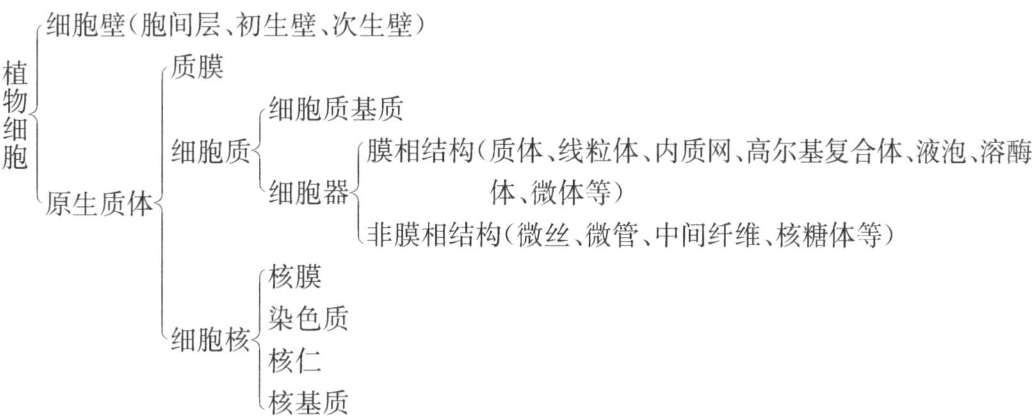

- 植物细胞
  - 细胞壁(胞间层、初生壁、次生壁)
  - 原生质体
    - 质膜
    - 细胞质
      - 细胞质基质
      - 细胞器
        - 膜相结构(质体、线粒体、内质网、高尔基复合体、液泡、溶酶体、微体等)
        - 非膜相结构(微丝、微管、中间纤维、核糖体等)
    - 细胞核
      - 核膜
      - 染色质
      - 核仁
      - 核基质

1）原生质体

（1）质膜（plasma membrane）。质膜是围绕在原生质体表面的一层薄膜，对进出细胞的物质具有较强的选择透性。质膜与内膜系统合称为生物膜（biological membrane）。虽然各种生物膜成分略有差异，但其基本结构一致，主要成分为膜脂、膜蛋白和糖类。电镜下，生物膜呈现“暗-明-暗”的三层结构，这种结构称为单位膜（unit membrane）；1972年，辛格（Singer）等提出了生物膜的流动镶嵌模型（图2.3），其要点为：磷脂排列成双分子层，构成了膜的主体，蛋白质嵌入或穿过磷脂双分子层，或位于表面。该模型强调膜的流动性和不对称性，较好地解释了膜的各种成分如何组装成生物膜并完成其功能；质膜的主要功能有：调节物质进出原生质，控制细胞与外界环境物质交换和信息交流；协调细胞壁物质的合成和组织；进行植物激素和与细胞生长、分化有关的环境信号的转导；在质膜下由纤维蛋白构成的网架结构——膜骨架（membrane associated cytoskeleton）参与维持质膜的形状及协助质膜完成各种生理功能。

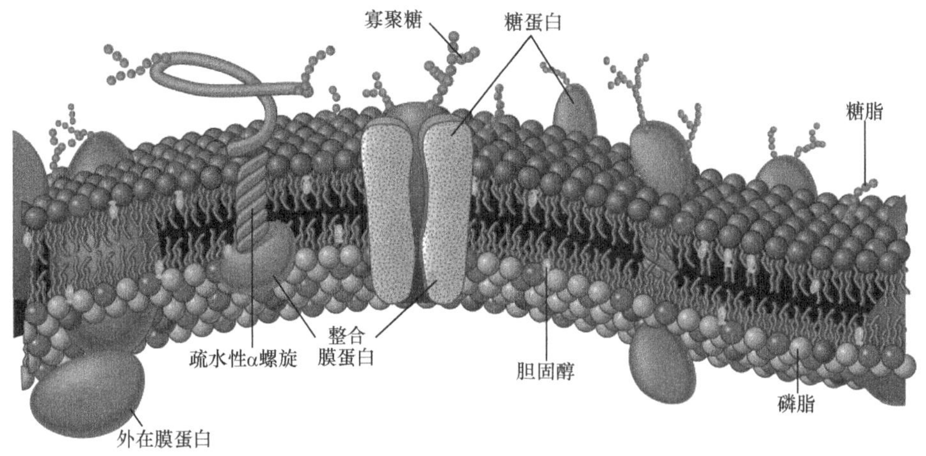

图2.3　质膜结构的流动镶嵌模型（Karp G，2010）

（2）细胞质（cytoplasm）。细胞质是指质膜以内细胞核以外的部分，包括细胞质基质和细胞器。

A. 细胞质基质

细胞质基质（cytosol）为无色透明均匀的胶体物质，其中含有与糖类、脂类代谢和蛋白质合成等重大生命活动有关的反应物和产物。

B. 细胞器

细胞器（organelle）是在细胞质基质中具有一定形态结构和功能的微结构。

质体（plastid）是一类与糖类的合成和贮藏密切相关的细胞器，是植物细胞特有的细胞器。质体由双层膜包被，内部分化出膜系统和基质（stroma）。根据所含色素的不同，可将成熟的质体分为叶绿体（chloroplast）、有色体（chromoplast）和白色体（leucoplast）。高等植物的叶绿体含有叶绿素和类胡萝卜素，是光合作用的场所。高等植物的叶绿体一般为扁平的椭圆形或卵圆形，直径4～6μm。一个叶肉细胞通常含有40～50个叶绿体，并都以其表面积较大的一面与细胞壁平行。电镜下，叶绿体由叶绿体膜（chloroplast membrane）、类囊体（thylakoid）和基质（stroma）三部分构成。其中，类囊体是由单层膜构成的扁平囊状结构。类囊体有两种类型：圆盘状的类囊体常常相互堆积在一起形成柱形颗粒，叫基粒（granum），看起来似一叠硬币，构成基粒的类囊体称为基粒类囊体（granum thylakoid）。通常基粒中的类囊体会延伸出网状或片层结构并与相邻的基粒类囊体相通，连接两个相邻基粒类囊体的片层结构称为基质片层(stroma lumen)或基质类囊体(stroma thylakoid)。基质类囊体是非常大的扁平囊泡结构，能够将多个甚至所有的单个基粒类囊体连接起来。所有参与光合作用的色素、光合作用所需的酶类、参与电子传递的载体以及将电子传递与质子泵和 ATP 合成偶联的蛋白质都定位在类囊体膜上。由类囊体膜封闭的区室称为类囊体腔(thylakoid lumen)，类囊体腔与叶绿体基质是分隔的，它在电化学梯度的建立和 ATP 的合成中起重要作用。基质中含有另一些酶类但不含色素。类囊体是光合作用中光反应的结构基础，光合作用的暗反应发生在基质中。绿藻和高等植物的叶绿体中通常还含有淀粉粒和脂肪滴。当叶绿体活跃地进行光合作用时，光合产物以淀粉粒的形式暂时贮存起来，转入黑暗后，这些淀粉粒将逐渐消失。叶绿体含有自身所有的双链环状 DNA、核糖体和进行蛋白质合成的酶，是一种半自主性细胞器，能合成一部分自身所需的蛋白质；有色体是主要含有类胡萝卜素的质体，使许多植物的花、老叶、果实和根呈黄色、橙色或红色；白色体是不含色素的质体，主要功能是积累淀粉、蛋白质和脂肪，根据积累的物质不同，分别被称为造粉体(淀粉体，amyloplast)、蛋白体和造油体(elaioplast)。质体由前质体发育而来，质体之间可随着外界条件和细胞生理功能的不同而发生转变。

线粒体(mitochondrium)是呼吸作用的场所，它把有机质降解过程中释放的能量贮藏在 ATP 中，为细胞的各种代谢活动提供能量和中间产物，是细胞的“动力工厂”。近些年的研究发现，在细胞凋亡的内源途径中，线粒体处于中心地位，被比喻为细胞的“死亡中心”；电镜下可见线粒体由双层膜包被，内膜向腔内折叠呈片状或搁板状突起，称为嵴(cristae)，嵴使线粒体的表面积显著增加，许多与呼吸作用有关的电子传递体和酶定位于线粒体内膜上；在两层膜之间及中心腔内，是以可溶性蛋白质为主的基质，其中不少是与呼吸作用有关的酶。与质体相似，线粒体也是半自主性细胞器，其中的环状 DNA 编码某些线粒体蛋白质；此外，线粒体具有一套完整的蛋白质合成系统。

内质网(endoplasmic reticulum)是由单层膜围成的管状、泡状或相互沟通的封闭的网状结构。内质网膜可与外核膜相连，囊腔与核周隙相通。内质网具有两种类型：由扁囊构成、膜外表面附着有核糖体的糙面内质网(rough endoplasmic reticulum)；由小管或小泡的构成、膜没有附着核糖体颗粒的光面内质网(smooth endoplasmic reticulum)。内质网主要参与分泌蛋白、膜蛋白、可溶性驻留蛋白以及膜脂的合成，蛋白质的修饰与加工、蛋白质运输、糖类代谢、解毒等重要生命活动。

高尔基复合体(Golgi complex)是以其发现者意大利生物学家高尔基(Golgi)的名字命名的细胞结构，广泛存在于各种真核细胞中。在电镜下，高尔基复合体是由一层单位膜围成的数个扁平囊状结构堆叠在一起，周围有一些管网或大小不等的囊泡构成的膜性网状系统，在结构和功能上表现出明显的极性。其凸出的一面朝向细胞核或内质网一侧，称为形成面(顺面)(forming face，cis face)，扁平囊膜较薄，厚约 6nm，似内质网膜；凹入的一面朝向细胞膜一侧，称为成熟面(反面)(mature face)，扁平囊膜较厚，约为 8nm，近似细胞膜。植物细胞的高尔基体复合体具有多种与多糖合成相关的酶，能合成细胞壁非纤维素类的多糖，如半纤维素和果胶等；高尔基复合体是细胞内大分子运输的一个主要交通枢纽，蛋白质和脂类物质在内质网上合成后要以膜泡形式转移到高尔基复合体，经过加工浓缩、分类与包装后，又以小囊泡的形式排出，或形成溶酶体，或通过与细胞膜融合将物质释放到细胞外；高尔基复合体还参与了蛋白质的糖基化修饰。

液泡(vacuole)是植物细胞的显著特征之一。幼期细胞液泡小、数量多，散布在整个细胞质中。随着细胞的长大和分化，细胞从外界吸收大量水分，小液泡增大，并彼此合并成一个或几个大液泡，占据整个细胞体积的 90%以上，此时细胞质连同细胞核、细胞器被中央液泡挤压紧贴细胞壁。液泡被一层液泡膜包被，膜内充满细胞液(cell sap)。细胞液的成分十分复杂，并随植物种类、发育期以及不同的代谢产物而异，主要成分包括水及溶于水中的细胞生命活动过程中的各种代谢产物，如碳水化合物、脂肪、蛋白质、无机盐、有机酸、植物碱、花青素(anthocyanidin)等。由于细胞液中富集各类物质，使细胞液保持一定的浓度，以维持细胞的渗透压和膨压，有利于细胞保持一定的形状和进行正常的活动；液泡中含有一些水解酶，在细胞器等结构的更新中起作用；有些细胞的液泡中含有一些晶体如草酸钙结晶，这种液泡是贮藏代谢废物的场所，能避免这些代谢废物对细胞的毒害。有些重金属离子被植物细胞吸收后与某种物质结合，被储存在液泡内；此外，高浓度的细胞液对植物抗旱、抗寒、抗盐碱能力的提高具有一定的作用。

溶酶体(lysosome)是由糙面内质网和高尔基复合体产生，由单层膜围成的近似球形结构，内含多种酸性水解酶，是细胞内的消化器官，在维持细胞的正常代谢活动和防御等方面起着重要作用。

微体(microbody)与溶酶体相似，也是由单层膜围成的细胞器，但所含的酶不同于溶酶体。植物细胞内的微体有两种类型：一类是过氧化物酶体(peroxisomes)，其中所包含的一些酶将脂肪酸氧化分解，产生 H_2O，另一些酶如过氧化氢酶将细胞中的 H_2O_2 分解生成 H_2O 和 O_2；另一类是含乙醇酸氧化酶的乙醛酸循环体(glyoxysomes)。西瓜、黄瓜、落花生、蓖麻等种子萌发时这种细胞器含量丰富，其中一些酶能将脂肪和油转换成糖，以供植物早期生长需求。

核糖体(ribosome)是普遍存在于各类细胞中的非膜性细胞器，由 rRNA(占 60%)和蛋白质(占 40%)组成，是细胞合成蛋白质的主要场所。核糖体分散在细胞质基质或分布在糙面内质网上，在线粒体基质或叶绿体基质中也存在核糖体。在电镜下可见核糖体由大小两个亚基组成，在大小亚基结合面上有一条隧道，是 mRNA 穿过的通道。在大亚基的中央有一条中央管，是新合成的多肽链释放的通道。合成蛋白质时，核糖体常常多个甚至几十个串联在一条 mRNA 分子上，形成多聚核糖体(polyribosome)，从而提高了合成蛋白质合成的效率。

细胞质骨架(cytoplasm skeleton)是普遍存在于真核细胞的细胞质中由蛋白质组成的三维网架结构，包括微管(microtubule)、微丝(microfilament)和中间纤维(intermediate filament)。微管是由微管蛋白组成的外径约 24nm 的中空长管状纤维；微丝是直径为 7nm 的实心纤维，由肌动蛋白(actin)和微丝结合蛋白(microfilament-associated proteins)组成；中间纤维是直径为 10nm 的绳索状结构，中间纤维的成分极其复杂。细胞质骨架通过磷酸化和去磷酸化而具有自装配和去装配的功能。细胞质中各种细胞器、酶和很多蛋白都是固定在细胞质骨架上，使之能有条不紊地执行各自的功能，互不干扰。细胞质骨架网络系统对于细胞形态构建、细胞运动、物质运输、能量转换、信息传递、细胞分化和细胞转化等都起着重要的作用。

(3) 细胞核(nucleus)是真核细胞原生质体中最显著的结构。一个细胞通常只有一个细胞核，但藻类植物细胞、菌类植物菌丝、维管植物的乳汁管细胞和绒毡层细胞等具有双核或多核。细胞核具有两方面的重要功能：一是贮存着细胞发育的遗传信息，并通过细胞分裂把遗传信息传递给子细胞；二是通过控制蛋白质的合成协调细胞的代谢活动。细胞核由核被膜(nuclear envelope)(由双层膜构成的扁平囊)、核仁(nucleolus)(rRNA 的合成、加工及核糖体亚单位的组装场所)、染色质(chromatin)(细胞中遗传物质存在的主要形式)和核骨架(nuclear skeleton)(与 DNA 复制、基因表达及染色体的组装和构建相关)构成。内外两层核膜融合处为核孔复合体(nuclear pore complex，NPC)，由胞质环(cytoplasmic ring)、核质环(nuclear ring)、辐(spoke,包括柱状亚单位、腔内亚单位和环带亚单位)和中央栓(central plug)组成(图 2.4),是核质交换的双向选择性亲水通道,介导蛋白质的入核转运和 RNA、核糖核蛋白颗粒的出核转运。

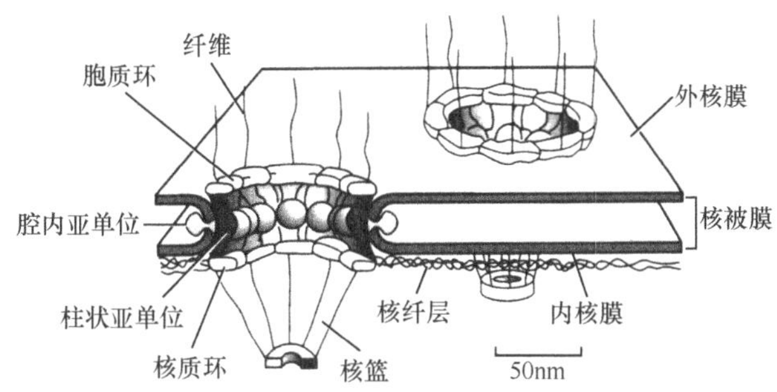

图 2.4　核孔复合体结构模型(Alberts et al.,2002)

2) 细胞壁

细胞壁(cell wall)。细胞壁是包围在原生质体外面的坚韧外壳,主要成分为纤维素(cellulose)、半纤维素(hemicellulose)和果胶(pectin)。木质素(lignin)是除纤维素以外,在细胞壁内成分最多的一类大分子聚合物。在具有支持作用和机械作用的植物细胞的细胞壁中,往往含有较多的木质素,以增加细胞壁的硬度;此外,在植物保护组织的细胞中,通常还含有角质(cutin)、栓质(suberin)、蜡质(wax)等脂肪类物质。角质和栓质往往与蜡质结合在一起,这些物质大大阻止了植物体内水分的丧失。植物细胞壁的厚度变化很大,这与各类细胞在植物体中的作用和细胞的年龄有关。细胞壁控制着原生质体的大小,防止原生质体过度吸水引起质膜破裂,细胞壁不仅起机械支持作用,而且还参与了细胞的许多代谢活动,在细胞的物质吸收、转运、分泌、信号转导、防御等中起着重要作用。根据形成的时间和化学成分的不同可将细胞壁分成 3 层(图 2.5):①胞间层(middle lamella)位于细胞壁的最外面,主要由一种无定形胶质果胶类物质组成,果胶具有强的亲水性和可塑性,多细胞植物依靠它使相邻细胞粘接在一起;②初生壁(primary wall)是细胞停止生长之前原生质分泌形成的细胞壁层,存在于胞间层的内侧。主要成分为纤维素、半纤维素和果胶,此外还有多种酶类和糖蛋白,果胶类多糖是大多数开花植物初生壁中含量最多的基质成分。活跃分裂的细胞,与光合、呼吸和分泌作用有关的成熟细胞通常只有初生壁。这些没有次生壁的生活细胞可以改变其特化的细胞形态,恢复分裂能力并分化成不同类型的细胞;③次生壁(secondary wall)是细胞停止生长,在初生壁内侧继续积累的细胞壁层,主要成分是纤维素、半纤维素和木质素。次生壁中纤维素的含量大于初生壁,不含果胶类物质,基质成分主要为半纤维素,故而次生壁比初生壁坚硬、延展性差,次生壁分为 3 层:内层(S_3)、中层(S_2)和外层(S_1),其纤维素微纤丝的排列方向各不相同,这种分层叠加的结构使得细胞壁的强度大大增加。

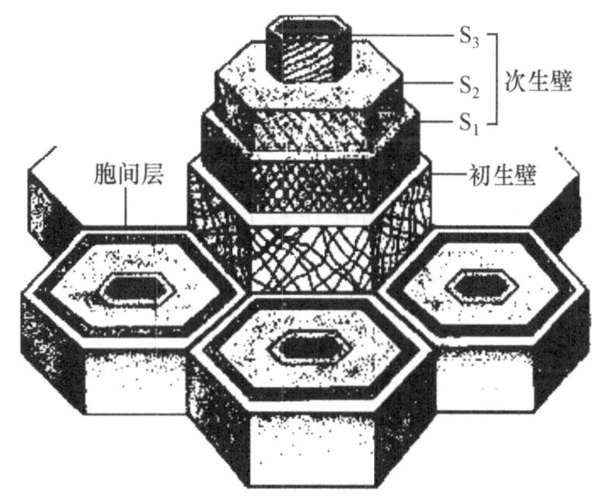

图 2.5　植物细胞壁的结构图解(杨继,1999)

纹孔和胞间连丝。细胞初生壁上有些较薄的区域,称为初生纹孔场(primary pit field)

(图 2.6),其上集中分布着许多小孔。穿过细胞壁沟通相邻细胞的原生质细丝称为胞间连丝(plasmodesma)。胞间连丝使植物体中的原生质体连成一个整体,是细胞原生质体之间物质和信息直接联系的桥梁,是多细胞植物体成为一个结构上和功能上统一有机体的重要保证。除初生纹孔场以外,在细胞壁的其他部位也分散着少量的胞间连丝;次生壁形成时,初生壁完全不被次生壁覆盖的区域称为纹孔(pit)。纹孔通常发生在初生纹孔场,但也可发生在没有初生纹孔场的区域。相邻两细胞的纹孔常常成对存在,称为纹孔对(pit pair)。两个纹孔间的胞间层和两层初生壁构成纹孔膜(pit membrane),次生壁围成的腔称为纹孔腔(pit cavity),其开口(纹孔口)朝向细胞腔。纹孔分为单纹孔(simple pit)和具缘纹孔(bordered pit)两种类型(图 2.6),它们之间的基本区别是具缘纹孔四周的次生壁向细胞内拱起,悬在纹孔腔上,形成一个穹形的边缘,从而使纹孔口明显变小,而单纹孔没有这样的穹形边缘。某些裸子植物管胞壁上的具缘纹孔,其纹孔膜中央具有一个圆盘状的增厚区域,称为纹孔塞(torus),直径大于纹孔口。纹孔塞增厚是初生壁性质的,周围的纹孔膜称为塞缘(margo)。这种具缘纹孔在一定条件下有控制水流方向和水流量的作用。

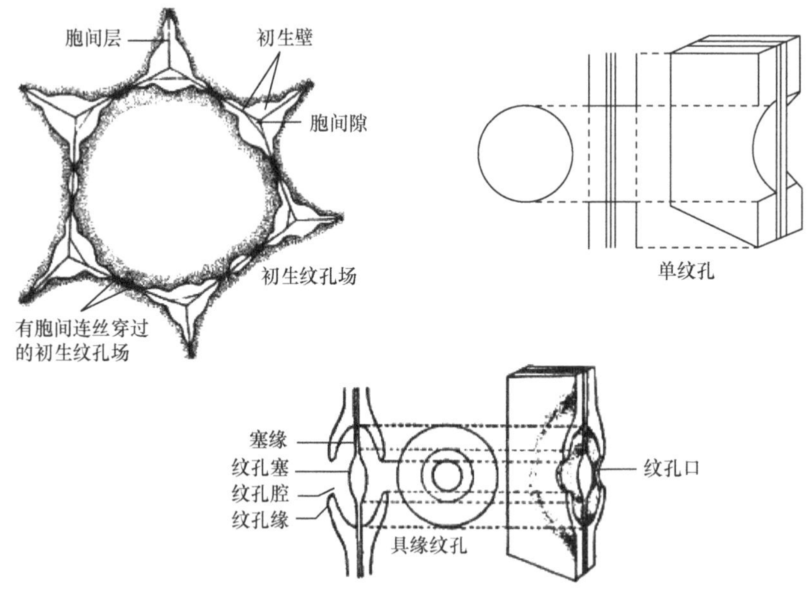

图 2.6 初生纹孔场和纹孔对

2.1.3 细胞的增殖

细胞增殖是生命的主要特征。细胞增殖通过细胞分裂来实现,单细胞植物通过细胞分裂增加个体数量、繁衍后代;多细胞植物通过细胞分裂增加细胞数量完成个体发育。细胞分裂和细胞生长是多细胞有机体生长的主要方式。细胞分裂包括无丝分裂(amitosis)、有丝分裂(mitosis)和减数分裂(meiosis)三种方式。

2.1.4 植物细胞的生长和分化

1. 细胞的生长

细胞生长是指细胞体积和重量不可逆的增加,其表现形式是细胞鲜重和干重增长的同时,细胞发生纵向的延长和横向的扩展。细胞生长是植物个体生长的基础,对单细胞植物而言,细胞的生长就是个体的生长，而多细胞植物体的生长则依赖于细胞数量的增加和细胞的生长。植物细胞的生长包括原生质体的生长和细胞壁生长两方面。原生质体生长过程中最为显著的变化是液泡化程度的增加，原生质体中原来小而分散的液泡逐渐长大，合并成为中央大液泡，细胞质的其余部分则变成一薄层紧贴于细胞壁，细胞核也移至侧面；此外，原生质体中的其他细胞器在数量和分布上也发生着各种复杂的变化，如内质网增加、并由稀疏变为密集的网状结构；质体也由幼小的前质体逐渐发育成各种质体等；细胞壁的生长包括表面积的增加和壁的加厚，其生长过程受原生质体生物化学反应的严格控制，原生质体在细胞生长过程中不断分泌壁物质，使细胞壁随原生质体长大而延伸，同时壁的厚度和化学组成也发生变化，细胞壁(初生壁)厚度增加，并且由原来含有大量的果胶和半纤维素转变成有较多的纤维素和非纤维素多糖。

2. 细胞分化

多细胞植物体由各种不同类型的细胞组成，如表皮细胞具有明显的角质层、叶肉细胞具有大量的叶绿体等，这些细胞通常是由一个受精卵细胞经增殖分裂和细胞分化衍生而来的后裔。在个体发育中，由一种相同的细胞类型经细胞分裂后逐渐在形态、结构和功能上形成稳定性差异，产生不同的细胞类群的过程称为细胞分化(cell differentiation)。细胞分化是多细胞有机体发育的基础与核心。细胞分化的关键在于不同类型细胞中特异性蛋白质的合成，而特异性蛋白质合成的实质在于基因选择性表达。植物的进化程度越高，植物体结构越复杂，细胞分工越细，细胞的分化程度就越高。

2.2　植物的组织

2.2.1　植物组织的概念

植物组织(plant tissue)是由形态结构相似、功能相同的一种或数种类型的细胞组成的结构和功能单位，是组成植物器官的基本结构单位。每种组织都具有一定的分布规律并行使一种主要的生理功能。由单一类型细胞构成的组织称为简单组织(simple tissue)，由多种类型细胞按照一定的方式和规律结合构成的组织则称为复合组织(complex tissue)。

2.2.2　植物组织的类型

根据植物组织生理功能和形态结构上的差异，一般将植物组织分为分生组织(meristematic tissue)和成熟组织(mature tissue)。

1. 分生组织

具有持续分裂能力的细胞群，称为分生组织，通常位于植物体的生长部位。按照在植物体上的位置，分生组织分为顶端分生组织(apical meristem)、侧生分生组织(lateral meristem)和居间分生组织(intercalary meristem)。顶端分生组织位于根与茎主轴的顶端，其分裂活动使根茎不断伸长，并在茎上形成侧枝和叶，扩大植物体的营养面积。茎的顶端分生组织最后还将产生生殖器官；侧生分生组织位于根茎侧方的周围部分，靠近器官的边缘，包括形成层(cambium)和木栓形成层(cork cambium 或 phellogen)。形成层的活动使根茎不断增粗，木栓形成层的活动使长粗的根茎表面或受伤的器官表面形成新的保护组织。单子叶植物一般没有侧生分生组织，一般不进行加粗生长；居间分生组织是夹在已经分化了的组织区域之间的分生组织，是保留在某些器官局部区域的顶端分生组织；按照来源的性质，分生组织分为原分生组织(promeristem)、初生分生组织(primary meristem)和次生分生组织(secondary meristem)。原分生组织是直接由胚胎保留下来的，具有持久的分生能力，位于根、茎的最前端；初生分生组织由原分生组织衍生而来，形态上出现了初步的分化，细胞具有很强的分裂能力；次生分生组织是由已经分化的细胞经过生理上、形态上的变化，恢复分裂能力转变而成的分生组织。

2. 成熟组织

分生组织衍生的大部分细胞，逐渐丧失分裂能力，进一步生长、分化形成的各种组织，称为成熟组织或永久组织(permanent tissue)。各种成熟组织细胞的分化程度具有差异，有些分化程度低的成熟组织的细胞发生脱分化(dedifferentiation)而转变为分生组织。根据不同组织的功能和结构特点，可以把成熟组织分为五大类：

1) *薄壁组织*

薄壁组织(parenchyma tissue)是植物体进行各种代谢活动的主要组织，占植物体体积的大部分。薄壁组织由薄壁细胞组成，除少数薄壁细胞发育出次生壁外，大多数薄壁细胞的细胞壁具有初生壁性质，较薄，细胞间隙发达，原生质体中往往具有中央大液泡，细胞多为等径或长形。薄壁组织具有很强的分生潜能，在一定条件下，很容易转化为分生组织。此外还具有较大的可塑性，在植物体的发育过程中，常常可以进一步发育为特化程度更高的组织。薄壁组织按照功能可分为不同的类型：

(1) 同化组织(assimilating tissue)是营光合作用的薄壁组织，原生质中发育有大量的叶绿体，分布于植物体的一切绿色部分，如幼茎的皮层、发育中的果实和种子、叶片等。在异面叶中，近上表皮部位的同化组织细胞呈长柱形，排列整齐，其长轴面与叶表面垂直，呈栅栏状，称为栅栏组织(palisade tissue)，通常1～3层，也有多层；栅栏组织的下方近下表皮部分的同化组织，细胞所含叶绿体比栅栏组织少，形状不规则，排列不整齐，疏松，具有较大的间隙，如海绵状，称为海绵组织(spongy tissue)。

(2) 贮藏组织(storage tissue)贮藏有大量营养物质。这类组织主要存在于各类贮藏器官，如块根、块茎、鳞茎、球茎、果实、种子、根茎的皮层、髓等。

(3) 贮水组织(aqueous tissue)贮藏丰富水分，其细胞较大，液泡中含有大量的黏性物质，一般存在于肉质植物中。

(4) 通气组织(aerenchyma)具有大量细胞间隙，如水生植物和湿生植物体内的薄壁组织细胞间隙十分发达，形成气腔或气道，在体内构成了发达的通气系统。

(5) 吸收组织(absorptive tissue)位于根尖根毛区的表皮层，其细胞壁薄且外壁向外突出形成毛状结构——根毛，是一类从外界吸收水分和无机养分的结构。

(6) 转输组织(transfusion tissue)是由传递细胞(transfer cell)构成，与细胞内外物质迅速传递密切相关的薄壁组织。传递细胞细胞壁具有内突生长，即向内突入细胞腔内，形成许多指状或鹿角状的不规则突起，使壁内侧的质膜面积大大增加，扩大了原生质体表面积与体积之比，有利于细胞迅速吸收和释放物质。发达的胞间连丝增加了细胞间直接转运物质的能力，成为共质体运输的最好通道。传递细胞的细胞质浓厚，细胞核可呈多种形态，线粒体、内质网、高尔基体、核糖体、微体等细胞器丰富。在植物体中，传递细胞主要分布在与溶质集中和短途运输有关的部位如叶表皮腺细胞、木质部和韧皮部薄壁细胞、维管束鞘、花药绒毡层、胚囊中的助细胞和反足细胞、子叶表皮细胞、胚乳细胞等。此外，外界刺激如线虫侵染也可诱导在侵染部位附近发生传递细胞。

2）保护组织

保护组织(protective tissue)是覆盖在植物体表面，起保护作用的组织，能减少植物体失水，防止病源微生物侵入，控制植物与外界的气体交换。包括表皮和周皮。

(1) 表皮(epidermis)是根、茎、叶、花、果实和种子等器官次生生长前最外层的细胞层，由表皮细胞、气孔器以及多种附属物等组成(图 2.7A)。表皮一般只有一层细胞，少数植物(如干旱地区生长的植物)有多层表皮细胞，以防止水分过度蒸发。表皮细胞是生活细胞，一般不具叶绿体，但常有白色体或有色体和多种代谢产物如色素、单宁、晶体等；表皮细胞排列十分紧密，茎、叶等气生部分的表皮细胞外切向壁较厚并角质化，细胞壁表面还覆盖着一层明显的角质层，角质层由疏水物质组成，水分很难透过。有些植物的角质层外还有一层蜡质，这些结构有效地减少了体内水分蒸腾，可防止病菌的侵入，并且起着一定的机械支持作用；在气生表皮上通常有许多气孔器(stoma apparatus)，是气体进出植物体的门户。气孔由两个保卫细胞(guard cell)和它们的开口组成。保卫细胞多呈肾形或哑铃形，具有叶绿体和特殊的不均匀加厚的细胞壁，当保卫细胞形状改变时，能导致孔口的开放或关闭，从而有效地调节气体的出入和水分的蒸腾；表皮上有单细胞或多细胞的毛状附属物，具有保护作用和防止水分丧失的作用，有的表皮毛可以分泌芳香油、黏液以及树脂等物质。根表皮细胞与气生表皮细胞有所不同，其细胞壁和角质层都很薄，且有些表皮细胞特化为根毛。根表皮主要与水分和无机盐的吸收有关，属于吸收组织(absorptive tissue)。

(2) 周皮(periderm)是取代表皮的次生保护组织，存在于具有加粗生长的根和茎表面。周皮是由木栓形成层(phellogen 或 cork cambium)、木栓层(phellem 或 cork)和栓内层(phelloderm)组成的复合组织(图 2.7B)。在不同的物种和组织中，木栓形成层可分别由表皮细胞、皮层细胞、中柱鞘细胞或其他生活细胞转化而来，木栓形成层经过平周分裂形成径向成行的细胞，向外分化成木栓层，向内则分化成栓内层。木栓层具多层径向紧密排列的细胞，在横切面上细胞呈长方形，细胞壁厚且强烈栓质化，细胞成熟时，原生质体解体，细胞腔充满空气。这些特征使木栓层具有高度不透水性，并有质地轻、具弹性、抗压、隔热、绝缘、抗有机溶剂等特性；栓内层是薄壁的生活细胞，通常只有一层细胞，常含有叶绿体，这层细胞因其与木栓细胞排列成同一整齐的径向行列而易与皮层薄壁细胞区别开来；在周皮的某些部位，木栓形成层的活动比其他部分活跃，向外衍生出一群不同于木栓细胞、排列疏松且细胞间隙发达的球形补充细胞，这些细胞突破表皮或老的周皮，在树皮表面形成各种形状的小突起，称为皮孔(lenticel)，皮孔是周皮上的通气组织，植物体内部的生活细胞可以通过皮孔与外界进行气体交换。

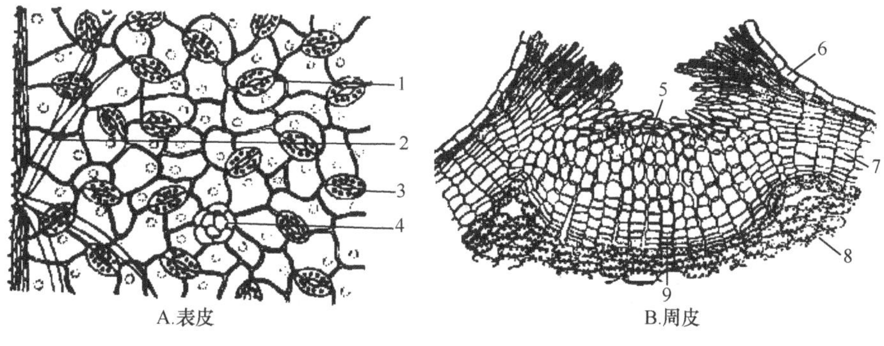

图 2.7　保护组织

1. 气孔保卫细胞；2. 单细胞表皮毛；3. 叶绿体；4. 腺毛；5. 补充细胞；6. 表皮；7. 木栓层；8. 皮层薄壁细胞；9. 木栓形成层

3）机械组织

机械组织（mechanical tissue）是起支持作用的组织，细胞壁厚，有很强的抗压、抗张和抗曲挠的能力，它们使植物体枝干挺立，树叶平展，并能抵御外力的侵袭。根据细胞结构不同，机械组织分为两类：

（1）厚角组织（collenchyma tissue）是支持力较弱的一类机械组织，细胞为生活细胞，最明显的特征是细胞壁不均匀增厚，壁的增厚通常在几个细胞邻接处的角隅上尤其明显，少数植物幼茎中的厚角组织在弦切向壁上加厚呈板块状厚角组织。壁的增厚是初生壁性质的，不含木质素，含水量高，延展性强，能随植物器官的伸展而延伸，常常分布在茎、叶柄、叶片、花柄等部分，根中一般不存在。

（2）厚壁组织（sclerenchyma tissue）由厚壁细胞构成的组织，支持能力比厚角组织强，是植物体的主要支持组织。其显著的结构特征是具有均匀加厚的次生壁，且常常木质化，细胞成熟时，原生质体死亡解体，仅留下厚的细胞壁。厚壁组织分为石细胞（sclereid 或 stone cell）和纤维（fiber）两类：石细胞形态变化较大，多为等径或稍微伸长的细胞，细胞壁大大加厚，如梨肉中的白色颗粒就是成团的石细胞；纤维细胞长，两端尖，细胞壁次生加厚，但木质化程度不一致，如木纤维的细胞壁木质化，坚硬有力，而韧皮纤维细胞壁没有木质化或只有轻度木质化，具有韧性。

4）输导组织

输导组织（conducting tissue）是植物体内担负物质长途运输的主要组织。植物体中，水分的运输和有机物的运输分别由两类复合组织——木质部（xylem）和韧皮部（phloem）承担。因为木质部和韧皮部主要是管状结构，常称为维管组织（vascular tissue）。由木质部和韧皮部组成的束状结构，称为维管束（vascular bundle）。

（1）木质部（xylem）的主要功能是运输植物体运输水分和无机盐，也具有一定的支持作用。木质部将根系吸收的水分和无机盐通过茎运输到叶，木质部的运输为单向运输。木质部由管胞（tracheid）、导管分子（vessel element）、木纤维和木薄壁组织构成，其中管胞和导管分子是最重要的成员。管胞和导管分子都是厚壁的伸长细胞，成熟时原生质体死亡，次生壁具有不同程度的木质化增厚，在壁上呈现出环纹、螺纹、梯纹、网纹和孔纹状的木质化增厚形式（图 2.8）。二者的主要区别在于导管分子通常具有穿孔（perforation）（壁上缺乏初生壁和次生壁的区域），穿孔通常发生在端壁上，但也可以出现在侧壁上，穿孔可以单个发生，也可以多个密集排列成一定的式样。通常把具有穿孔的细胞壁部分称为穿孔板（perforation plate），导管分子通过穿孔板连接起来，构成了连续的柱状或管状结构，称为导管（vessel）。管胞明显缺乏穿孔，细胞间通过尖锐末端的侧壁重叠连接起来，水分及矿物质通过管胞壁上的纹孔从一个细胞流向另一个细胞。因此，导管比管胞具有较高的输水效率。在大多数蕨类植物和裸子植物的木质部中，管胞是唯一的输水细胞，而绝大多数被子植物的木质部中，既有管胞，又有导管。从系统演化的角度来看，管胞较为原始，导管分子间穿孔的发生，使导管相对于管胞具有更高的输水效率，然而也正是由于穿孔的存在，植物体内的导管构成了一个连续的开放系统，其输水的安全性相对降低了，而管胞间的纹孔膜却可以把任何气泡限制在个别管胞中，使木质部中的水柱不致中断；木纤维是末端尖锐的伸长细胞，主要起机械支持作用，在同一植物中，一般比管胞具有较厚的壁，而且强烈木质化，木纤维通常为死细胞，但是有些植物的木纤维能生活较长的时间；木薄壁细胞是木质部中的薄壁细胞，在其发育后期，细胞壁通常木质化，这些通常成束出现在纵向系统或横向系统中，其中贮藏着各种物质。木质部有初生木质部（primary xylem)和次生木质部(secondary xylem)之分,前者起源于原形成层,后者由维管形成层衍生而成。

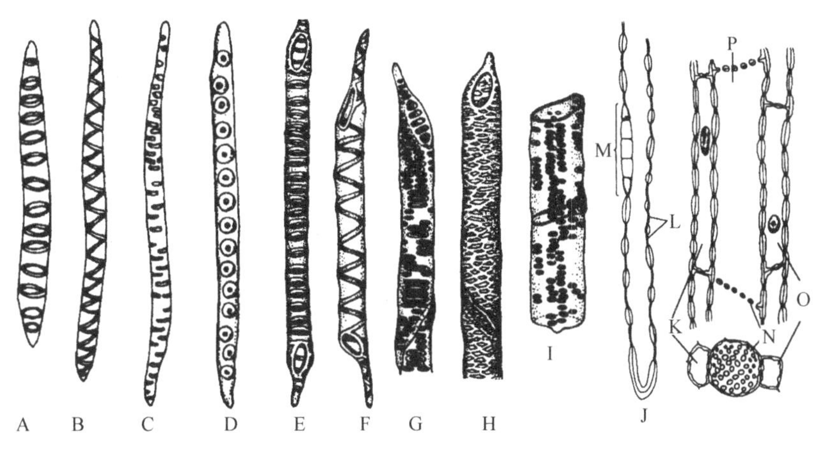

图 2.8 输导组织

A. 环纹管胞;B. 螺纹管胞;C. 梯纹管胞;D. 孔纹管胞;E. 环纹导管;F. 螺纹导管;G. 梯纹导管;H. 网纹导管;I. 孔纹导管;J. 筛胞;K. 伴胞;L. 筛域;M. 射线;N. 筛板;O. 韧皮薄壁细胞;P. 筛管分子

(2) 韧皮部(phloem)主要运输有机营养物质,其运输是双向的,叶合成的有机物质通过韧皮部运输到茎和根中,或运输到生长中的分生组织。根部储藏的物质经过消化以后,也通过韧皮部向上运输到茎、叶、果实等器官。韧皮部由筛管分子(sieve tube element)、筛胞(sieve cell)、伴胞(companion cell)、韧皮薄壁组织和韧皮纤维构成。筛管分子和筛胞与运输有机物质直接关联。筛管分子纵向连接构成的管状结构,称为筛管(sieve tube)。筛管分子具有生活的原生质体,幼时具有细胞核、细胞质、液泡、线粒体、高尔基体、内质网和细胞骨架,发育成熟的筛管分子失去细胞核,液泡膜解体,只保留了少量线粒体、质体和内质网等细胞结构,细胞内产生了一种与有机物质的运输相关的P-蛋白。筛管分子只有初生壁,由纤维素和果胶质组成。筛管分子的侧壁具有一些较薄的区域称为筛域(sieve area),其上有胞间连丝集中分布。端壁上分化出许多较大的孔,称为筛孔(sieve pore),具有筛孔的端壁称为筛板(sieve plate)。穿过筛孔的原生质比胞间连丝粗大,称为联络索(connecting strand),联络索沟通了相邻的筛管分子,使运输有机物质更加有效。在衰老和休眠的筛管中,在筛板上会大量积累胼胝质,形成胼胝体封闭筛孔,当筛管重新活动时,胼胝体消失,联络索重新沟通;筛胞是蕨类植物和裸子植物运输有机物质的分子,它与筛管分子的主要区别在于细胞壁只有筛域,没有筛板,而且原生质体中也没有P蛋白;伴胞是与筛管分子并列的一种活的薄壁细胞,具有细胞核、各类细胞器和浓厚的细胞质,与筛管分子起源于同一原始细胞,筛管的运输功能与伴胞的代谢紧密相关,有的植物的伴胞发育为传递细胞;韧皮纤维的细胞壁木质化程度低,或不木质化,因而质地坚韧,有较强的抗曲挠能力;韧皮薄壁细胞主要起横向运输和贮藏作用,常常含有结晶和各类储藏物。

维管束存在于蕨类植物和种子植物中,由原形成层分化而来。在不同种类或器官中,原形成层分化成木质部和韧皮部的情况不同。根据维管束内束中形成层的有无或能否进行加粗生长,将维管束分为两大类型:①有限维管束(closed bundle)是只有木质部和韧皮部、没有束中形成层的维管束。这类维管束一经形成便不再增粗,如大多数单子叶植物中的维管束等;②无限维管束(open bundle)是指除含有木质部和韧皮部外,在二者之间还保留有束中形成层的维管束。这类维管束以后能通过形成层的分裂活动，不断产生次生韧皮部和次生木质部，如裸子植物和许多双子叶植物的维管束。此外也可以根据初生木质部和初生韧皮部的位置和排列情况，将维管束分为外韧维管束（collateral bundle）、双韧维管束（biocollateral bundle）、周木维管束（amphivasal bundle）、周韧维管束（amphicribral bundle）、辐射维管束（radial bundle）等。

5）分泌组织

植物体中由产生分泌物质（有糖类、挥发油、有机酸、生物碱、单宁、树脂、蛋白质、生长素、维生素、抗生素、无机盐等）的细胞构成的组织，称为分泌组织（secretory tissue），一般由薄壁细胞和其他特化细胞组成。根据分泌物是否排出体外，将分泌结构（secretory structure）分为外分泌结构（external secretory structure）和内分泌结构（internal secretory structure）。外分泌结构能分泌物质到细胞表面，如腺表皮（glandular epidermis）、腺毛（glandular hair）、蜜腺（nectary）、盐腺（salt gland）和排水器（hydathode）等；内分泌结构的分泌物不排出体外，包括分泌细胞（secretory cell）、分泌腔（secretory cavity）、分泌道（secretory canal）以及乳汁管（laticifer）等。

2.2.3 组织系统

植物体或植物器官中的各类组织进一步在结构上和功能上组成的复合单位，称为组织系统（tissue system）。维管植物的主要组织可归并为三种组织系统：基本组织系统（ground tissue system）由主要起同化、贮藏、通气和吸收功能的薄壁组织以及主要起机械支持作用的厚角组织和厚壁组织构成，它们是植物体各部分的基本组成成分；维管组织系统（vascular tissue system）由两种输导组织即木质部和韧皮部构成，它们连续贯穿于整个植物体内，输导水分和养料；皮组织系统（dermal tissue system）则由主要起保护作用的表皮和次生结构发育时形成的周皮组成，它们覆盖于植物各器官的表面，形成包裹整个植物体的连续的保护层。组织系统把植物体的地上和地下、营养和繁殖各器官连接起来，成为一个有机的整体。

2.3 植物的器官

器官（organ）是由多种组织构成、在外形上有显著形态特征和特定功能、易于区分的部分，是组成植物体的结构和功能单位。大多数植物在营养生长期整个植株可明显地分为根、茎、叶等结构，它们是与植株的营养生长有关的器官，称为营养器官（vegetative organ）；随着营养生长的进行，在植物体的某些部位形成花芽，然后开花结实，产生种子。花、果实和种子与植物的有性生殖和繁衍有关，统称为生殖器官（reproductive organ）。某些植物在长期进化过程中，一部分营养器官的形态结构和生理功能发生变化以适应外界环境，这种变化称为变态，变态可以遗传，并成为这种植物的鉴别特征。

2.3.1 根

根（root）是植物长期适应陆生生活环境而形成的营养器官。除少数气生外，绝大多数植物的根生长在相对稳定的土壤环境中，是植物从土壤中吸收水分和矿质营养的主要器官。根具有固着、支持、输导、合成物质等功能，有些植物的根还具有贮藏和繁殖功能。

1. 根的类型

种子萌发时,胚根细胞分裂和伸长使胚根突破种皮,向下垂直生长,伸入土中。由胚根直接伸长形成的根称为主根(main root),有时也称直根(taproot)或初生根(primary root),是植物体最早形成的根;主根生长达到一定长度,在一定部位上侧向地从内部生出许多支根,称为侧根(lateral root)。从主根上生出的侧根,可称为一级侧根(或支根),或次生根(secondary root),一级侧根上生出的侧根,为二级侧根或三生根(tertiary root),以此类推;在主根和主根所产生的侧根以外的部分,如茎、叶、老根或胚轴上生出的根,统称不定根(adventitious root),不定根也能不断地产生分枝,即侧根。

2. 根系的类型

一株植物地下部分的根的总和称为根系(root system)。根系分为两种基本类型:有明显的主根和侧根区别的根系,称为直根系(tap root system);无明显的主根和侧根区别的根系,或根系全部由不定根及其分枝组成,粗细相近,无主次之分,而呈须状的根系,称为须根系(fibrous root system)。一般直根系由于主根长,可以向下生长到较深的土层中,形成深根系吸收土壤深层的水分;须根系由于主根短,侧根和不定根向周围发展,形成浅根系,可以迅速吸收地表和土壤浅层的水分。直根系并不都是深根系,须根系也并不都是浅根系。土壤的环境条件有时会引起根系的变化,如大麻(*Cannabis sativa*)在沙质土壤中发育为直根系,在细质土壤中发育为须根系。由于环境条件的改变,直根系可以分布在土壤浅层,须根系亦可以深入到土壤深处,如小麦(*Triticum aestivum*)的须根系在雨量多的情况下,根入土较深,雨量少的情况下,根主要分布在表层土壤中;松树(*Pinus*)的直根系在水分适中、营养比较丰富的土壤中,主根适当向下生长,侧根向四周扩展形成了浅根系。

3. 变态根

(1) 贮藏根。贮藏根的主要功能是贮藏营养物质,常肉质化,根据来源不同分为两类:肉质直根(fleshy tap root)由主根发育而成。一棵植株上仅有一个肥大直根,常常包括下胚轴和节间极度缩短的茎,茎上着生有许多叶子。具有侧根的部分即为主根,无侧根的部分由下胚轴发育而成,如胡萝卜(*Daucus carota*)、萝卜(*Raphanus sativusl*)、甜菜(*Beta vulgaris*)和人参(*Panax ginseng*)等的肉质直根,它们在外形上极为相似,但加粗的方式和贮藏组织的来源却不同;块根(root tuber)主要由侧根或不定根发育形成,因此在一株植物上可以形成许多块根,如甘薯(*Ipomoea batatas*)。

(2) 气生根。广义的气生根包括了所有生活在空气中的不定根。主要类型有:支柱根(prop root)是从茎上生出的不定根,伸入土壤起支持作用,如玉米(*Zea mays*)、露兜树属(*Pandanus*)、榕属(*Ficus*)等;有些植物如常春藤(*Hedera nepalensis*)、凌霄花(*Campsis grandiflora*)和络石(*Trachelospermum jasminoides*)等的茎细长柔软不能直立,其上生有无数很短的不定根,能分泌黏液,以此固着在他物之上而向上生长,称为攀援根(climbing root);呼吸根(respiratory root)存在于一部分生长在沼泽或热带海滩地带的植物,由于生长在淤泥之中,呼吸十分困难,因而有部分根垂直向上生长,进入空气中进行呼吸。

(3) 寄生根。寄生根(parasitic root)也称吸器(haustorium),是寄生植物或半寄生植物茎上发育的不定根,可以伸入寄主体内,吸收水分和养料。其维管组织与寄主的维管组织相连通，如菟丝子(*Cuscuta chinensis*)的寄生根。

4. 根的结构

(1) 根尖结构。根尖(root tip)是主根或侧根尖端，是根的最幼嫩、生命活动最旺盛的部分，也是根生长、延长及吸收水分的主要部分。根尖由根冠(root cap)、分生区(meristematic zone)、伸长区(elongation zone)和成熟区(maturation zone)组成。根冠是保护根尖的帽状结构，覆盖在分生区外方，保护分生组织。根不断伸长，根冠细胞不断被磨损破坏，由分生区细胞分裂加以补充。根边缘细胞(root border cells,BC)是从根冠表皮游离出来并聚集在根尖周围的一群特殊细胞。这些细胞会特异性合成并快速向外分泌一系列具有生物活性的化学物质，促进或抑制根际周围微生物的生长以及中和根际周围的有毒物质；分生区位于根冠内方，细胞未分化，终生保持着分裂能力，逐渐增加根纵向的细胞数目使根生长和延长，并补充根冠死亡的细胞；伸长区位于分生区上方，细胞来源于分生区。伸长区细胞不再分裂，但能迅速延长，是根部延长的动力。细胞出现分化，逐渐形成导管、筛胞等；成熟区也称根毛区(root hair zone)，位于伸长区的上方，细胞已完成分化，表皮细胞向外长出指状突起，即根毛(root hair)，有吸收水分和矿物质的能力。

(2) 根的初生结构。初生生长(primary growth)指由根尖顶端分生组织经过细胞分裂、生长和分化形成根的成熟结构的过程。在初生生长过程中形成的各种成熟组织属初生组织(primary tissue)，由它们构成根的初生结构(primary structure)。在成熟区作一横切面可观察到根的全部初生结构，从外至内分为表皮、皮层和维管柱三部分：

表皮(epidermis)是根最外面的一层细胞，细胞砖形、排列整齐、壁较薄，部分表皮细胞向外突起形成根毛。热带的兰科植物和一些附生的天南星科植物的气生根具有多层表皮，称为根被(velamen)，由紧密排列的死细胞组成，具机械保护和防止水分丧失的功能。

皮层(cortex)在根的初生结构中占有相当大的比例。由多层薄壁细胞组成，最外层细胞较小，排列紧密，称为外皮层(exodermis)。当根毛枯死，表皮脱落时，外皮层细胞的细胞壁栓质化，起保护作用；内皮层(endodermis)是皮层最内一层形态结构和功能比较特殊的细胞，其细胞排列紧密，各细胞上下横壁和径向壁具有木质化和栓质化增厚的带状结构，称为凯氏带(Casparian strip)。凯氏带在相邻细胞的径向壁上呈点状，称为凯氏点(casparian dot)。凯氏带不透水，水分和无机离子只能通过内皮层细胞本身的质膜才能到达维管柱，凯氏带有调节物质进入维管柱的功能；内外皮层之间的皮层细胞排列疏松，细胞间隙发达，不含叶绿体。在某些植物根皮层中除薄壁细胞外，还有厚壁组织和厚角组织。

维管柱(vascular cylinder)位于皮层之内，由中柱鞘(pericycle)(是维管柱的最外层紧接内皮层的薄壁细胞层，这些细胞具有潜在的分生能力，可以形成不定根、不定芽及部分形成层等)、初生木质部、初生韧皮部三部分组成。初生木质部和初生韧皮部相间排列，在单子叶植物的初生木质部和初生韧皮部之间有薄壁组织间隔。

(3) 根次生结构。根中的维管形成层(形成层)发生并开始切向分裂的活动，经过分裂、生长、分化而使根的维管组织数量增加，使根加粗的生长过程，称为根的次生生长(secondary growth)。次生生长过程中产生的次生维管组织和周皮，共同组成根的次生结构(secondary structure)。

(4) 菌根和根瘤。菌根(mycorrhiza)是植物的根与土壤中的真菌结合形成的共生体。大多数植物都有菌根，菌根和根毛一样有较强的吸收功能，甚至可代替根毛吸收土壤中的水分和无机盐;根瘤(root nodule)是生活在土壤中的根瘤菌侵入到豆科植物根中形成的瘤状物。根瘤菌与豆科植物的关系为互利共生,根瘤菌可以从根的皮层细胞中吸取它生长所需要的物质,同时根瘤菌能固定空气中游离的氮分子,使其转为氨(NH_3),供豆科植物利用,这就是种豆肥田的道理。

2.3.2 茎

茎(stem)是植物的重要营养器官,包括主茎和各级分枝。多数生长在地面以上,少数生长在水中或地面以下,茎具支持、输导、储藏和繁殖等功能。

1. 茎的形态

1) 茎的外形

茎多数为圆柱状,这种形状的茎最坚固、容积最大而表面积小,有利于支持输导和减少水分散失。少数植物的茎为其他形态,如风车草(*Cyperus alternifolius*)等呈三棱形;紫苏(*Perilla frutescens*)、薄荷(*Mentha haplocalyx*)等呈方柱状;仙人柱(*Hylocereus undatus*)等呈多棱柱状;昙花(*Epiphyllum oxypetalum*)、令箭荷花(*Nopalxochia ackermannii*)等呈扁形。茎的内部散布着机械组织和维管组织,从力学上看,茎的外形和结构都具有支持和抗御的能力。茎着生有叶、芽、花和果实。茎上着生叶的部位叫节(node),两节之间的部分,称为节间(internode)。节间的长短因植物而异,在木本植物中,节间伸长显著的枝条,称为长枝(long shoot);节间短缩的叫短枝(short shoot),短枝上的叶因节间缩短而呈簇生状态。许多果树在长枝上生有许多短枝,花多生于短枝上,此时短枝也称为果枝;在茎的顶端和节上叶腋处生有芽(bud)。当叶脱落后,在节上留有痕迹即叶痕(leaf scar);叶痕中的点状突起是枝条与叶柄间的维管束断离后留下的痕迹,称为维管束痕(bundle scar,简称束痕);由于顶芽(腋芽)开放时,其芽鳞片脱落在枝条上留下的密集痕迹,称为芽鳞痕(bud scale scar)。在季节性明显的地区,往往可以根据枝条上芽鳞痕的数目,以判断其生长年龄和生长速度;枝条的外表可以看见一些小型白色或褐色的皮孔。皮孔的形状、颜色和分布的疏密情况因植物而异。此外,有些植物的枝条上还有表皮毛、腺毛等多种类型的毛状附属物,具有分泌作用或保护作用。茎上着生有叶、花和果实,具有节和节间而与根相区别。

2) 芽和芽的类型

芽(bud)是处于幼态而未伸展开的枝、花或花序。包括以下类型:

按芽在枝上的位置,芽可分为定芽(normal bud)和不定芽(adventitious bud)。定芽又可分两类:顶芽(terminal bud)是生在主干或侧枝顶端的芽。腋芽(axillary bud)是生在枝的侧面叶腋内的芽,也称侧芽(lateral bud)。一个叶腋内通常只有一个腋芽,有些植物的腋芽多于一个,其中后生的芽称为副芽(accessory bud)。有些植物如悬铃木(*Platanus*)的腋芽生长位置较低而被覆盖在叶柄基部内,直到叶落后才显露出来,称为叶柄下芽(subpetiolar bud)。有叶柄下芽的植物,叶柄基部往往膨大;生长在茎节间或是根、叶上,没有固定着生部位的芽,称为不定芽,如甘薯根上的芽,落地生根(*Kalanchoe pinnatum*)叶上的芽,桑、柳等老茎或创伤切口上产生的芽,都属不定芽。

按芽鳞的有无可分为两类:大多数多年生木本植物越冬芽的外面有鳞片(scale)包被,称为被芽(protected bud)或鳞芽(scaly bud)。鳞片也称芽鳞(budscale)是幼态成熟而变态的叶片,起保护幼嫩的芽、减低蒸腾、防止干旱和冻害的作用;有些植物的芽外面没有芽鳞而只被幼叶包被，称为裸芽(naked bud)，如常见的黄瓜、枫杨(*Pterocarya stenoptera*)等的芽。

按芽所形成器官的性质可分为叶芽(leaf bud)、花芽(flower bud)和混合芽(mixed bud)。叶芽由顶端分生组织、叶原基、腋芽原基和幼叶组成。花芽是产生花或花序的雏体，由一些花部原基组成。可以同时发育成枝和花的芽称为混合芽，如梨(*Pyrus sorotina*)、海棠(*Malus spectabilis*)等的芽。玉兰(*Magnolia denudata*)、紫荆(*Cercis chinensis*)等植物，花芽先开展，开花后枝芽才开始活动，形成先花后叶的现象。

按芽的生理活动状态可分为活动芽(active bud)和休眠芽(dormant bud)。活动芽是指在当年生长季节形成新枝、花或花序的芽。一般一年生草本植物的多数芽都是活动芽。休眠芽或潜伏芽(latent bud)指在许多枝上往往只有顶芽和近上端的一些腋芽活动，大部分的腋芽在生长季节不生长，不发展，保持休眠状态，一般温带的多年生木本植物多具休眠芽。

3) 茎的生长习性

在长期的进化过程中，不同植物的茎形成了不同的生长习性，以适应外界环境，使叶在空间合适分布，尽可能地充分接受日光照射，制造自己生活需要的营养物质，并完成繁殖后代的生理功能。茎具有4种主要的生长方式：

(1) 直立茎(erect stem)。是背地生长，直立地面的茎。大多属植物的茎属于直立茎，如蓖麻、向日葵(*Helianthus annuus*)、白杨(*Populus alba*)等。

(2) 缠绕茎(twining stem)。茎幼时较柔软，不能直立，以茎本身缠绕于其他支柱上升。缠绕茎的缠绕方向，有些是左旋的，即按逆时针方向的，如茑萝(*Quamoclit pennata*)、牵牛(*Pharbitis nil*)、马兜铃(*Aristolochia debilis*)和菜豆(*Phaseolus vulgaris*)等；有些是右旋的，即按顺时针方向的，如忍冬(*Lonicera japonica*)。有些植物的茎既可左旋，也可右旋，称为中性缠绕茎，如何首乌(*Polygonum multiflorum*)的茎。

(3) 攀援茎(climbing stem)。茎幼时较柔软，不能直立，以特有的结构攀援它物上升。按攀援结构的性质，可分成以下5种：以卷须攀援的，如丝瓜(*Luffa cylindrica*)、豌豆(*Pisum sativum*)、黄瓜、葡萄(*Vitis vinifera*)、乌蔹莓(*Cayratia japonic*)、南瓜(*Cucurbita moschata*)等的茎；以气生根攀援的，如常春藤(*Hedera nepalensis*)、络石、薜荔(*Ficus pumila*)等的茎；以叶柄攀援的，如旱金莲(*Tropaeolum majus*)、铁线莲(*Clematis florida*)等的茎；以钩刺攀援的，如白藤(*Calamus tetradactylus*)、猪殃殃(*Galium aparine*)等的茎；以吸盘攀援的，如爬山虎(地锦)(*Parthenocissus tricuspidata*)的茎。有缠绕茎和攀援茎的植物，统称藤本植物(liana)。

(4) 匍匐茎(creeping stem)。茎细长柔弱，沿着地面蔓延生长，如草莓(*Fragaia ananassa*)、甘薯、虎耳草(*Saxifraga stolonifera*)等的茎。匍匐茎节间较长，节上生有不定根，芽会生长成新株。栽培甘薯和草莓就是利用它们这一特性进行繁殖。草莓产生的新株，成为独立的个体后，相连的细茎节间即行死去，根据这一特点，有时将草莓自匍匐茎中分出，另立一类，称为纤匍枝(runner)。

4) 茎的分枝

分枝是植物生长中普遍存在的现象，能增加植物体的同化和吸收面积，增加植物生物量，使其具有更强的繁殖能力。各种植物的分枝有一定的规律，常见的分枝方式有以下5类：

(1) 单轴分枝(monopodial branching)。主茎顶芽生长旺盛，形成直立粗壮主干，而侧枝的发育程度远不如主茎。侧枝也以同样的方式形成次级侧枝。如松、白杨等。单轴分枝在蕨类植物和裸子植物中占优势。

(2) 合轴分枝(sympodial branching)。顶芽生长一段时间后死亡或生长极慢，或分化为花芽，靠近顶芽的一个腋芽迅速发展成为新枝，代替主茎的位置。不久，这一新枝的顶芽又同样停止生长，再由其侧下的一个腋芽发育成枝条，如此重复进行，使树冠呈开展状态，既提高了支持和承受能力，又使枝、叶繁茂，通风透光，有效地扩大光合作用面积，是先进的分枝方式。合轴分枝是被子植物主要的分枝方式。

(3) 假二叉分枝(false dichotomous branching)。顶芽生长出一段主茎后，停止发育或分化为花芽，其下两侧对生侧芽同时发育形成新枝，新枝的顶芽和侧芽生长活动与主茎相同，如此继续重复，如丁香(*Syzygium aromaticum*)、石竹(*Dianthus chinensis*)等。假二叉分枝是合轴分枝的一种特殊形式，与蕨类等植物的二叉分枝不同。

(4) 二叉分枝(dichotomous branching)。二叉分枝由顶端分生组织一分为二所致，属于比较原始的分枝方式，多见于低等植物和部分高等植物如苔藓植物的苔类和蕨类植物的石松(*Lycopodium*)、卷柏(*Selaginella tamariscina*)等。

(5) 分蘖(tiller)。大部分禾本科植物的分枝集中发生在接近地面或地面以下分蘖节(tillering node)上。分蘖节包括几个节和节间，节和节间密集在一起，里面贮藏丰富的有机养料，能产生腋芽和不定根。由腋芽形成的分枝称为分蘖，分蘖上又可产生新的分蘖。

5) 茎的性质

不同植物茎的木质化程度差异很大，据此可将植物分为木本植物和草本植物。木本植物的茎含有大量的木质素，一般比较坚硬，又可以分为乔木(有明显主干的高大树木，如杨树等)和灌木[主干不明显，比较矮小，基部常分枝如紫荆(*Cercis chinensis*)]；草本植物含木质素很少，可分为一年生草本[生活周期在本年内完成，如水稻(*Oryza sativa*)、棉花(*Gossypium*)]、二年生草本(生活周期在两个年份内完成，如小麦)和多年生草本[植物地下部分生活多年，每年继续发芽生长，如甘蔗(*Saccharum officinarum*)]。

6) 变态茎

茎的变态是指有些植物的茎为了适应不同的功能，在形态结构上发生了一些变化并可以遗传下去。可以分为地上茎(aerial stem)的变态和地下茎(subterraneous stem)的变态两种类型。地上茎的变态包括茎刺(stem thorn)、茎卷须(stem tendril)、叶状茎(phylloid)、小鳞茎(bulblet)和小块茎(tubercle)等。地下茎的变态包括根状茎(rhizome)、块茎(tuber)、鳞茎(bulb)和球茎(corm)等。

2. 茎的结构

1) 茎尖的结构

茎尖和根尖一样，由一团分生能力很强的分生组织细胞组成，不断地进行分裂，产生新的细胞。被子植物茎的生长锥有分层现象，在生长锥的基部形成叶原基、幼叶和腋芽原基，它们再分裂和再分化成为枝和叶。

2) 茎的初生结构

(1) 双子叶植物茎的初生结构。双子叶植物茎的初生结构分为表皮、皮层和维管柱。表皮由一层砖形细胞组成，包在茎的表面，有保护作用。表皮细胞为生活细胞，但不含叶绿体。表皮细胞外壁较厚并有角质层，这些结构是植物气生部分表皮细胞的共同特征，主要功能是控制蒸腾作用，增加表皮的坚固性。表皮细胞有气孔和表皮毛；茎的皮层是由基本分生组织细胞衍生而成，由多层细胞构成，包含多种组织，其中最主要是由生活细胞构成的薄壁组织，具有细胞间隙。靠近表皮的薄壁组织含叶绿体，能进行光合作用，故幼茎常呈绿色；茎的皮层常常有厚角组织并成束出现，故使茎呈棱形，如南瓜的茎；维管柱往往由分开的初生维管束（由初生韧皮部、形成层和初生木质部组成）和夹在中间的束间薄壁组织组成；髓居茎的中心，结构因种而异，一般由薄壁组织组成，有细胞间隙和叶绿体；髓射线位于维管束之间，由薄壁细胞组成，内连髓部，外通皮层，在横断面上呈放射线状。髓射线的功能在髓和皮层间有横向运输作用并有贮藏功能。

（2）裸子植物茎的初生结构。裸子植物茎的初生结构包括表皮、皮层和维管柱。与双子叶植物茎的主要区别是大多数裸子植物茎的木质部是由管胞组成，无导管分子。初生木质部的原生木质部由环纹或单螺纹的管胞组成，而后生木质部是由复螺纹或梯纹管胞组成。韧皮部由筛胞组成，不形成韧皮纤维。

（3）单子叶植物茎的初生结构。绝大多数单子叶植物的维管束由木质部和韧皮部组成，没有形成层。维管束有两种排列方式，一种是维管束全部无规则地分散在整个基本组织内，越向外越多，越向中心越少，皮层和髓很难分辨；另一种是排列较规则，一般成两圈，中央为髓。维管束虽然有不同的排列方式，但维管束的结构却是相似的，都是外韧维管束，同时也是有限维管束。大多数单子叶植物只有伸长生长产生的初生结构。

3）茎的次生结构

（1）木本双子叶植物茎的次生结构。位于初生韧皮部和初生木质部之间的束中形成层（fascicular cambium）和位于两个维管束之间的束间形成层（interfascicular cambium）进行径向和横向分裂，使茎不断加粗。所产生的次生木质部称为木材。在木材的横切面上，可以见到若干同心圆环，称为年轮（annual ring）。年轮的产生是由于形成层的活动受气候季节变化的影响，春夏季形成层活动旺盛，产生的木质部细胞大、细胞壁薄，木材质地色浅称为早材（early wood）或为春材（spring wood），夏末至秋季产生的木质部细胞小、壁厚，木材质地坚实颜色深，称为晚材（late wood）或夏材（summer wood）。一年中形成的早材和晚材组成了年轮。同一年的早材和晚材的变化是逐渐过渡的，但是头一年的晚材和翌年的早材之间具有明显的界限。在正常情况下，年轮每年可形成一轮，但是有些植物一年内形成层可以活动几次，形成几个年轮，称为假年轮（false annual ring），如柑橘属植物。气候异常、虫害发生等也能导致假年轮的形成；形成层每年不断地产生次生木质部而使次生木质部逐年积累，多年生老茎的次生木质部内外层的性质发生变化，出现了边材（sap wood）与心材（heart wood）之分。边材是靠近形成层部分，是近几年形成的次生木质部，颜色浅，具有木薄壁组织，其导管、管胞和木薄壁组织有效地担负输导和贮藏的功能，木质差、疏松；心材靠近茎中央部分，是形成较久的次生木质部，颜色较深，其导管和管胞由于侵填体（心材附近的薄壁细胞从纹孔处侵入导管或管胞，膨大或沉积树脂、单宁、油类等物质，形成部分或完全阻塞导管或管胞的突起结构）的形成而失去输导功能，木质好、致密。随着茎的次生生长，新的边材相继产生，老的边材逐年成为心材，能更强地巩固和支持植株。少数木本植物在生长后期，心材被菌类侵入而腐烂，形成空心树干，虽能生活，但易为外力所折断；维管形成层活动的结果使茎不断加粗，表皮由于内部组织的生长产生的压力而被破坏，外围的皮层或表皮细胞恢复分生能力，形成木栓形成层，进而产生次生保护组织——周皮。

（2）裸子植物茎的次生结构。多数裸子植物茎的次生木质部主要是由管胞、木薄壁组织和射线所组成，除少数种类如买麻藤目（*Gnetales*）外，均无导管，没有典型的木纤维。管胞兼具输送水分和支持的双重作用。裸子植物次生韧皮部的结构比较简单，是由筛胞、韧皮薄壁组织和射线所组成。一般没有伴胞和韧皮纤维，有些松柏类植物茎的次生韧皮部中，也可能产生韧皮纤维和石细胞。有些裸子植物(特别是松柏类植物中)茎的皮层、维管柱(韧皮部、木质部、髓、甚至髓射线)中,常分布着许多管状的分泌组织,即树脂道。

(3) 单子叶植物的次生结构。大多数单子叶植物没有次生结构,茎的加粗是由于细胞的长大或初生加厚分生组织平周分裂的结果;少数热带或亚热带的单子叶植物如龙血树(*Dracaena angustifolia*)、朱蕉(*Cordvline fruticosa*)、丝兰(*Yucca filamentosa*)、芦荟(*Aloe vera*)等的茎有次生生长和次生结构,其维管形成层的发生和活动情况不同于双子叶植物,一般是在初生维管组织外方产生形成层,形成新的维管组织(次生维管束)。

2.3.3 叶

叶(leaf)是种子植物制造有机养料的重要器官,是植物进行光合作用和蒸腾作用的主要场所,此外,也还有吸收、繁殖、贮藏等功能。

1. 叶的组成

双子叶植物的叶包括叶片、叶柄、托叶。具叶片、叶柄和托叶三部分的叶,称为完全叶(complete leaf);有些叶只具一或两个部分的,称为不完全叶(incomplete leaf)。禾本科植物的叶由叶片和叶鞘(leaf sheath)两部分组成,在叶片和叶鞘连接处为叶枕(pulrinus)(或叶颈),两侧有叶耳(couricle),腹面有叶舌(ligulale)等,竹子的秆生叶称为竹箨,是特化了的叶。叶基、叶尖、叶形变化多种多样。叶的质地依植物而异,可以分为革质(coriaceous)(叶厚韧似皮革)、膜质(membranaceous)(叶薄而呈半透明,不呈绿色)、草质(herbaceous)(叶薄而柔软)和肉质(叶肥厚多汁)。

2. 叶脉及脉序

叶脉(vein)是贯穿在叶肉内的维管组织与机械组织,主要由木质部和韧皮部、机械组织等组成。通常与叶柄和茎的维管束相连。来自叶柄中的维管组织等直接发育成主脉,主脉上的各级分枝称侧脉,即主脉→侧脉→支脉→细脉。叶脉在叶肉中的规律性排列称为脉序(venation)。常见的脉序有:

(1) 网状脉序(netted venation)。细脉相互交织成网状,网内有游离细脉。是双子叶植物叶脉特征。又可分为羽状脉(具有一条明显的主脉,两侧分出许多侧脉,如玉兰等)、掌状脉[侧脉从叶基出发,排成掌状,如悬铃木等]和三出脉[主脉两侧只产生一对明显的侧脉,如枣(*Zizyphus jujuba*)、樟树(*Cinnamomum camphora*)等]。

(2) 平行脉序(parallel venation)。各脉从叶基近于平行发出,在叶尖汇合,在叶脉间可能有细脉相连,但是不成网状,脉内无游离细脉。可再分直出平行脉(叶较狭窄,各条叶脉平行发出,在叶尖汇合)、弧形脉(万寿竹 *Disporum cantoniense*)、射出脉(落葵 *Basella rubra*、棕竹 *Rhapis excelsa*)、横出平行脉(芭蕉 *Musa basjoo*)等类型。

(3) 叉状脉序(dichotomous venation)。叶脉二叉状分枝,可以多级分枝,如蕨类、少数裸子植物如银杏 *Ginkgo liloba*)、毛茛科的星叶草(*Circaeaster agristis*)和独叶草(*Kingdonia uniflora*)。

3. 叶序和叶镶嵌

叶在茎上都有一定规律的排列方式,称为叶序(phyllotaxy)。常见类型(图 2.9)为:互生

(alternate),每节着生1片叶,如樟树等;对生(opposite),每节相对着生2片叶,如女贞(*Ligusrtum lrcidum*)等;轮生(whorled 或 verticillate),每节着生3片或3片以上的叶,如夹竹桃(*Nerium indicum*)、猪殃殃等;簇生(丛生)(fascicled),节间缩短密接,叶成簇着生在短枝上,如银杏、金钱松(*Pseudolarix pseudolarix*);基生(bathyphyll),植物无明显的地上茎,叶从植株贴地面的基部生出,如蒲公英(*Taraxacum officnala*)等。无论是哪一种叶序,茎上相邻两节的叶,总是不相重叠,往往通过叶柄长短变化或以一定的角度彼此错开排列,这种现象称为叶镶嵌(leaf mosaic)。叶镶嵌使茎上的叶片互不遮蔽,有利于光合作用的进行,并使茎的负载平衡。

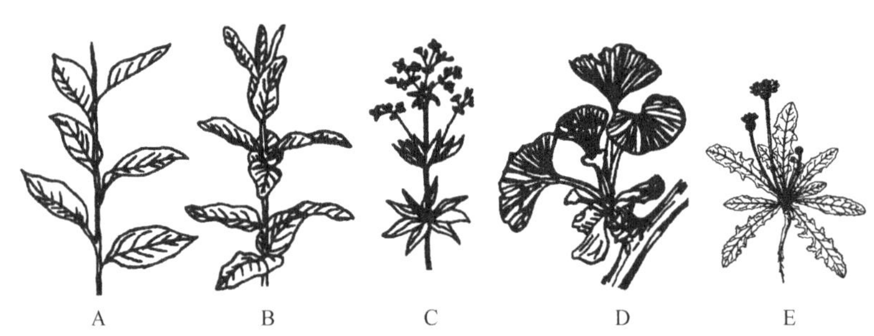

图 2.9 叶序的类型(马丹炜,2009)

A. 互生叶;B. 对生叶;C. 轮生叶;D. 簇生叶;E. 基生叶

4. 异形叶性

一般情况下,一种植物具有一定形状的叶,但有些植物如桉属(*Eucalyptus*)、构树(*Broussonetia papyrifera*)等在一个植株上有不同形状的叶。这种同一植株上具有不同叶形的现象,称为异形叶性(heterophylly)。异形叶性的发生,有两种情况:一是叶因枝的老幼不同而叶形各异;二是由于外界环境的影响。

5. 单叶和复叶

单叶(simple leaf)是在一个叶柄上只生一片叶片,如桃(*Prunus persica*)、板栗(*Castanea mollissima*)等。禾本科植物的叶是较为复杂的单叶;复叶(compound leaf)是在叶柄上着生两片以上完全独立的小叶(片)。复叶的叶柄称为叶轴(rachis)或总叶柄(common petiole)。叶轴上所生的许多叶称为小叶(leaflet),小叶的叶柄即为小叶柄(petiolule)。根据小叶在总叶柄上的排列方式,可将复叶分为以下类型:

(1) 羽状复叶(pinnately compound leaf)。小叶在总叶柄两侧排成羽毛状,根据总叶柄分枝的情况而分成一回羽状复叶(总叶柄不分枝)如龙眼(*Dimocarpus longana*)、橄榄(*Canavium album*)等、二回羽状复叶(总叶柄分枝一次)如栾树(*Koelreuteria paniculata*)等、多回羽状复叶(总叶柄分枝三次以上)如南天竹(*Nandina domestica*)等;根据小叶是单数还是复数,羽状复叶又可分为奇数羽状复叶(小叶片总数为奇数)如月季(*Rosa chinensis*)等和偶数羽状复叶(小叶片总数为偶数)如花生等。

(2) 掌状复叶(palmately compound leaf)。4片以上的小叶集中在总叶柄顶端,排列呈掌状,如大麻。可根据叶柄分枝的情况分为一回掌状复叶、二回掌状复叶等。

(3) 三出复叶(ternately compound leaf)。3片小叶着生在总叶柄上。3片小叶的小叶柄等长，称为掌状三出复叶，如酢浆草（*Oxalis corniculata*）；顶端小叶柄较长，称为羽状三出复叶，如象牙红（*Erythrina corallodendron*）等。

(4) 单身复叶（unifoliate compound leaf）。三出复叶的两片侧生小叶退化，特点是总叶柄扁平成翅，总叶柄和叶片间有关节，如柚（*Citrus maxima*）等。

复叶和单叶有时易混淆，这是由于对叶轴和小枝未加仔细区分的结果。叶轴和小枝实际上有着显著的差异，叶轴的顶端没有顶芽，而小枝常具顶芽；小叶的叶腋一般没有腋芽，芽只出现在叶轴的腋内，而小枝的叶腋都有腋芽；复叶脱落时，先是小叶脱落，叶脱落，最后叶轴脱落；小枝上只有叶脱落；叶轴上的小叶与叶轴成一平面，小枝上的叶与小枝成一定角度。

6. 变态叶

叶最易受外界环境的影响，可塑性很大，因而具有多样化的变态。有起保护作用的苞片（bract），具保护花、果实、芽的作用；叶刺（leaf thorn）是叶或托叶变成刺状，可防御虫害和兽害，如小蘗（*Berberis vulgaris*）、洋槐（*Robinia pseudoacacia*）等；有些变态叶起贮藏作用，如景天（*Sedum erythrostictum*）和马齿苋（*Portulaca oleracea*）的肉质叶（leaf succulent）内有发达的贮水组织，百合（*Lilium*）、洋葱（*Allium cepa*）等茎上的鳞叶（scale leaf）肉质而肥厚贮藏了大量养料和水分；叶卷须（leaf tendril）是起攀缘作用的变态叶，如豌豆的顶叶和牛尾菜（*Smilax riparia*）的托叶均可变为卷须，卷须纤细而柔嫩，利于攀缘生长；起营养作用的变态叶，如台湾相思（*Acacia confusa*）等植物的叶柄变成叶状柄（phyllode），可行叶的光合作用；有些植物具有能捕食昆虫的捕虫叶（insect-catching leaf），具有捕虫叶的植物称为食虫植物（insectivorous plant）或肉食植物（carnivorous plant），这些植物生长在亚热带或热带缺乏养料的酸性土壤上，叶子中具有消化液（内含胃蛋白质酶和胰蛋白质酶），能消化分解动物性食物。同时仍然具有叶绿体，可以进行光合作用，多呈瓶状如猪笼草（*Nepenthes distillatoria*）、盘状如茅膏菜（*Drosera pelata*）和囊状如狸藻（*Utricularia vulgaris*）等。

7. 叶的结构

叶柄的结构一般与茎的结构相似，由表皮、基本组织和维管束三部分组成。表皮一般只有一层细胞，表皮内为薄壁组织，其中的厚角组织是叶柄的主要机械组织；维管束成半圆形分散排列在薄壁组织中，和茎中的维管束结构相似。木质部在向茎面，韧皮部在背茎面。在双子叶植物中，木质部和韧皮部之间往往还有一层形成层，但只有短时间的活动。

被子植物叶片构造基本一致，基本结构由表皮、叶肉（绿色组织）及叶脉（维管组织）三部分组成。上下表皮以内的绿色同化组织是叶肉，其细胞内富含叶绿体，是叶进行光合作用的场所。有栅栏组织和海绵组织分化的叶称异面叶（dori-ventral leaf，biracial leaf），没有栅栏组织和海绵组织分化的叶，或上下表皮都有栅栏组织、中间夹着海绵组织的叶称等面叶（isobilateral leaf）。

2.3.4　花

花（flower）是具有生殖作用的变态短枝，是形成有性生殖过程中的大孢子、小孢子或雌雄配子，并进一步发育为种子和果实的器官。裸子植物的花比较简单，被子植物的花由花柄（pedicel）、花托（receptacle）、花被（perianth）、雄蕊群（androecium）、雌蕊群（gynoecium）组成。花的来源：枝条→茎→（逐渐缩短）花柄，叶（演变）→花萼、花冠、雄蕊、雌蕊。根据花中雌蕊、雄蕊的有无，把花分为 3 类：两性花（bisexual flower）：兼有雄蕊和雌蕊的花；单性花（unisexual flower)，仅有雄蕊或雌蕊的花；无性花(neutral flower)，花中既无雄蕊，又无雌蕊的花。

1. 花的组成

1）花柄

花柄也称花梗，是茎和花相连的通道和着生花的小枝，可以把花展布在枝条显著的位置上。花柄长短因植物而异。

2）花托

花托是花柄或小梗顶端膨大部分，花被、雄蕊群和雌蕊群按照一定的方式着生在上面。形状可以是扁平、凸起、圆锥状、倒锥状、坛状。

3）花被

花被在花中起保护作用，有些花被有助于传粉。有些植物的花被分化为花萼(calyx)和花冠(corolla)。根据花被的情况，把花分为单被花(只有花萼或花冠)、双被花(具花萼和花冠)、裸花(无花被)和同被花(无花萼、花冠分化)。

花萼是由若干萼片(sepal)所组成，着生在花托的最外轮，在花蕾时期起保护作用。萼片常为绿色。根据萼片的离合状况可以分为离萼(萼片彼此分离)和合萼(萼片彼此全部合生或基部彼此联合，联合的部分称萼筒，分离部分称萼裂片)；有些植物的花萼有两轮，外轮的称为副萼，如扶桑(*Hibiscus rosasinensis*)等；萼片通常早落，但也有开花后还存在的，如柿(*Diospyros kaki*)、茄(*Solanum melongena*)、番茄等，称为萼片宿存或宿存萼。

花冠位于花萼的里面，由若干花瓣(petal)组成。花瓣细胞内含有花青素或有色体，因而花具有鲜艳的颜色。有些植物的花瓣还可分泌挥发油。花瓣可以是分离的，或是合生的，合生的下部称为花冠筒，上部称为瓣片或称冠檐。具有分离花瓣的花叫离瓣花，如桃；花瓣联合在一起的花叫合瓣花，如牵牛。有的植物花瓣下部联合上端分离，如南瓜。花冠形状多种多样，可以分为蔷薇形花冠、十字花冠、蝶形花冠、唇形花冠、漏斗形花冠、钟形花冠、管状花冠、舌状花冠等(图 2.10)；根据花冠大小和形状的对称情况，又可分为辐射对称和两侧对称，前者又称为整齐花，后者又称为不整齐花。也有不对称的花冠，如美人蕉(*Canna generalis*)的花；花瓣在芽时的排列分为镊合状排列、旋转状排列和覆瓦状排列。

图 2.10　花冠的类型

4）雄蕊群

雄蕊群是一朵花中雄蕊(stamens)的总称。雄蕊位于花冠的里面，一般直接着生在花托上。雄蕊是特化的叶，故又称小孢子叶(microsporophyll)，每一雄蕊由花丝和花药两部分组成。花药产生小孢子，小孢子再发育成为花粉粒。花药通常有 4 个小孢子囊(花粉囊)，分为两半。花粉粒在花粉囊中产生，花粉成熟后，花粉囊壁破开，花粉散出。一朵花中的雄蕊一般长短相等，但是也有长短不等的，如十字花科植物雄蕊 6 枚，其中外轮 2 枚花丝短，内轮 4 枚花丝长，称为四强雄蕊(tetradynamous stamen)，唇形科植物和玄参科许多植物的花中有 4 枚雄蕊，花丝 2 长 2 短，称为二强雄蕊(didynamous stamen)。根据雄蕊花丝、花药的联合情况，可将雄蕊分为：单体雄蕊(monodelphous stamen)指花药分离，花丝联合成一束，如棉花；二体雄蕊(diadelphous stamen)指花丝联合成两束，花药分离，如豌豆；多体雄蕊(polydelphous stamen)指花丝联合成 3 束或 3 束以上，花药分离，如金丝桃(*Hypericum chinense*)；聚药雄蕊(synantherous stamen)指花丝分离花药联合，如菊科和葫芦科植物。

5）雌蕊群

雌蕊群是由雌蕊(pistils)组成。每一雌蕊由柱头(stigma)、花柱(style)和子房(ovary)三部分组成。构成雌蕊的基本单位是心皮(carpel)或称大孢子叶(megasporophyll)，心皮是具有生殖作用的变态叶。根据雌蕊心皮的数目、联合情况将雌蕊分为：单雌蕊(simple pistil)指一朵花中的雌蕊只由一个心皮构成，如大豆；离生雌蕊(apocarpous pistil)指一朵花中含有数个心皮，每个心皮独自形成一个雌蕊，各雌蕊彼此分离，如玉兰；合生雌蕊(syncarpous pistil)或复雌蕊(compound pistil)指一朵花中的心皮彼此联合。心皮边缘愈合处为腹缝线，心皮中肋处为背缝线。

子房在花托上着生的形式分为上位子房(superior ovary)、半下位子房(half-inferior ovary)、下位子房(inferior ovary)等(图 2.11)。

上位子房子位花

上位子房周位花

半下位子房周位花

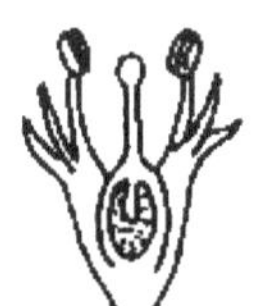
下位子房上位花

图 2.11　子房位置模式图(金银根，2006)

子房内包藏着一个或多个胚珠(ovule)，胚珠由一个珠心和包在珠心外面的一层或两层珠被构成。在胚珠顶部有珠孔(micropyle)，是珠被遗留下的小孔，其下就是珠心。胚珠以珠柄(funiculus)和胎座相连，珠柄中有维管束，沟通子房与胚珠。珠被、珠心、珠柄相结合的部分称合点(chalaza)。由于胚珠在发育过程中各部分的细胞分裂和生长速率不同，形成了不同类型的胚珠(图 2.12)。各部分生长均匀的胚珠，珠孔、合点和珠柄在一条直线上，称为直生胚珠(orthotropous ovule)；胚珠呈 180°倒转，珠孔靠近珠柄的胚珠称为倒生胚珠(anatropous ovule)；各部分生长速度不同而弯转 90°称为横生胚珠(amphitopous ovule)；胚珠下部保持直立，上部扭转，使胚珠上半部弯曲，珠孔朝下，向着基部，但珠柄并不弯曲，称为弯生胚珠(campylotropous ovlue)；珠柄特别长，并且卷曲，包住胚珠，称为拳卷胚珠(cicinotropous ovule)。在珠心中产生大孢子母细胞(megaspore mother cell)，并经过减数分裂产生大孢子(megaspore),有大孢子发育为胚囊,胚囊为被子植物的雌配子体。成熟的胚囊有7个细胞:1个卵细胞,2个助细胞、3个反足细胞,1个中央细胞(有2个极核)。卵、助细胞、中央细胞在结构上和功能上密切联系,合称为雌性生殖单位(female germ unit,FGU)。

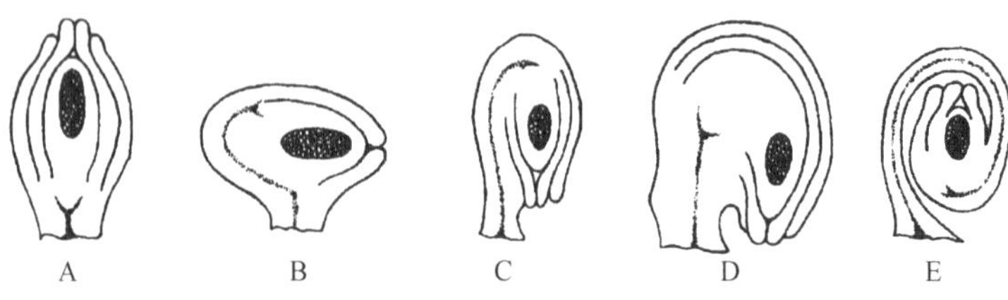

图 2.12 胚珠的类型(陆时万等,1991)
A. 直生胚珠;B. 横生胚珠;C. 倒生胚珠;D. 弯生胚珠;E. 拳卷胚珠

子房内壁生长胚珠的地方称胎座(placenta),是胚珠孕育的场所,是种子发育成熟过程中养料的供应基地。由于心皮的数目和胚珠着生的部位不同,形成了不同的胎座类型(图 2.13):边缘胎座(marginal placentation),单子房,胚珠着生在心皮愈合的腹缝线上,如豆科植物;侧膜胎座(parietal placentation),单室复子房,胚珠沿腹缝线着生,全在子房周边的位置,如番木瓜(*Carica papaya*)、南瓜等;中轴胎座(axile placentation),多室复子房,心皮的边缘在子房中央连合成中轴,胚珠着生于心皮交汇处的中轴周围,如柑橘类、扶桑等;特立中央胎座(free central placentation),单室复子房,子房底部隆起成中轴,中轴不到子房的顶部(石竹科、马齿苋科、报春花科);顶生胎座(apical placentation)(悬垂胎座),单室复子房中胚珠只有1个,胚珠着生在子房的顶部。如瑞香科、桔梗科、樟科等;基生胎座(basal placentation),单室复子房中胚珠只有一个,胚珠着生在子房底部,如菊科、苋科、藜科等。

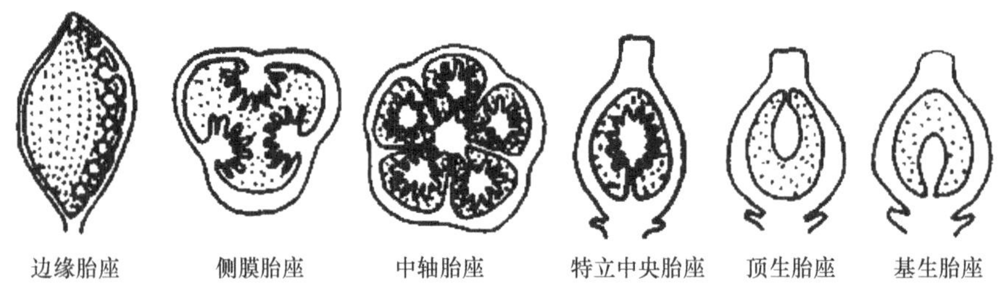

图 2.13 胎座的类型(改自金银根,2006)

2. 花序及其类型

有些被子植物的花单生于枝顶或叶腋部位,称为单生花,如玉兰、桃;大多数被子植物的花则按一定规律排列在一总花柄上,称为花序(inflorescence),总花柄称为花序轴或花轴(rachis)。每一朵花的花柄或花序轴基部生有苞片(bract),有的苞片密集在一起形成总苞,如向日葵。根据花序轴分枝的方式和开花的顺序,将花序分为无限花序和有限花序两类。

1) 无限花序

无限花序(indefinite inflorescence)的特点是在开花期间其花序轴可继续生长,不断产生新的苞片与花芽,开花的顺序是花序轴基部的花或边缘的花先开,顶部花或中间的花后开。根据花序轴的变化、花柄的长短和有无，花的类型等分为总状花序（raceme）、伞房花序（corymb）、伞形花序（umbel）、穗状花序（spike）、葇荑花序（catkin）、肉穗花序（spadix）、头状花序（capitulum）和隐头花序（hypanthodium）。以上类型花序轴不分枝，称为简单花序（simple inflorescence），花序轴分枝的，并且每一分枝是简单花序中的一种，称为复合花序（compound inflorescence），包括圆锥花序（panicle）（复总状花序）、复穗状花序（compound spike）、复伞形花序（compound umbel）、复伞房花序（compound corymb）、复头状花序（compound capitulum）等类型（图 2.14）。

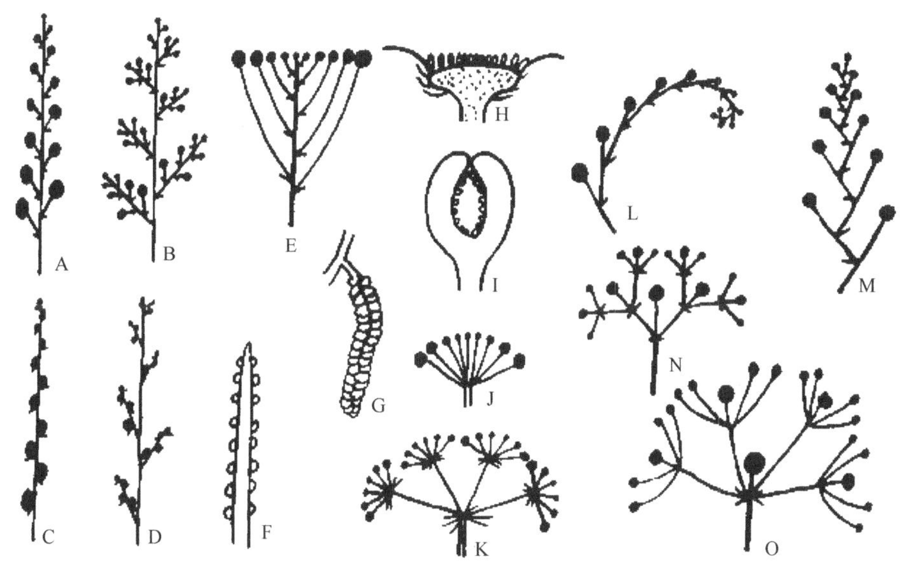

图 2.14　花序的类型（周云龙，2004）

A. 总状花序；B. 圆锥花序；C. 穗状花序；D. 复穗状花序；E. 伞房花序；F. 肉穗花序；G. 葇荑花序；H. 头状花序；I. 隐头花序；J. 伞形花序；K. 复伞形花序；L. 螺状聚伞花序；M. 蝎尾状聚伞花序；N. 二歧聚伞花序；O. 多歧聚伞花序

2）有限花序

有限花序（definite inflorescence）开花顺序为自顶（上）至基部，自中心向外圈，花序轴丧失顶端生长能力。又分为以下几种类型（图 2.14）：

（1）单歧聚伞花序（monochasium）。合轴分枝的花轴，各侧枝从同一方向发出，整个花轴呈螺旋状弯曲，如勿忘我（*Myosotis sylvatica*），称螺状聚伞花序；如果各次分枝是左右相间长出，整个花序左右对称，称为蝎尾状聚伞花序，如唐菖蒲（*Gladiolus hybridus*）。

（2）双歧聚伞花序（dichasium）。顶花先形成，下方两侧同时发出一对分枝，如繁缕（*Stellaria media*）、石竹、大叶黄杨（*Euonymus japonicus*）等。

（3）多歧聚伞花序（pleiochasium）。每次在顶花下同时发育出 3 个以上的分枝，各分枝再以同样的方式分枝，各分枝自成一小聚伞花序。如大戟（*Euphorbia pekinensis*）、泽漆（*Euphorbia helioscopia*）等。

（4）轮状聚伞花序（verticillaster）。具有对生叶的植物，每叶腋长有一个聚伞花序，在枝条上成轮排列，益母草（*Leonurus japonicus*）、薄荷（*Mentha haplocalyx*）、紫苏等。

3. 禾本科植物的花

禾本科植物花的形态和结构比较特殊，现以小麦的花为例说明。小麦的麦穗由许多小穗构成。每一小穗由多朵花构成。小穗基部有 2 片坚硬的颖片(glume),称外颖和内颖,属于总苞片。颖片内有几朵花,其中基部的 2~3 朵能正常发育结实,称为能育花(fertile),上部的几朵往往发育不完全,不能结实,称为不育花(sterile flower)。能育花外面有 2 片鳞片状薄片包住,外边的一片是花基部的苞片,称外稃(lemma),有的小麦品种的外稃的中脉明显而延长成芒(awn)。里面一片称内稃(palea),属于外轮花被。内稃里面有 2 片小形囊状突起,称为浆片(lodicule),属于内轮花被。开花时,浆片吸水膨胀,使内、外稃撑开,露出花药和柱头。小麦的雄蕊有 3 个,花丝细长,花药较大,成熟开花时,常悬垂花外。雌蕊 1 个,有 2 条羽毛状柱头承受飘来的花粉,花柱并不显著,子房 1 室。不育花只有内、外稃,没有雌、雄蕊。

4. 花程式和花图式

为了简单地说明一朵花的结构,花各部分的组成、排列位置和相互关系,可以用一个公式或图案把一朵花的各部分表示出来,前者称花程式(floral formula),后者称花图式(floral diagram)。

5. 传粉与受精

1) 传粉

由花粉囊散出的花粉借助于一定的媒介力量(如风、动物、水以及自力等)被传送到同一朵花或另一朵花的柱头上的过程称为传粉(pollination)。分为自花传粉(self-pollination)和异花传粉(cross-pollination)。根据传粉的媒介,可以将花分为风媒花(anemophilous flower)、虫媒花(entomophilous flower)、鸟媒花(ornithophilous flower)等类型。

2) 受精作用

被子植物的受精作用包括花粉在柱头上萌发、花粉管在雌蕊组织中生长、花粉管进入胚珠与胚囊、两个精子分别与中央细胞和卵结合——双受精(double fertilization)等过程,受精卵将来发育为胚,受精极核将来发育为胚乳。双受精使单倍体的雌雄配子成为合子,恢复了 2 倍体的染色体数目;使父母亲本具有差异的遗传物质组合在一起,形成具有双重遗传性的合子,由此发育的个体有可能形成新的变异;在被子植物中胚乳也是经过受精的,多数被子植物的胚乳为 3 倍体,也具有父母亲本的双重遗传性,作为新一代植物胚的养料,能为之提供更好的发育条件与基础。双受精在植物界有性生殖中是最进化、最高级的形式。

2.3.5 种子

受精作用完成以后,胚珠发育成种子。种子是种子植物繁衍后代的特有结构。不同植物的种子形态、大小、色泽和附属物等方面都存在着差异。

1. 种子的组成

成熟的种子都具有胚(embryo)和种皮(seed coat,testa),有些植物的种子具有胚乳(endosperm)(图 2.15)。少数植物的种子还有外胚乳(perisperm)结构。种皮是种子外面的保护层(由珠被发育而成)。种皮的层数、厚薄等因植物种类不同而异。成熟的种子在种皮的一定部位都有种脐(hilum)(种子留下的斑痕)和种孔(micropyle)(来自于珠孔)。有些植物的种皮上还有种脊(rhaphe)(维管束集中分布的地方)和种阜(caruncle)(外种皮延伸而成的海绵状隆起物);胚是种子的重要组成部分,是未发育的新个体的雏体。胚由胚芽(plumule)、胚轴(hypocotyl)、子叶(cotyledon)和胚根(radile)四部分组成。胚轴和胚根分别发育成植株的茎叶和根等结构;胚乳是有胚乳种子中储藏营养物质(主要是淀粉、蛋白质和脂肪)的薄壁组织。种子萌发时,胚乳被胚消化吸收、利用。有胚乳种子中的胚很小(尤其是子叶细小)。有些植物在种子发育过程中,胚乳被胚全部吸收利用,营养物质储存到子叶中,这类种子的胚充满了整个种子,具有肥大的子叶。裸子植物的胚乳来自于雌配子体(n),被子植物的胚乳来源于受精极核($3n$);少数植物种类的种子在形成和发育过程中,胚珠的一部分珠心组织被保留下来,在种子中形成了类似于胚乳的营养组织,称为外胚乳,与胚乳来源不同,功能相同。

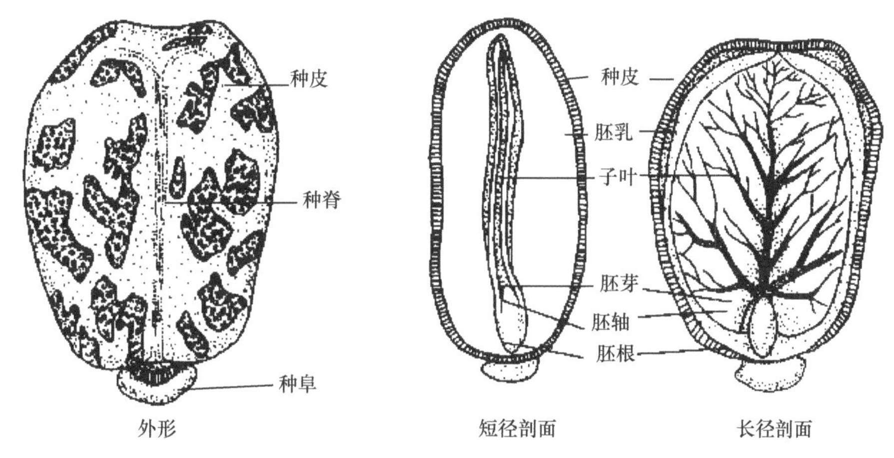

图 2.15　蓖麻种子外形及剖面

2. 种子的基本类型

根据成熟种子中有无胚乳,将种子分为两类:有胚乳种子(albuminous seed)由胚、胚乳、种皮组成,如蓖麻、番茄、烟草(*Nicotiana tabacum*)、小麦、水稻等;无胚乳种子(exalbuminous seed)由种皮和胚组成,缺乏胚乳,如大豆、落花生、慈姑(*Sagittaria trifolia*)等。

3. 种子的休眠

种子具有活力而处于不发芽的状态,称为种子的休眠(seed dormancy)。种子的休眠是植物适应环境和延续生存的一种特性。种子休眠的内在生理因素主要有:种皮机械压迫、对水和气的不透性、有抑制性物质、胚本身未发育成熟、缺少必需的激素或含有代谢抑制物质以及胚乳的合成、积累、转化尚未完成等。

4. 种子萌发

种子萌发(seed germination)是指在适宜的条件下,生理上已经成熟的种子的胚从休眠状态转变为活跃生长状态的过程。萌发的本质是水分、温度等因子使种子的某些基因表达和酶活化,引发一系列与胚生长有关的反应。种子萌发的内在条件包括完整的结构、生理上充分成熟、丰富的营养、充沛的活力;影响种子萌发的外因主要有水分、温度、氧气,有些种子的萌发还受光的影响。

5. 幼苗的类型

根据种子萌发时胚轴的伸长情况不同,以子叶是留在土里还是露出土面为标准将幼苗分为2类:

(1) 子叶出土的幼苗。这类植物的种子在萌发时,下胚轴迅速伸长,将上胚轴和胚芽一起推出土面,结果子叶出土,如棉花、菜豆和蓖麻。这些幼苗在真叶没有长出前,子叶见光后细胞内产生叶绿体,可以进行光合作用。一般子叶出土的幼苗不宜深播。

(2) 子叶留土的幼苗。这类植物的种子在萌发时,上胚轴伸长,而下胚轴不伸长,结果使子叶留在土壤中,如玉米(*Zea mays*)、小麦、水稻和蚕豆(*Vicia faba*)。子叶留土的幼苗其子叶作为吸收和贮藏营养物质的器官,在养料耗尽后脱落死亡。这一类植物可以适当深播,以得到更多的水分和养料。

2.3.6 果实

果实(fruit)是被子植物有性生殖的产物和特有结构。果实由子房或子房与花的其他部分如花托、花萼、花序轴共同参与形成。果实的形成,一般与受精作用有密切关系,但有些植物可以不经受精子房就发育成果实,称为单性结实(parthenocarpy)。单性结实的果实中没有种子,故称为无籽果实。单性结实有自发形成的,称为自发单性结实(autonomous parthenocarpy);也可通过某些诱导作用引起单性结实,称为诱导单性结实(induced parthenocarpy)。

1. 果实的组成

果实由果皮(pericarp)和种子组成,果皮可以分为外果皮(exocarp)、中果皮(mesocarp)和内果皮(endocarp)。

2. 果实的类型

根据果实的发育来源与组成,可将果实分为两类:真果(true fruit)是直接由子房发育而成的果实,如小麦、玉米、桃、茶(*Camellia sinensis*)等的果实;假果(spurious fruit 或 false fruit)是由子房、花托、花萼,甚至整个花序共同发育而成,如梨、苹果(*Malus pumila*)、瓜类、菠萝(*Ananas comosus*)和无花果(*Ficus carica*)等。

根据果实是由单花或花序形成、雌蕊的类型、果实的质地、成熟果皮是否开裂和开裂方式,花的非心皮组织部分是否参与形成果实等,分为3类(图2.16):单果(simple fruit)是由一朵花中的一个单雌蕊或复雌蕊参与形成的果实;聚合果(aggregate fruit)是指一朵花中的许多离生单雌蕊聚集生于花托,并与花托共同发育成的果实。每一离生雌蕊各发育成一个单果(小果),根据单果的种类可将其分为聚合瘦果如草莓等、聚合核果如悬钩子(*Rubus corchorifolius*)等、聚合坚果如莲(*Nelumbo nucifera*)等和聚合蓇葖果如八角、芍药(*Paeonia lactiflora*)等;复果(multiple fruit)或聚花果(collective fruit)是由整个花序发育成的果实。桑葚来源于一个雌花序,各花的子房发育成一小坚果,包藏于肥厚多汁的花萼内。菠萝的果实是由许多花聚生在肉质花轴上发育而成。无花果肉质花轴内陷成球囊状,囊的内壁上着生许多小坚果。根据果实成熟时的质地和结构,可将单果分为肉质果和干果两类。

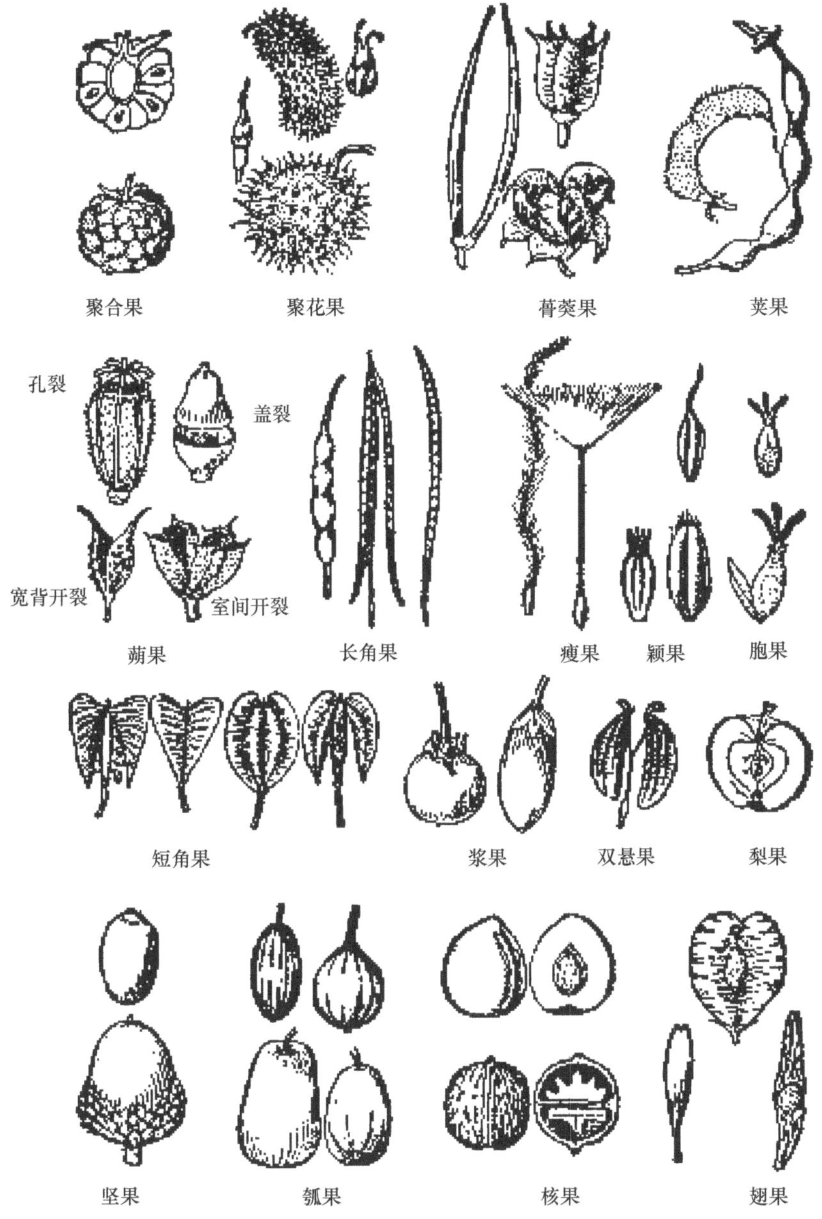

图 2.16 果实的类型(阎传海,2001)

1) 肉质果(freshy fruit)

果皮肉质多汁,按果皮来源和性质不同分为:

(1) 浆果(berry)。由复雌蕊的上位子房或下位子房发育而来。外果皮薄,中果皮、内果皮和胎座均肉质化,浆汁丰富,含一至多粒种子。上位子房发育来的,如番茄、葡萄、柿等;下位子房形成的如香蕉(*Musa* spp.)、瓜类等。浆果中有几类特殊的类型,葫芦科植物的果实是由下位子房发育而成的假果,花托和外果皮发育成坚硬的果壁,中果皮、内果皮肉质,侧膜胎座常较发达,特称为瓠果(pepo);柑橘类植物是由复雌蕊具中轴胎座的上位子房发育而成的果实。外果皮厚且外表革质,内部分布许多油囊;中果皮较疏松,具多分枝的维管束。内果皮膜质,其内表皮上生众多的囊状多浆的毛状体,为食用的部分,称为柑果(hesperidium)。

(2) 核果(drupe)。具有坚硬果核,由单雌蕊或复雌蕊的上位子房或下位子房发育而来,外果皮薄,中果皮厚,多肉质化,内果皮石质化,由石细胞构成硬核,含一粒种子,如桃、梅(*Prunus mume*)、李(*Prunus salicina*)、杏(*Prunus armenica*)等;椰子(*Cocos nucifera*)的中果皮成纤维状,俗称椰棕,内果皮即椰壳;核桃为2心皮下位子房发育成的核果。

(3) 梨果(pome)。是由花筒和子房联合发育而成的假果。通常花筒形成果壁,外果皮、中果皮均肉质化,内果皮常革质,如苹果、梨等。

2) 干果(dry fruit)

成熟时果皮干燥无汁,根据果实成熟后的果皮开裂情况分为裂果和闭果。

(1) 裂果(dehiscent fruit)。果皮成熟后自行开裂的干果。分为以下几种类型:

蒴果(capsule)由复雌蕊发育而来,子房室含多数种子。果实成熟时有几种开裂方式,常见的有:室背开裂,即沿心皮的背缝线裂开,如棉、百合、鸢尾(*Iris tectorum*)等;室间开裂,即沿心皮相接处的隔膜裂开,如烟草(*Nicotiana tabacum*)等;室轴开裂,即果皮外侧沿心皮的背缝线或腹缝线相接处裂开,但中央的部分隔膜仍与轴柱相连而残存,如牵牛、曼陀罗(*Datura*)等;盖裂,即果实中上部环状横裂成盖状脱落,如马齿苋、车前等;孔裂,即果实成熟时,每一心皮顶端裂一小孔,以散发种子,如虞美人(*Papaver rhoeas*)、金鱼草(*Antirrhinum majus*)等。

蓇葖果(follicle)由一个心皮或离生雌蕊心皮形成,果实成熟时沿着背缝线或腹缝线开裂,常见的是两个以上的蓇葖果聚生在花托上,如八角等。

荚果(legume)由单雌蕊发育而成,成熟时,有的植物果皮沿着腹缝线和背缝线裂成两瓣,如大豆等;有的并不开裂,如落花生、合欢(*Albizzia julibrissin*)、皂荚(*Gleditsia sinensis*)等;有的不开裂而成节状脱落,每一节含有一粒种子,如含羞草(*Mimosa pudica*)等;有的成螺旋状,外有刺毛,如苜蓿(*Medicago sativa*)等;有的成圆柱形分节,如槐树(*Sophora japonica*)等。

角果由2个心皮组成、侧膜胎座的雌蕊发育而成、具假隔膜。成熟时,果皮沿腹缝线处开裂,假隔膜留存,如十字花科植物的果实。长大于宽多倍的,称为长角果(silique),如油菜(*Brassica campestris*)等;长与宽几乎相等的,称为短角果(silice),如荠菜(*Capsella bursapastrois*)等。

(2) 闭果(indehiscent fruit)。果实成熟后果皮仍不开裂的干果。包括以下类型:

瘦果(achene)由1~3个心皮组成,上位子房或下位子房发育而来,内含一粒种子。成熟时,果皮革质或木质,容易与种子分离。1个心皮瘦果如白头翁(*Pulsatilla chinensis*);2个心皮瘦果如向日葵;3个心皮瘦果如荞麦(*Fagopyrum* spp.)等。

颖果(caryopsis)由2~3个心皮组成,含一粒种子,果皮和种皮愈合,不能分离,如小麦、水稻、玉米等的果实。

坚果(nut)由复雌蕊的下位子房发育成的,含1粒种子且果皮坚厚的一种不裂干果。坚果外面常包有壳斗(原来花序的总苞),如板栗(*Castanea mollissima*)、栓皮栎(*Quercus variabilis*)等。

翅果(samara)是由单雌蕊或复雌蕊的上位子房形成的干果。果皮的一部分向外扩延成翼翅,如枫杨、榆树(*Ulmus pumi*)、槭(*Acer* spp.)等的果实。

分果(schizocarp)由2个或2个以上心皮组成的复雌蕊的子房发育而成,具2个或数个子室。胡萝卜、芹菜(*Apium graveolens*)等的分果由2个心皮的下位子房发育而成,成熟时分离为 2 个分果瓣，分悬于中央果柄的上端，常称为双悬果(cremocarp)；苘麻(*Abutilon theophrasti*)等的果实由多个心皮组成，成熟时可分为多个分果瓣。

胞果(utricle)是由合生心皮形成的果实，具有一枚种子，成熟时干燥不开裂，果皮薄，疏松地包围着种子，容易与种子分开，如藜(*Chenopodium album*)、地肤(*Kochia scoparia*)等。

3. 果实和种子对传播的适应

果实和种子的散布，主要依靠风力、水力、动物和人类的携带，以及果实本身所产生的机械力量。

(1) 对风力散布的适应。借助风力散布的种子，一般细小质轻，果实或种子表面有絮毛、果翅或其他有利于风力传送的构造，如兰科植物的种子小而轻，棉、柳的种子外面细长的绒毛，蒲公英果实上的冠毛，槭、榆等的果实以及松、云杉(*Picea asperata*)等一部分果皮或种皮铺展成翅状。草原和荒漠上的风滚草(tumble weed)种子成熟时，球形的植株在根颈部断离，随风吹滚，分布到较远的场所。

(2) 对水力散布的适应。水生植物和沼生植物的果实和种子往往借水力传送。莲的果实呈倒圆锥形，组织疏松，质轻，飘浮水面，种子随水流到各处。椰子中果皮疏松，富有纤维，适应在水中飘浮；内果皮又极坚厚，可防止水分侵蚀；果实内含大量椰汁，可以使胚发育，这就使椰果能在咸水的环境条件下萌发。

(3) 对动物和人类散布的适应。果实和种子的外面生有刺毛、倒钩或有黏液分泌，能挂在或粘附于动物的毛、羽，或人们的衣裤上，被散布到较远的地方，如窃衣(*Torilis japonica*)、鬼针草(*Bidens pilosa*)、苍耳(*Xanthium sibiricum*)、蒺藜(*Tribulus terrestris*)、猪殃殃和丹参(*Salvia miltiorrhiza*)等植物的果实；坚果常是某些动物喜食的食物，特别是松鼠，常将这类果实埋藏于地下，除一部分被吃掉外，剩下的就在原地自行萌发；许多鸟兽喜食肉果，这些果实有的被吞食，果皮被消化吸收，残留的种子因坚韧种皮的保护，未被消化即随鸟兽的粪便排出，有的被动物啃食后，种子被遗弃，从而起到传播作用。

(4) 靠果实自身的机械力量散布种子。干果中的裂果类，果皮成熟后干燥坚硬，由于果皮各层厚壁组织的排列形式不同，随着果皮含水量的变化，容易在收缩时产生扭裂现象进而将种子弹射出去。如喷瓜(*Ecballium elaterium*)果实成熟时，在顶端开一裂口，果实收缩时，将种子喷射出去。这类植物的种子散布仅限于植株周围。

2.3.7 植物的繁殖及生活史

1. 繁殖的概念

繁殖(propagation)是植物产生新个体的现象。植物通过繁殖大量增加新个体，扩大其分布区，丰富了后代的遗传性和变异性。新生的一代不仅在繁殖过程中产生了新的变异，同时也在不同的生活条件下，通过自然选择和人工选择巩固了某些变异，使一些能适应生存的种被选择保留了下来。新生的植物种又通过繁殖而代代相传，形成了种类繁多、性状各异的植物世界。在生产实践中，人们通过各种人工杂交、选择、培育等活动，来获得大量优良栽培品种。

2. 繁殖的类型

植物的繁殖可以区分为 3 种类型：①营养繁殖(vegetative propagation)是通过植物营养

体的一部分从母体分离开来(有时不立即分离),进而直接形成一个独立生活的新个体的繁殖方法;②无性繁殖(asexual propagation)或称为孢子生殖(spore reproduction)是通过一类称为孢子(spore)的无性繁殖细胞,从母体分离后,直接发育成为新个体的繁殖方式;③有性生殖(sexual propagation)是由两个称为配子的有性生殖细胞,经过彼此融合的过程,形成合子或受精卵,再由合子或受精卵发育为新个体的繁殖方式。有性生殖包括同配(isogamy)(两种相结合的配子形态、结构、大小、运动能力相同,分别用"+"和"-"表示)、异配(heterogamy)(两种相结合的配子大小不同,较大的是雌配子,较小的是雄配子)和卵配(oogamy)(相结合的两种配子形态、结构、大小、运动能力等具有明显的区别,雌配子较大、无鞭毛、不具运动能力,称为卵;雄配子较小,细长,有些种类就有鞭毛,称为精子)3 种类型(图 2.17)。

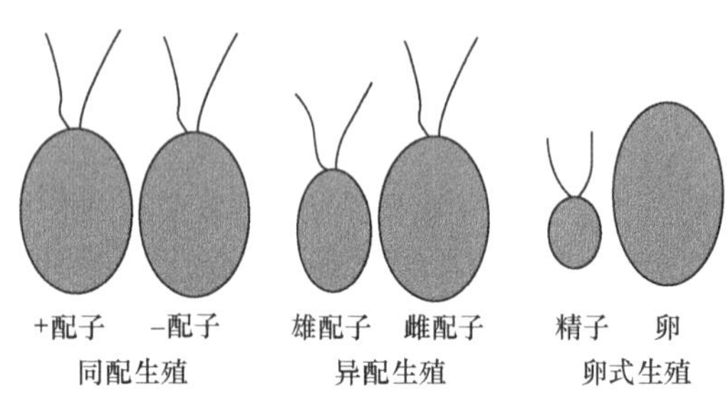

图 2.17　植物有性生殖的方式

3. 植物的生活史

植物从生长发育的某一阶段开始,经过一系列生长发育阶段,产生下一代又重现该阶段的现象称为生活周期(life cycle)或生活史(life history)。无性生殖和有性生殖对植物的种族繁衍和发展各有其有利的一面。在长期的自然演化过程中,植物生活史中出现了两种个体,一种是能产生配子,行有性生殖的配子体(gametophyte),配子体由孢子发育形成,为单倍体;另一种是能产生孢子,行无性生殖的孢子体(sporophyte),孢子体是由合子发育形成,为二倍体;配子体发育阶段称为配子体世代或有性世代;孢子体发育阶段为孢子体世代或无性世代。在生活史中孢子体世代和配子体世代有规则地交替出现的现象,称为世代交替(alternation of generation)。植物界种类繁多,生活史类型多种多样;某些低等植物只行营养繁殖或孢子生殖,有的低等植物只有有性生殖;高等植物的生活史都有世代交替现象,某些低等植物如绿藻、褐藻、红藻等也具有世代交替。世代交替有利于植物适应变化的外界环境,有性世代和无性世代的交替出现保证了植物产生数量多、适应性强的后代,以确保种族的繁衍和发展。

2.4　植物的类群

2.4.1　植物的种系发生和主要类群

1. 植物界的主要发展阶段

目前生活在地球上的植物的形态结构、营养方式和生活史类型千差万别,但是从系统演化的角度来看,它们都是从早期的原始生命进化而来的。据考证,地球上最原始的植物是原核的藻类植物,诞生于迄今 38 亿年前的海洋,陆生植物的出现至少有 26 亿年的历史,在漫长的演化过程中,植物类群兴衰交替,有些类群繁盛起来,有些类群衰退下去,老的物种不断消亡(来自植物化石的证据),新的物种不断产生。植物界从无到有、从少到多、从简单到复杂、从水生到陆生、从低级到高级地发展演化(表 2.1)。

表 2.1　植物界主要发展阶段和地质年代表(金银根,2006)

代(P. ra)	纪(Period)	世(期)(距今百万年)(Epoch)		植物进化与发展	优势植物
新生代(Cenozoic)	第四纪(Quaternary)	近代(Recent)	1.2	被子植物占优势,草本植物大发展	被子植物
		更新世(Pleistocene)	2.5		
	第三纪(Tertiary)	上新世(Pliocene)	7	森林衰落,草本植物发生	
		中新世(Miocene)	26		
		渐新世(Oligocene)	38	被子植物进一步发展,森林出现	
		始新世(Eocene)	54		
		古新世(Faleocene)	65		
中生代(Mesozoic)	白垩纪(Cretaceous)	后期	90	被子植物发展	
		早期	136	裸子植物衰退	裸子植物
	侏罗纪(Jurassic)	后期	166	松柏类裸子植物占优势,被子植物出现	
		早期	190		
	三叠纪(Triassic)	后期	200	真蕨繁茂,裸子植物大发展	
		早期	225		
古生代(Paleozoic)	二叠纪(Permian)	后期	260	苏铁、银杏类植物繁茂	
		早期	280	木本蕨类衰退	蕨类植物
	石炭纪(Carboniferous)	后期	325	藻类森林形成,真蕨出现,种子蕨发展	
		早期	345		
	泥盆纪(Devonian)	后期	360	裸蕨类由繁茂至衰退,种子蕨、苔藓植物出现	
		中期	370		
		早期	395	裸蕨植物出现,藻类植物繁茂	藻类植物
	志留纪(Silurian)		430		
	奥陶纪(Ordovician)		500	海洋藻类植物繁茂	
	寒武纪(Cambrian)		570	真核藻类植物形成和发展	
元古代(Proterozoic)		570～1500			
太古代(Archaeozoic)		1500～5000		原核植物形成和发展	生命起源

2. 植物的个体发育和系统发育

(1) 个体发育(ontogeny)。是指某种植物从其生命的某个阶段(孢子、合子或种子)开始,经过一系列发展阶段,再现当初这个阶段的整个过程,其中包括形态上和生殖上各方面的发展变化。

(2) 系统发育(phylogeny)。就是生物种族的发展史。可以指一个类群形成的历史,也可以指生命在地球上起源和演化的整个历史过程。系统发育包括两个基本过程:起源和发展。起源是从无到有的过程,一般认为同一物种或同一分类群源于共同的祖先。生物类群无论大小,都有其发展过程,从无到有,从少到多,从简单到复杂。在个体发育中有时可以反映系统发育的某些性状,如银杏的精子具有鞭毛,反映了其祖先为水生有鞭毛的类型。

环境对生物体的影响以及生物对环境条件的适应,对植物的个体发育和系统发育有着很大的作用,二者促进了生物的演化。

3. 植物分类方法及其分类系统

(1) 人为分类法与人为分类系统。人为分类法是根据植物的用途、形态结构、生活习性，或选择植物的一个或几个明显的特征，而不考虑物种间亲缘关系的远近对植物进行分门别类的分类方法。瑞典分类学家林奈(Carl Von Linne)根据有花植物雄蕊的数目、雄蕊的不同特征以及雄蕊与雌蕊的关系作为分类的标准，将植物界分为 24 纲。我国明代药物学家李时珍(1518～1593 年)的《本草纲目》将所收集的 1000 多种植物分成草部、谷部、菜部、果部和木部。每部又分成若干类。依据人为分类法所建立的植物体系(或排序、或分类系统)称为人为分类系统。人为分类法常把亲缘关系极远的植物归并为一类，而相近的植物反被分离得很远，以致所建立的分类系统不能客观地反映出植物间的内在联系和固有次序。

(2) 自然分类法与自然分类系统。自然分类法或称为系统发育分类法，是以生物进化的观点，根据植物间的形态结构、生理生化和生态习性等特性的相似性程度大小，判断植物间的亲疏程度，或亲缘关系的远近，寻求分类群谱系的发生关系和进化过程，并进行植物的分门别类和排序的方法。根据自然分类法，现今的植物都是从共同的祖先演化而来的，彼此间都有或近或远的亲缘联系，关系愈近，相似性愈多，愈远则差异性愈大。因此，按自然分类法来分类，可以看出各种植物在分类系统中的地位和相互间在关系上的亲疏，比较客观地说明植物界发生发展的本质和进化上的顺序性。现代植物的分类大都是依此法进行。但是，由于植物的变化发展很复杂，许多古代植物早已灭绝，化石资料残缺不全，新种还不断被发现，从事这方面研究的学者们的见解很难一致，因此出现了各种不同的分类系统。

4. 植物分类的阶层系统

(1) 植物分类的阶层系统。为了便于有效地识别植物种类和系统地表示植物间的亲缘关系与系统发生的时序性，对全部植物进行分门别类，按照植物类群的等级，给予一定的名称，就是分类的阶层(taxon)(表 2.2)。各分类单位(阶元)不仅表示大小或等级上的差异，而且还表明各分类单位间在遗传学和亲缘关系上的密疏。若干个亲缘关系比较接近，形态上有许多相似，甚至在一定条件下可以进行杂交的不同种可归属到比种大一级的分类单位“属”。依此类推，亲缘关系相近的若干个属可归属于一个“科”，若干个相近的科又可归属于一个“目”，若干个相近的目再归属于高一级的“纲”，若干个纲可归属于一个“门”。由于植物种类繁多，常在上述的分类单位中又列亚单位或一些辅助单位，如亚种(subspecies)、亚属(subgenus)、亚科(subfamily)、亚目(suborder)、亚纲(subclass)、亚门(subdivision)等。各分类单位都有相应的拉丁词和一定的拉丁词尾，但属和种无固定的拉丁词尾。将各个分类阶元按照高低和从属关系顺序地排列起来，即为植物分类的阶层系统，每一种植物在这个系统中都可以明确地表示它的分类地位。

表 2.2 植物分类的单位

中文名	拉丁文	英文
界	Regnum	Kingdom
门	Divisio	Division
纲	Classis	Class
目	Ordo	Order
科	Familia	Family
属	Genus	Genus
种	Species	Species

(2) 物种的概念及其意义。物种(species)是植物分类的基本单位指起源于共同祖先，具有极为相似的形态和生理特征，且能自然交配，产生正常(主要指可育性)后代，并具有一定自然分布区的生物类群。一个物种的个体一般不能和其他物种进行生殖结合，即使结合，也不能产生有生殖能力的后代，此即生殖隔离现象。物种是生物进化过程中从量变到质变的一个飞跃，是自然选择的历史产物。物种虽具有相对稳定的形态特征，但又处于不断的发展演化中。如果种内某些个体之间具有显著差异时，可视差异大小，分为亚种(subspecies)、变种(varietas)和变型(forma)等。亚种除形态结构和生理上有显著特征外，还具有一定的自然分布区；变种在植物分类中是一个比较常用的单位，它与原种只是在特征上有较小的差别，例如花色的变化、毛的有无、枝条下垂与否等。这些特征是种内个体在不同环境条件影响下所产生的可遗传的变异；变型也是同种植物内，在形态上表现出与原种有差异的个体群，只是这样的变异更小，不稳定，也不能遗传，如树木的形态，某些花的颜色等变异，就看做变型；农作物和园艺植物，经过人工选择培育而出现的变异，如色、香、味、植株大小、产量高低等，以此而划分的种内个体群，叫做品种(culrtivar)。如苹果有国光、香蕉、红元帅等品种，小麦、玉米、水稻、菊花等具有更多的品种。品种只用于栽培植物，不用于描述野生植物种。

5. 植物的命名法规

同一种植物，由于地方不同，语言不同，往往具有不同的名称，如南京、华北和东北、西北分别将马铃薯(*Solanum tuberosum*)称为洋山芋、土豆和洋芋，这种现象叫做同物异名(synonym)；另一方面，同一名称又往往指不同的植物，如叫白头翁的植物多达 16 种，分属于 4 科 16 属，这种称为同名异物(homonym)。为了避免混乱和便于学术交流，必须给每一种植物制定统一使用的科学名称，称为学名。1753 年林奈创立了双名法(binomial nomenclature)，将植物的学名用拉丁文命名，并由两个拉丁字组成。一个物种只有一个拉丁学名。学名的第一个字是属名，为拉丁名词，其第一个字母必须大写，第二个字是种加词，即种名，起着标志某一植物种的作用，根据种加词就可把它与本属其他的种相区分。种加词大多数为形容词，用以形容植物外部形态、颜色、气味、用途和生境等特征，如 *alba* 白色的，*lanceolata* 披针形的，*mutiflora* 多花的，*officinilis* 药用的，*alpinus* 高山的等，也有用地名和人名作为种加词的，如 *chinensis* 中国的，*pekinensis*北京的，*bungeana* 本氏的等。种加词一律小写，其性、数、格需与属名一致。在种加词的后面还加上命名人的姓氏缩写，用正体字书写，如 L. 为 Linnaeus 的缩写。属名、种加词和命名人的姓氏缩写共同构成一个完整的拉丁学名，例如桃的学名是 *Prunus persica* (L.)Batsch.。属名和种名应为斜体字。以后，这种方法便被广泛地应用于植物、动物和微生物的分类中。

亚种、品种、变型的命名采用三名法，即拉丁名的亚种加词，变种加词以及变型加词同种加词完全一样，可以是形容词，也可以是名词，在它之前要分别加上亚种、变种、变型的拉丁名 subspecies，varietas，forma 的缩写 subsp.(或 ssp.)，var.，f. 等，再将它们加于种名之后。例如，蟠桃是桃的变种，其学名为：*Prunus persica* var. *compressa* Bean.。

6. 植物界的类群

植物界种类繁多，有关植物的分门没有统一的意见，本教材采用 16 门分类系统(图 2.18)。

藻类植物、菌类植物、苔藓植物和蕨类植物以孢子进行繁殖，这些植物合称为孢子植物

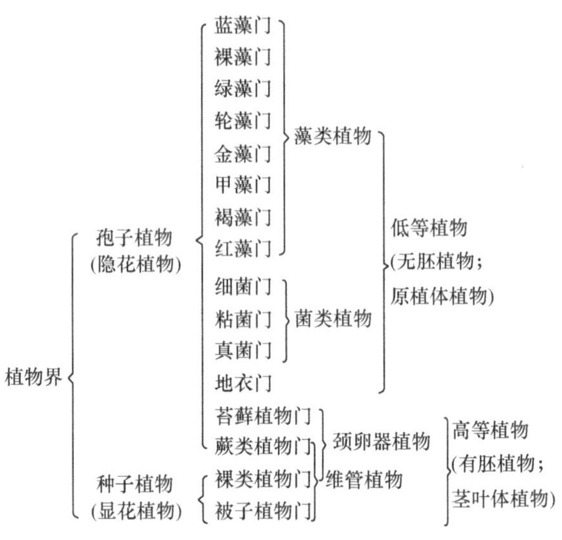

图 2.18 植物界的类群

(spore plant)。孢子植物没有开花结实现象,故又称为隐花植物(cryptogamae)。与此相对,裸子植物与被子植物均以种子进行繁殖,故称为种子植物(seed plant)。由于种子植物均能开花,所以又称为显花植物(phanerogamae),但是裸子植物的孢子叶球(strobilus)严格地说还不能看作真正的花,所以多数学者如哈钦森(J. Hutchinson,1926)、古德(R. Good,1956)、塔赫他间(A. Takhtajan,1968)、克朗奎斯特(A. Cronquist,1968、1981)、伯恩斯(C. Burnes,1974)、博尔德(H. Bold,1977)等都采用狭义的"显花植物"概念,即有花植物(flowering Plant)或显花植物(anthophyta)都仅指被子植物,不包括裸子植物;藻类植物、菌类植物、地衣植物合称为低等植物(lower plant),低等植物在形态上没有根、茎、叶分化,故称为原植体植物(thallophyte),构造上无组织的分化,生殖器官单细胞,合子发育时离开母体,不形成胚,又称为无胚植物(no-embyophyte);苔藓植物、蕨类植物、裸子植物、被子植物称为高等植物(higher plant),高等植物在形态上有根、茎、叶的分化,称为茎叶体植物(cormophyte),构造上有组织的分化,生殖器官多细胞,合子在母体内发育为胚,故又称为有胚植物(embryophyte);苔藓植物和蕨类植物的雌性生殖器官均以颈卵器(archegonium)的形式出现,裸子植物的绝大多数种类也具有颈卵器,三者合称为颈卵器植物(archegoniatae);蕨类植物、裸子植物和被子植物均有维管组织,因此称为维管植物(vascular plant);被子植物因为有雌蕊,所以也称做雌蕊植物(gynoeciatae)与高等植物中具有颈卵器的其他类群相区别。

2.4.2 藻类植物

藻类植物(algae)是自养的原植体植物和低等植物。藻体基本上没有根、茎、叶分化,多为单细胞个体,或为多细胞组成的丝状体、球形体或枝状体。除蓝藻为原核生物外,其余藻类均为真核生物;藻类植物的光合器统称为载色体(chromatophore),光合色素分为叶绿素、类胡萝卜素和藻胆素,各门藻类均具有叶绿素 α 和 β-胡萝卜素,其他光合色素各门中有差异。生殖器官多数是单细胞,少为多细胞的,但生殖器官中的每个细胞都直接参加生殖作用,形成孢子或配子,其外围也无不孕细胞层包围。生活史具有核相交替或世代交替。藻类植物多生于海水或淡水,或潮湿的土壤、树皮和石头上,对环境条件要求不高,适应能力强,可以在营养贫乏、光照微弱的环境中生长，在地震、火山爆发、洪水泛滥后形成的新鲜无机质上最先定居，是这些生境的先锋植物之一。有些藻类具有固氮作用。适当的藻类可以净化水体，藻类过于繁盛时，易于形成水华(water bloom)而污染水体，造成危害。

现存藻类植物约 2.4 万种，根据藻类植物的形态结构、细胞壁的构造和成分、光合器的结构及所含色素的类型、贮藏营养物质的类别，鞭毛的有无、数目、着生位置和类型、生殖方式和生活史等，分为 8 门：蓝藻门(Cyanophyta)、裸藻门(Euglenophyta)、绿藻门(Chlorophyta)、轮藻门(Charophyta)、金藻门(Chrysophyta)、甲藻门(Pyrrophyta)、褐藻门(Phaeophyta)、红藻门(Rhodophyta)。

2.4.3　菌类植物

1. 主要特征

菌类植物(fungi)是异养的原植体植物和低等植物。植物体不含色素，不能进行光合作用，营腐生或寄生生活。行腐生的菌类植物分泌酶到活的或死的基质上，把基质分解成可溶解的、较小的分子供其吸收。植物体无根、茎、叶分化，单细胞体、丝状体或为裸露的原生质团，这大概与它的吸收方式有关，可以尽可能扩大它与基质的接触面。

2. 菌类植物分类

现存菌类植物约 120 000 种，分为独立的 3 个门：细菌门(Bacteriophyta)、粘菌门(Myxomycophyta)、真菌门(Eumycophyta)。各门之间植物形态、构造、繁殖和生活史差别很大，彼此之间无亲缘关系。

1) 细菌门

细菌是单细胞的原核生物，一般只有几个微米大小，绝大多数细菌不含叶绿素，异养型。细胞壁主要成分为肽聚糖。按其形态，细菌可以分为球菌、杆菌和螺旋菌 3 种类型。

(1) 细菌的繁殖方式。细菌的繁殖方式为细胞分裂。环境适宜时，细菌繁殖速度极快，20～30min 即可分裂 1 次，形成新的一代；在不良环境下，有的细菌原生质凝缩，其外包被着一层含脂肪的、坚厚而不透水的壁，形成芽孢(gemma)。芽孢能抵抗不良环境，如有些芽孢能忍受约－253℃的低温以及在沸水中 30h 而不死，当环境适宜时，芽孢再发育为细菌。

(2) 细菌的营养方式。根据细菌获取营养方式的不同，分为寄生细菌和腐生细菌两类。寄生细菌是人畜和植物的病原菌，如水稻的白叶枯病、棉花的角斑病、花生的青枯病以及常见的蔬菜软腐病等都是细菌引起的；腐生细菌分布最广，生活在动植物的遗体上、含有机物的土壤、污水、人及动物的消化道中，通过分解有机物质获取养料；有少数细菌能利用 CO_2 自制养料，属自养生物。如硝化细菌、铁细菌等借氧化作用获得能量制造养料；红硫细菌和红螺细菌等含有细菌叶绿素，能进行光合作用。

(3) 细菌在自然界中的作用。细菌在自然界的物质循环尤其是碳循环与氮循环中占很重要的地位。细菌可将枯枝落叶分解成腐殖质，以增加土壤肥力。通过细菌的活动，将动植物残体分解为简单的无机物，将土壤中不能被植物利用的物质转化为可利用的物质，促进了自然界的物质循环。有些细菌，如豆科植物根中的根瘤菌属(*Rhizobium*)和土壤中的梭状芽孢杆菌属(*Clostridium*)及固氮菌属(*Azotobacter*)，都能摄取大气中的游离态氮(N_2)，合成有机态氮(NH_3)，或间接供绿色植物需要。

2）粘菌门

粘菌是介于动物和植物之间的一类生物。其生长期或营养期为裸露的无细胞壁的原生质团，构造、运动和摄食方式与原生动物的变形虫相似，称为变形体（plasmodium），但在繁殖期产生具有纤维素细胞壁的孢子，属于植物的性状。粘菌大多数为腐生菌，生于森林中阴暗和潮湿的地方，如腐木、落叶或其他湿润的有机物上。粘菌在全世界约有500种，一般分为3个纲，即粘菌纲（Myxomycetes）、集胞（粘）菌纲（Acrasiomycetes）和根肿菌纲（Plasmodiophoromycetes）。粘菌纲最常见、种类最多（约450种），集胞菌纲种类不多，根肿菌纲中有几个种是危害经济植物的寄生菌。

3）真菌门

（1）主要特征。真菌是一类不含叶绿素、异养的真核生物。除少数种类为单细胞外，一般都是由向四周伸展分枝的丝状体——菌丝（hyphae）构成。菌丝圆管状，有的分隔，称有隔菌丝（septet hypha），菌丝的横隔上有小孔，原生质甚至细胞核可以从小孔流通；有的菌丝不分隔，分枝或不分枝，大多数为多核，称无隔菌丝（nonseptethypha）；菌丝是吸收养分的机构，腐生菌可由菌丝直接从基质中吸取养分，或产生假根吸取养分。寄生菌寄生在寄主体内，直接和寄主接触而吸收养分；胞间寄生的真菌从菌丝上分生出吸器伸入寄主细胞内吸收养分。在生殖阶段或环境不良时，菌丝互相密结成菌丝组织体（mycelium），常见的有根状菌索（rhizomorph）、菌核（sclerotium）和子座（stroma）等；高等种类的菌丝体，可发育成不同的子实体（sporophore）。与细菌不同的是真菌的细胞都有细胞核，细胞壁多含几丁质（chitin），亦有含纤维素的。

（2）营养方式。真菌因其不含光合色素而行异养生活。其营养方式有寄生、腐生、兼性寄生（以腐生为主，兼寄生生活）、兼性腐生（以寄生为主，兼腐生生活）等方式；绝对寄生的真菌较少。

（3）真菌的繁殖方式。真菌的繁殖方式包括营养繁殖、无性生殖和有性生殖。可产生多种类型的孢子（图2.19）。

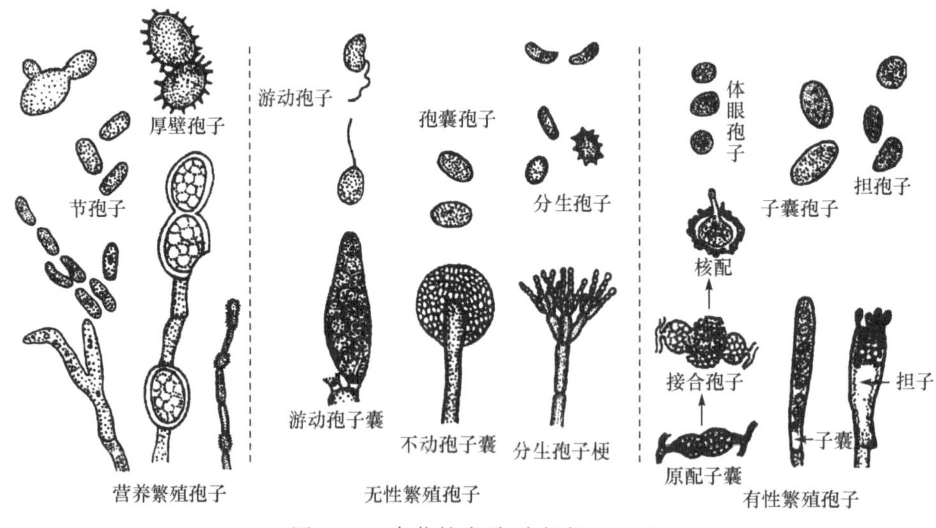

图2.19　真菌的孢子（金银根，2006）

营养繁殖：少数单细胞真菌如裂殖酵母属（*Schizosaccharomyees*）通过细胞分裂而产生子细胞。大部分真菌的营养菌丝可以产生孢子（图2.19）：从一个细胞出芽形成孢子脱离母体后，即长成一个新个体，这种类型的孢子称为芽生孢子(blastospore)；由菌丝中个别细胞膨大形成的休眠孢子称厚壁孢子(chlamydospore)；由菌丝细胞断裂形成的孢子称节孢子(arthrospore)。

无性生殖：真菌通过产生各种孢子进行无性生殖(图 2.19)。游动孢子(zoospore)是水生真菌产生的具鞭毛、能游动、无壁、借水力传播的孢子；孢囊孢子(sporangiospore)是由孢子囊内形成的不动孢子，借气流传播；分生孢子(conidium，conidiospore)是分生孢子囊梗顶端或侧面产生的一种不动孢子，借气流或动物传播。

有性生殖：低等的真菌为配子的配合，有同配生殖与异配生殖之别，和绿藻相似。有些真菌形成卵囊和精囊，由精子和卵配合形成卵孢子(oospore)。在不同的类群中，由卵孢子经过不同发育途径形成新个体(图 2.19)。子囊菌的有性配合后产生 3 种类型的子囊果(ascocarp)，子囊果内有子囊(aseus)，在子囊内产生子囊孢子(ascospore)；担子菌有性生殖后，在担子(basidium)上形成担孢子(basidiospore)。担孢子和子囊孢子都是有性结合后产生的孢子，和无性生殖的孢子完全不同。

(4) 真菌的生活史。真菌的生活史是从孢子萌发开始，经过生长和发育阶段，最后又产生孢子的全部过程。孢子在适当的条件下萌发形成芽管，再继续生长形成新菌丝体，在一个生长季节里可以再产生无性孢子若干代，产生菌丝体若干代，这是生活史中的无性阶段。真菌在生长后期，开始有性阶段，从菌丝上产生配子囊，形成配子，一般先经过质配形成双核阶段，再经过核配形成双相核的细胞，即合子。低级的真菌质配后随即核配，双核阶段很短。高等真菌质配以后，有一个明显的较长的双核时期，然后再进行核配。通常合子迅速减数分裂，而回到单倍体的菌丝体时期，在真菌的生活史中，双相核的细胞是一个合子而不是一个营养体，因此只有核相交替，没有世代交替现象。

(5) 真菌的类群。真菌是生物界中很大的一个类群。据统计，世界上已被描述的真菌约有 1 万属 12 万余种，我国约有 4 万种。目前常将真菌分为 5 个亚门，即鞭毛菌亚门(Mastigomycotina)、接合菌亚门(Zygomycotina)、子囊菌亚门(Ascomycotina)、担子菌亚门(Basidiomycotina)和半知菌亚门(Deuteromycotina)(表 2.3)。

表 2.3　真菌的类群及其特征(刘胜祥等，2007)

		鞭毛菌亚门	接合菌亚门	子囊菌亚门	担子菌亚门	半知菌亚门
形态特点		大多为无隔多核的菌丝组成的菌丝体	由无隔多核的菌丝组成的菌丝体	绝大多数为有隔菌丝组成的菌丝体	均为有隔菌丝组成的菌丝体	均为有隔菌丝组成的菌丝体
繁殖特点	无性生殖	多产生游动孢子	由游动孢子发展到静孢子或分生孢子	单细胞的种类出芽繁殖，多细胞的种类产生分生孢子	产生节孢子、分生孢子或芽殖	产生分生孢子
	有性生殖	产生卵孢子或休眠孢子	产生接合孢子	产生子囊孢子	产生担孢子	未发现有性阶段
生活方式		大多为水生，两栖生，少数陆生、腐生、寄生	腐生、兼性腐生、寄生或专性寄生	寄生、腐生	寄生、腐生	寄生
种类		已知约有 1 100 种，分为 4 纲 10 目	已知约有 610 种，分为 2 纲 7 目	已知约有 15 000 种，分为 6 纲	约有 12 000 种，分为 3 纲	约有 26 000 种，分为 3 纲
代表植物		水霉 寄生霜霉	匍枝根霉 毛霉	麦角菌 青霉 冬虫夏草	香菇 木耳 灵芝	稻瘟病菌 玉米黑粉菌

2.4.4 地衣植物

地衣(lichenes)是多年生植物,是由真菌和藻类形成的共生体。共生的真菌多为子囊菌,少数为担子菌,极少数为半知菌。藻类主要是蓝藻(念珠藻)和绿藻(共球藻、橘色藻)。地衣体中,藻类进行光合作用制造有机物质供给真菌生长,真菌吸收水分和无机盐,为藻类制造养分提供原料,并围裹和保护藻细胞,决定了地衣体的形态。

地衣广泛分布于裸露的岩石表面、树皮、地表、高山带、冻土带、南极、北极等。地衣分泌的酸可加速岩石风化和土壤的形成,为其他植物的生长奠定基础,是自然界的先锋植物或开拓者。此外,地衣对 SO_2 敏感,具有监测大气污染的作用。

1. 地衣的结构

根据地衣中藻体的分布,地衣分为同层地衣(homolomerous lichen)和异层地衣(heteromerous lichen)(图 2.20)。同层地衣的上下皮层都由紧密交织的菌丝构成,下皮层的一些菌丝伸入基质内,具有吸收和固着作用,中部菌丝稀疏,藻类细胞和菌丝混合交织,不集中排列为一层;异层地衣的藻细胞集中分布于皮层附近,形成绿色藻层。

异层地衣

同层地衣

图 2.20 地衣的结构

2. 地衣的形态

地衣依其形态可分为:壳状地衣(crustose lichen)多为同层地衣,占全部地衣的 80%,植物体扁平壳状,紧贴在岩石、树皮和土表等基质上,无下皮层结构,菌丝直接伸入基质,很难剥离,在岩石表面呈现不同色彩,如文字衣属(*Graphis*)等;叶状地衣(foliose lichen),一般为异层地衣,植物体有背腹之分,似叶状,以菌丝假根或脐固着于基物上,易于采下,如梅花衣属(*Parmelia*)等;枝状地衣(fruticose lichen)一般为异层地衣,植物体树枝状或须根状,直立或下垂,如石蕊属(*Cladonia*)、松萝属(*Usnae*)等。

3. 地衣的繁殖

地衣的繁殖方式包括营养繁殖、无性繁殖和有性繁殖。营养繁殖是地衣最普通的繁殖方式。植物体自行断裂,或者地衣植物体表面形成粉芽(soredium)和珊瑚芽(isidiar)。粉芽是由几根菌丝缠绕着藻细胞所形成的团块,珊瑚芽是地衣植物体上皮层局部突起形成的结构,也是菌丝包裹藻细胞而成。它们从母体上脱落后随风传播到各处,遇适宜的环境条件即行萌发,形成新个体;无性繁殖由地衣体中的菌类和藻类分别进行。菌类多产生分生孢子,当孢子萌发成菌丝后遇有适合的藻类即形成新的地衣共生体,否则将会死去。藻类在地衣体内可进行无性生殖,以增加其数量;有性生殖是以其共生的真菌独立进行的。若共生真菌为子囊菌则产生子囊孢子,若为担子菌则产生担孢子。子囊孢子或担孢子从地衣体中释放出来后,在一定条件下萌发,在适宜的基物上,并遇到一定的藻细胞,才可能与藻细胞共同形成地衣。

4. 地衣的分类

地衣约 500 余属,25 000 余种,根据共生真菌的类别分为子囊衣纲(Ascolichens)如松萝属、梅花衣属、石蕊属、文字衣属等，担子衣纲（Basidiolichens）如扇衣属（*Cora*）和不完全衣纲（Deuterotichens）如地茶属（*Thamnolia*）等。

2.4.5　苔藓植物

1. 植物体的形态结构

苔藓植物为小型非维管高等植物，有类似茎、叶的分化；生殖器官为多细胞结构，具不育壁层；受精卵发育为胚；生活史中具明显的世代交替，配子体世代占优势，孢子体寄生于配子体上；大多生活在阴湿陆地上。

（1）配子体。植物体为扁平的叶状体或具有茎叶的分化（图 2.21），无真根，靠单细胞或多细胞的假根（rhizoid）吸收水分和起固定作用，体内无维管束，构造简单。苔类分化程度比较低，保持叶状体的形状；藓类已有假根或类似茎叶的分化。组织分化水平不高，仅有皮部和中轴的分化。中轴为厚壁组织，输导能力不强，主要起机械支持作用。叶由一层细胞构成，进行光合作用并直接吸收养料和水分。无叶脉，只有一群狭长的厚壁细胞构成的类似于叶脉的中肋，主要起机械支持作用。

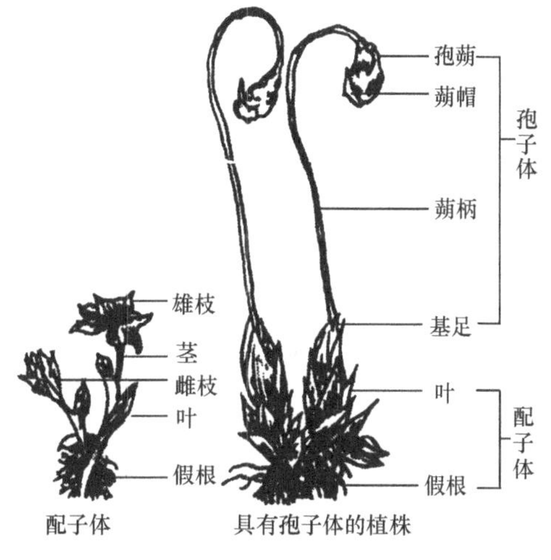

图 2.21　苔藓植物的孢子体和配子体

（2）孢子体。不能独立生活，寄生在配子体上，包括孢子囊（sporangium）即孢蒴（capsule）、蒴柄（seta）和基足（foot）三个部分。基足伸入配子体的组织中吸收养料，以供孢子体的生长（图 2.21）。

2. 苔藓植物的繁殖

苔藓植物有营养繁殖、有性繁殖和无性繁殖三大生殖方式。

（1）营养繁殖。地钱叶状体背面具有进行营养繁殖的结构——胚芽杯，其内产生多个绿色的胚芽。胚芽散落地面后，可形成新的地钱叶状体。

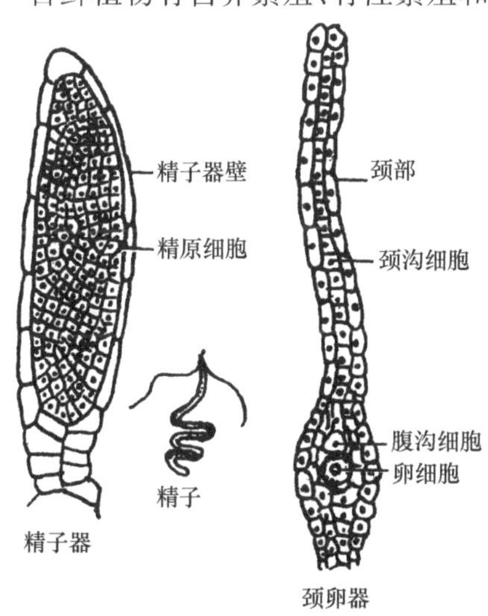

图 2.22　苔藓植物（钱苔属）的有性生殖器官（周云龙，2004）

（2）有性繁殖。苔藓植物的雌雄生殖器官都是由多细胞构成的（图 2.22），具多个不育细胞构成的保护壁层。雌性生殖器官颈卵器（archegonium）呈长颈烧瓶状，由细长颈部（neck）和膨大腹部（venter）组成，其壁由一层细胞构成。颈部有一串颈沟细胞（neck canal cell），腹部有两个细胞，下面是卵细胞（egg cell），上方是腹沟细胞（ventral canal cell）；雄性生殖器官为精子器（antheridium），棒状或球形，内有多数先端具 2 根鞭毛的精子（sperm）；颈卵器成熟时，颈沟细胞和腹沟细胞消失，仅留下卵细胞。精子器成熟后破裂，精子溢出。受精时精子需在有水的条件下游至颈卵器，从颈沟进入，与腹部卵细胞融合而形成合子(2*n*)，合子不经休眠即开始分裂而形成胚(embryo)，胚在颈卵器内吸收配子体的营养，进而发育成孢子体(2*n*)。

(3) 无性繁殖。孢子散出后，在适宜的条件下，萌发形成丝状或片状的结构称为原丝体(protonema)。生长一段时间后，在原丝体上产生假根和芽体，由芽体发育成为配子体(茎叶体、叶状体)。此时原丝体一般死亡，仅有少数种类的原丝体仍然存活。

3. 苔藓植物的生活史

苔藓植物的生活史(图 2.23)中有明显的世代交替，且配子体(有性世代)发达，孢子体(无性世代)简单，不能独立生活，须寄生在配子体上，这是与其他陆生高等植物的最大区别。孢子同型。精子具鞭毛，受精作用须在有水的条件下进行。

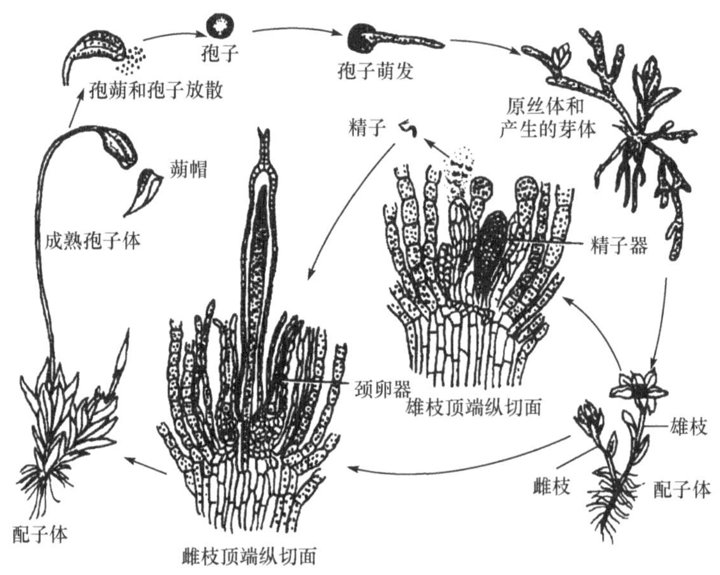

图 2.23 苔藓植物(葫芦藓)生活史

苔藓植物在植物界的系统演化中，代表着从水生生活向陆生生活逐渐过渡的类型，其形态构造上的变化，是其从水生向陆生演变的适应。苔藓植物的生殖器官有不孕性细胞构成的壁保护其内的生殖细胞，受精卵在颈卵器的保护下吸取母体营养发育成为胚；孢子囊高出，孢子细小，适于随风散布，孢子囊有蒴齿或弹丝有助于孢子的散放，是苔藓植物对陆生环境的适应。苔藓植物没有维管束构造，输导能力不强，水分和无机盐常常靠叶片直接吸收，精子具有鞭毛，需要借助于水才能与卵结合，限制了苔藓植物进一步向陆生生活发展，使它们只能生活在阴湿的环境中。

4. 苔藓植物的分类

苔藓植物约 23 000 种，遍布世界各地。我国约有 2800 种。根据营养体的形态结构分为苔纲(Hepaticae)、角苔纲(Anthocerotae)和藓纲(Musci)(表 2.4)。

表 2.4　苔藓植物各类群的比较

比较项目		苔纲	角苔纲	藓纲
配子体	形态	叶状体或茎叶体,叶 2 或 3 列,有背腹之分,两侧对称	叶状体	茎叶体,叶多螺旋排列,辐射对称
	假根	单细胞	单细胞	多细胞,单列,具分枝
	中肋	无	无	绝大多数叶具中肋
	叶绿体数	多数	少,1 至数个	多数
	蛋白核	无	有	无
原丝体		不发达,1 原丝体生 1 配子体	同苔纲	发达,1 原丝体生多配子体
孢子体	组成	孢蒴、蒴柄、基足	孢蒴、基足	孢蒴、蒴柄、基足
	蒴柄	孢蒴成熟之后伸长	无	孢蒴成熟之前伸长
	孢蒴裂式	多为纵裂	自上而下二瓣裂	多为盖裂
	孢蒴中轴	无	具纤细中轴	多具中轴
	蒴盖	无	无	有
	蒴齿	无	无	有
	环带	无	无	有
	弹丝	有	具假弹丝	无

5. 苔藓植物在自然界的作用及其应用

苔藓植物和蓝藻、地衣等植物常常首先出现于山区裸露的岩面上,新形成的陆地表面或冻土、沙土地带,成为改造自然的先锋植物。苔藓植物可以分泌一些酸性物质,逐渐溶解岩面,并能积蓄空气中的灰尘和水分,其遗体分解后加入到土壤母质中,促进了土壤的形成,为其他植物的生存创造了有利条件。因此,苔藓植物是植物界的拓荒者之一。苔藓植物生长快,吸水力强,在保持水土和植物群落的演替方面起着重要的作用。泥炭藓沼泽地酸性很强(pH2～4),在缺氧情况下泥炭藓下层逐渐死亡,堆积若干年后往往形成厚几米到几十米的泥炭层。泥炭俗称草炭或草煤,可以作燃料和肥料。苔藓植物对水分、土壤、空气成分等环境因素反应非常敏感,在不同的森林中或土壤类型上常常出现不同的苔藓植物,因而可以用苔藓植物指示森林的类型和确定宜于造林的树种与林型。另外,因其结构简单,叶片多由单层细胞组成,又无角质层保护,易受有害气体的伤害,对大气污染很敏感,当空气中 SO_2 的平均浓度若高于 0.154×10^{-6}时,将造成苔藓的急性伤害,叶片颜色由绿变黄、变褐。因此国内外都已用苔藓植物作为监测大气污染的指示体。此外,苔藓植物在医药和工业生产方面也具有很大的利用价值。

2.4.6　蕨类植物

1. 蕨类植物的形态结构

蕨类植物(fern)或称羊齿植物,具有根、茎、叶的分化和维管组织的发育,既是高等的孢子植物,又是原始的维管植物。因具有维管组织而能更好地适应陆生环境。

(1) 孢子体。蕨类植物的孢子体发达,维管组织由初生木质部和初生韧皮部组成,木质部的主要分子为管胞,少数种类具有导管,韧皮部含有运输养料的筛胞或筛管,但无伴胞。现存的蕨类植物绝大多数没有维管形成层，故没有次生结构。初生结构按照一定的方式聚集成中柱(stele)，中柱类型多种多样。除极少数的类型仅有假根外，绝大多数蕨类植物的根为不定根；茎通常为根状茎，有些原始的种类还兼具气生茎和根状茎。少数种类具有直立茎。根状茎上具有保护作用的毛和鳞片；叶具有小型叶(microphyll)和大型叶(macrophyll)之分。小型叶具1条叶脉，无叶柄和叶隙，较原始；大型叶叶脉具分枝，具叶柄和叶隙，较进化，常常为多次羽状分裂或呈复叶。仅能进行光合作用制造营养物质的叶称为营养叶(foliage leaf)，可产生孢子囊和孢子，具生殖作用的叶称为孢子叶(sporophyll)或能育叶(fertile frond)。有些种类的孢子叶集生茎顶，形成孢子叶球(strobilus)或孢子叶穗(sporophyllspike)；有些蕨类植物没有孢子叶和营养叶的分化，称为同型叶(homomorphic leaf)；有营养叶和孢子叶之分，而且孢子叶和营养叶形状完全不同，称为异型叶(heteromorphic leaf)。蕨类植物的孢子囊，在小型叶蕨类中是单生在孢子叶的近轴面叶腋或叶子基部，孢子叶通常集生在枝的顶端，形成球状或穗状的孢子叶球或称孢子叶穗。较进化的真蕨类，其孢子囊通常生在孢子叶的背面、边缘或集生在一个特化的孢子叶上，往往由多数孢子囊聚集成群，称为孢子囊群或孢子囊堆。水生蕨类的孢子囊群生在特化的孢子果内。多数蕨类产生的孢子大小相同，称为孢子同型(homospory)，而卷柏属和少数水生蕨类的孢子有大小之分，称孢子异型(heterospory)。孢子形成时是经过减数分裂的，所以孢子的染色体是单倍的。

(2) 配子体。孢子萌发后成为配子体。配子体又称原叶体，小型，结构简单，生活期较短。绝大多数蕨类的配子体为绿色、具有腹背分化的叶状体，能独立生活；低等的类型不含叶绿素，与真菌共生。在配子体的腹面产生颈卵器和精子器，和苔类植物相似，但精子多鞭毛。配子体产生的精子和卵，在受精时还不能脱离水的环境。受精卵发育成胚，幼胚暂时寄生在配子体上，长大后配子体死亡，孢子体即行独立生活。

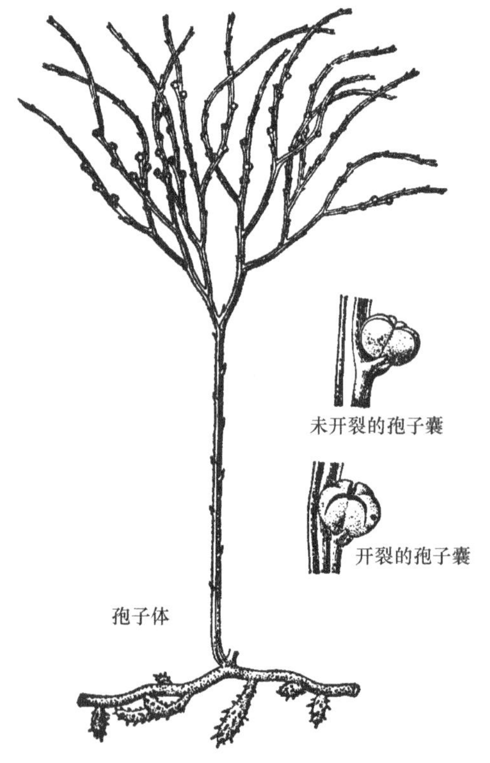

图2.24　松叶蕨

2. 蕨类植物的生活史

蕨类植物具有明显的世代交替，孢子体和配子体都能独立生活，但孢子体世代占很大的优势。

3. 蕨类植物的分类

蕨类植物常作为一个自然类群，被列为蕨类植物门(Pteridophyta)。对于门下分类单位的划分，意见颇不一致。1978年，我国蕨类植物学家秦仁昌教授提出新的蕨类植物分类系统，后经修订将蕨类植物门分为五个亚门：松叶蕨亚门(psilophytina)(图2.24)、石松亚门(Lycophytina)(图2.25)、水韭亚门(Isoephytina)(图2.26)、楔叶亚门(Sphenophytina)(图2.27)和真蕨亚门(Filicophytina)(图2.28)。前四个亚门为小型叶蕨类，种类很少，多处于孑遗状态。最后一个亚门为较进化的大型叶蕨类，亦称真蕨类(fern)。秦仁昌系统至今仍为世界各国所采用(表2.5)。

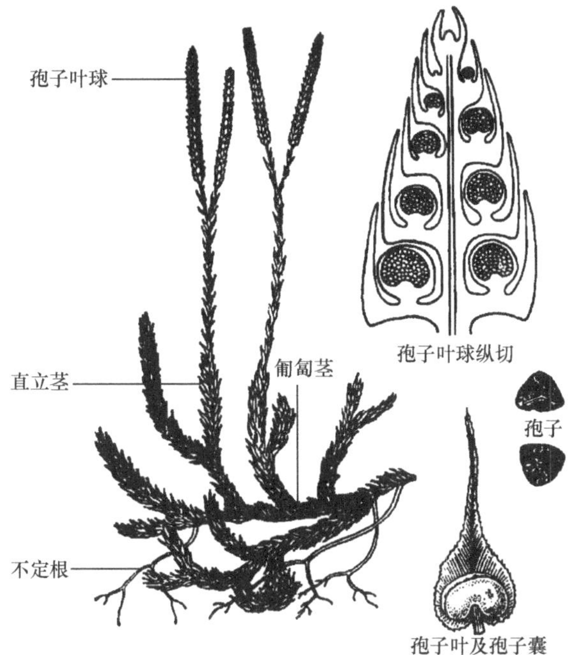

图 2.25　石松

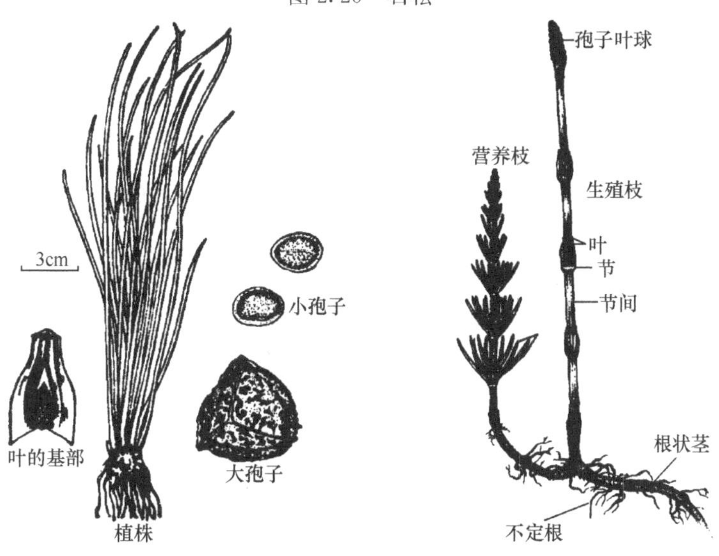

图 2.26　水韭　　图 2.27　木贼

表 2.5　蕨类植物各亚门特征比较

特征		松叶蕨亚门	石松亚门	水韭亚门	楔叶亚门	真蕨亚门
孢子体	根	假根	真根	真根	真根	真根
	茎	具根状茎和地上气生茎	具地上气生茎	粗壮似块茎	具根状茎和气生茎，节间和节明显，节间中空	绝大多数仅具根状茎，极少数种类具木质气生茎
	叶	小型叶，具 1 条叶脉	小型叶，具 1 条叶脉	小型叶，细长条形，具叶舌	小型叶，鳞片状、轮生、侧面彼此联合成鞘齿状，非绿色，1 条叶脉	大型叶，幼叶拳卷，具各种类型的脉序，一部分为单叶，多数为复叶

续表

<table>
<tr><th colspan="2">特征</th><th>松叶蕨亚门</th><th>石松亚门</th><th>水韭亚门</th><th>楔叶亚门</th><th>真蕨亚门</th></tr>
<tr><td rowspan="2">孢子体</td><td>孢子囊</td><td>厚孢子囊，2个或3个形成聚囊</td><td>厚孢子囊，单生于孢子叶叶腋基部，孢子叶密集于枝端形成孢子叶球</td><td>厚孢子囊生于孢子叶基部特殊的凹穴中</td><td>厚孢子囊5～10个生于孢子囊柄六角形盘状体下面</td><td>极少为厚孢子囊，绝大多数为薄孢子囊。孢子囊聚集成囊群，生于孢子叶背面或脊缘，多具囊群盖</td></tr>
<tr><td>孢子</td><td>孢子同型</td><td>有的为孢子同型（石松目），有的为孢子异型（卷柏目）</td><td>孢子异型</td><td>孢子同型，具弹丝</td><td>孢子多同型，少数水生蕨类孢子异型</td></tr>
<tr><td rowspan="2">配子体</td><td>形态和营养方式</td><td>柱状，有分枝，不含叶绿素，与真菌共生，体内有断续维管组织</td><td>柱状，不规则块状等，无叶绿素，与真菌共生，部分组织含叶绿素；有的种类在孢子壁内发育</td><td>在大、小孢子壁内发育</td><td>绿色，垫状，自养</td><td>绿色自养，多为心形</td></tr>
<tr><td>精子</td><td>螺旋形，具多条鞭毛</td><td>纺锤形或长卵形，具2条鞭毛</td><td>螺旋形，具多条鞭毛</td><td>螺旋形，具多条鞭毛</td><td>螺旋形，具多条鞭毛</td></tr>
</table>

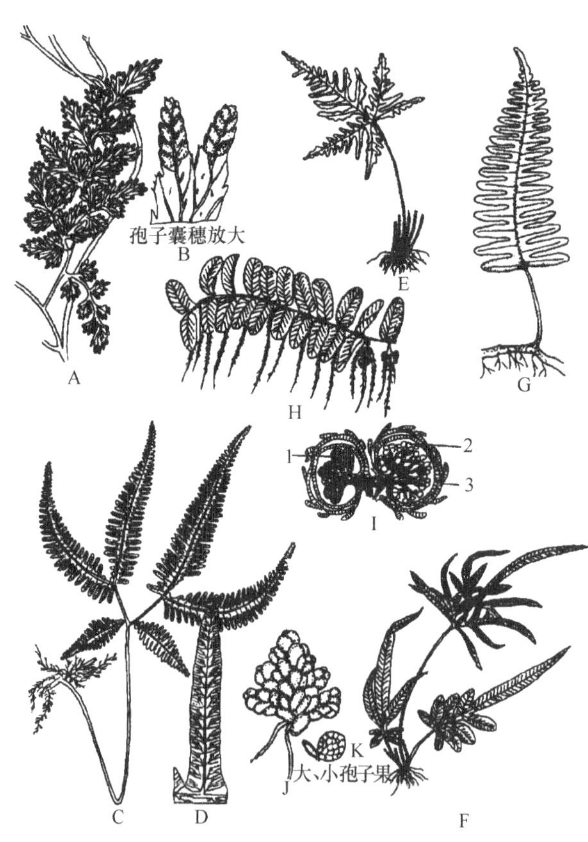

图 2.28　常见真蕨亚门的代表种类（周云龙，2004）

A，B. 海金沙（*Lygodium japonicum*）；C，D. 芒萁（*Dicranopteris dichotoma*）；E，F. 井栏边草（*Pieris multifida*）；G. 水龙骨（*Polypodium nipponicum*）；H，I. 槐叶苹（*Salvinia natans*）；J，K. 满江红（*Azolla imbircata*）

1. 大孢子果中的大孢子囊；2. 小孢子果中的小孢子囊；3. 囊群盖

2.4.7　裸子植物

1. 裸子植物的特征

裸子植物(gymnosperm)是介于蕨类植物和被子植物之间的一类维管植物，是最进化的颈卵器植物和较原始的种子植物。因其种子裸露，没有被果皮包被，故称裸子植物。

(1) 孢子体发达。裸子植物均为木本植物，大多为单轴分枝的高大乔木，有强大的根系，维管组织发达，具形成层和次生生长，木质部大多只有管胞，而韧皮部只有筛胞而无筛管和伴胞；叶为针形、条形或鳞形极少数是扁平的阔叶，叶表皮有较厚的角质层和下陷气孔，气孔排列成浅色的气孔带(stomatal band)，更适应陆生环境。

(2) 具胚珠，形成种子。胚珠裸露，没有大孢子叶形成的心皮所包被。胚珠成熟后形成种子。种子由胚、种皮和胚乳组成。裸子植物的种子不同于被子植物，包含了 3 个不同的世代：胚来源于受精卵($2n$)，为新一代的孢子体；胚乳来源于雌配子体(n)，雌配子体由大孢子发育而成，下端的原叶体部分即为胚乳；种皮来源于珠被($2n$)，为老一代的孢子体。另外，还有由大孢子叶变态而成的假种皮。

(3) 形成球花。裸子植物的孢子叶(sporophyll)大多聚合成球果状(strobiliform)，称球花(cone)。小孢子叶球(starninate strobilus)或雄球花(male cone)由小孢子叶(雄蕊)聚合而成，每个小孢子叶下有小孢子囊(花粉囊)，内有多个小孢子母细胞(花粉母细胞)，经减数分裂产生小孢子。再由小孢子发育成雄配子体(花粉粒)，花粉粒为单沟型，有时具气囊，3 个沟孔或多沟孔的花粉粒。大孢子叶球(ovulate strobilus)或雌球花(female cone)由大孢子叶(心皮)丛生或聚生而成。大孢子叶的腹面近轴面生有一至多个裸露的胚珠，珠心(大孢子囊)中的一个大孢子母细胞经减数分裂产生 4 个大孢子，仅远离珠孔端的 1 个大孢子发育。

(4) 配子体进一步退化寄生在孢子体上，具有颈卵器。雄配子体是由小孢子发育成的花粉粒，在多数种类中仅有 4 细胞组成：2 个退化的原叶细胞，1 个生殖细胞和 1 个管细胞；雌配子体由大孢子发育而来，在近珠孔端产生 2 至多个颈卵器，但结构简短，埋藏于胚囊中，仅有 2～4 个颈细胞露在外面，颈卵器内有 1 个卵细胞和 1 个腹沟细胞，无颈沟细胞，比蕨类植物颈卵器更加退化；雌、雄配子均无独立生活能力，完全寄生在孢子体上。

(5) 形成花粉管，受精作用不再受水的限制。裸子植物的雄配子即花粉粒，通常由风力传播，经珠孔直接进到胚珠，在珠心上萌发，形成花粉管，进入胚囊，将生殖细胞产生的 2 个精子直接送到颈卵器内，其中 1 个具有功能的精子和卵细胞结合，完成受精作用，因此受精过程不再受水的限制。

(6) 具多胚现象。裸子植物常常具多胚现象。多胚现象的产生有两个途径：由一个雌配子体上的几个或多个颈卵器的卵细胞同时受精，各自发育成 1 个胚，形成多个胚，称为简单多胚现象(simple polyembryony)；1 个受精卵在发育过程中，胚原细胞分裂为几个胚，称为裂生多胚现象(cleavage polyembryony)。

综上所述，裸子植物孢子体进一步分化，具有发达的维管系统和根系，产生种子和花粉管，使受精完全摆脱了水的限制，使它更能适应陆生环境和繁衍后代，因此，在中生代迅速发展并取代蕨类植物在陆地上占优势，成为进化史的一个里程碑。

种子植物和蕨类植物的有性生殖机构，有两套不同的名词，根据形态发生的观点，二者具有密切的联系：

花(球花)←→孢子叶球

雄蕊←→小孢子叶　　雌蕊←→大孢子叶

花粉囊←→小孢子囊　　胚珠←→大孢子囊

花粉母细胞←→小孢子母细胞　　胚囊母细胞←→大孢子母细胞

花粉粒(单细胞)←→小孢子　　初期胚囊←→大孢子

花粉粒(两个以上细胞)和花粉管←→雄配子体

成熟的胚囊←→雌配子体

2. 裸子植物的分类

裸子植物最早出现在古生代的泥盆纪，中生代最为繁荣。白垩纪以后被子植物兴起，裸子植物让位于被子植物，由于第四纪冰川入侵，地球上许多裸子植物不能抵抗不良环境而相继灭绝，仅存近 800 种，隶属于 75 属 12 科。我国地理环境比较特殊，受冰川影响较小，保存了许多裸子植物，是裸子植物种类最多、资源最丰富的国家，有 11 科 41 属 230 种 48 个变种，其中不少是第三纪的孑遗植物，被称为"活化石"。裸子植物耐严寒，对土壤条件要求不高，常常生长在环境较为恶劣的地方，大多数是林业重要用材树种，多为单宁、纤维、树脂等的重要原料，有些种类的枝叶、花粉、种子和根皮等可以供药用，裸子植物大多数常绿，寿命长，树形美观，为良好的庭院观赏树种。裸子植物通常作为一个自然的类群归为裸子植物门，下分五个纲(表 2.6)，其中银杏纲为我国特产。

表 2.6　裸子植物各类群特征比较

纲	习性	叶	孢子叶球	精子和颈卵器	种子
苏铁纲	直立乔木，分枝少	大型羽状复叶顶生	单性异株，大孢子叶球球形，小孢子叶球柱状	精子具有鞭毛，有颈卵器	核果状
银杏纲	乔木，有长短之分	扇形叶，叉状叶脉	单性异株，大孢子叶简化为环状珠领，具有 1～2 个胚珠，小孢子叶球葇荑花序状	精子具有鞭毛，有颈卵器	核果状
松柏纲	乔木或灌木，有长短枝之分	针形、条形、鳞叶	大小孢子叶球球果状	无鞭毛，有颈卵器	核果状
红豆杉纲	乔木或灌木	条形叶或条状披针形叶	单性异株，稀同株，不形成球果，大孢子叶特化为珠托或套被	无鞭毛，有颈卵器	具有肉质化的假种皮或外种皮
买麻藤纲	灌木或藤本，有导管	鳞叶、带状叶	单性异株，大、小孢子叶球聚成球柱状，又假花被	精子无鞭毛，颈卵器退化或无	核果状，有假种皮

(1) 苏铁纲(Cycadopsida)。常绿木本植物，茎干粗壮，常不分枝。大型羽状复叶螺旋状排列集生于树干顶部，幼叶拳卷。叶基宿存，在茎干周围留下致密的胄甲状结构。孢子叶球生于茎顶，雌雄异株。大孢子叶羽状分裂，保留了原始的叶状结构的特征。孢子囊厚囊性发育，囊壁借助于表皮细胞不均匀增厚而纵裂，这是裸子植物中孢子囊机械组织构造相似于蕨类植物的唯一代表。游动精子有多数纤毛。本纲现存 1 目 3 科 11 属，约 209 种，分布于热带及亚热带地区。我国仅有苏铁科(Cycadaceae)苏铁属(*Cycas*)，约 15 种，所有种均为国家二级保护植物。我国常见的是苏铁(*C. revolyta*)(图 2.29)。

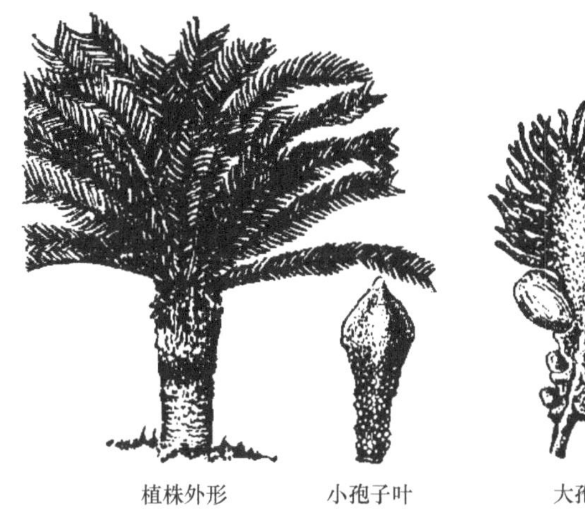

图 2.29　苏铁

(2) 银杏纲(Ginkgopsida)。落叶大乔木，单轴分枝，有长短枝之分，长枝为营养枝，短枝为生殖枝，长短枝可以转化。叶扇形，似鸭掌，故名鸭脚树。长枝的叶先端 2 深裂，短枝上的叶先端不裂或浅裂，叶脉二叉状分枝。单性异株，雌、雄球花均生于短枝的顶端。雄球花呈葇荑花序状，具一短柄，小孢子囊常 2 个生于柄端；大孢子叶具长柄，顶端有 2 个环形的珠领，珠领上通常各生 1 枚胚珠，常只有 1 个珠领上的胚珠发育成熟。珠被只有内层有维管束通过。精子有多数鞭毛。种子近球形，直径约 2cm，熟时黄色，外被白粉，种皮分化为 3 层，外种皮黄色、厚、肉质，故名银杏，含有油脂及芳香物质；中种皮骨质，具 2～3 纵脊，白色，故名白果；内种皮红色，纸质。胚乳肉质，子叶 2 枚，种子萌发时，子叶留在种子中吸收营养。本纲现存仅有 1 目，1 科，1 属，仅银杏(*Ginkgo biloba* L.)(图 2.30)1 种，是我国的特有种和国家一级保护植物。银杏营养体雌、雄株的主要区别有：雄株树冠狭圆锥形，雌株阔圆锥形；雄株长枝斜上伸展，大枝基部具乳状突瘤，雌株长枝开展和下垂，无乳状突；雄株叶柄横切无树脂隙，雌株具树脂隙；雄株实生苗幼根直伸，无乳状突，雌株稍屈曲，具乳状突；雄株苗木形大、干细、横枝少，叶大而多裂，雌株形小、干粗、横枝多、叶小裂少。

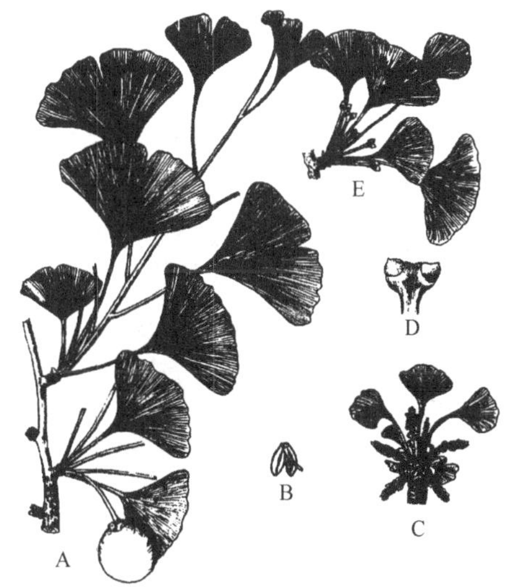

图 2.30　银杏

A. 长短枝及种子；B. 小孢子叶；C. 生雄球花的短枝；D. 雌球花；E. 生雌球花的短枝

(3) 松柏纲(Coniferopsida)。常绿或落叶乔木，稀为灌木，茎多分枝，常有长、短枝之分；茎的髓部小，次生木质部发达，由管胞组成，无导管，具树脂道(resinduct)。叶单生或成束，针形、鳞形、钻形、条形或刺形，螺旋着生或交互对生或轮生，叶的表皮通常具较厚的角质层及下陷的气孔。孢子叶球单性，同株或异株，孢子叶常排列成球果状。大孢子叶由珠鳞和苞鳞组成：下面较小的薄片称为苞鳞(bract scale)，上面较大而顶部肥厚的结构称为珠鳞(ovuliferous scale)或果鳞或种鳞。一般认为珠鳞是能育大孢子叶，苞鳞是失去生殖能力的大孢子叶。球果的珠鳞与苞鳞离生（仅基部合生）、半合生（顶端分离）及完全合生。小孢子有气囊或无气囊，精子无鞭毛。种子有翅或无翅，胚乳丰富，子叶 2～10 枚。松柏纲植物因叶子多为针形，故称为针叶树或针叶植物；又因孢子叶常排成球果状，也称为球果植物。松柏纲是现代裸子植物种类最多、分布最广的类群，含 4 科（表 2.7）44 属 500 余种，我国有 3 科 23 属 214 种。除南洋杉科（Araucariaceae）从国外引种外，松科（Pinaceae）、杉科（Taxodiaceae）、柏科（Cupressaceae）在我国均有大量的种类，很多是特有属种，如松科的油松（*Pinus tabulaeformis*）（图 2.31）、黄山松（*P. taiwanesis*）、白皮松（*P. bungeana*）、银杉（*Cathaya argyrophylla*）（国家一级重点保护植物），杉科的台湾杉木（*Cunninghamia konishii*）、柳杉（*Cryptomeria fortunei*）、水松（*Glyptostrobus pensilis*）、水杉（*Metasequoia glyptostroboides*）（国家一级重点保护植物）（图 2.32）、秃杉（*Taiwania flousiana*）（国家一级重点保护植物），柏科的柏木（*Cupressus funebris*）、干香柏（*C. duclouxiana*）、侧柏（*Platycladus orientalis*）（图 2.33）、刺柏（*Juniperus formosana*）等。温带森林的 80%的种类由裸子植物构成，南方的造林树种首选裸子植物的松杉。木材、纸浆大部分来自松柏类植物。

表 2.7 松柏纲各类群特征比较

特征	松科	杉科	柏科	南洋杉科
珠鳞	发达，螺旋状着生	相对发达，螺旋状着生	发达，交互对生	退化
苞鳞	退化	相对不发达	退化	发达，螺旋状着生
珠鳞与苞鳞	仅基部合生	大部分合生	全部合生	合生
营养叶	针形，或条形，螺旋状着生	条形，二列状	鳞片状、刺状，交互对生或轮生	锥形、卵形，螺旋状着生
小孢子囊	2	3～4	3～6	5～20
花粉粒气囊	2	无，但有乳突	无	无
胚珠	2	2～9	1～多枚	1
种子的翅	顶翅	两侧或下端有翅	两侧相等或不等的翅	两侧不等的翅

图 2.31 油松

图 2.32 水杉

图 2.33 侧柏

图 2.34 罗汉松

(4) 红豆杉纲（紫杉纲）（Taxopsida）。常绿乔木或灌木，多分枝。叶为条形、披针形、鳞形、钻形或退化成叶状枝。孢子叶球单性异株，稀同株。胚珠生于盘状或漏斗状的珠托上，或由囊状或杯状的套被所包围。种子具肉质的假种皮或外种皮。红豆杉纲原置于松柏纲内，后来发现红豆杉等科雌球花简化，不形成球果，大孢子叶特化及种皮肉质化，与松柏纲其他类群差异较大，故独立成红豆杉纲。红豆杉纲分为罗汉松科（Podocarpaceae）（图 2.34）、三尖杉科

(Cephalotaxaceae)和红豆杉科(紫杉科)(Taxaceae)3 科(表 2.8),14 属,约 162 种。本纲 3 个科在系统发育上关系密切,可能起源于共同的祖先。我国产 3 科 7 属 33 种,其中三尖杉科的三尖杉(*Cephalotaxus fortunei*)(图 2.35)、粗榧(*C. sinensis*)和红豆杉科的红豆杉(*Taxus chinensis*)(国家一级保护植物)(图 2.36)是我国的特有种,白豆杉属(*Pseudotaxus*)和穗花杉属(*Amentotaxus*)为我国特有属。

表 2.8　红豆杉纲分科特征比较

科	罗汉松科	三尖杉科	红豆杉科
叶	辐射状排列,对生	螺旋状扭转成二列状	螺旋状扭转成二列状,少数交互对生
小孢子叶	聚成穗状	6～11 聚生成头状	单生或穗状
小孢子囊	2,有气囊	2～4,常 3,无气囊	4～9,无气囊
大孢子叶球苞片	螺旋状排列	交互对生	覆瓦状或交互对生
每一苞片着生的胚珠	1,部分或全部或仅顶端的苞片有胚珠	2,全部的苞片有胚珠	1,顶端的苞片有胚珠
种子	核果状	核果状	核果状或坚果状
假种皮	肉质或革质,全包或部分包裹种子	肉质,全部包裹种子	红色或白色,包裹大部种子
种托	有或无	无	无

图 2.35　三尖杉

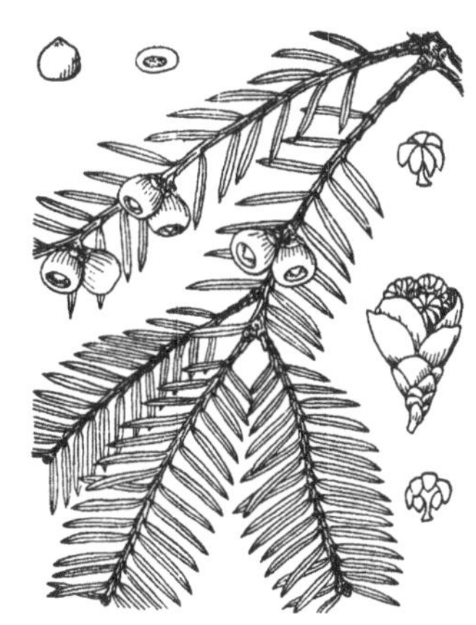

图 2.36　红豆杉

(5) 买麻藤纲(Gnetopsida)。灌木或木质藤本,稀乔木或草本状小灌木。次生木质部常具导管,无树脂道;叶对生或轮生,叶片形态多样,或细小膜质鞘状,或绿色扁平似双子叶植物,或呈大型带状似单子叶植物;孢子叶球单性,异株或同株,或有两性的痕迹。有类似于花被的盖被(也称假花被),盖被膜质、革质或肉质。胚珠 1 枚,珠被 1～2 层,具珠孔管(micropylar tube)。精子无纤毛。颈卵器极其退化或无;成熟大孢子叶球球果状、浆果状或细长穗状。种子包于由盖被发育而成的假种皮中,种皮 1～2 层,胚乳丰富。买麻藤纲植物(图 2.37)包括麻黄目(Ephedrales)、买麻藤目(Gnetales)和百岁兰目(Welwitschiales)3 目(表 2.9),每目 1 科,每科 1 属。我国 2 目 2 科 2 属 19 种,分布全国。这类植物起源于新生代,茎内次生木质部有导管,孢子叶球有盖被,胚珠包裹于盖被内,许多种类有多核胚囊而无颈卵器,这些特征是裸子植物最进化类群的性状,为裸子植物和被子植物之间的过渡类型。

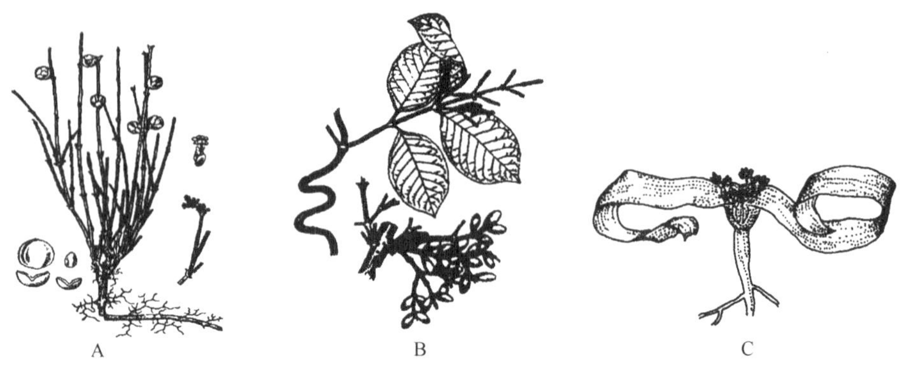

图 2.37 买麻藤纲代表植物

A. 麻黄(*Ephedra sinica*);B. 买麻藤(*Gnatum montanum*);C. 百岁兰(*Welwitschia bainesii*)

表 2.9 买麻藤纲各类群特征比较

目	麻黄目	买麻藤目	百岁兰目
体态	多分枝小灌木,茎皮绿,叶针形、鳞片状,轮生,基部连生成鞘状	木质藤本,叶对生,阔叶状,具网状脉	块状体,锥状根,带状叶对生,平行脉
雌雄球果	异株或同株	异株或同株	同株
颈卵器	有	无	无
雌配子体发育	单孢子	4 孢子	4 孢子
雄配子体发育	同松柏纲	1 营养细胞,不产生生殖细胞	1 营养细胞,不产生生殖细胞
受精	在颈卵器内	2 雄配子均可与卵核结合	粉管受精
合子发育	具有少数核的游离核阶段	无游离核阶段	无游离核阶段

2.4.8 被子植物

1. 被子植物的主要特征

被子植物(angiosperm)是植物界发展最高级的类群。被子植物的产生,使地球上第一次出现了色彩鲜艳,种类繁多、花果丰茂的景象。随着被子植物的发展,使直接或间接依赖于植物为生的动物界获得相应的发展,迅速繁茂起来。与其他类群比较,被子植物具有以下几方面的进化特征:

(1) 具有真正的花。被子植物最显著的特征是具有真正的花,典型的花由花萼、花冠、雄蕊群、雌蕊群 4 个部分组成。花的形态千差万别,与虫媒、鸟媒、风媒或水媒等各种传粉方式相适应。

(2) 具有雌蕊。雌蕊由心皮组成,胚珠包藏在子房内,子房在受精后发育成为果实。果实的形态结构差异很大,是对各种传播方式的适应。

(3) 具有双受精现象。所有被子植物都有双受精现象,即两个精细胞进入胚囊以后,一个与卵细胞结合形成合子,发育成胚($2n$),另一个与 2 个极核结合,发育为胚乳,含有三倍($3n$)的染色体数。被子植物都有双受精现象是它们具有共同祖先的一个证据。

(4) 孢子体高度发达。在被子植物的生活史中,孢子体占绝对优势,其形态、结构、生活型等比其他各类植物更加完善和多样化。有自养、附生、腐生和寄生等营养方式;有乔木、灌木、藤本植物，也有一年生、二年生和多年生的草本植物，这些植物一般具有合轴分枝方式和大而阔的叶片；在解剖构造上，被子植物的木质部有导管，韧皮部不仅有筛管，还有伴胞。输导组织的完善使体内物质运输畅通，适应性得到加强。

(5) 配子体进一步退化(简化)。被子植物的雌、雄配子体均无独立生活能力，终生寄生在孢子体上，结构上比裸子植物更简化。配子体的简化在生物学上具有进化的意义。

由于被子植物具有上述适应于陆生环境的各种特征，使它们具备了在生存竞争中优越于其他各类植物的内在条件，保证和加强了被子植物对复杂多变环境的适应能力，使它们在地球上得以迅速发展，成为植物界种类最多、分布最广、适应性最强的类群。

2. 被子植物的分类

1) 被子植物系统演化的主要学说

目前普遍认为被子植物几乎在距今 1.4 亿年的白垩纪同时兴起，由于缺乏花的化石，被子植物花的起源至今尚无定论。关于被子植物花的起源学者们提出了多种假说，其中影响较大的是假花学说(Pseudanthium Theory)和真花学说(Euanthium Theory)，这两个学说是建立被子植物分类系统的基础：

(1) 假花学说。该学说由奥地利植物学家 Wettstein(1907)建立，认为被子植物起源于高等裸子植物的弯柄麻黄(*Ephedra campylopoda*)。弯柄麻黄大、小孢子叶球分别演化为被子植物的雌或雄的葇荑花序，进而演化为两性花，因此被子植物的花，不是一个真正的花，而只是一个简化了的花序。按照此学说，被子植物的原始类群是单性花的葇荑花序类，被子植物中的两性花、双被、虫媒花是由单性、单被、风媒的葇荑花序类演化而来，是次生、进化的类型，该学说受到大多数学者的质疑。

(2) 真花学说。该学说认为被子植物的花是由已经灭绝的古代裸子植物本纳苏铁(*Bennettitales*)的两性孢子叶球演化而来，即孢子叶球主轴的顶端演化为花托，生于主轴上的大孢子叶演化为雌蕊，其下的小孢子叶演化为雄蕊，孢子叶球上覆瓦状排列的苞片演变为被子植物的花被，花就是变态的两性孢子叶球。按照真花学说，现代被子植物中的多心皮类尤其是木兰目是现代被子植物较原始的类群，被子植物中的单性、单被、风媒植物是由多心皮类演化而来，是次生、进化的类群。该学说由哈利尔(Hallier)在 1903 年提出，以后由贝西(Bessey)和哈钦森(Hutchinson)加以发展，得到大多数学者的支持。

2) 被子植物的分类系统

被子植物的分类不仅要将几十万种植物安置在一定位置上，而且还要建立起一个分类系统，并在分类系统反映出它们之间的亲缘关系。但是由于被子植物几乎同时兴起，难以根据化石证据确定它们的原始性。其次，花部的特点是被子植物分类的主要依据，但迄今尚未找到花的化石，人们只能根据现有的资料对植物进行分类，并尽可能地反映出它们的起源和演化关系，因此直到现在没有一个比较完善的自然分类系统。目前世界上运用比较广泛的是恩格勒(Engler)系统和哈钦森(Hutchinson)系统。在各级分类系统的安排上，克朗奎斯特(Cronquist)系统和塔赫他间(Takhtajan)系统比较合理。

(1) 恩格勒系统。该系统由德国植物学家恩格勒(Engler)和柏兰特(Prantl)于 1897 年在《植物自然分科志》(*Die Naturlich Pflanzen familien*)一书中公布，是植物分类学史上第一个比较完整的自然分类系统。该分类系统根据假花学说建立，将葇荑花序类植物作为被子植物中最原始的类型，将被子植物分成 45 目 280 科，把双子叶植物分为古生花被亚纲(离瓣类)和后生花被亚纲(合瓣类)。此后几经修订,成为 62 目 343 科,但基本的框架未变。《中国高等植物图鉴》、《中国植物志》和我国各大标本馆科目的安排多采用的 1936 年 11 版的恩格勒系统。

(2) 哈钦森系统。该分类系统是英国植物学家哈钦森(J. Hutchinson,1884~1972 年)在《有花植物科志》(*The Families of Flowering Plants*,1926)一书中发表,1973 年重新修订,由原来的 332 科扩展到 411 科,这一系统以真花学说和单元起源为理论基础,认为双子叶植物以木兰目和毛茛目为起点,分别演化出平行发展的木本和草本两大支;无被花和单被花是由双被花退化而形成的产物。但由于这一系统坚持将木本和草本作为第一级区分,导致许多亲缘关系很近的科,如草本的伞形科和木本的山茱萸科、五加科被分开在系统位置很远的位置上,难以说明类群之间的亲缘关系。尽管如此,哈钦森系统仍然为毛茛学派奠定了基础。我国华南、西南各大标本馆中标本的排列和出版物的科目次序多采用这个系统。

(3) 克朗奎斯特系统。1957 年,美国学者克朗奎斯特(Arthur Cronquist,1919~1992 年)在"*Outline of A New System of Families and Orders of Dicotyledons*"一书中发表该系统。分别在 1981 年和 1988 年进行了两次修订完善,将被子植物分为 2 纲 11 个亚纲 83 目 378 科。该系统采用真花学说及单元起源的观点,认为有花植物起源于已经灭绝的种子蕨,木兰亚纲是被子植物的基础复合群,木兰目是最原始的代表,葇荑花序类起源于古代的金缕梅目,单子叶植物来源于类似睡莲目的祖先。泽泻纲是百合亚纲进化线上近基部的一个侧枝。所有现代生活的被子植物各亚纲都不可能是从现存的其他亚纲的植物进化来的,这与以前的分类系统观点不同。该系统亚纲之间、亚纲各目之间的演化关系表述比较清晰,比前几个分类系统更为合理,科的数目及范围较适中,有利于教学使用,受到了全世界的普遍重视。

3) 被子植物的分类原则

在不同的被子分类系统中,分类的原则有所区别。但根据被子植物化石,最早出现的被子植物多为常绿的、木本植物,落叶的、草本的类群是以后出现的,由此可以确认落叶、草本、叶形多样化、输导功能完善化等是次生的性状。根据花、果的演化趋势,具有向着经济、高效的方向发展的特点,由此确认花被分化或退化、花序复杂化、子房下位等都是次生的性状。基于上述的认识并根据真花学说,将被子植物的形态构造的演化规律和分类原则归纳如表 2.10 所述。

表 2.10 被子植物的分类原则

项目	初生的、原始的性状	次生的、较完整的性状
茎	1. 木本 2. 直立 3. 无导管只有管胞 4. 具环纹、螺纹导管	1. 草本 2. 缠绕 3. 有导管 4. 具网纹、孔纹导管
叶	5. 常绿 6. 常叶全缘 7. 互生(螺旋状排列)	5. 落叶 6. 叶形复杂化 7. 对生或轮生

续表

项目	初生的、原始的性状	次生的、较完整的性状
花	8. 花单生 9. 有限花序 10. 两性花 11. 雌雄同株 12. 花部螺旋状排列 13. 花的各部多数而不固定 14. 花被同形，不分化为萼片和花瓣 15. 花部离生（离瓣花、离生雄蕊、离生心皮） 16. 辐射对称花 17. 子房上位 18. 花粉粒具单沟 19. 胚珠多数 20. 边缘胎座，中轴胎座	8. 花形成花序 9. 无限花序 10. 单性花 11. 雌雄异株 12. 花部轮状排列 13. 花的各部数目不多，有定数（3、4 或 5） 14. 花被分化为萼片和花瓣，或退化为单被花，无被花 15. 花部合生（合瓣花、具各种形式结合的雄蕊、合生心皮） 16. 两侧对称花 17. 子房下位 18. 花粉粒具 3 沟或多孔 19. 胚珠少数 20. 侧膜胎座，特立中央胎座及基底胎座
果实	21. 单果，聚合果 22. 真果	21. 聚花果 22. 假果
种子	23. 种子有发育的胚乳 24. 胚小，直伸，子叶 2 片	23. 无胚乳，种子萌发所需的营养物质贮藏在于叶中 24. 胚弯曲或卷曲，子叶 1 片
生活型	25. 多年生 26. 绿色自养植物	25. 一年生 26. 寄生、腐生植物

4）被子植物的分类

目前已知的被子植物约 1 万多属 25 万种，几乎占植物界的一半，在地球上占有绝对优势，我国有 2700 多属约 3 万种，分为双子叶植物纲和单子叶植物纲，其区别特征见表 2.11。

表 2.11　双子叶植物纲和单子叶植物纲特征比较

双子叶植物纲（木兰纲）	单子叶植物纲（百合纲）
胚具有 2 片子叶	胚具有 1 片子叶
主根发达，多为直根系	主根不发达，多为须根系
茎内维管束环状排列，具有形成层	茎内维管束散生，无形成层
网状脉序	平行脉序
花部通常 4～5 基数	花部通常 3 基数

这些区别点只是相对的、综合的，实际上有交错的现象，如：一些双子叶植物科中有 1 片子叶的现象，如睡莲科、毛茛科、小檗科、罂粟科、胡椒科、伞形科、报春花科等；双子叶植物中有许多须根系的植物，尤其在毛茛科、车前科、茜草科、菊科等科；毛茛科、睡莲科、石竹科等双子叶植物科中有星散维管束，而有些单子叶植物的幼期也有环状排列的维管束，并有初生形成层；单子叶植物的天南星科、百合科等也有网状脉；双子叶植物的樟科、木兰科、小檗科、毛茛科有 3 基数的花，单子叶植物的眼子菜科、百合科有 4 基数的花。

（1）双子叶植物纲代表。

木兰科（Magnoliaceae）$*P_{6-15}A_{\infty}\underline{G}_{\infty}$；木本；单叶互生，全缘，有托叶，早脱落；枝具环状托叶痕。花单生；花被 3 基数，两性，辐射对称，常同被；雄蕊及雌蕊多数、分离、螺旋状排列于柱状花托上，子房上位；聚合蓇葖果穗状，稀为翅果。种子有胚乳。木兰科是被子植物中最原始的科，其原始性表现在木本，单叶，互生，全缘，羽状脉，花常单生，花部螺旋状排列，花丝短，花药长，单沟花粉，胚小，胚乳丰富等。本科15属250余种，主要分布于亚洲的热带或亚热带，少数分布于北美洲和中美洲，我国11属130余种，集中分布在西南、南部或中南地区。木兰属(*Magnolia*)花顶生，花被多轮，每心皮有胚珠1～2，蓇葖果，背缝线开裂。常见种类有荷花玉兰(洋玉兰)(*M. grandiflora* L.)、厚朴(*M. officinalis* Rehd. et Wils.)、凹叶厚朴[*M. biloba* (Rehd. et Wils.)Cheng]、辛夷(木兰，紫玉兰)(*M. liliflora* Desr.)、玉兰(*M. denudata* Desr.)等；含笑属(*Michelia*)花腋生，开放时不全部张开，雌蕊轴在结实时伸长成柄，每心皮有胚珠2个，含笑[*M. figo*(Lour.)Spreng.]；鹅掌楸属(*Liriodendron*)叶分裂，先端截形，翅果。现残存两种，鹅掌楸(*L. chinense*)分布于中国，产于长江以南各省区，北美鹅掌楸(*L. liliflora*)产北美大西洋沿岸。

樟科(Lauraceae) $*P_{3+3}A_{3+3+3+3}\underline{G}_{(3:1)}$；木本，有油腺。单叶互生，革质全缘，无托叶，三出脉或羽状脉；两性花，整齐，轮状排列，花部3基数；花被2轮；雄蕊4轮，其中1轮退化，花药瓣裂；雌蕊由3心皮所成，子房1室；核果；种子无胚乳。本科植物约45属2500余种，主产热带、亚热带，我国24属430余种，为我国常绿阔叶林的主要树种。樟属(*Cinnamomum*)叶常为3出脉。发育雄蕊3轮，花药4室，第1、2轮药内向，第3轮外向，基部有腺体，第4轮为退化雄蕊，圆锥花序，萼片脱落；润楠属(*Machilus*)常绿乔木，鳞芽卵形，羽状脉，花被宿存，结果时花被裂片展开或向外翻曲；楠木属(*Phoebe*)常绿乔木或灌木，叶聚集新枝末端，全缘，羽状脉；山胡椒属(*Lindera*)灌木或小乔木，叶具三出脉或羽状脉。花单性，雌雄异株，雄蕊9，花药2室，第三轮雄蕊基部有腺体，雌花有退化雄蕊9～15；木姜子属(*Litsea*)羽状脉，花药4室。

毛茛科(Ranunculaceae) $*\uparrow K_{3-\infty}C_{3-\infty}A_{\infty}\underline{G}_{\infty-1}$；草本，叶分裂或复叶。花两性，整齐，5基数；花萼和花瓣均离生；雄蕊和雄蕊多数，离生，螺旋状排列于膨大的花托上；子房上位；聚合瘦果或聚合蓇葖果。本科植物50属2000余种，广布世界各地，多见于北温带与寒带。我国43属700余种。毛茛属(*Ranuculus*)直立草本，花黄色，萼片、花瓣各5，分离，花瓣基部有1蜜腺穴。雄蕊和心皮均为多数，离生，螺旋状排列于突起的花托上，瘦果集合成头状；铁线莲属(*Clematis*)攀援草本或木质蔓生藤本，羽状复叶对生，花萼4～5，镊合状排列，无花瓣，雄蕊和雌蕊多数。瘦果集合成1头状体，具宿存的羽毛状花柱；乌头属(*Aconitum*)的乌头(*A. carmichaeli* Debx.)多年生草本，具肥厚块根，叶掌状3～5裂，总状花序密生白色柔毛，花萼蓝紫色，最上萼片呈盔状，花瓣有2片退化成蜜腺，另3片消失，雄蕊多数，心皮3，分离，蓇葖果，产欧亚，块根即乌头，入药能祛风镇痛，子根为中药"附子"，均含多种乌头碱，有大毒；侧金盏花属(*Adonis*)为毛茛科中最原始的1属，花被数目还不甚固定，草本，单花顶生，萼片5～8，花瓣5～16，雄蕊多数，聚合瘦果。

金缕梅科(Hamamelidaceae) $*K_{(4-5)}C_{4-5,0}A_{\infty,1-5}\overline{G}_{(2:2)}$；木本，具星状毛；单叶互生，多有托叶；花两性或单性同株；萼筒与子房壁结合，雌蕊2心皮，顶端离生，子房下位，2室，中轴胎座，花柱宿存；蒴果木质。本科有28属140余种，主产于亚洲的亚热带地区，少数产于北美、大洋洲及马达加斯加岛。金缕梅属(*Hamamelis*)落叶灌木或小乔木，芽裸露，头状花序或短穗状花序，花两性，4基数，花瓣带状。

桑科(Moraceae) $♂*K_{4-6}C_0A_{4-6}$，$♀:*K_{4-6}C_0\underline{G}_{(2:1)}$；木本；常有乳汁，具钟乳体；单叶互生；托叶明显、早落。花小、单性，雌雄同株或异株；聚伞花序常集成头状、穗状、圆锥状花序或隐头花序；花单被；雄花萼4裂，雄蕊4，对萼；雌花萼4裂，雌蕊由2心皮结合；子房1室，花柱 2。坚果或核果，有时被宿存萼所包，并在花序中集合为聚花果。本科 53 属 1400 余种，主要分布于热带、亚热带。我国 16 属 160 余种，主产长江以南各省区。桑属(*Morus*)乔木或灌木，叶互生，花单性，穗状花序，花丝在芽中内弯，子房被肥厚的肉质花萼所包，聚花果；无花果属(榕属)(*Ficus*)木本，有乳汁，托叶大而抱茎，脱落后在节上留有环痕，花单性，隐头花序。

胡桃科(Juglandaceae)♂ $* P_{3-6} A_{8-10}$ ♀：$* P_{3-5} \overline{G}_{(2:1)}$；落叶乔木。叶互生，羽状复叶。花单性，雄花序柔荑状；子房下位，1 室或不完全 2～4 室。坚果核果状，或具翅。本科 8 属 60 余种，分布于北半球。我国 7 属 27 种 1 变种，南北均产。胡桃属(*Juglans*)坚果有不规则的皱纹，基部 2～4 室，不开裂或最后分裂为 2；枫杨属(*Pterocarya*)总状果序下垂，坚果有翅。

壳斗科(Fagaceae)♂：$* K_{(4-8)} C_0 A_{4-20}$，♀：$* K_{(4-8)} C_0 \overline{G}_{(3-6:3-6:2)}$；木本。单叶互生，羽状脉直达叶缘。花单性，雌雄同株，无花瓣；雄花成葇荑花序；雌花 2～3 朵于总苞中；子房下位，3～6 室，每室 2 胚珠，仅 1 个成熟；坚果；总苞花后增大，呈杯状或囊状，称为壳斗，壳斗半包或全包坚果，外有鳞片或刺。本科 8 属约 900 种，主要分布于热带及北半球的亚热带。我国有 6 属约 300 种。栗属(*Castanea*)落叶乔木，小枝无顶芽，藉侧芽延长。雄花为直立葇荑花序，雌花单独或 2～5 朵生于总苞内，子房 6 室，总苞完全封闭，外面密生针状长刺，内有 1～3 个坚果；栎属(*Quercus*)多为落叶乔木。雄花序下垂，雌花 1～2 朵簇生，子房 3～5 室，总苞的鳞片为覆瓦状或宽刺状。

桦木科(Betulaceae)♂：$* P_4 A_{2-20}$，♀：$* P_0 \overline{G}_{(2:2)}$；落叶木本。单叶互生，羽状脉。雌雄同株，复合性的葇荑花序下垂，每一苞片内为 1 簇短聚伞花序；常无花被；子房下位，2 室。坚果有翅或无翅。种子单生，无胚乳。桦木属(*Betula*)雌花序单生；果苞片膜质，3 裂，雄蕊 2 个；桤木属(赤杨属)(*Alnus*)雌花序总状排列，2 朵雌花并生于苞片内，花裸露；子房 2 室，每室 1 胚珠；苞片不脱落或木质球果状，雄蕊 4 个；鹅耳枥属(*Carpinus*)叶缘重锯齿，具 7～24 对直侧脉，先端达齿。每一雌花有 1 苞片及 2 小苞片，结果后，苞与小苞结合为叶状的总苞。坚果生于总苞腋内，果顶冠以萼的残部；榛属(*Corylus*)落叶灌木，叶常卵圆形，具重锯齿。先叶开花，雄花序圆筒状下垂，雄花无花被，苞片 1 枚，内具 2 小苞及 4～8 枚雄蕊，花丝 2 裂；雌花序短头状，每苞内 2 雌花。坚果外包叶状、囊状或管状的总苞，此总苞由 1 苞片和 2 小苞片结合而成。

石竹科(Caryophyllaceae) $* K_{4-5,(4-5)} C_{4-5} A_{5-10} \underline{G}_{(5-2:1)}$；草本，节膨大。单叶，全缘，对生，基部常常横向相连；花两性，整齐，二歧聚伞花序或单生，花瓣常有爪，雄蕊常常为花瓣的 2 倍，子房上位，特立中央胎座；蒴果。本科 70 属 2000 余种，广布全世界，尤其以温带和寒带为多。我国 32 属近 400 种，全国各地均产。石竹属(*Dianthus*)草本，节膨大，单叶对生，花单生或成圆锥状聚伞花序，萼结合成筒，具 5 齿，花瓣 5，檐部和爪部分明，相交成直角，雄蕊 10，2 轮；花柱 2，特立中央胎座，蒴果，种子多数；繁缕属(*Stellaria*)丛生或直立草本，顶生圆锥状聚伞花序，萼片分离，宿存，花瓣与萼片同数，白色，先端 2 深裂，有时无花瓣；子房 1 室，蒴果瓣裂。

藜科(Chenopodiaceae) $* K_{5-3} C_0 A_{5-3} \underline{G}_{(2-3:1)}$；草本，具泡状毛；花小，单被；雄蕊对萼；子房 2～3 心皮结合，1 室，基底胎座；胞果，胚弯曲。本科 100 属 1500 种，分布于温、寒带的滨海或含盐分的地区。我国 39 属 186 种，全国各地均有分布，以西北荒漠地区最多。藜属(*Chenopodium*)一、二年生草本或灌木，植物体无毛或有粉粒状体，叶宽，扁平，子房与花被片完全分生，花被片开展；滨藜属(*Astriplex*)一、二年生草本或灌木，叶宽，扁平，花单性，雌花无花被；猪毛菜属(*Salsola*)具肉质叶的一年生草本、半灌木或灌木；假木贼属(*Anabasis*)多年生植物，叶对生或无叶，浆果；梭梭属（*Haloxylon*）小乔木，嫩叶绿色，常在秋季脱落。

龙脑香科（Dipterocarpaceace）$* K_{(5)} C_{5,(5)} A_{\infty} \underline{G}_{(3:3:2)}$；乔木，常有星状毛或盾状的鳞片，木质部有树脂；单叶，互生，有托叶，脱落，花两性，辐射对称，排成腋生的圆锥花序，通常无苞片，萼管长或短，与子房离生或合生，结果时通常扩大成翅，花瓣常被毛；种子常为增长的宿萼所围绕，萼裂片中 2 或 3 片或全部发育成狭长形的翅，种子无胚乳，子叶平凸状，包围着胚根。本科约 25 属 400 种，分布于东半球热带地区，主产地为印度尼西亚和马来西亚。我国有 3 属 6 种，多分布于西南和南部地区。本科有些种类为亚洲热带雨林常见树种。青梅属（*Vatica*）乔木。萼片初时覆瓦状排列，很快张开而呈镊合状排列，药隔顶的附属体短而钝；坡垒属（*Hopea*）乔木，萼片覆瓦状排列，药隔顶端的附属体钻形或丝形。

山茶科（Theaceae）$* K_{4-\infty} C_{5,(5)} A_{\infty} \underline{G}_{(2-8:2-8)}$；木本。单叶互生，常革质。花常两性，单生于叶腋；雄蕊多数，多轮，分离或成束，常与花瓣连生；中轴胎座；蒴果或浆果。本科有 40 属 600 种，广泛分布于热带和亚热带，主产于东亚。我国 15 属 400 余种。山茶属（*Camellia*）灌木或小乔木，花单生或 2～4 朵聚生，花药丁字着生，蒴果；柃木属（*Eurya*）灌木或小乔木，叶互生，花小，腋生，花药基生。

杨柳科（Salicaceae）♂ $* K_0 C_0 A_{2-\infty}$ ♀：$* K_0 C_0 \overline{G}_{(2:1)}$；木本，单叶互生。花单性，雌雄异株，葇荑花序；无花被，有花盘或蜜腺，侧膜胎座。蒴果，种子微小，基部有多数丝状长毛。本科 3 属约 620 种，主产北温带。我国 3 属 320 种，全国均有分布。杨属（*Populus*）冬芽具数鳞片，芽有树脂，常有顶芽，叶有长柄，叶片阔，葇荑花序，下垂，花有杯状花盘，雄蕊 4 至多数，苞缘细裂，蒴果 2～4 裂，风媒花；柳属（*Salix*）冬芽仅有 1 芽鳞，由 2 枚合生的托叶所成，顶芽退化，叶披针形，葇荑花序常直立，花有 1～2 枚由花被退化来的腺体，雄蕊常 2（稀 1～12），苞片全缘，蒴果 2 裂，虫媒花。

十字花科（Cruciferae）$* K_{2+2} C_{2+2} A_{2+4} \underline{G}_{(2:1)}$；草本，常有辛辣汁液；花两性，整齐；萼片 4；十字花冠；四强雄蕊；子房 1 室，有 2 个侧膜胎座，具假隔膜；角果。本科 350 属约 3200 种，全球分布，主产于北温带。我国 95 属 425 种 124 变种。芸薹属（*Brassica*）一至二年生草本，单叶，有时基部羽状分裂，总状花序，花黄色，花瓣具爪，长角果，圆柱形，种子球形，子叶对褶，本属植物是日常主要的蔬菜；萝卜属（*Raphanus*）叶大，羽状分裂，花淡红色或紫色，长角果呈串珠状，不开裂，具长喙；拟南芥属（*Arabidopsis*）植株矮小，基因组小，自交繁殖，是植物遗传学、发育生物学和分子生物学研究的模式植物。

杜鹃花科（Ericaceae）$* \uparrow K_{(5-4)} C_{5-4,(5-4)} A_{10-8,5-4} \underline{G},\overline{G}_{(2-5:2-5)}$；常为灌木，单叶互生，花冠整齐或稍不整齐，雄蕊常为花冠裂片的倍数，常逆二轮，分离，自腺性花盘发出，花药常孔裂，雌蕊心皮 4～5，中轴胎座，胚珠多数。本科 75 属 1350 种，广布全球，主产温带和亚寒带。我国 20 属 700 余种，主要分布于西南山区。杜鹃花属（*Rhododendron*）木本，单叶互生，花冠合瓣，辐状至钟形，或漏斗形及筒形，5 基数，常稍不整齐。雄蕊与花冠裂片同数或为其倍数，花药无附属物，蒴果，室间开裂，成 5～10 瓣。

蔷薇科（Rosaceae）$* K_{(5)} C_{5,0} A_{5-\infty} \overline{G},\underline{G}_{\infty-1}$；茎常有刺及明显的皮孔。叶互生，常有托叶；花两性，整齐；花托凸隆至凹陷；花部 5 基数，轮状排列；花被与雄蕊常结合成花筒；子房上位，少下位。蓇葖果、瘦果、核果、梨果等；种子无胚乳。本科 120 余属 3400 余种，主产北半球温带。我国 55 属 900 余种，全国各地均有分布。根据心皮数目、子房位置和果实特征分为绣线菊亚科（Spiraeoideae）、蔷薇亚科（Rosoideae）、苹果亚科（Maloideae）和李亚科（Prunoideae）四个亚科（表 2.12）。

表 2.12　蔷薇科四个亚科特征比较

科	锈线菊亚科	蔷薇亚科	苹果亚科	李亚科
叶	单叶，稀复叶，常无托叶	复叶，稀单叶，托叶发达	单、复叶，有托叶	单叶，有托叶
花	稀合生，花托平碟状，心皮 2～5 枚分离，子房上位	花托隆起成头状或凹下呈囊袋状，心皮多数，分离，子房上位	花托深凹，参与果实形成，心皮 2～5 枚联合，子房下位	花托凹陷呈杯状，心皮 1 枚，子房上位
果	聚合蓇葖果，稀蒴果	聚合瘦果、小核果	梨果	核果

绣线菊亚科(Spiraeoideae)，木本，常无托叶，心皮通常 5 个(偶 1～12)分离或基部联合，蓇葖果，少蒴果。绣线菊属(*Spiraea*)小灌木，无托叶，花筒浅杯状，伞房花序，萼片、花瓣各 5，雄蕊 15～60，心皮 5～2，分离，蓇葖果；珍珠梅属(*Sorbaria*)奇数羽状复叶，互生，花小，为顶生圆锥花序，花瓣 5；雄蕊 20～50；心皮 5，稍合生，蓇葖果具多数种子。

蔷薇亚科(Rosoideae)，木本或草本；叶互生，托叶发达；周位花；心皮多数，分离，着生于凹陷或突出的花托上，子房上位，每心皮含胚珠 1～2 个；聚合瘦果。蔷薇属(*Rosa*)灌木，皮刺发达，羽状复叶，托叶常贴生于叶柄上，萼筒与花托结合成壶状；萼裂 5；花瓣 5；雄蕊多数，生于花筒口部；心皮多数，分离，多数瘦果集于肉质的花筒内，组成 1 聚合果称“蔷薇果”，广布北温带和热带的高原；悬钩子属(*Rubus*)灌木，多刺。单叶或复叶。萼宿存，5 裂；花瓣 5；雄蕊多数；雌蕊多数，核果小，集生于膨大的花托上，构成聚合果。

苹果亚科(Maloideae)，木本；有托叶；心皮 2～5，多数与杯状花筒之内壁结合成子房下位，或仅部分结合为子房半下位。每室有胚珠 1～2 个；梨果。梨属(*Pyrus*)叶近卵形。花柱 2～5 条，离生，果肉有石细胞，果实梨形；苹果属(*Malus*)叶近椭圆形，花柱基部结合，果肉无石细胞，果实两端凹陷。

李亚科(Prunoideae)木本；单叶，有托叶，叶基常有腺体；花筒凹陷呈杯状，心皮 1，子房上位，胚珠 2 个，斜挂；核果，内含 1 种子。李属(*Prunus*)侧芽单生，顶芽缺，花叶同放，子房和果实光滑无毛；桃属(*Amygdalus*)侧芽 3，具顶芽，果核常有孔穴；杏属(*Armeniaca*)侧芽单生，顶芽缺，花先叶开放；子房和果实常被短毛；樱属(*Cerasus*)幼叶对折式，果实无沟，不同于上述 3 属。

豆目(Fabales)草本，叶常为羽状复叶，叶柄基部有叶枕，具托叶。叶除羽状复叶外，也有三出复叶或单叶。花两性，两侧对称，萼片通常为 5 枚，多为合生。心皮 1 个，上位子房 1 室，常具多个胚珠。荚果。本目 3 科(表 2.13)。

表 2.13　豆目三科特征比较

科	含羞草科	苏木科	蝶形花科
花冠	辐射对称	假蝶形花冠	蝶形花冠
花瓣	镊合状排列	上升覆瓦状排列	下降覆瓦状排列
雄蕊	多数或 5，合生或离生	10，分离	10，常为(9)+1 的二体雄蕊
花序	头状，稀穗状	多型	多型
外形	木本	乔木	多型

含羞草科(Mimosaceae)，$*K_{(3-6)}C_{(3-6),3-6}A_{\infty(3-6)}\underline{G}_{1:1}$，花辐射对称；花瓣镊合状排列；雄蕊常多数。荚果。56 属 3000 多种，分布于热带、亚热带地区。我国 17 属 66 种。主要代表有

合欢属(*Albizzia*)、含羞草属(*Mimosa*)等。

苏木科(云实科)(Caesalpiniaceae),$\uparrow K_{(5)} C_5 A_{10} \underline{G}_{(1:1)}$,花两侧对称;花瓣上升覆瓦状排列,假蝶形花冠;雄蕊 10 或较少,常分离;荚果。本科 180 属约 3000 种,分布于热带、亚热带。我国 21 属 113 种。主要代表有紫荆属(*Cercis*)、羊蹄甲属(*Bauhinia*)、决明属(*Cassia*)等。

蝶形花科(Fabaceae,Papilonaceae),$\uparrow K_{(5)} C_5 A_{(9)1,(5)(5),(10),10} \underline{G}_{(1:1)}$,花两侧对称;花瓣下降覆瓦状排列,蝶形花冠;雄蕊 10,常结合成两体或单体;荚果。440 属 12 000 种,分布于全世界,我国 103 属 1000 余种,全国均产。主要代表有大豆属(*Glycine*)、苜蓿属(*Medicago*)、草木樨属(*Melilotus*)、车轴草属(*Trifolium*)、野豌豆属(*Vicia*)、锦鸡儿属(*Caragana*)等。

槭树科(Aceraceae) $* K_{5-4} C_{5-4} A_{8,4\sim10} \overline{G}_{(2:2:2)}$,叶对生,常掌状分裂;花辐射对称;分果,具翅。本科有 3 属 200 种,分布于温带和热带高山。我国有 2 属 150 余种。槭属(*Acer*)落叶乔木,叶掌状分裂或羽状复叶,双翅果;金钱槭属(*Dipteronia*)落叶乔木,奇数羽状复叶,果实周围有阔翅。

伞形科(Apiaceae,Umbelliferae) $* K_{(5)-0} C_5 A_5 \overline{G}_{(2:2)}$,芳香性草本,常有鞘状叶柄,具典型的复伞形花序,5 基数花,两室的下位子房及双悬果。本科有 300 属 3000 种,分布于北温带、亚热带或热带高山上。我国约 90 属 500 余种。胡萝卜属(*Daucus*)草本,具肥大肉质的圆锥根。叶 2～3 回羽状深裂,叶柄基部扩大成鞘状,子房及果实具刺;当归属(*Angelica*)大形草本,茎常中空,叶为三出复叶,果实卵形,背腹压扁,侧棱有翅;柴胡属(*Bupleurum*)草本,稀为半灌木或灌木,单叶,全缘,叶脉平行或弧形,双悬果卵状长圆形,两侧略扁平。

唇形科(Lemiaceae,Labiatae) $\uparrow K_{(5)} C_{(4-5)} A_{4,2} \underline{G}_{(2:4)}$,草本,含挥发性芳香油,茎四棱,单叶对生或轮生,轮伞花序,唇形花冠,二强雄蕊,心皮 2 个,4 个小坚果。本科有 220 属 3500 种,分布中心为地中海和小亚细亚。我国 98 属 800 种。藿香属(*Agastache*)草本,叶常卵形,萼具 15 脉,内面无毛环。花冠上唇直立,2 裂,下唇 3,开展,中裂片特大;夏枯草属(*Prunella*)花萼有极不相等的齿,2 唇,果期下唇向上唇斜伸,以致喉部闭合;花冠上唇盔状;后对雄蕊短于前对雄蕊;鼠尾草属(*Salvia*)花冠唇形,上唇直立而拱曲,下唇展开,雄蕊 2,花丝短,与药隔有关节相连,上方药隔呈丝状伸长,有药室,藏在上唇内,下方药隔形状不一,药室不完全或无。

忍冬科(Caprifoliaceae) $* \uparrow K_{(4-5)} C_{(4-5)} A_{4-5} \overline{G}_{(2-5:2-5)}$,常为木本,叶对生,单叶,稀为奇数羽状复叶,常无托叶。花萼筒与子房贴生,雄蕊与花冠裂片同数而互生,着生于花冠筒上,子房下位,3 室,浆果、蒴果或核果。本科有 14 属 400 余种,主产北半球。我国 12 属 200 种。忍冬属(*Lonicera*)直立或缠绕灌木,单叶全缘,花常双生,有时 3 朵并生,花冠 2 唇形或几 5 等裂。浆果;荚蒾属(*Viburnum*)常绿灌木,花为顶生圆锥花序,或伞形花序式的聚伞花序,有些种类的缘花放射状,不结实,花冠辐状;接骨木属(*Sambucus*)木本,稀为多年生草本,奇数羽状复叶,小叶有锯齿;有托叶。核果。

菊科(Asteraceae,Compositae) $* \uparrow K_{0-\infty} C_{(5)} A_{(5)} \overline{G}_{(2:1:1)}$,草本,头状花序,聚药雄蕊,瘦果顶端带冠毛或鳞片。有 5 种类型的花冠:筒状花(管状花)、舌状花、二唇花、假舌状花、漏斗状花。原始的头状花序只有一种花,高级的类型则有多型的花。菊科是被子植物最大的一个科。约有 900 余属,3 万余种,广布于全世界,主产北温带。我国 160 余属,2000 余种。本科根据头状花序花冠类型的不同、乳状汁的有无分为两个亚科。

管状花亚科(Tubuliflorae,Carduoideae)不具乳汁,头状花序全部为管状花组成,或边缘为舌状花。主要代表有蒿属(艾属)(*Artemisia*)、菊属(*Dendranthema*)、向日葵属(*Helianthus*)等。

舌状花亚科(Liguliflorae,Cichorioideae)植物体具乳汁,头状花序全部为舌状花。主要代表有莴苣属(*Lactuca*)、蒲公英属(*Taraxacum*)等。

菊科是一个比较年轻的大科,化石仅出现于古近纪的渐新世。为双子叶植物中演化到最高级的类型,其进化特征表现为:绝大多数种类为草本植物,以尽可能短的时间完成其生命周期,能使植物快速传播,并且可使获得的变异更快地传给下一代,产生更多的不同的种类;花高度集中成头状花序,花有分工,在功能上如同一朵花一样,总苞 1 至多列,起着花萼的保护作用;周边的舌状花具有一般虫媒花冠所特有的作用——招引传粉昆虫,中间盘花数量的增加,如向日葵的盘花可达数百个,最多可达千余个,更有利于后代的繁衍;绝大多数种类的花是虫媒花,通常是异花传粉,雄蕊先于雌蕊成熟,由于花药结合成药筒,且药室内向开裂,因而成熟的花粉粒就散落在花药筒内,当昆虫来访采蜜时,引起花丝收缩,或花柱的伸长,柱头下面的毛环把花粉从花药筒内推出,花粉被来访的昆虫带走,一次,二次直至花粉全部散落而花药枯萎。此时,雌蕊开始成熟,柱头开始伸出花药筒外,柱头裂片展平,受粉面裸露,准备接受传粉昆虫从另一个花序带来的花粉,借此顺利完成异花传粉。出现了风媒花的种类,其特征是花冠管变短,花柱超出雄雄蕊之外,雄蕊花药分离,花粉变轻,外壁变光滑,缺乏花盘;花萼特化,常常变态成冠毛、刺毛,有利于果实传播;部分种类具块茎、块根、匍匐茎或根状茎,有利于营养繁殖的进行,不以种子的繁殖为唯一手段。由于本科在结构上、繁殖上的种种特点,促使它很快的发展与分化,从而达到属、种数和个体数均跃居现今被子植物之冠。

(2) 单子叶植物纲代表。

泽泻科(Alismataceae) $*P_{3+3}A_{\infty-6}\underline{G}_{\infty-6}$,水生或沼生草本,有根茎和块茎。叶常于茎上基生,有鞘,叶形变化较大。花两性或单性,常轮生于花茎上。雌蕊心皮离生,螺旋状排列于延长的花托上;聚合瘦果。本科由于花部 3 基数,雌雄蕊多数,螺旋状着生于突出的花托上,被认为是单子叶植物纲最原始的类型。13 属 70 种以上,广布全球。我国有 5 属 13 种,南北均产。慈姑,多年生草本,有纤匐枝,枝端膨大成球茎(即通称的慈姑)。叶箭形,具长柄,沉水叶狭带形。花单性,总状花序下部为雌花,上部为雄花;雄蕊和心皮均多数。南方各省多栽培。球茎供食用,或制淀粉;药用有清热解毒的功用。泽泻[*Alisma orientale*(Sam.)Juzepcz.],叶卵形或椭圆形,顶端尖,基部楔形或心形。花两性;雄蕊常 6 枚。我国各地都有分布。

棕榈科(Palmae)♂:$*P_{3+3}A_{3+3}$,♀:$*P_{3+3}\underline{G}_{3,(3)}$,$*K_3C_3A_{3+3}\underline{G}_{3,(3)}$,木本,单干直立,叶常绿,大型,丛生于枝干顶部,形成"棕榈"型树冠,叶柄基部扩大成纤维质的鞘,花小无柄,肉穗花序,核果或浆果。本科 210 属约 2800 种,分布于热带和亚热带,我国 28 属 100 余种。主要代表棕榈属(*Trachycarpus*)、椰子属(*Cocos*)、海枣(*Phoenix* spp.)等。

莎草科(Cyperacea)草本,茎多实心,常三棱形,无节和节间;叶常 3 列,叶鞘闭锁,包裹茎秆;小坚果,果皮发亮,有光泽;薹草属(*Carex*)的果实有由小苞片形成的囊包包裹。本科 80 余属 4000 多种,广布全世界,主产温带、寒带地区。我国 28 属 500 余种。主要代表有藨草属(*Scirpus*)、莎草属(*Cyperus*)、薹草属、荸荠属(*Eleocharia*)等。

禾本科(Graminaceae,Poaceae)$P_{2-3}A_{3-3+3}\underline{G}_{(2-3:1)}$,一年生、二年生或多年生草本,少亦有木本。茎常称为禾秆,圆柱形,节与节间区别明显,节间常中空。常于基部分枝,称为分蘖。单叶互生,成 2 列,叶鞘包围秆,边缘常分离而覆盖,少有闭合。叶舌膜质或退化为一圈毛状物。叶耳位于叶片基部的两侧或无。叶片常狭长,叶脉平行。由小穗组成多种类型的花序。颖果。本科是被子植物中的大科之一,约有 650 多属,12 000 多种。根据茎是否木质化而分为竹亚科和禾亚科:

竹亚科(Bambusoideae)秆木质,灌木、乔木或藤本状,茎中空。叶可分为秆生叶、枝生叶,秆生叶称为竹箨(秆箨、笋箨)与普通叶明显不同。主要代表簕竹属(*Bambusa*)、牡竹属(*Dendroclamus*)、刚竹属(*Phyllostachys*)、玉山竹属(*Yushania*)、苦竹属(*Pleioblastus*)等。

禾亚科(Agrostidoideae)草本秆草质或木质,无秆生叶和枝生叶的区别,叶具明显中脉,通常无叶柄,也不易从叶鞘脱落。主要代表小麦属(*Triticum*)、大麦属(*Hordeum*)、稻属(*Oryza*)、粟属(*Setaria*)、甘蔗属(*Saccharum*)、蜀黍属(*Sorghum*)、玉蜀黍属(*Zea*)、黍属(*Panicum*)、狼尾草属(*Pennisetum*)、燕麦属(*Avena*)等。

百合科(Liliaceae) $* P_{3+3} A_{3+3} \underline{G}_{(3)}$,单叶。花 3 基数,花被片 6 片,排列或两轮,雄蕊6 枚与之对生,子房 3 室;果实为蒴果或浆果。本科约 240 属 4000 多种,广布全世界,主产温带和亚热带地区。我国有 60 属约 600 种。主要代表:百合属(*Lilium*)多年生草本。茎直立,具茎生叶,鳞茎的鳞片肉质,无鳞被,花单生或排列成总状花序,大而美丽,花被漏斗状,花药丁字形生着,柱头头状;贝母属(*Fritillaria*)具鳞茎,鳞片少数,肉质,叶对生,轮生或散生。花钟状下垂,常单生或数朵排成总状花序;花被片基部有腺穴,不反转;花药基生或近基生,蒴果;葱属(*Allium*)多年生草本,有刺激性的葱蒜味,鳞茎有鳞被,叶基生,伞形花序顶生,初时为膜质的总苞所包,花被分离或基部合生,蒴果;天门冬属(*Asparagus*)茎直立或蔓生,有根状茎或块根,叶退化成干膜质,鳞片状,最后的枝呈针形叶状,绿色,代叶行光合作用;黄精属(*Polygonatum*)根茎长而粗壮,肉质,有节,匍匐状,茎不分枝,叶互生、对生或轮生,花单生或成伞形花序着生叶腋,花被片合生成管状钟形,雄蕊着生于花被管内,通常不外露;萱草属(*Hemerocallis*)地下通常有肉质块根,叶基生,带状,螺壳状聚伞花序常排成圆锥状,花大,花被基部合生成漏斗状,雄蕊 6 枚,着生在花被管喉部,花药背部着生,蒴果;菝葜属(*Smilax*)攀援灌木,根茎块状,叶互生,具有 3～7 条大脉,有网状小脉,叶柄中部上下两侧有托叶变态而成的卷须,花单性异株,腋生伞形花序,浆果。

兰科(Orchidaceae) $\uparrow P_{3+3} A_{2-1} \overline{G}_{(3:1)}$,草本,花两侧对称,花被内轮 1 片特化成唇瓣,能育雄蕊 1 或 2(稀 3),花粉结合成花粉块,雄蕊和花柱结合成合蕊柱(columna),子房下位,侧膜胎座,种子微小。本科有 700 多属 20 000 多种,为被子植物第二大科。我国约 150 属 1000 余种。传统上将本科分为两个亚科(表 2. 14):双雄蕊亚科(Cypripedioideae)主要代表杓兰属(*Cypripedium*)和兜兰属(*Paphiopedilum*);单雄蕊亚科(Orchidoideae),含有兰科绝大多数的属种。主要代表有红门兰属(*Orchis*)、石斛属(*Dendrobium*)、兰属(*Cymbidium*)、鹤顶兰属(*Phaius*)、万带兰属(*Vanda*)等。

表 2. 14 兰科两个亚科比较

双雄蕊亚科	单雄蕊亚科
内轮两侧雄蕊发育,外侧雄蕊退化成鳞片状	外轮远轴 1 枚雄蕊发育,其余 2 枚侧生雄蕊退化
3 个柱头均发育	2 个柱头发育,另 1 柱头发育成蕊喙
花粉不结合成块状	每花粉室的花粉结合成 1～4 块(2 室 2～8 块)

兰科被植物学家公认为代表单子叶植物最进化的类群,其进化特征表现为:兰科已知种类约 2 万种,约占单子叶植物的 1/4;草本植物,稀为攀援藤本、附生或腐生;种子微小,数量极多;花的结构对虫媒传粉高度适应,达到了异常精妙的程度。形成合蕊柱,花的色彩和香气很容易引起昆虫的注意,在花的基部或距内,或在唇瓣的褶皱中产生花蜜。原来在上面的唇瓣,由于子房 180°扭转,使唇瓣转向下面,成为昆虫的落脚点,昆虫落在唇瓣上,头部恰好触到花粉块基部的黏盘上,离开时将花粉块黏着在昆虫的头部,当昆虫向另一花采蜜时,黏盘恰好触

到有黏液的柱头上，把花粉块卸在花的柱头上，完成异花授粉。异花传粉是兰科植物的主要传粉方式。有时在缺少昆虫的情况下也行自花传粉，如兰属的墨兰(*Cymbidium sinense*)，弯曲成弧状合蕊柱的蕊喙前端内弯，其连着花粉块的黏盘接触到内陷的充满黏液的柱头面，然后蕊柱的顶端变宽、变粗，下弯与柱头成啮合状，从外面再也不能看见内陷的柱头。

思 考 题

1. 名词解释：细胞　原生质体　凯氏带　传递细胞　皮孔　次生生长　纹孔　隐头花序　单体雄蕊　二体雄蕊　多体雄蕊　四强雄蕊　二强雄蕊　聚花果　聚合果　假果　物种　双名法　高等植物　低等植物　颈卵器植物　维管植物　茎叶体植物　原植体植物　孢子植物　种子植物　个体发育　系统发育　真花说　假花说　合蕊柱　孢子体　配子体　世代交替　生活史
2. 低等植物和高等植物有何区别？苔藓植物、蕨类植物、种子植物有何不同？
3. 为什么说被子植物是植物界最高级的类群？双子叶植物纲和单子叶植物纲的有何区别？简述木兰科、樟科、壳斗科、杜鹃花科、莎草科、禾本科、棕榈科等的主要特征。
4. 木本双子叶植物和裸子植物的茎在结构有什么不同？
5. 为什么说木兰科是被子植物最原始的类型，而菊科和兰科分别是双子叶植物和单子叶植物中最进化的类型？

第3章　植物区系地理

物种是生物存在的一种基本形式，而环境对物种给予深刻的影响，对植物类群发展进化起着选择的作用。在此基础上植物具有自己的分布规律，形成一定的分布区和植物区系区。但是，不同植物类群的发展是在特定的地质时期、古气候环境条件及特殊的遗传进化基础上实现的，它们分布的成因不能完全用现代自然环境条件来解释。

3.1　植物分布区

3.1.1　植物分布区的概念

植物分布区(plant area)是某植物分类群(种、属、科等)在地表分布的区域。植物分布区的类型称为分布型(distribution pattern)或地理分布型。分布区反映了某植物分类群与现代生存条件和历史生存条件的关系。

植物种的分布区是最主要、最基本的研究对象，在此基础上，合并出属、科等分类群的分布区。

1. 种的分布区

种的分布区是指某种植物所占据的全部地域，在此地域内，该种植物能够充分发育，繁衍后代。如云南红豆杉(*Taxus wallichiana* Zuce K. Fu)主要分布在滇西、滇西北、滇西南、滇中、川西、藏东南的13个地(州、市)的38个县。这些地区就是云南红豆杉的分布区。在种的分布区内，该种植物并不是布满所有的空间，植物的个体往往只生长在适宜生境上，而不会出现在不适宜的生境上；各种植物在分布区的布满程度也不尽相同，这取决于适宜生境重复出现的频度、物种的生态特性、种间竞争能力以及历史因素等。不同种的分布区可以重叠，任何一个种均以一定的方式与其他物种发生联系，并参与整个生物群落的活动。

2. 属的分布区

属的分布区是该属所包含各个种分布区的总和。只含单一种的单型属的分布区与种的分布区一致，但含义不同。属中所包含的种往往具有相同的起源和相似的进化趋势；属的分类学特征相对稳定，占有比较稳定的分布区；属内植物在进化过程中随着地理环境的变化而发生分异，具有比较明显的地区性差异。因此，在植物区系地理的研究中，重点是研究属的分布区。

3. 科的分布区

科的分布区是该科各属分布区的总和。如金缕梅科分布于东亚、东南亚及北美洲、澳大利亚和非洲，这些地区就是该科的分布区。

古德(Good)根据分布区的地理特点，将被子植物科分为6种类型。

(1) 世界分布科。有67科，如禾本科、菊科、莎草科、石竹科、豆科、唇形科、玄参科、百合科、十字花科、伞形科、毛茛科、蔷薇科、杜鹃花科等。

(2) 热带分布科。共约250科，其中分布限于热带的纯热带科仅50余科，如肉豆蔻科、金虎尾科、莲叶桐科、牛栓藤科、金莲木科、铁青树科、红木科、油橄榄科、海人树科等，大量的科主要分布在热带，但亦可到达亚热带或温带。

(3) 温带分布科。约20余科，大多数是较小的科(一般含数十种或数百种，很少超过1000种)，如越橘科、小檗科、杨柳科、胡桃科、榆科、槭树科、桦木科、胡颓子科、虎耳草科、鹿蹄草科等。

(4) 间断分布科。包括100余科，如半日花科、岩高兰科、木通科、败酱草科等为北温带和南温带地区间断分布科，悬铃木科、蜡梅科、山茶科、木兰科等为美洲、欧亚和大洋洲间断分布科。

(5) 特有分布科。美洲特有科72科，亚洲特有科48科(我国几乎都产，如伯乐树科、连香树科、珙桐科、杜仲科等)，非洲特有科48科，大洋洲特有科36科，地中海区特有科9科，合计213科，欧洲没有特有科。

(6) 特殊分布科。比世界分布科小，也不符合热带分布科、温带分布科、间断分布科以及特有分布科的条件，约有10科，如黄杨科、杨梅科等。

3.1.2　分布区制图

绘制分布区图是植物区系地理研究的基本方法。分布区图一般可以提供植物地理分布与生态因素相互关系的正确概念，确定植物区系的地理成分及其相互关系，便于比较研究。常用分布区的制图方法包括点图法、轮廓法(周界法)、涂斑法、邻近距离平均法等。

1. 点图法

将某植物分类群已知的分布地点用点、圈或其他符号填绘在一定比例尺的空白地图上，这种方法称为点图法。点图法的点因地图比例尺和已知分布的地点或疏或密，提供了分布区的总轮廓和实际生长地点的概念，在某种程度上还可以了解该分类群的分布与环境的关系，以及对该分类群分布情况研究的详细程度。点图法反映植物分布区的精确和详细程度，取决于研究资料的数量和用的空白图的比例尺。点图法的优点是能够直观地表示植物分布的特点，是研究植物分布的原始资料。

2. 轮廓法(周界法)

当已掌握的植物分布地点资料相当详尽时，可将图上最外围的各个点联结起来，绘出分布区的轮廓，推测部分用虚线表示。要突出表示对象，可在轮廓线内加绘各种线条。轮廓法与点图法依据的分布资料相同，只是轮廓法把注意力集中在可以判断分布区边界的那些分布地点，在某种程度上，尤其对于分布范围广的分类群分布区，可以忽略分布区腹部全部分布地点的详细记载。科属分布区常常用轮廓法描述，并补充以多种形式的说明。该法便于比较分析。

点图法和轮廓法都有其不足之处，点图法虽然可提供生长地点的具体概念，但缺乏正确的分布区边界的概念；轮廓法虽有分布区边界概念，但又难反映具体原始事实资料，常有随意定界之嫌。因此，兼用点图法和轮廓法来绘制分布区是比较完善的方法(图3.1)。

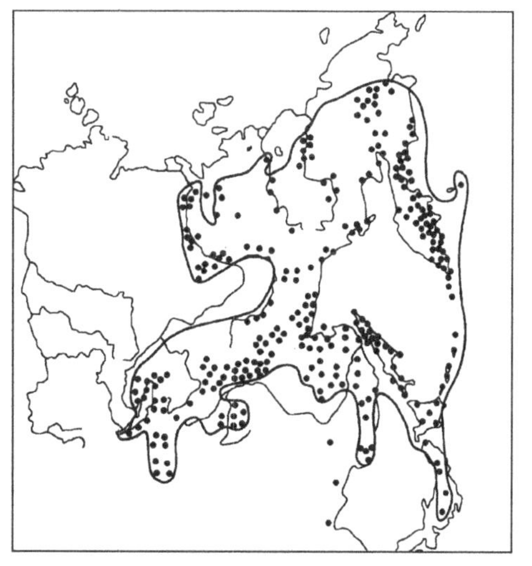

图3.1　用点图法和轮廓法绘制的偃松(*Pinus pumila*)分布区(武吉华、张绅，1995)

3. 涂斑法

对于较小的分布区，并且该分类单位在分布区内的情况很清楚，则常采用在小比例尺地图上把整个分布区涂成斑块。另一种类似的方法是用不同的阴影线，表示同一类群中不同种的分布范围。属、科的分布区图是包括属内各种，或科内各属种的分布界线。可加不同线条或符号表示属内各种或科内各属的分布，由此可以看出科属内各类群之间的分布关系。同样方法，可以绘制种及其以下分类单位的分布区图。

4. 邻近距离平均法

上述三种方法将分类群的全部分布地点标绘在空白地图上，然后勾画出分布区的总轮廓时，尽管考虑到水域、山脉走向、地形、气候和植被等因素，但仍有一定的随意性。采用邻近距离平均法(Mean propinquity method)可弥补这方面的不足。这一方法主要基于两点：一是最接近两分布点的距离；二是图论上的“树”(Tree)的概念。其具体绘图步骤是：

(1) 将种的分布地点标绘在空白地图上，并用直线连接所有最相近的两分布点，这时形成连接各分布点的“树”。此“树”表示各分布点之间的最小距离。

(2) 测量各分布点之间的直线距离，并计算出近距离平均值。即：

$$\frac{\text{各分布点之间距离值之和}}{\text{测量各分布点之间直线距离之次数}}=\text{近距离平均值} \tag{3.1}$$

(3) 以近距离平均值为半径，以各分布点为圆心，作一弧形轮廓。所有弧形连接线即为分布区边界。所有超过平均值 2 倍的点自然分开。

3.1.3 植物分布区的大小与形状

1. 分布区的形状和大小

各种植物分布区的大小和形状极不相同。植物通过定居和向四周移植、扩散，扩大分布范围，逐步形成其分布区。植物的分布不仅取决于现代生境条件，也受地质时期环境的影响，当前植物分布区的大小和形状，有许多不能完全用现在环境因素去解释，而必须推断历史(地质变迁)的因素。因此分布区可以看做是植物的历史和它对环境适应能力的函数。分布区的形状尽管差别很大，但许多分布区有相似点。高纬度地区许多植物种的分布区呈东西向展布的长条形，这与分布地区生存条件的空间变化东西差别小，南北差别较大有关。如七瓣莲(*Trientalis europaea*)的分布区大致在北极圈与50°N之间，绵延于整个欧亚大陆上；在寒带和温带地区，南北方向的气候条件尤其是温度条件变异较大，植物种的分布区往往自西向东呈椭圆形，即南北直径小于东西直径；热带地区植物种的分布区则是南北直径较大；有些植物种的分布区并不连续分布，而是占据两个相距很远的地方，呈岛屿状分布。

2. 影响分布区形状和大小的因素

植物分布区的形状和大小主要是受种系发生的年龄、繁殖和传播的能力、迁移路线以及自然环境条件或人类活动的影响，此外，地理的隔离和障碍也具有很大作用。总之，植物分布区的形状和大小实际上是自然界多种因素综合作用的结果。

(1) 气候因素。温度、降水、光、风等等气候条件常常严格制约了某些植物的现代分布。如生长在我国山东半岛和辽东半岛上的赤松(*Pinus densiflora*)，其分布区只局限于海洋性气候的范围内，稍向内陆就被松属的其他种所代替。

(2) 土壤因素。土壤的水分状况、矿质元素、有机物的成分和含量、土壤温度以及土壤酸碱度等土壤理化性质和土壤生物往往影响着植物的分布，一般有花植物只能生长在pH在3～9的土壤上，在强酸性或强碱性的土壤上，则只能生长具有特殊适应的酸性土植物或碱性土植物。例如，蜈蚣草(*Pteris vittata*)只分布在亚洲热带、亚热带石灰岩和含钙土壤上，而同属的剑叶凤尾蕨(*P. ensiformis*)则生长在潮湿的酸性土上。

(3) 地形因素。山脉、海洋等自然屏障往往成为分布区的天然界限。由于地形所引起的气候变化常常是造成植物侵移和扩展中断的主要原因。例如，我国的秦岭山脉是北方温带植物区系和南方亚热带植物区系的天然界限。海洋、宽阔的海峡、大沙漠和宽阔河谷等是植物侵移和扩展难以克服的障碍。在地质地貌条件极具变化的地段，往往是许多植物种的分布边界或汇集地区，如中国青藏高原东部边缘山地。

(4) 生物因素。影响植物分布区的形状和大小的生物因子很多，例如，某种寄生植物的分布决定于其寄主的地理分布；有些植物的传播依赖于某种动物；某些植物群落可以成为某些植物传播的障碍，例如，森林形成的生物气候条件不利于草原种类的生存，因此森林地带即成为某些草原种的分布边界。

(5) 历史因素。有些植物的分布区不能用现代的自然条件来解释，而是古地理环境的反映。例如，分布在我国西北部荒漠地区的沙冬青属(*Ammopipthanthus*)，是亚洲中部仅有的阔叶常绿灌木，它起源于古地中海区系喜热的祖先。

(6) 人为因素。人类活动不仅可缩小或消灭某些植物的分布区，而且也能扩大植物的分布区。例如紫茎泽兰(*Eupatorium coeletiurn*)约在20世纪40年代由缅甸传入云南省南部，后来伴随着人类采伐森林、修筑道路等活动逐渐向外蔓延，近些年来沿着纵谷北上向中亚热带地区散布，目前已经扩散到四川的攀枝花市、凉山彝族自治州一带，并引发了生态灾难。

3.1.4 分布区中心

分布区中心(distribution center)是指某植物分类群的某种特征在其分布区内比较集中或高度集中的区域。分布区中心主要有以下几种类型：

1. 多度中心

多度中心(abundance center)是指在一个植物分类群的分布区内，其种类或个体数量最多或最密集的区域。在一个种的分布区内则是该种个体数量最多、分布最密集的地区。多度中心表明这个地区具有该分类群最适宜的生存条件，使该分类群在此得以充分发展，占据适宜的生境、具有最强的竞争能力。多度中心不一定恰好在分布区的正中央(几何中心)。一般来说，若分布区由气候所决定，它的几何中心往往就是其多度中心。若是由其他原因造成的残遗分布区，多度中心可能偏于一隅或甚至在分布区之外。例如在我国天然生长的侧柏，其分布区范围几乎包括我国中部和东部大部分地区，往西一直分布到青藏高原的东南和滇西北，但其分布最密集的部分，即多度中心却在黄土高原的西南部。

2. 发生中心(起源中心)

发生中心(generative center)指某一植物分类群在地球表面发生的地点。确定发生中心具有一定的难度,必须查清这一分类群在种系发生上的最原始类型及与其他单位的亲缘关系。对于种系发生上古老的植物,还需有古植物学和古地理学的资料和证据。例如现代植物种的集中分布地区并不一定就是它的起源中心,而只是它的现代发展中心。因为在漫长的地质时期,它的发生中心可能经过多次变迁。有时候种或属的发生中心并不在现代分布区之内。如果在一个分布区内发现既有许多亲缘相近的、年轻的种类存在,又有比较古老的、在系统地位上孤立的种类存在,就证明此地既是其现代多度中心,又是其发生中心。

3. 多样化中心(演化中心,分化中心,发育中心)

多样化中心(diversified center)是指某一分类群分布区内种类特别多并且这些种类包括或反映其种系演化的各个主要阶段的区域。近数百万年,阿尔卑斯运动活跃,全球各大山系和高原猛烈抬升,使原有环境性质和结构发生重大变化,尤其是引起气候变迁,促进原有种类在新的、多样化的生态条件下加剧趋异演化,植物新种或变种陆续出现并分布密集,构成了多样化中心。如喜马拉雅—横断山脉是天南星属(*Arisaema*)的演化中心,因为这里分布的种数占本属的40%,包含从最原始到最进化的全部类型和各种特有现象。

4. 变异中心

植物种在迁移过程中,由于环境条件的变化使其遗传因子发生突变,或因杂交分化出多倍体新种型。这些新产生的小种在距离起源地不远的地方数目最多,相对于原来的发生中心来说,这个次生的发生中心就是变异中心(variant center)。

5. 残遗中心

某植物分类群原来占有较广阔的分布区,因环境条件的重大变化(如海陆变迁、气候变化等)而残存在狭小的范围内。之后,该分类群遇到适宜的条件,又从残存区域重新侵移形成新的分布区。这个残存区域称为残遗中心(relic center),如冰期许多植物的"避难所"就成为冰后期植物的残遗中心。

3.1.5 植物分布区的类型及成因

可根据分布区的大小、形状、变化等将分布区分为不同的类型。

1. 广域分布区

广域分布(eurychore)含有世界分布和普遍分布两种含意。有些植物分布范围辽阔,通常遍及各大洲,称为世界种(cosmopolite species)或广布种,它们的分布区则称为广域分布区(eurychoric area)。世界种只是一个相对的概念,指普遍分布于世界各部分适宜生境的植物种。实际上并没有真正的世界种。据估计,分布区占地球表面1/2的种不到100种(20～30种),占地球表面1/4的种不到200种(116种)。所谓的世界种主要为水生植物、盐生植物和伴人植物。水环境变化较小且均匀一致,植物在水体中迁移和散布比较容易,因此水生植物往往是广域分布的种类;盐生植物在其整个分布区内占据盐渍化的有限生境,如盐角草(*Salicornia europaea*)和碱蓬(*Suaeda glauca*)生长在世界各地海岸或内陆盐土上;有些植物经过长期的选择适应,形成了与人类同步迁移、环绕人居环境生存的格局,如大车前(*Plantago major*)、龙葵(*Solanum nigrum*)、马齿苋、蒲公英、藜等,这些借助人类活动传播和扩大分布区的植物称为伴人植物(Synanthropic plant)。广域分布植物对于区域植物区系特征的研究没有多大意义,在进行植物区系的统计分析时常不考虑。

2. 狭域分布区

大多数植物的分布区只限于局部地区,称为狭域分布区(stenochoric area)。如分布于贵州省梵净山烂茶顶一带海拔2100~2350m的梵净山冷杉(*Abies fanjingshanensis*)只有几百株野生植株,分布面积极其狭窄。在狭域分布区中可以进一步分出特有分布区(endemic area),分布区仅限于某一地区或仅生长在某种局部特有生境的植物种类,称为特有种(endemic species)。根据特有种的分布范围通常可区分为大陆特有、国家特有、省域特有、地方特有和局地特有。如杜仲科仅分布于华西南至华中,属于中国特有科;柳杉属只分布于中国和日本,属于东亚特有属。特有植物是区域植物区系特有现象的表现,代表该区域植物区系的最重要特征。特有种是植物区系分区中植物省和植物县的划分标志。特有现象的研究对于认识一个特定地区植物区系的特点以及发生和演变等方面都具有十分重要的意义。特有现象具有多方面的成因,包括现代和地质时期的气候条件、地貌因子、土壤因子和边缘效应等。

(1) 古特有现象。某一地质时期残留下来的种,称为古特有种(paleo-endemic species)。这类植物在地质时期曾经有过比现代广泛的分布区,即当时具有非常适宜的古气候及其他生态条件,后来由于古地理环境发生变化,对其生长不利,而导致其分布范围显著缩小直至现代边界的所在地。即使后来环境条件有所改善,由于它们缺乏与其他植物竞争的能力,故难以恢复原来的分布区范围。它们具有起源古老,变异很小,生境特殊等特点,如水杉、银杏、珙桐(*Davidia involucrata*)、杜仲(*Eucommia ulmoides*)等。这些植物常常呈现孤立岛状或星散分布,与分布区内的其他种没有密切联系。

(2) 新特有现象。起源时间较晚、因尚未获得充分扩大分布区的时间和条件而使其分布区局限于某一区域的植物种类,称为新特有种(neoendemic species)。这类特有种与其分布区内的其他种有较多的甚至是密切的联系,而古特有种则在其分布区内孤立、狭窄,趋于收缩。中国西南高山地区地形复杂、气候多变,杜鹃属、报春花属(*Primula*)等分化大量新特有种,被认为是新种形成的一个重要"基地";有些新特有种与特殊的气候条件有关,如非洲南部的好望角地区,由于气候条件与相邻地区的差别悬殊,起源于近代的特有种非常丰富。

(3) 生态特有现象。有些植物种类的分布与特异的生态条件相联系,它们在一些特殊生境中经过自然选择形成了特有的生态型(或相当于分类单位中的种和亚种),称为生态特有种(ecological endemics)。由于这类特有种的生态幅狭窄,它们对环境条件的指示性较强。如白垩柳穿鱼(*Linaria cretacea*)是与白垩土有关生态特有种,水竹蒲桃(*Syzygium fluviatile*)是与湿润条件有关的生态特有种。

(4) 岛屿特有现象。陆地桥岛屿(land bridge islands)指过去曾经同陆地相连的岛,在过去某时期脱离了相邻的大陆,例如海南岛、台湾岛、格陵兰岛等。而海洋岛屿(true oceanic islands)则从来没有和大陆发生过直接联系。岛屿特有的程度取决于岛屿年龄(隔离时间)、岛屿和大陆的距离(隔离距离)、岛屿和大陆隔离的程度、岛屿面积以及岛屿生境特点等。相对来讲,海洋岛屿的特有种较为丰富,这是因为海洋岛屿和大陆之间长期存在植物难以逾越的障碍,长期孤立进化的结果便逐渐形成若干特有植物种类,甚至特有科或属。大陆岛屿的特有现象决定于岛屿的地质年龄,如全新世前夕与大陆脱离的大不列颠群岛没有任何古特有种,而第三纪初期就与非洲大陆隔离的马达加斯加却具有较多的古特有种。一般来讲,大陆岛屿与母体大陆隔离时间越长，特有种所占比例越大，如夏威夷群岛的高度隔离性为反复的、爆炸式的物种多样性的形成提供机会，这种辐射进化产生了高频度的岛屿特有种。澳大利亚、夏威夷群岛、中国的台湾和海南岛四个岛屿的特有种占全部种类的百分比依次减少。陆地上孤立的高山和海岛情况类似，长期独立进化也可以形成一些特有种类。

(5) 假特有现象。假特有种(pseudo-endemic species)指那些曾经只在一处遇见一次，它的消灭和起源几乎同样突然的突变种。

综上所述，特有种往往具有特别狭限的分布区，原因在于：新特有种起源时间较近，其传播和分布区形成都才开始不久；古特有种正在收缩，现在分布区是过去分布区的最后残余；生境条件特殊，或地理性质的阻碍而不可能扩大其分布区。

确定特有种或特有现象具有非常重要的意义，尤其是区分古特有种和新特有种是植物区系分析中的一个极重要方面，它们是追溯一个植物区系的历史或演化的主要指标。

一般来说，“过渡”区、山区和岛屿等三类地区具有十分丰富的特有现象。过渡区由于其地貌特点而形成的气候差异现象孕育了丰富的特有种，如南非好望角与相邻地区长期隔离，气候差异较大而促成了特有种的形成；山区垂直方向气候差异较大，如在北半球 30°～60°N 的广阔地带，年均温在水平方向上的差异约 0.006℃/km，而在垂直方向的差异为 6℃/km，即垂直方向上气温的变化是在水平方向上的 1000 倍。这种情况可能导致山区植物能忍受气候上的不利时期，因为这些植物逃避威胁其生存的环境条件只需要移动较短的距离，表明山区在创造新特有种和保存古特有种方面都具有较大的可能性；岛屿与大陆隔离，岛屿植物长期孤立进化的结果便逐渐形成特有植物。

3. 连续分布区

连续分布区(continuous area)是指某一植物种(或属、科)连续分布在某一完整区域内。连续分布区的特点是只有一个分布核心。这里指的连续是生态上的连续，而不是空间上的连续。在分布区内，任何植物种都只生长在适宜的生境上，而不可能布满分布区所有的地点，其次，由于生态适应的幅度不同，各种植物在其分布区的布满程度也极不相同。连续分布区包括以下类型：

(1) 世界分布(cosmopolitan distribution)。有些植物分类群的连续分布区遍及各大洲，如大车前。

(2) 环极地分布(circumpolar distribution)。有些植物的分布区环绕北极和南极分布。如十字花科的西北山萮菜(*Eutrema edwardsii*)。

(3) 环北方分布(cicumboreal distribution)。环绕南北半球高纬度地带分布的植物的分布区一方面延伸到极地，另一方面可能伸展到热带范围内，如茶藨子属(*Ribes*)。

(4) 泛热带分布(pantropic distribution)。贯穿亚、非、拉美及大洲热带地区的植物分布区，如棕榈科。

4. 间断分布区

1) 间断分布区的概念

如果某植物分类群占有两个以上相互分离的地区，并且它们之间不可能凭借现在的自然因素传播，这种分布区称为间断分布区(area disjunction，discontinuous area)。间断分布区的特点是至少有两个核心。间断分布区的一个极端情况是分布区割裂成很多孤立的部分或小地点。在分布区范围内仅仅有一些个别的、彼此隔离的地点，才有这种植物生长，这种没有明显主分布区而呈星散状的间断分布区，称为星散分布区(scattered area)。

2) 间断分布区的类型

间断分布是植物界普遍的、具有重要意义的地理现象。根据分布范围的特点，间断分布区可分为下列类型。

(1) 泛北极间断分布(holarctic disjunction)：分布于亚洲、欧洲、北美洲的广大温带地区。

(2) 北极-高山间断分布(Arctic-Alpine disjunction)：某一分类群间断分布在北极苔原、冰沼和欧洲、亚洲和北美洲的山区。

(3) 横越大西洋间断分布(trans-Atlantic disjunction)：出现在大西洋两岸，即一方面分布于南、北美洲，另一方面生长于欧洲和非洲。包括北大西洋间断分布、赤道带横越大西洋间断分布和南大西洋间断分布三类。

(4) 环太平洋间断分布(transpacific disjunction)：包括北太平洋间断分布、热带亚洲和热带美洲间断分布和南太平洋间断分布三类。

(5) 泛热带间断分布(Pantropics disjunction)：间断分布于具有热带和亚热带气候的区域。

(6) 狐猴式间断分布(lenurian disjunction)：一方面分布在非洲及马达加斯加，另一方面分布在马来群岛和澳洲。例如猪笼草属(*Nepenthes*)分布于马来群岛、马达加斯加和中国的西南地区。

(7) 泛南极间断分布(holantarctic disjunction)：间断分布于南美洲的温带地区。

(8) 极际间断分布(circumpolar disjunction)：或称为环两极间断分布(amphipolar or bipolar disjunction)，南极周围和北极周围的植物区系具有相似性。

(9) 星散间断分布(scattered disjunction)：孤立分布于彼此远隔的大陆或岛屿上。

(10) 古地中海地区间断分布(Palaeo-mediterranean disjunction)：间断分布于北美东南部、喜马拉雅山、中国西北部地区。

此外，还有许多地方性或局部地区的间断分布。

3) 间断分布的成因

间断分布由连续分布发展而成。要了解间断分布的原因，最可靠的证据是在分布中断的地区找到该种(属)的化石或孢子、花粉，但是常常却无法找到化石，而且有关区系发生问题涉及地球历史的巨大变迁，因此至今无法得到一个令人满意的解释。根据现有的一些假说，间断分布的成因大致包括以下几个方面：

(1) 自然条件变化和物种迁移。在某种植物的连续分布区内，个别区域自然条件发生变化，导致该种在这个变化的区域中死亡，或受到变化环境的选择而分化为其他种，即种系演化过程中发生了地理分化，而造成隔离，形成间断分布。第四纪数万至数百万年尺度的气候变迁对植物分布区具有最重要的影响。例如欧洲在冰期时，很多北极植物向南迁移至中欧平原，冰川退后这些植物一部分随着冰川向北退却，另一部分退居中欧高山，欧洲平原地区的北极种全部死亡，造成北极-高山间断分布。

(2) 陆地下沉和跳跃式传播。陆桥学说(continental bridge theory)认为，现代跨越海洋的各种洲际间断分布的形成是由于两地之间过去存在目前已经沉没了的大陆或陆桥，或者是由岛屿形成的"踏脚石"(stepping-stone)连接着现在被海洋隔离的大陆。在冰期以前，大陆是通过两个宽阔的陆桥和一个很宽的岛屿地峡连接起来的，即连接北亚和北美洲的白令陆桥、连接亚洲和澳大利亚的马来群岛以及连接南北美洲的巴拿马地峡，我国海南岛和雷州半岛也是在第四纪才失去联系。这些大陆、陆桥或岛屿阶石是不同地质时期植物散布的途径或“桥梁”，这些陆桥的消失造成植物分布间断；有些植物具有很轻的种子或孢子，可以被洋流、水鸟等把繁殖体带到很远的地方生长，造成跳跃式传播形成间断分布。更新世冰期海面下沉，大洋岛出露增多形成踏脚石，靠风力、水流和鸟类传播的植物借助于这些出露的大洋岛形成的踏脚石从大陆到达远洋海岛。如夏威夷距离北美 3900km，至少有 25 个分类群属于两地间断分布，就可以用踏脚石作用加以解释。

(3) 板块运动。1912 年，奥地利气象学家维格纳(A. Wegener)提出大陆漂移学说(continental drift theory)。该学说认为，在 2 亿年前所有的大陆曾联合成一个单一的巨大陆块——联合古陆(pangaes)，约在中三叠纪分裂为冈瓦纳古陆(Gonawdha land)和劳亚古陆(Laurasla land，由欧亚、北美大陆组成)，中间隔着古地中海。以后，冈瓦纳古陆相继分裂为印度、非洲及南半球诸大陆，并向北移；北美自欧洲分离，随大西洋向西、向北漂移。直到新生代大陆才漂移到今天的位置。大陆漂移学说和 20 世纪 60 年代兴起的海底扩张学说及板块构造学说比较合理地解释了洲际间断产生的原因和历史。如凤梨科在美洲拥有近 2000 种，只一种 *Pitcairnia feliciana* 生长于非洲西岸和 2900km 外的巴西东部。此外，还有约 500 种其他科属植物也是如此间断分布。

(4) 人为影响。人类有意识或无意识的活动促成某些植物种分布区的间断，例如我国西南干热河谷地区分布的龙舌兰(*Agave*)，绝大部分是热带美洲种类，可能是由于人为活动而传入我国而逸为野生；归化植物造成间断分布，如万寿菊(*Tagetes erecta*)、大波斯菊(*Cosmos biginnatus*)等植物原产于美洲，现在已在我国及其他国家被归化，因而形成该种植物的间断分布。

5. 残遗分布区

1) 残遗分布区的概念

曾经具有广阔分布区的古老种，由于地质条件或气候条件的变化，现代分布区面积大大缩小或者星散为几个小的分布区，仅孤立地残存在原来广阔分布区内的某些生境特殊、空间很小的区域，称为残遗分布区(remain area)。这些地质时期曾广泛分布，现仅残存于局部区域内的古老植物种，称为残遗种(relic species)(或孑遗种)，常常被生动地称为“活化石”(living fossil)。第四纪冰期的气候寒暖交替变化，对于北半球植物区系现代分布区形成的影响很大。许多第三纪在北半球广布的植物，当冰期来临时向南迁移，其分布区缩小以至消失，有的形成孤立的残遗分布。

汤彦承等认为，确定活化石植物要有下列 4 个条件或指标：在时间上，起源久远；在空间上，有可靠的化石证据证明它曾在第三纪或第三纪以前有过较广泛的分布，而今只存在某个大陆板块的局限地区；在性状上，与同类化石植物相似或基本相同，并保留较多的原始性状，因此它在某一大类群中(如植物界中的“门”、或“超目”)处于较原始的系统地位，又由于历经较长历史时期而性状未发生较大改变，因此是一类进化缓慢型植物；其近缘类群均多已灭绝，系统位置比较孤立，而今在一个属中只保存一种或少数几个代表种，而这些代表种中有的已处于濒危之中。因此，确定一个种是否为残遗种，要借助化石资料、分布区类型、分类位置(亲缘关系与其他种很少接近)以及植物形态学地理学方法等一同分析。

2) 残遗种的类型

(1) 分类学残遗种。指系统发育古老的种或分类群，一般是分类学上孤立的单型或寡型的属或科，如银杏、水杉、银杉、金钱松、石刷把(*Psilotum nudum*)等。它们的分布区可以很大，也可以很小，如水杉在第三纪曾广布北半球，目前仅仅分布于中国重庆、湖北和湖南局部地区。

（2）地理残遗种。指由于地理环境变化而带有残存特征的植物种类。这种残遗种的形成主要取决于它的分布历史，是环境因素综合影响、长期发展的结果。如前述古特有种的分布区常常带有残遗分布的性质，属于地理残遗种。地理残遗种可分为以下几个类型：

群系残遗种。指过去的植物区系发生很大变化，其中一些残存在现代植物区系中，占据有限分布区的植物种类。例如草原地带出现的某些孤立的森林植物群系，它们含有原来森林残遗下来的成分。我国内蒙古鄂尔多斯南部毛乌素沙区的黑格兰的灌木林属于这一类。根据孢粉分析，当地在晚更新世早期森林植被分布很广，以后林木不断减少，成为残遗种。

地貌残遗种。指那些不是由于气候变化，而是由于地貌变化而残存于局部地方的植物种类。因此，可以从它们现代的残遗分布区推测这些地区过去的地貌条件。欧洲阿尔卑斯山的南坡海拔 550m 处，刺叶栎（*Quercus ilex*）的生境呈隔离式小岛状。第三纪时整个波河盆地曾是海湾，刺叶栎目前的生长地点就是当时的海边。

气候残遗种。指那些现在生长的气候条件与该种起源时的气候条件已不相同，导致其分布区萎缩而带有残存特征的植物种类。如我国东北东部山地森林区分布的黄檗（*Phellodendron amurense*）就是第三纪温暖气候的残遗种。

土壤残遗种。指由于土壤条件变化形成的残遗种，如在云南西北部、四川西部、西藏东南部许多高寒山岳上的沼泽草甸中残存着水麦冬（*Triglochin pallustre*）和海韭菜（*T. maritimum*），前者是属于沼生类型，后者则通常分布在滨海盐土上。

残遗种按照年龄和起源又可以分为古近纪的、新近纪的、冰期的、间冰期的、冰后期的等。

（3）假残遗种。如果残遗种有可能逐渐占据生态条件适宜的生境而形成次生分布，它们在晚近时期获得的生境中被称为假残遗种（psedo-relict species），但在其原生生境中仍然属于残遗种；有些在人类影响下分布区逐渐萎缩，但又在人类影响下得以保全的植物种类也属于假残遗种，如古代栽培的单粒小麦、二粒小麦和葫芦（*Lagenaria siceraria*）等由于经济价值低播种面积已减到最少量，仅在少数地点保存着。

6. 替代分布区

1）相关概念

替代现象（vicarism）是指关系密切的亲缘种和生态等价的分类单位，在地理分布上相互取代的现象。它们的分布区则称为是替代分布区（vicarious area）。

关系密切的亲缘种和生态等价的分类单位所具有的分布区在地域上相互排斥的现象称为地理替代（geographical substitute）。地理替代种（vicarious species）指在地理分布上彼此替代，由一个共同祖先派生出来、特征相近的、各自占据独立分布区的植物种类。它反映一个属内各个近亲或一个种内的各个地理小种所具有的分布区各自独立并相互替代的现象。在地理替代现象中，近亲种的分布区通常不直接相连而在地域上显然彼此隔开。如地中海流域的油橄榄（*Olea europaea*）的野生形式在撒哈拉山区被非常接近的 *O. laperrinei* 所替代；又如欧洲广布种心叶椴（*Tilia cordata*）在中国东北、华北至俄罗斯远东被紫椴（*T. amurensis*）替代。

由于生存竞争，分布区可能彼此相邻，有时甚至镶嵌在一起的替代现象称为生态替代（ecological substitute），这些种称为成对替代种（paired species）。成对替代种的分布区可能彼此相邻，甚至镶嵌式的混杂在一起。如欧洲五针松（*Pinus cembra*）的分布区和偃松（*P. pumila*）

的分布区彼此相邻而且部分镶嵌；又如中国南方的狗脊属 2 个种分布在不同的土壤上，狗脊(*Woodwardia japonica*)生长于酸性土上，而镰狗脊(*W. uniemmata*)则分布在石灰性土上。在砂质岩(或第四纪红层)和石灰岩相间分布的山坡，常见这两个种相间出现。

空间替代现象是替代现象的主要类型，依据替代种的空间分布可分为水平替代现象和垂直替代现象，水平替代现象较为普遍，但是在山区垂直替代现象则较为常见。替代种可出现在不同地区，彼此隔离或相互排斥，称为显域替代现象；替代种也可以分布在同一地区的不同生境条件下，称为隐域替代现象。

2) 替代分布的成因

替代分布的成因是植物地理学上尚未完全解决的最困难的问题之一。或者是物种在散播过程中遇到了不同的生态条件而分化出新的种型而形成替代分布。如山区生境类型多样，容易产生地理隔离，有利于种的分化，因此新种型的发生在山区特别显著，如槭属的一系列替代种分布于亚洲东部；或者是由于气候的变迁；或者是属于同一祖先的种群，由于古地理环境变迁分成了若干地理隔离的种群，它们在以后的进化过程中失去了基因交流的机会，加上各处生态条件差异引起自然选择效果不同，彼此之间区别扩大为不同的近缘种或亚种，如落叶松属(*Larix*)的分布区主要在北半球寒温带，但在中欧山地、中国华北和西南山地、日本山地等还有零散的间断分布，并出现许多地理替代种，其成因亦应为第四纪冰期古气候变化所致。冰期的严寒使落叶松向南扩展，其后回暖使分布区间断。

3.2 植物区系

3.2.1 植物区系的基本概念

植物区系(flora)是某一地区、或者某一时期、某一分类群、某类植被等所有植物的总称。同一植物区系的分布范围大体与具有某一特征的自然环境相联系，反映了其发展进程与古地理或现代自然条件的关系。

可从不同侧面来划分植物区系，按照自然分布区划分的如世界植物区系、东亚植物区系、北美植物区系等；按照行政区来划分的如中国植物区系、四川植物区系、云南植物区系等；按照生活时期划分的如第三纪植物区系、中生代植物区系等；按照植物分类系统划分的如种子植物区系、蕨类植物区系等；按照植被类型划分的如森林植物区系、草原植物区系、荒漠植物区系等。随研究目的的不同，有木本植物区系、草本植物区系、维管植物区系、种子植物区系、蕨类植物区系、苔藓植物区系等之分。

在农田、花园及果园中引种栽培的许多植物种类称为栽培植物区系。它们不能代表本地植物区系，只有经过长期驯化，适应栽培地区的环境条件才能在自然状况下正常生长发育，繁殖后代。已经驯化或又变成野生的外来植物称为归化植物(naturalized plant)或逸生植物，有时也可以包括在某地植物区系中，但它们不能代表两地植物区系的自然关系。例如向日葵、木薯(*Manihot esculenta*)、凤眼莲(*Eichhornia crassipes*)等原产美洲热带地区，现已在中国归化或逸生，被列入中国植物区系，但是它们不能代表中国和美洲热带植物区系间的自然关系。因此在研究植物区系时必须区别于本地野生的、栽培的或是外来的种类，通常是研究本地野生植物。

3.2.2 植物区系分析

植物区系分析对于认识一个地区的地质历史具有重要的意义。在许多情况下，植物分布区的形状和植物区系组成不能用现在的生态因素解释，而只能用地史因素解释。因此，根据一个地区的植物区系分析可以判断该地区的地质变迁。一般来说，一个地质上古老的地区其植物区系种类比较丰富，而年轻的地区其植物种类则相对贫乏。通过植物区系分析，可以查明植物较高级分类学单位（如科）发生上的许多问题。一个地区的植物区系分析通常包括三个方面的内容：分类学的统计和分析，如科属种的数目和大小等；根据区内所有植物分布类型特点进行区系成分分析；地区间植物区系比较分析。

1. 植物类群的统计和分析

1）科属种数目统计

植物区系是一定地区所有植物种类的总和。若要研究一个地区的植物区系，首先必须具备研究地区的全部植物名录，进行科、属、种的统计分析，统计它们的数目和科属的大小（含有的属数和种数），再按照科、属大小的递减顺序排列。由此可以知道该地区植物区系的分类学组成和哪些科属占优势。不同地区科属的数目和大小顺序是不同的。此外，常用平均每科或属所含种数反映植物类群的分化程度，即分类学多样性。各科内种数排列顺序也被用来显示不同区系发展历史背景。

2）分布多度分析

分布多度（disribution abundance）指某地区或单位面积内分布的植物种数或属数，表示某植物种或属在不同地区的分布情况，也称为分布频度。可以用统计表或制图的方法表示属种分布的数量变化及地区差异。

等种线是同一属内种数相等的地方联成一线，如同气候的等温线，地形的等高线一样。绘制等种线图可以采用种分布图叠置的方法，其重叠的部分就是该重叠地区出现的种数。或者用网格法，在地图上按一定比例绘出方格网，在每一网格内记载所研究属的种数，连接种数相等的界线就是等种线。在同一属的等种线图上总有一条线围绕着整个属的分布区，在边缘往往只有一个种，在内部有一个或几个集中区。种的集中程度最大区，就是该属中种系最复杂多样的地方，形成它的密集中心或多样化中心。至于是否是该属的起源中心或演化中心，还必须结合等特征线，或研究种间的亲缘关系来确定。

2. 植物区系成分分析

研究植物区系时，通常将一个地区的植物进行科、属、种的数量统计，然后再把所有植物按其地理分布、种的发生地、迁移路线、植物出现的地质时期、与环境的生态关系等分成若干群，通称为植物区系成分（floral element，floristic element）。植物区系成分包括地理成分、发生成分、迁移成分、历史成分和生态成分等类型，其中以地理成分最常用。

1）地理成分

地理成分（geographical element）是根据植物种或其他分类单位的现代地理分布来划分的区系成分，可以归为若干分布型。世界或任一地区的植物区系都含有多种地理成分，共同组成世界或某一地区植物区系的分布型结构或分布型谱。从全球来看，可以由此知道世界植物区系分布的地理规律及区域分异。就某地区而言，可以由此了解某地区植物区系的分布型结构及与其他地区植物区系的关系，是进一步研究植物区系和地理环境变化历史的始点。划分植物区系地理成分的主要依据是地理分布和分布区类型。世界植物区系的地理成分主要有如下几种。

(1) 北极高山成分(Arctic-Alpine)：分布区一部分在北极，另一部分在北方高山地区。在第四纪冰期时曾相连。

(2) 泛北极成分(Pan-arctic)：以北极为中心，环绕北极分布的种类。

(3) 北温带成分(Northern temperate)：分布在北半球温带地区的种类。

(4) 大西洋成分(Atlantic)：分布于欧洲大西洋沿岸海洋性气候地区的种类。

(5) 东亚-北美成分(Eastern Asia-Northern America)：相近的种类分布于东亚和北美东部，常常有一个属在两个地区各含一种，成对应分布的现象。

(6) 东亚成分(Eastern Asia)：包括分布在东亚的许多种，含有许多古老科属的残遗种及特有种。

(7) 泛热带成分(Pan-tropics)：起源于古南大陆，而现在广泛分布于亚洲、大洋洲、非洲、美洲的热带种类。

(8) 旧世界热带成分(Palaeotropics)：起源于古南大陆，现仅分布于亚洲、大洋洲、非洲的热带种类。

(9) 地中海成分(Mediterranean)：包括欧洲、非洲、地中海沿岸或地中海盆地及一些隔离的大陆的许多种，如悬铃木属的各个种。

(10) 中亚成分(central Asia)：主要分布在中亚沙漠、草原及山地的植物。

(11) 中国东北成分(Northeast China)：分布区包括我国东北及其以东的附近地区，多为第三纪残遗种。

(12) 中国-日本成分(Sino-Japanese)：分布区只限于中国和日本的植物。

(13) 中国-喜马拉雅成分(Sino-Himalayan)：主要指分布在我国横断山脉到喜马拉雅山一带的植物。

(14) 印度-马来亚成分(Indo-Malayan)：分布范围包括印度、中南半岛、马来群岛和我国华南、西南等地。

2011 年，吴征镒等将中国种子植物属(3256 属)归并为 15 个类型和 35 个亚型：

(1) 世界广布成分(Cosmopolitan)：包括几乎遍布世界各大洲而没有分布中心的属，或虽有一个或数个分布中心而包含世界分布种的属。

(2) 泛热带成分(Pantropic)：包括普遍分布于东、西两半球热带地区的属，最远可分布到亚热带(甚至温带)，但分布中心或原始类型仍在热带范围内的属也属于这一成分。大多数属于泛热带分布科，多常绿乔木、灌木或藤本。

(3) 热带美洲和热带亚洲成分(Trop. Asia & Trop. Amer. disjuncted)：包括间断分布于美洲和亚洲热带地区的属，在东半球从亚洲可能延伸到澳大利亚东北部或西南太平洋岛屿。

(4) 旧世界热带成分(Old World Tropics)：指亚洲、非洲和大洋洲热带地区及其邻近岛屿(也常称为古热带)，与美洲新大陆、新热带相区别。在我国这一成分的属比较集中地分布于热带和亚热带，仅有极少数的属延伸至温带，表明这类成分具有较强的热带性质。

(5) 热带亚洲和热带大洋洲成分(Tropical Asia & Trop. Australasia)：是旧世界热带成分的东翼，其西端有时可达马达加斯加，但一般未到非洲大陆。

(6) 热带亚洲至热带非洲成分(Tropical Asia & Trop. Africa):是旧世界热带分布区的西翼,即从热带非洲至印度-马来西亚,特别是其西部,有的属也分布到斐济等南太平洋岛屿,但在澳大利亚大陆没有分布。

(7) 热带亚洲(印度、马来西亚)(Trop. Asia)(Indo-Malaysia)成分:是旧世界热带的中心部分。这一成分的范围包括印度、斯里兰卡、中南半岛、印度尼西亚、加里曼丹岛、菲律宾及巴布亚新几内亚岛等,东面可到斐济等南太平洋岛屿,但未到澳大利亚大陆。分布区的北部边缘到达我国西南、华南及台湾,甚至更北地区。自从第三纪或更早时期以来,这一地区的生物气候条件未经巨大的动荡,处于相对稳定的湿热状态,地区内部的生境变化复杂多样,有利于植物种的发生分化。而且这一地区处于南、北古陆接触地带,即南、北古陆植物区系相互渗透的地区。因此,这一地区是世界上植物区系最丰富的地区之一,并且保存了许多第三纪热带植物区系的后裔或残遗。

(8) 北温带成分(North Temperate):指那些广泛分布于欧洲、亚洲和北美洲温带地区的属。由于历史和地理的原因,有些属沿着山脉向南延伸到热带地区,甚至南半球的温带,但其分布中心仍然在北温带,这些属也包括在这一成分内。我国这一成分几乎包括了分布在北温带的所有典型的含乔木种的属,草本植物也很丰富。

(9) 东亚-北美成分(E. Asia & N. Amer. disjuncted):指间断分布于东亚和北美洲温带及亚热带地区的许多属。其中有些属虽然在亚洲和北美洲分布到热带,个别属甚至出现在非洲南部、澳大利亚或中亚,但是它们的近代分布中心仍在东亚或北美洲,也包括在这一成分里。我国的这一成分中单型属和少型属占 64.66%,表明这一成分的古老性。

(10) 旧世界温带成分(Old World Temperate):指广泛分布于欧洲、亚洲中-高纬度的温带和寒温带,或最多有个别种延伸到北非及亚洲-非洲热带山地,或澳大利亚的属。

(11) 温带亚洲成分(Temp. Asia):这一成分主要包括局限于亚洲温带地区的属。我国属于这一成分的不多,且多为草本植物。

(12) 地中海、西亚至中亚成分(Mediterranea. W. Asia to C. Asia):指分布于现代地中海周围,经过西亚或西南亚至中亚和我国新疆、青藏高原及蒙古高原一带的属。这一成分多为旱生和盐生的种类,在我国荒漠植被中起着重要的作用。

(13) 中亚成分(C. Asia):指仅分布于中亚(特别是山地)而不见于西亚及地中海周围的属。这些属中既有古老的荒漠区系,也有前一类或北温带广布的多种属的山地衍生物。

(14) 东亚成分(E. Asia):包括从东喜马拉雅一直分布到日本的一些属。其分布区向东北一般不超过俄罗斯境内的阿穆尔州,并从日本北部至萨哈林岛(库页岛);向西南不超过越南北部和喜马拉雅东部;向南最远达菲律宾、印度尼西亚苏门答腊和爪哇;向西北一般以我国各类森林边界为界。它们和温带亚洲分布区类型的一些属难以区分,但本类型一般分布区较小,几乎都是森林区系,并且分布中心不超过喜马拉雅至日本的范围。东亚植物区因特征科属、古老类型以及温带和亚热带的木本属丰富,竹类特别发达而久负盛名。包括中国-喜马拉雅和中国-日本两个亚型,前者主要分布于喜马拉雅山区至我国西藏和西南地区,有的可达到我国华北、东北和台湾,但不见于日本;后者主要分布于我国西南至日本,大致以云南西北至四川金沙江河谷一带与上一亚型为界。

(15) 中国特有成分(Endemic to China):中国幅员辽阔,历史悠久,自然条件复杂,并且在第四纪冰川时期没有直接受到北方大陆冰川的袭击破坏,因此特有植物很丰富(248 属),其中包含众多古老的残遗成分。

2）发生成分

发生成分(element of origin)指根据植物区系组成种类中各类群的起源地(起源中心)而划出的植物区系成分。发生成分可以反映植物区系的发生。但是划分发生成分非常困难，只有以所有亲缘种及其分布区的详细资料(包括化石资料)为依据，才能确定它们真正的原产地。迄今尚未完全查明世界植物区系的发生成分。

3）迁移成分

迁移成分(migration element)指按植物种迁移到某一植物区系所在地所循的迁移路线来划分的植物区系成分，例如，沿某江河流域、海岸线、山脉等。建立迁移成分可为研究植物区系的历史提供有价值的线索，但确定迁移成分通常也很困难，因为一个种可能由几条路线进入某一植物区系区域内。

4）历史成分

历史成分(historical element)指根据植物种在某植物区系区域内出现的时间来确定的植物区系成分。确定历史成分主要依靠古植物学资料，不同地质时代沉积物中保存的植物化石可以提供许多直接的证据。孢粉形态稳定，易于保存，在千万年甚至上亿年的古孢粉其外壁的典型结构仍然清晰可辨，因此孢粉分析方法在历史成分的研究中具有重要的意义，尤其是在大化石贫乏的地层中更为重要。用各种方法研究植物区系的年龄，常常可以阐明植物种或者整个植物区系的历史和迁移路线，是研究植物区系历史地理的主要依据。

5）生态成分

生态成分(ecological elements)指根据植物种适应生境的特征来确定的植物区系成分。这类成分对于研究一个植物区系的历史及其所经历的气候变化具有极大意义。

每一植物区系区域都含有上述区系成分，不过以地理成分、发生成分和历史成分三者最重要和常用。另一方面，从不同原则看同一植物种可能属于多重成分。再者“成分”一词用作多种意义，有的学者主张只用于一种意义——地理成分或发生成分，有的学者主张同时含有地理成分和发生成分的意义。大多数人认为地理因素是首要的，区系成分一词常指地理成分。

3. 地区间植物区系比较分析

各地区植物区系之间既相互联系，又独立发展，具体情况不仅可以反映地区间植物区系之间的联系，而且能够反映不同地区环境和自然演化史的共同性程度或者关系的密切程度，为此需要进行植物区系间的比较分析。

植物区系的统计资料提供最基本的数据，可用来剖析区系的组成特征；由于资料常来自行政区，受面积大小、地理位置、环境多样性程度等因素影响不同，故比较分析应该尽量遵守具有同等条件的原则。一些学者认为，调查地区标准面积不应小于 $100km^2$。因为对种的概念理解不同，不同学者划分的种有大小、多少的差异，不便比较种的数目。而属是较为清楚和稳定的分类单位，一般用来进行区系类型统计，但通常将世界属排除不计。

1）属的相似性系数

运用不同地区间属的相似性系数来比较植物区系的相似程度。地区间植物区系的相似程度可使用简单的计算求出，设甲乙两地各分布有 A 与 B 属植物，两地共有 C 属植物，按不同的计算方法，均可获得相似性系数：

$$K_{\text{Jacard}}=\frac{C}{A+B-C} \tag{3.2}$$

$$K_{\text{Sorensen}}=\frac{2C}{A+B} \tag{3.3}$$

$$S_{SZ}=\frac{C}{\min(A,B)} \tag{3.4}$$

式中:K_{Jacard},K_{Sorensen}和 S_{SZ} 为相似性系数;A 为甲地植物属数;B 为乙地植物属数;C 为两地共有属数。

上述指数数值有所不同,但是同样反映共有属数所占的比重,从而说明两地植物区系属的相似程度。两地的共有属数越多,相似性系数越大,其关系越亲近。如表 3.1 表明撒哈拉中部植物区系与地中海沿岸的埃及和摩洛哥相似,属于地中海植物区,苏丹与刚果接近,属于古热带植物区。

表 3.1 非洲北部各地区植物区系属的相似性系数(王荷生,1992)

地区	埃及	撒哈拉中部	摩洛哥	苏丹	刚果
埃及	—	83	77	39	11
撒哈拉中部	83	—	86	47	8
摩洛哥	77	86	—	16	5
苏丹	39	47	16	—	53
刚果	11	8	5	53	—

2)科的相似性系数

以科来对比不同地区植物区系的相似性程度。科的相似性系数常常用于更大范围植物区系分析。科相似性系数计算公式是

$$\text{相似性系数}=\frac{\text{某地与对比地区共有科数}}{\text{某地全部科数}}\times 100 \tag{3.5}$$

在植物区系的比较分析中,不同区域区系组成的差异,如特有成分的构成等,也是非常重要的信息。如果某地拥有特有科属较多,并且与周围地区相似性很低,则可以推断该地与周围地区脱离地理(生态)联系和区系交流的时间较久。

3.2.3 植物区系区划

1. 植物区划

1)植物区划的概念

植物(区系)区划(flora division)是指利用各种植物区系成分分析方法把那些植物区系种类组成、地理成分与起源、不同等级的特有性与发展历史相似的地区合并,并按照相似程度、关系密切程度,分成若干等级。

植物区系的形成是植物界在一定自然历史环境中发展演化和时空分布的综合反映。一定地区的植物区系,不仅反映了这一区域中植物与环境的因果关系,而且也反映了植物区系在地质历史时期的演化脉络。某一地区的植物区系分区是对该地区植物区系研究的高度总结,所得结果是研究区域环境演变过程的科学基础,为自然保护特别是生物多样性保护、国土整治、经济植物的引种驯化、植物资源的开发和持续利用提供了重要的科学依据。

2）植物区系分区的单位

植物区系分区系统的基本单位(或单元)从上到下依次为植物区→植物地区→植物省→植物县。

(1) 植物区(kingdom)。植物区系分区的最高级单位,其标志是具有一组特有科和共同的发展历史,植物区系成分是由各种不同成分如地理成分、发生成分和历史成分构成的,主要以古地理因素为依据划分植物区的界线。

(2) 植物地区(region)。其标志是具有一些特有属和亚属及一定数量的优势科,不同植物地区的年龄和历史都彼此不同。例如东亚(中国-日本)和大西洋北美地区等是第三纪以来变化较小世界上古老的残遗地区;而另一些地区则是由于冰川作用、海侵海退、气候强烈旱化或地壳强烈运动而产生的,如环北方地区、伊朗-吐兰地区及青藏高原地区等,因此,植物地区实际上是在地理变迁、植物迁移演化过程中的产物或结果,具有更明显的区域性质,它们的界线常与大的地质构造界线、地貌单元或气候带相一致。

(3) 植物省(province)。其标志是具有一些特有种和特征种,植物种类的地理成分结构相似,在山地,植被的垂直带谱相同。由于气候条件、地貌是引起地区植物区系和植被分布差异的主要因素,因此,还要结合气候条件和地貌要素的一致性。

(4) 植物县(district)。其标志是特有种甚至特有亚种,它们主要取决于地区内地貌、气候或土壤条件的差别。

植物区、植物地区和植物省等分区单位内还可以划分“亚级”,植物县以下可以划分“小区”。各级单位是上下从属关系,它们的分布区域是连片的,不再重复出现,依此与植物区系的分布型有所不同。至于实际应用中采取哪些等级单位,取决于研究范围的大小、工作的比例尺和研究资料的详细程度。分区单位越高,植物区系独立发展的历史越久远,特有程度越高,也反映出该地区自然地理环境的特殊性,尤其是其与其他地区联系的历史。

3）植物区划的方法

各分类单位的分类学、系统学和地理学的详细研究是植物区系分区的基础。分区的方法常用植物区系线,即将不同等级分类单位的分布区图重叠,分布区边界密集的地方即为植物区系线,可以比较客观地划出植物区系区域差异的自然分界。较高级分类单位如科的区系线是植物区的自然边界,较低级分类单位如属或种的区系线可以区分植物省或植物县等。通常植物属的分布区边界密集图可以提供植物分区较正确的概念。由于植物区系关系极为复杂,植物的分布区从一个区系单元到另一个区系单元是逐渐过渡的,因此,实际上植物区系分区单元间的自然边界是一个过渡带;此外,植物区系分区还有图解与统计分析法、模糊聚类分析法等。

植物区系分区与植被分区既有区别又有联系,二者分别以植物种类和植物群落或植被类型为对象,但二者的起源和经历的历史相同,因此,作区系分区时往往可以参考植被区划的界线。

2. 世界植物区划

对于世界植物区系的划分,不同的学者有不同的划分方法。德国学者狄尔斯(Diels)和恩格勒(Engler)最早提出世界植物区系分区,阿略兴(AnёхиН)、古德(Good)、塔赫他间(Takhtajan)等都在狄尔斯和恩格勒的基础上加以修订、完善,提出了各自的世界植物区系分区方案,这些方案大同小异。一般认为,塔赫他间在其《世界植物区系分区》(1978)中提出的世界植物区系分区方案(表 3.2)较为完善、科学。该方案将世界植物区系分为 6 个植物区、8 个植物亚区、34 个植物地区、148 个植物省，论述了各分区单位的区系特征(尤其是特有科、特有属、甚至特有种)，分析了一些区系的形成原因和发展历史。其具体内容简述如下：

表 3.2　塔赫他间(1978)世界植物分区方案

<table>
<tr><th>植物区</th><th>植物亚区</th><th>植物地区</th></tr>
<tr><td rowspan="3">Ⅰ. 泛北极植物区(有 30 多个特有科)</td><td>A. 北方植物亚区</td><td>1. 环北方植物地区
2. 东亚植物地区
3. 大西洋-北美植物地区
4. 落基山植物地区</td></tr>
<tr><td>B. 特梯斯(古地中海)植物亚区</td><td>5. 幸运岛植物地区
6. 地中海植物地区
7. 撒哈拉-阿拉伯植物地区
8. 伊朗-土兰植物地区</td></tr>
<tr><td>C. 马德雷(索诺拉)植物亚区</td><td>9. 马德雷(索诺拉)植物地区</td></tr>
<tr><td rowspan="5">Ⅱ. 古热带植物区(有 40 多个特有科)</td><td>A. 非洲植物亚区</td><td>10. 几内亚-刚果植物地区
11. 苏丹-赞比亚植物地区
12. 卡鲁-纳米布植物地区
13. 阿森松和圣赫勒拿植物地区</td></tr>
<tr><td>B. 马达加斯加植物亚区</td><td>14. 马达加斯加植物地区</td></tr>
<tr><td>C. 印度-马来西亚植物亚区</td><td>15. 印度植物地区
16. 印度支那植物地区
17. 马来西亚植物地区
18. 斐济植物地区</td></tr>
<tr><td>D. 玻利尼西亚植物亚区</td><td>19. 玻利尼西亚植物地区
20. 夏威夷植物地区</td></tr>
<tr><td>E. 新喀里多尼亚植物亚区</td><td>21. 新喀里多尼亚植物地区</td></tr>
<tr><td>Ⅲ. 新热带植物区(有 25 个特有科)</td><td></td><td>22. 加勒比植物地区
23. 圭亚那高地植物地区
24. 亚马孙植物地区
25. 巴西植物地区
26. 安第斯植物地区</td></tr>
<tr><td>Ⅳ. 好望角植物区(有 7 个特有科)</td><td></td><td>27. 好望角植物地区</td></tr>
<tr><td>Ⅴ. 澳大利亚植物区(有 13 个特有科)</td><td></td><td>28. 东北澳大利亚植物地区
29. 西南澳大利亚植物地区
30. 中部澳大利亚植物地区</td></tr>
<tr><td>Ⅵ. 泛南极植物区(不少于 10 个特有科)</td><td></td><td>31. 胡安-费尔南德斯植物地区
32. 智利-巴塔哥尼亚植物地区
33. 亚南极岛屿植物地区
34. 新西兰植物地区</td></tr>
</table>

Ⅰ. 泛北极植物区(全北植物区)

大体位于北回归线以北，是面积最大的植物区。特有科 30 多个，典型的有银杏科、粗榧科、珙桐科、悬铃木科、腊梅科、杜仲科、五福花科、连香树科等，以及桦木科、胡桃科、槭树科、蓼科、毛茛科、十字花科、杨柳科、蔷薇科、报春花科、龙胆科、百合科、石竹科、木兰科、樟科、壳斗科、榆科、茶科等科的许多植物。

A. 北方植物亚区

1. 环北方植物地区。是受第四纪大陆冰川覆盖和强烈影响的地区，包括地中海沿岸以北的欧洲和俄罗斯、加拿大、阿拉斯加的大部，其总面积是所有植物地区中最大的，但无特有科，特有属很少，特有种则大多集中在本地区南部山地。

2. 东亚植物地区。植物种类(尤其是树种)丰富程度居非热带地区首位，有 14 个特有科和 300 多个特有属，如杜仲科、云叶科、连香树科、昆栏树科、伯乐树(钟萼木)科、南天竹科、木通属(*Akebia*)、泡桐属(*Paulownia*)、石蒜属(*Lycoris*)、腊梅属(*Chimonanthus*)、青荚叶属(*Helwingia*)等，具有大量古老(或原始)的单型属和许多古老的特有科甚至特有目，表明本地区是裸子植物和被子植物发展中心之一，且未受第四纪冰期严寒的强烈摧残。

3. 大西洋-北美地区：有 1 个特有科和 100 多个特有属，特有种非常多，保存许多第三纪古老植物，与东亚植物区系极为相似，说明两地植物曾有过密切交流。

4. 落基山地区。植物区系很接近环北方地区的植物区系，无特有科，有数十个特有属。

B. 古地中海(特提斯)植物亚区

本亚区植物区系主要是在北方区系和热带区系的交接处——干涸的古地中海由迁移而发展起来的，但大多具有北方的根源。

5. 幸运岛植物地区。为大西洋中一些岛屿，特有属 30 多个，特有种所占百分比高，古老的孑遗类型相当多。

6. 地中海植物地区。仅 1 个特有科，特有属达 150 个，特有种达 50%，年轻的特有种数量超过第三纪孑遗植物数量，与环境干旱化有关。

7. 撒哈拉-阿拉伯地区。1969 年塔赫他间曾将它划归古热带区，因发现此地 1500 种植物中以泛北极成分为主而改动，特有种不少于 310 种。

8. 伊朗-土兰地区。气候干旱，无特有科，特有属和特有种很多，大部分属于藜科、伞形科、十字花科、玄参科、石竹科、蒺藜科等。

C. 马德雷(索诺拉)植物亚区

9. 马德雷(索诺拉)植物地区。有 5 个特有科和许多特有属(如红杉)，说明区系孤立发展很久。其中加利福尼亚植物省的特有植物达 2100 种。

Ⅱ. 古热带植物区

由旧大陆各热带地区组成，植物区系种类异常丰富，含 40 个特有科，如龙脑香科、芭蕉科、猪笼草科、露兜树科、姜科等。

A. 非洲植物亚区

10. 几内亚-刚果植物地区。原称西非雨林区，植物区系极为丰富，有 6 个特有科，几十个特有属。

11. 苏丹-赞比亚植物地区。有特有科 3 个，特有种很多。

12. 卡鲁-纳米布植物地区。位于西南非洲的干旱区，百岁兰科为单种特有科，特有种百分率很高。

13. 圣赫勒拿岛和阿森松岛植物地区。为大西洋中两个火山岛，但特有种比例非常高。

B. 马达加斯加植物亚区

14. 马达加斯加植物地区。有 9 个特有科、约 450 个特有属。6500 种有花植物中几乎 90%为特有。只有 27%的植物与非洲种亲缘较近,两地共有植物仅 170 种,表明脱离联系已久。

C. 印度-马来西亚植物亚区

15. 印度植物地区。约有 100 多个特有属,但缺乏原始科的特有属,表明植物区系发展历史较为晚近。

16. 印度支那植物地区。无特有科,特有属超过 250 个。

17. 马来西亚植物地区。植物区系非常丰富,约 4 万种,但特有科仅 2 个。几个较大岛屿和马来半岛上各拥有 10～60 个特有属,在巴布亚更多达 150 个。种的特有化很高,如菲律宾原始林中占 84%,巴布亚 9000 多种植物种中有 8500 个特有种。引人注目的马来西亚山地区系包含北温带典型属,如毛茛属(*Ranuculus*)、悬钩子属(*Rubus*)和堇菜属(*Viola*),据推测温带类型 800 种分别从马来半岛与台湾南下迁移而来。另一迁移路线则自澳大利亚北上,在菲律宾有纯澳大利亚类型植物分布。

18. 斐济植物地区。有一单型的特有科,15 个特有属。斐济群岛本地约 1250 个自然种中约 70%是特有,新赫布里底群岛特有种亦达 36%,萨摩亚群岛较少。

D. 玻利尼西亚植物亚区

19. 玻利尼西亚植物地区。无特有科,各群岛约有 25%的特有种。有人认为区系亲缘关系近于美洲。

20. 夏威夷植物地区。无特有科。自然区系包括 216 属(约 20%特有)1729 种和变种(约 95%特有)。单子叶植物种类不足总数的 1/5,然而灌木特别发达,像堇菜属(*Viola*)、老鹳草属(*Geranium*)、蝇子草属(*Silene*)及菊科、半边莲科等在别处几乎均为草本,在此却成乔木。其区系的发生是由各方面偶然迁来的,主要部分起源于西方的印度-太平洋,与美洲关系较少。

E. 新喀里多尼亚亚区

21. 新喀里多尼亚地区。有 5 个特有科,约 100 个特有属。700 种种子植物中 90%特有。有人认为从第三纪中期本区就已孤立。

Ⅲ. 新热带植物区

植物种类丰富度居各区首位。特有科 25 个,如美人蕉科、旱金莲科、巴拿马草科、风梨科(仅一种在西非)等。未分植物亚区。

22. 加勒比植物地区。植物区系非常丰富,有 1 个特有科、500 个以上特有属,特有种比率很高。

23. 圭亚那植物地区。特有属接近 100 个。在 8000 种植物中一半以上为特有种,起源古老,有许多孑遗植物。

24. 亚马孙植物地区。1 个特有科,500 个特有属,最少有 3000 个特有种。为巴西橡胶(*Hevea brasiliensis*)、可可(*Theobroma cacao*)、甘薯、木薯、落花生等重要经济植物原产地。

25. 巴西植物地区。约 400 个特有属,但没有特有科。

26. 安第斯植物地区。1 个特有科,可能有数百个特有属。原产经济植物很多,如金鸡纳树(*Cinchona ledgeriana*)、烟草、番茄、马铃薯、菜豆等。

Ⅳ. 好望角植物区

27. 好望角植物地区。为地中海式气候，面积不大却拥有 7 个特有科，210 个特有属，且多为单种属。生长有 7000 种以上植物，大多是特有种。美丽花卉超过 1000 种。

Ⅴ. 澳大利亚植物区

拥有 8 个特有科，570 个特有属(如桉属包括 300 多种)。特有种比例很高，但却没有广布的竹类、山茶科、杜鹃花科、木贼科等。

28. 东北澳大利亚地区。为森林气候，有 4 个特有科，特有属 200 以上，4395 种植物里有 29%特有。

29. 西南澳大利亚植物地区。为地中海式气候，有 4 个特有科，125 个特有属，全部 2841 种中特有种达 2472 个。

30. 中澳植物植物地区。为干旱气候，特有属约 85 个。特有种占 90%以上。

Ⅵ. 泛南极植物区

拥有 10 个小的特有科和较多特有属。

31. 胡安-费尔南德斯植物地区。有 1 个单型特有科，约 20 个特有属，195 种维管植物中 70%为特有。

32. 智利-巴塔哥尼亚植物地区。有 7 个特有科，许多特有属和特有种，以在中部智利最丰富。

33. 亚南极群岛植物地区。仅有 2 个特有单种属，区系很贫乏，化石证明第三纪曾有丰富植物，包括乔木。

34. 新西兰植物地区(古德等划入大洋洲区)。无特有科，特有属 45 个。松柏类几乎都是特有种，被子植物 80%为特有种。

海洋植物区系以藻类为主，被子植物仅有眼子菜科与水鳖科，共 12 属 30 余种。因水体环境较为均一，故仅分为三个植物区。北方海洋植物区与南方海洋植物区各以一些褐藻为代表，种类较多，热带海洋植物区则多红藻。

3. 中国植物区划

吴征镒等(2011)在对各地植物区系成分和优势植被区系组成对比分析的基础上，将我国植物区系划分为 4 个植物区、7 个植物亚区、24 个植物地区、49 个亚地区。其中国植物区系分区系统见表 3.3。植物亚区的主要特征如下：

表 3.3　中国植物区系分区系统(吴征镒等，2011)

植物区	植物亚区	植物地区	植物亚地区
Ⅰ. 泛北极植物区	ⅠA. 欧亚森林植物亚区	ⅠA1. 大兴安岭植物地区 ⅠA2. 阿尔泰植物地区 ⅠA3. 天山植物地区	—
	ⅠB. 欧亚草原植物亚区	ⅠB4. 蒙古草原植物地区	ⅠB4a. 东北平原森林草原植物亚地区 ⅠB4b. 内蒙古东部草原植物亚地区 ⅠB4c. 鄂尔多斯、陕甘宁荒漠草原植物亚地区

续表

植物区	植物亚区	植物地区	植物亚地区
Ⅱ. 古地中海植物区	ⅡC. 中亚荒漠植物亚区	ⅡC5. 准噶尔植物地区	ⅡC5a. 准噶尔植物亚地区 ⅡC5b. 塔城伊犁植物亚地区
		ⅡC6. 喀什噶尔植物地区	ⅡC6a. 西南蒙古植物亚地区 ⅡC6b. 柴达木盆地植物亚地区 ⅡC6c. 喀什植物亚地区
Ⅲ. 东亚植物区	ⅢD. 中国-日本森林植物亚区	ⅢD7. 东北植物地区	—
		ⅢD8. 华北植物地区	ⅢD8a. 辽宁-山东半岛植物亚地区 ⅢD8b. 华北平原植物亚地区 ⅢD8c. 华北山地植物亚地区 ⅢD8d. 黄土高原植物亚地区
		ⅢD9. 华东植物地区	ⅢD9a. 黄淮平原植物亚地区 ⅢD9b. 江汉平原植物亚地区 ⅢD9c. 浙南山地植物亚地区 ⅢD9d. 赣南-湘东丘陵植物亚地区
		ⅢD10. 华中植物地区	ⅢD10a. 秦岭-巴山植物亚地区 ⅢD10b. 四川盆地植物亚地区 ⅢD10c. 川、鄂、湘植物亚地区 ⅢD10d. 贵州高原植物亚地区
		ⅢD11. 岭南山地植物地区	ⅢD11a. 闽北山地植物亚地区 ⅢD11b. 粤北植物亚地区 ⅢD11c. 南岭东段植物亚地区 ⅢD11d. 粤、桂植物亚地区
		ⅢD12. 岭南山地植物地区	ⅢD12a. 黔、桂植物亚地区 ⅢD12b. 红水河植物亚地区 ⅢD13c. 滇东南石灰岩植物亚地区
Ⅲ. 东亚植物区	ⅢE. 中国-喜马拉雅植物亚区	ⅢE13. 云南高原植物地区	ⅢE13a. 滇中高原植物亚地区 ⅢE13b. 滇东植物亚地区 ⅢE13c. 滇西南植物亚地区
		ⅢE14. 横断山脉植物地区	ⅢE14a. 三江峡谷植物亚地区 ⅢE14b. 南横断山脉植物亚地区 ⅢE14c. 北横断山脉植物亚地区 ⅢE14d. 洮河-岷山植物亚地区
		ⅢE15. 东喜马拉雅植物地区	ⅢE15a. 独龙江-缅北植物亚地区 ⅢE15b. 藏东南植物亚地区
	ⅢF. 青藏高原植物亚区	ⅢF16. 唐古特植物地区	ⅢF16a. 祁连山植物亚地区 ⅢF16b. 阿尼玛卿植物亚地区 ⅢF16c. 唐古拉植物亚地区
		ⅢF17. 西藏、帕米尔、昆仑山地区	ⅢF17a. 雅鲁藏布江上中游植物亚地区 ⅢF17b. 羌塘高原植物亚地区 ⅢF17c. 帕米尔-喀喇昆仑-昆仑植物亚地区
		ⅢF18. 西喜马拉雅植物地区	—

续表

植物区	植物亚区	植物地区	植物亚地区
Ⅳ. 古热带植物区	ⅣG. 马来西亚植物亚区	ⅣG19. 台湾植物地区	ⅣG19a. 台湾高山植物亚地区 ⅣG19b. 台北植物亚地区
		ⅣG20. 台湾南部植物地区	—
		ⅣG21. 南海植物地区	ⅣG21a. 粤西-琼北植物亚地区 ⅣG21b. 粤东沿海岛屿植物亚地区 ⅣG21c. 琼西南植物亚地区 ⅣG21d. 琼中植物亚地区 ⅣG21e. 南海诸岛植物亚地区
		ⅣG22. 北部湾植物地区	—
		ⅣG23. 滇、缅、泰植物地区	—
		ⅣG24. 东喜马拉雅南翼植物地区	—

ⅠA. 欧亚森林植物亚区

本区北界符合欧洲和西伯利亚大森林北界，南界是草原或荒漠和东亚森林，是泛北极区中面积最大而区系成分相对简单的针叶林区。特有科和特有属不多，但有大量与东亚共有的属，主要是云杉属、冷杉属、落叶松属组成的大面积森林，森林破坏以后被桦属、杨属所替代，南缘出现一些落叶阔叶林，如水青冈属、鹅耳枥属、栎属、槭属、椴属(*Tilia*)、榆属等。中国东亚区东部仅见栎，西部仅见榆。本区区系是在亚洲东部亚高山带同类区系基础上发展起来的，经过第四纪冰期、间冰期的交替，一方面逐渐向下和向北迁移，另一方面越加贫瘠化。

ⅠB. 欧亚草原植物亚区

本亚区范围从匈牙利中部多瑙河流域、多瑙河下游、俄罗斯下游、俄罗斯欧洲部分、西伯利亚、北哈沙克斯坦一直到阿尔泰山、蒙古人民共和国中部及中国内蒙古自治区，围绕着亚洲荒漠北部成带状，其北部与森林草原交界。中国的草原从东欧地区经阿尔泰-萨彦地区和外贝加尔地区延续而来，主要植被类型是针茅-蒿属(*Stipa-Artemisia*)草原，针茅属和蒿属各有多种，并形成替代现象。在其最东部为大兴安岭落叶松林和小兴安岭-长白山的红松林。落叶阔叶混交林环绕羊草-线叶菊(*Leymus-Filifolium*)森林草原。在东部，蒙古栎(*Quercus mongolica*)代替东欧的 *Corylus rubur* 形成稀林，榛(*Corylus mandshurica*，*C. heterophylla*)代替东欧的 *Corylus avelana* 形成灌丛，在沙地或凹地上形成榆属(*Ulmus*)、柳属等组成的灌丛或矮林。樟子松(*Pinus sylvestris* ssp. *Mongolica*)代替东欧的 *P. sylvestris* ssp. *Cretacea* 形成疏林。它们都是更新世原来植被和区系受冰川作用发生较大改变的结果。

东欧广大地域内只有 1 个特有单种属——*Cymbochasma*(玄参科)，与蒙古草原中主要特征属 *Cymbaria* 仅有微弱区别。*Dociartia* 也是这一草原中的特征属，与 *Cymbochasma* 性质相近，但分布区略有扩大。知母属(*Anemarrhena*)和线叶菊是这类草原向亚洲东北森林草原过渡的特征属。本亚区特有种较大兴安岭地区为多，绝大部分为蒙古种。草原遭到较强度破坏则中亚荒漠成分大量侵入和增加，沙地上出现沙芥属(*Pugionium*)、沙蒿属(*Artemisia* ssp.)、沙蓬属(*Agriophyllum*)、盐生草属(*Halogeton*)、虫实属(*Corispermum*)等夏雨类短命植物，次生植被中出现百里香属(*Thymus*)、狼毒属(*Stellera*)、大戟属(*Euphorbia*)等牲畜不食的毒草；本亚区在中国境内只含有一个地区。

ⅡC. 中亚荒漠植物亚区

在本亚区中，天山区系在云杉带以下渗透着许多亚洲荒漠成分，亚洲荒漠（包括区外沙地）从准噶尔、喀什、柴达木盆地以及内蒙古西部和南部约有 127 个特征属，这些属在中国其他各植物区系亚区和地区、亚地区没有分布或很少分布。内蒙古南部还有 8 个特有属（内 5 个单种，3 个寡种）。共计 135 属，其中单种属 33 个，寡种属 55 个，多种属 47 个，单种属和寡种属占全部特征属的 58%。在内蒙古南部出现的 8 个特有属中，沙冬青属、沙芥属、绵刺属（*Potaninia*）和革包菊属（*Tugarinovia*）为东亚特有属，百花蒿属（*Stilpnolepis*）、紊蒿属（*Elachanthemum*）和连蕊芥属（*Synstemon*）为新特有种，蒺藜科的四合木属（*Tetraena*）是单种属，为古特有种。沙冬青两种是喀什西部和内蒙古南部间断分布。可见其具有古地中海成分残遗性质。按照科所含的特征种排序为：藜科 28 属、菊科 24 属、十字花科 13 属、豆科 11 属、伞形科 10 属、紫草科 7 属、唇形科 6 属、禾本科 1 属、蒺藜科 4 属，石竹科、罂粟科、蓝雪科、蓼科、毛茛科、树柳科各 2 属，夹竹桃科、半日花科、景天科、锁阳科、大戟科、瓣鳞花科、紫堇科、裸果木科、鸢尾蒜科、列当科、白刺科、骆驼蓬科、蔷薇科、茜草科、芸香科各 1 属。本亚区植物区系具有其特殊性：与古北区、东亚区和旧热带区完全不同。半日花科、锁阳科、瓣鳞花科、裸果木科、鸢尾蒜科、列当科、白刺科、骆驼蓬科等属于地中海、西亚、中亚或中中亚为分布中心的特有科，藜科、十字花科、伞形科、罂粟科、唇形科、蒺藜科、蓝雪科、树柳科等以地中海、西亚、中亚为其起源中心或分布中心之一。大部分属为中亚或整个古地中海特有，只有 4 属为中国境内特有。

以灌木或草本为主。灌木约有 35 属，只有藜科的梭梭属（*Haloxylon*）、柽柳科的柽柳属（*Tamarix*）、豆科的银沙槐属（*Ammodendron*）、胡杨（*Populus euphratica*）、榆属的少数几个种可以达到乔木高度，绿洲上的栽培种如桑、夏栎（*Quercus robur*）、葡萄和多种落叶果树等，天然植被只有盐半灌木荒漠、耐盐半灌木荒漠、黏土短命植物荒漠、泛滥地胡杨荒漠、柽柳荒漠等荒漠植被和少量盐生草甸、沼泽植被等，完全有别于古北区和东亚区以各类森林为主的植被，尽管在山区达到一定海拔高度后，可以出现山地泰加林或近似于华北区的针叶林。

从其科属的系统发育和分布规律看，该区区系特殊，许多科属的起源和分化与喜马拉雅的抬升和古地中海的退却密切相关有明显的关系，证明中国西部是和古地中海联系在一起的。

ⅢD. 中国-日本森林植物亚区

本亚区的分界为：东北部是西伯利亚泰加群落和朝鲜半岛松栎混交林，西北部是森林草原或亚高山灌丛草甸过渡带，西南部与东南部为松栎混交林、常绿林和落叶阔叶混交林，包括了日本大部分，在中国境内只包括了东北的东部沿草原的南部边界到兰州再折而向南到成都盆地西缘及云南高原东部。

这一亚区是东亚植物区的核心，地质环境从白垩纪起改变不大，第四纪未发生大陆冰川，保留了丰富的第三纪甚至更古老的孑遗植物。区系丰富，约有植物 2 万种以上和 90 个以上的特有属。

亚区内水平分布明显，自北而南反映出温带、暖温带、亚热带（北、中、南）的变化，分别由栎属、杨属、椴属、桦属（*Betula*）等和以壳斗科、木兰科、樟科、金缕梅科等为主组成落叶和常绿阔叶林。针叶树木以各种喜温属性的松属为主，越向南则越多喜暖温的其他松柏类，如金钱松属（*Pseudolarix*）、铁杉属（*Tsuga*）、黄杉属（*Pseudotsuga*）、油杉属（*Keteleeria*）、杉属（*Cunninghamia*）、柳杉属（*Cryptomeria*）、柏木属（*Cupressus*）、福建柏属（*Fokienia*）、花柏属（*Chamaecyparis*）、翠柏属（*Calocedrus*）等。

ⅢE. 中国-喜马拉雅植物亚区

本亚区是另一个分布在20°～40°N,最丰富、最古老的温带、亚热带至热带北缘的植物区系,包括中国境外的喜马拉雅山区,种类远远超过20 000种(云南高原和一部分横断山脉就有12 000种以上),尤其是高山植物特别丰富。一方面由于地形、气候复杂而天然避难所多,保留了许多第三纪以前的孑遗植物;另一方面又由于垂直变化大,上升速度快,并且上升运动延续和持久,许多新生类型不断出现,演化过程中的中间类型得以保留。因此,这里的区系成分新老兼备,垂直分布十分明显,有时结合水平分布而形成不同海拔高度的水平带,有时又在很短的空间距离内集中许多垂直分布带(最多达8个)。其共同特点是较低海拔的森林植被和中国-日本植物区系相似,并且由相同的属组成,但喜暖松柏类和常绿栎、栲、石栎的种则完全不同,往往是前者的代替种。亚高山、高山带依次出现铁杉、云杉、冷杉、落叶松和圆柏(与华中高山相似),但也出现了一系列的替代种,并有时形成较宽广的结合垂直分布的水平带,翠柏属、油杉属替代了中国-日本植物区系出现的花柏属、金钱松属。该亚区中高山、亚高山的乔、灌、藤、草等种类也特别发达。

ⅢF. 青藏高原植物亚区

广义的青藏高原,南缘以大喜马拉雅山为界,北缘有昆仑山、阿尔金山和祁连山,以3000～4000m的高差与中亚荒漠的塔里木盆地及河西走廊、柴达木盆地隔开,西部则以喀喇昆仑山脉、帕米尔高原与克什米尔、巴基斯坦、阿富汗接壤,东南部和东部经由横断山脉连接缅甸、云南高原和四川盆地,其边界大体在岷山—锦屏山—玉龙山东侧,是一个四面被高大山系封闭,局部开放的一个独特的自然地理单元。海拔4500m林线以上的高寒地区,种子植物区系与中国-喜马拉雅区系关系密切,是喜马拉雅和青藏高原隆起的过程中逐渐形成的年轻区系。由金露梅属(*Potentilla*)数种、杜鹃属(少数革质小叶种)、沙棘属(*Hippophae*)3种,以及锦鸡儿属(*Caragana*)、海绵豆属(*Spongiocarpella*)等组成的高寒灌丛和由嵩草属(*Kobresia*)(多种)、早熟禾属(*Poa*)(多种)、羊茅属(*Festuca*)(数种)组成的高寒草甸占据着本高原从东北至西南外围。越向东北或东南,其成分越复杂,各峡谷较低海拔处均可见到与相邻地区相似的小面积亚高山针叶林或零星树种,如松(只有东南及东北峡谷在低海拔)、云杉、落叶松、冷杉(少见),特别是刺柏多种(常能局部成林)和柏2种(雅鲁藏布江中游成林),说明其向邻近地区(如华北、横断山脉等地区)的逐渐过渡,并形成外流流域区系的植被特征。越向西北或雅鲁藏布江上游,地势越高,气候越寒冷和干燥,高寒灌丛或草甸逐渐让位于草甸草原或小灌木草原,前者以扇穗茅属(*Littledulea*)、固沙草属(*Orinus*)、三角草属(*Trikeraia*)、三蕊单属(*Pseudodanthunia*)、细柄茅属(*Ptilagrostis*)等分别组成,常夹有赖草属(*Leymus*)、狼尾草属(*Pennisetum*)等,后者则以针茅-蒿为主,干燥程度增加,植被中蒿属转占优势,则小灌木半寒漠出现,到最后,向羌塘西北部至喀喇昆仑山脉和帕米尔高原(祁连山也有此规律)驼绒藜属(*Krascheninnikovia*)形成优势,植被转为高寒荒漠,从草甸草原起,其中常常夹以垫状王灵芝属(*Arenaria*)、囊种草属(*Thylacospermtcm*)、刺矶松属(*Acantholimon*)数种、黄芪属(*Astragalus*)、棘豆属(*Orytropis*)等(多系中亚成分),但几乎含所有少数特有的十字花科植物,显示其与中亚地区和东亚-中国-喜马拉雅的双重影响,而以后者为主的态势。

本亚区约有特有属和特征属33属,其中只有9属为严格特有,虽然没有特有科或特征科,但在东部边缘嵩草草甸中出现的芒苞草科具有古南大陆起源,在高原周围(除去北面)出现单种残余科的星叶草科(具有原始叶脉),表明了本亚区区系和东亚植物区及古地中海植物区在区系发生上的关系。

ⅣG. 马来西亚植物亚区

西起东喜马拉雅南翼(约 90°E 错那以南),东到台湾(约 140°E 赤尾屿),北达雷州半岛和北部湾,南到南沙群岛(约 3°49′N),北界达西藏墨脱(约 29°30′N),在两广地区可达 22°N 左右,在台湾东海中则可达到 26°N 左右,而北回归线仅在 23°30′N,因此中国热带虽然属于热带北缘性质,但两头尖稍超出北回归线,这是由于在西部喜马拉雅雨屏和独龙江雨屏作 90°环抱,中部受寒潮通道,东部受日本暖流(黑潮)影响共同作用的结果。其南沙群岛至曾母暗沙虽已经深入赤道附近,但因为只是一些珊瑚礁或暗沙,植物稀少,没有森林,不能归入赤道带。因此,中国热带部分均属于印度-马来亚区,大部分接近西马来性质,仅在中国台湾显然有东马来的烙印。区下自东向西分为 6 个植物地区:台湾植物地区、台湾南部植物地区、南海植物地区、北部湾植物地区、滇、缅、泰植物地区和东喜马拉雅植物地区。

3.2.4 中国植物区系的基本特征

1. 中国植物区系的环境背景

中国位于欧亚大陆东部和太平洋西岸,南界南海的曾母暗沙 4°15′N,北至黑龙江漠河附近 53°31′N,西起新疆两端 73°40′E,东至乌苏里江入黑龙江处 135°51′E。即南北跨纬度近 50°,跨越热带、温带和寒带的低中纬度广大地区,东西跨经度约 62°,从海洋深入亚洲内陆的沙漠和高原,距离约 5000 余 km,陆地面积约 960 万 km^2,约占世界陆地面积的 6.5%,亚洲面积的 25%,西南多高山,具有世界上最广阔、最年轻和最高的青藏高原,沿海约有 5000 多个岛屿。中国本土的东面和南面由华夏古陆和康滇古陆构成,康滇古陆长期未受到海侵,大部分处于低纬度地区。自第三纪中晚期,印度板块向北俯冲,使喜马拉雅山系和青藏高原强烈而持续隆升,同时古地中海消失,欧亚大陆连成一片,南、北古陆辐合,随之形成大气环流的季风系统,基本形成中国现代自然地理面貌,控制现代植物区系分布的基本格局。中国地质时期的气候变化对于植物的发生演化十分有利,在中生代裸子植物繁盛和第三纪被子植物迅速发展的时期,主要是温暖潮湿或较干旱的气候。第四纪更新世冰川时期,中国没有直接受到北方大陆冰盖的破坏,只在一些山地和高原发育山地冰川。冰期和间冰期的气候更替变动促进了被子植物的演化发展,一些有利的地势条件成为古老植物的避难所和新生植物的发祥地。南方受冰期影响很小,基本上保持第三纪古热带比较稳定的气候。在此自然历史条件下,植物本身演化发展和重新分布的结果,形成了中国植物区系的一系列特点。

2. 中国植物区系的特点

1) 植物种类十分丰富

中国地域辽阔,山川纵横,地跨热带、亚热带至寒温带,植物种类异常丰富,植物区系是全世界最丰富、复杂和多样化的植物区系之一。根据《中国植物志》统计可知,中国高等植物约有 301 科 3408 属 31 142 种,居北半球第一位,世界第三位,仅次于巴西和哥伦比亚。由此可见我国植物区系的丰富程度及在世界植物区系中的重要地位。我国植物区系的丰富程度,还可以从科属的大小和所含种属的多少表现出来,如世界种子植物种含 4 个万种或万种以上的大科在我国有大量的种类(含千种以上)(表 3.4),另有 61 科在我国含有 100~1000 种以上,广布全国。这 54 科在中国共有 23 000 多种,占全国种子植物的 80%以上,是中国植物区系的重要组成部分。

表 3.4 中国种子植物特大科统计(应俊生和陈梦玲,2011)

科名	世界属数/种数	中国属数/种数	中国占世界种数/%
菊科	900/13 000	235/2 211	17.01
禾本科	688/9 500～11 000	242/1 902	17.29～20.02
兰科	869/20 000	177/1 081	5.41
蝶形花科	425/12 150	124/1 500	12.35

2) 起源古老

中国蕨类植物区系起源于古生代的早泥盆纪或更早,几乎每一个地质时期都有化石记录。云南东南部为中国蕨类植物区系的多样性中心和古特有中心。

裸子植物中,苏铁科、银杏科、麻黄科和买麻藤科在发生系统上完全孤立,各只有 1 属。银杏科最早化石出现在一亿八千万年前的早侏罗世,现仅存银杏 1 种,是分布于东亚的残遗植物,野生植株只见于我国浙江天目山和云南东北部局部地段;苏铁科起源于二叠纪,现存苏铁科在中国至少有 8 种为中国特有;松科是松柏纲的大科,从晚侏罗纪到白垩纪,即第一次泛古大陆后期才崛起,主要分布在北温带,全世界松科植物 12～13 属约 200～220 种,中国产 10 属 95 种。冷杉属和油杉属是该科中最原始属,前者在我国西南部高山充分发展,在浙江南部发现其残遗分布种百山祖冷杉(*Abies beshanzuensis*),后者主要产于我国秦岭至长江下游以南。金钱松属、银杉属和长苞铁杉属(*Nothotsuga*)是松科在中国的 3 个特有属,银杉和金钱松是我国特有的古近、新近纪残遗植物;杉科现存 9 属 12 种,都是古近、新近纪残遗植物,我国产 4 属 5 种,即水杉属、水松属、杉木属和秃杉属;柏科是从三叠纪到早侏罗纪起源和分化的温带大科,翠柏属和福建柏属是中国的准特有属,翠柏属为东亚-北美间断分布,福建柏属在晚白垩纪至中心世以前曾经广布北半球;罗汉松科(6 属 125 种)主产南半球,我国有 2 属 14 种。罗汉松属是该科中最原始属,我国约有 13 种;三尖杉科 1 属 9 种,在东亚-北美的中新世和上新世都有化石,在欧洲化石甚至到早侏罗纪;粗榧科在亲缘关系上与罗汉松科尤其是与罗汉松属极密切,仅 1 属 9 种,我国含 7 种。红豆杉科与罗汉松科和粗榧科可能有共同祖先,5 属,20 余种,我国产 4 属 13 种,其中穗花杉属、白豆杉和榧属是残遗植物,白豆杉属为我国特有。

中国被子植物植物区系中含有大量古老的科属,并保存了许多残遗植物,其古老性远远超过哥伦比亚和巴西。真花说认为多心皮类的木兰科是最原始的被子植物,世界现存 12 属,250 种,我国有 10 属或 12 属,约 95 种,鹅掌楸是著名的古近、新近纪残遗植物,与北美洲的北美鹅掌楸非常相近;金缕梅科是一个古老而复杂的科,约 25 属,90 多种,我国主产,有 17～18 属,70 余种;与木兰科和金缕梅科比较接近的原始科,我国还有八角科、五味子科、蜡梅科、昆栏树科、水青树科、连香树科、莲科等,大多是含少型属或单型属的残遗植物;假花说认为单子叶植物比双子叶植物原始,而双子叶植物中以葇荑花序类为最原始。具有葇荑花序的科在我国都有分布,如桦木科、壳斗科、胡桃科、桑科、杨梅科、杨柳科、榆科,马尾树科(单种)和杜仲科(单种),杜仲科为我国特产。这一类中我国也包含许多残遗植物,如糙叶树(*Aphananthe aspera*)、青檀(*Pteroceltis tatarinowii*)、喙核桃(*Annamocarya sinensis*)、青钱柳(*Cyclocarya paliurus*)、杜仲(*Eucommia ulmoides*)、马尾树(*Rhoiptelea chiliantha*)等。单子叶植物中泽泻目被认为是最原始的类型,水鳖目和茨藻目与之很相近,它们所含各科我国均产,普遍分布于各地浅水中。由此可见,无论按照哪一学派的系统和观点,都表明中国植物区系起源的古老性和发展的完整性。

我国植物区系的古老性还可从种子植物中含有大量的单型属和少型属体现出来，两者合计约有 1689 属，占总属数的 53.52%（不含世界分布属）。在 248 特有属中，单型属和少型属则占 97.58%以上，且大多是原始的或古老的残遗属。

3）分布类型多样，地理成分复杂

中国蕨类植物区系类群多样，种类复杂。中国蕨类植物属的地理成分可划分为 13 个类型（表 3.5），热带亚热带地区分布的属共有 140 属，占总数的 70%。在荒漠和草原植物区系中，蕨类植物极少，且多为北温带或亚洲温带成分。中国蕨类植物属的地理成分以热带成分为主，其中热带亚洲分布的属共有 52 属，占热带和亚热带分布属的 37.1%，泛热带分布的属 47 属，占热带亚热带分布属的 33.6%。中国蕨类植物中，热带亚洲分布、东亚分布和中国特有分布占全部蕨类植物属的 40.3%，说明中国蕨类植物区系是亚洲蕨类植物区系的一个重要组成部分，是东亚植物区系的主体。

表 3.5　中国蕨类植物属的分布区类型（陆树刚，2004）

分布区类型及其亚型	属数	占总属数/%
一、世界分布	30	
二、泛热带分布	47	23.5
三、旧世界热带分布	16	8.0
四、热带亚洲和热带美洲分布	4	2.0
五、热带亚洲和热带大洋洲分布	7	3.5
六、热带亚洲至热带非洲分布	14	7.0
七、热带亚洲分布	52	26.0
八、北温带分布	11	5.5
九、东亚和北美洲间断分布	4	2.0
十、旧世界温带分布	2	1.0
十一、温带亚洲分布	2	1.0
十二、东亚分布	(34)	(17.0)
12-1. 东亚广布	10	5.0
12-2. 中国-喜马拉雅分布	16	8.0
12-3. 中国-日本分布	8	4.0
十五、中国特有分布	7	3.5
合计	230	100

中国种子植物 3256 分为 15 个类型和 35 个亚型（表 3.6）。从植物区系的地理历史发生和环境背景来看，属的分布型主要含有 4 个主要成分（表 3.7），科的分布也具有类似于属的性质。

表 3.6 中国种子植物属的分布区类型和亚型(改自吴征镒等,1991;2011)

分布区类型及其亚型	属数
一、1. 世界分布	100
二、泛热带分布及其亚型	
2. 泛热带分布	287
2-1. 热带亚洲、大洋洲(至新西南)和中至南美洲(或墨西哥)间断	29
2-2. 热带亚洲、非洲和中至南美洲间断	42
三、3. 热带亚洲和热带美洲间断分布	80
四、旧世界热带分布及其亚型	
4. 旧世界热带分布	159
4-1. 热带亚洲、非洲(或东非、马达加斯加)和大洋洲间断	18
五、热带亚洲和热带大洋洲分布及其亚型	
5. 热带亚洲和热带大洋洲分布	217
5-1. 中国(西南)亚热带和新西兰间断	2
5-2. 中国(西南)、塔斯马尼亚、新西兰、智利间断	1
六、热带亚洲至热带非洲分布及其亚型	
6. 热带亚洲至热带非洲	120
6-1. 华南、西南到印度和热带非洲间断	6
6-2. 热带亚洲和东非或马达加斯加间断	10
七、热带亚洲分布及其亚型	
7. 热带亚洲(印度、马来西亚)	413
7-1. 爪哇(或苏门答腊)、喜马拉雅至华南、西南间断或星散	34
7-2. 热带印度至华南(特别滇南)	59
7-3. 缅甸、泰国至华西南	41
7-4. 越南(或中南半岛)至华南(或西南)	62
7-5. 菲律宾和海南-台湾间断	1
八、北温带分布及其亚型	
8. 北温带	145
8-1. 环极(环北极)	10
8-2. 北极-高山	13
8-3. 北极至阿尔泰和北美洲间断	2
8-4. 北温带和南温带间断(泛温带)	131
8-5. 欧亚和温带南美洲温带间断	5
8-6. 地中海区、东亚、新西兰和墨西哥-智利间断	1
九、东亚和北美洲间断分布及其亚型	
9. 东亚和北美洲间断	130
9-1. 东亚和墨西哥美洲间断	3
十、旧世界温带分布及其亚型	
10. 旧世界温带	136
10-1. 地中海区、西亚(或中亚)和东亚间断	28
10-2. 地中海区和喜马拉雅间断	16
10-3. 欧亚和南部非洲(有时还有大洋洲)间断	27
十一、11. 温带亚洲分布	61

续表

分布区类型及其亚型	属数
十二、地中海区、西亚至中亚分布及其亚型	
12. 地中海区、西亚至中亚	113
12-1. 地中海至中亚和南部非洲、大洋洲间断	15
12-2. 地中海至中亚和墨西哥至美国南部间断	3
12-3. 地中海至温带-热带亚洲、大洋洲和南美洲间断	6
12-4. 地中海至热带非洲和喜马拉雅间断	7
12-5. 地中海至北非、中亚、北美西南、南部非洲、智利和大洋洲间断(泛地中海)	4
12-6. 地中海至中亚、热带非洲、华北和华东、金沙江河谷间断	2
十三、中亚分布及其亚型	
13. 中亚分布	83
13-1. 中亚东部(或中部亚洲)	16
13-2. 中亚至喜马拉雅和华西南	33
13-3. 西亚至西喜马拉雅和西藏	4
13-4. 中亚至喜马拉雅-阿尔泰和太平洋北美间断	4
13-5. 中亚和华北至华东间断	1
十四、东亚分布及其亚型	
14. 东亚(东喜马拉雅-日本)	70
14-1. 中国-喜马拉雅(SH)	147
14-2. 中国-日本(SJ)	111
十五、中国特有分布	
15. 中国特有	248
合计	3256

表 3.7　中国种子植物植物区系各主要成分(吴征镒等,2011)

类型	属数	所占比例/%	所含种数	所占比例/%
热带成分	1 581	50.1	9 520	40.7
北方温带成分	708	22.4	10 973	46.8
古地中海成分	291	9.2	738	3.2
东亚成分	576	18.3	2 177	9.3
合计	3 156	100	23 408	100

(1) 各种热带分布型及其亚型共有 1581 属,占全国属数的 50.10%(不包括世界分布,下同);具有明显的热带、亚热带性质。各地区热带成分比例自南向北和自东向西逐渐递减,南海等热带地区、云南高原及其滇黔桂地区热带成分在 60%以上,其中南海地区达到 85.4%,属热带性质;华中、华东和横断山脉地区的热带成分占 45%,基本是亚热带性质;华北至东北、西北及青藏高原各地区热带成分都在 25%以下,属于温带性质。

(2) 北方温带成分的地区变化与热带成分相反。中国种子植物属中具有世界上最丰富的温带成分，各类温带成分(8～15)共 1575 属，占全国属数的 49.90%，几乎包括了世界温带分布的所有木本属。

(3) 具有一定比例的古地中海和泛地中海成分(291 属)，占 9.22%。古地中海成分主要出现在中亚荒漠地区和天山，分别占本地区系的 46.5%和 29.2%，在唐古特和青藏高原次之(约 13%)，华北、东北和横断山地区各约 3%～4%。

(4) 东亚成分在全国区系中占有相当比例(18.4%)，以华中、华东和横断山地区较高(占全国的 20%～22%)，其中华中是最高或核心地区。在唐古特地区和海拔 4200m 以上的青藏高原地区仍有相当比例(约 12%～15%)。

(5) 中国特有属 248 属，大多分布于热带和亚热带地区。

4) 各种地理成分联系广泛，分布交错混杂

中国植物蕨类植物区系南北各异，东西有别，在区系联系上分别属于不同的地理单元。台湾低海拔地区与菲律宾联系最为密切，海南半岛与中南半岛有一定的区系联系，北部湾与越南有着密切的区系联系，滇缅泰地区与缅甸、泰国等属于同一单元，华东-华中地区无疑与日本联系密切，华南则为东亚向古热带过渡的中间地带，西南地区与东喜马拉雅联系最为密切，东部则与华中-华东有联系，东北与北美洲的区系联系胜过欧洲的联系，华北地区的北温带成分居多，西北地区与欧洲具有较为密切的联系。

中国种子植物区系与世界植物区系具有广泛的联系。如我国与热带亚洲(印度-马来西亚)、泛热带、北温带、地中海区至中亚等均具有大量的共有属；同样，由于自然历史的原因和植物本身发展演化的结果，各类地理成分在我国境内的分布相互交错。我国约 100 个泛热带分布的科中，只有 10 余科限于西南、华南或至台湾的热带地区，而约有 50 多科分布到秦岭、淮河以南的亚热带地区，30 多科直到华北、东北或西北干旱地区；典型的泛热带分布的属中，仅有部分属的分布仅限于热带，大多数属分布到亚热带，甚至到达温带；另一方面许多温带分布的科属在全国南北广泛分布，但往往主要产于秦岭或长江以南，或者至西南或华南热带、亚热带山地；东亚或东亚-北美分布的许多科属主要产于江南，但常常分布到东南亚，如枫香(*Liquidambar fonnasana*)产于黄河以南各省区，但常是我国南方热带林中代表的落叶树种；此外，分布中心在地中海地区的一些科属，虽然在我国主要产于西北干旱地区，但有些属也常分布到华北、东北或西南，甚至广布全国，如滨藜(*Atriplex*)、猪毛菜(*Salsola*)、骆驼蓬(*Peganum*)等属。上述各类地理成分在我国境内分布相互交错渗透的现象，说明它们彼此在发生上和地理上的联系。这种交错渗透现象在我国西南地区表现得特别明显，这主要是由于这一地区复杂的自然历史过程和生态条件所致。

5) 特有程度高

由于自然地理和地史的种种原因，我国特有植物种类很丰富。蕨类植物中，中国蕨属(*Sinopteris*)、光叶蕨属(*Cystoathyrium*)、边果蕨属(*Craspedosorus*)、玉龙蕨属(*Sorolepidium*)、黔蕨属(*Phanerophlebiopsis*)、扇蕨属(*Neocheiropteris*)、宽带蕨属(*Platygyria*)等为中国特有属；种子植物中，有 4 个中国特有的单型科即银杏科、芒苞草科(Acanthochlamydaceae)、珙桐科(Nyssaceae)、杜仲科(Eucommiaceae)，以及 5 个准特有科，即大血藤科(Sargentodoxaceae)、星叶草科(Circaeasteraceae)、马尾树科(Rhoipteleaceae)、肋果茶科(Sladeniaceae)和伯乐树科(Bretschneideraceae)等。共有特有属 248 属，占全国属数的 7.86%(不包括世界分布属)。中国种子植物特有属分散在植物进化的各个阶段，新老皆备，尤以古老残遗为突出，除少

数属外，绝大多数属都是在分类上古老或原始的单型属和少型属。特有属分布的显著特点是不平衡性及其区域差异。根据中国裸子植物和被子植物特有属的分布区分析，大致有 3 个特有现象中心：川东-鄂西特有现象中心，位于中国-日本亚区西侧；川西-滇西北特有现象中心，位于中国-喜马拉雅亚区东侧；滇东南-桂西特有现象中心，跨越泛北极植物区和古热带植物区，地理位置偏南。

3.2.5　岛屿植物区系分析

对于生物来说，岛屿是一个特殊的生境，周围的海洋使岛屿和大陆隔离开来，限制了岛屿生物多样性的发展，使岛屿生物与陆地生物失去了基因交流的机会。岛屿生物在孤立的环境中进化，其进化改变和辐射适应都很迅速，因此，岛屿常常被人们用作研究进化与生态问题的天然实验室或微宇宙。近些年，岛屿的概念有所外延。自然界中，许多具有鲜明边界、明显区别于周围生态系统的生境都可视作大小、形状和隔离程度不同的岛屿，即生境岛(habitat islands)。例如，周围被水包围的陆地，周围被陆地包围的湖泊及其他水体、山顶顶部被植被包围的成片岩石、沙漠中的绿洲、封闭林冠中由于倒木形成的“林窗”(缺口)、被农田包围的林地，以及被农田、草地或其他人类活动场所(如道路)等所包围的自然保护区和保留地、城市中的公园绿地等，甚至是一片树叶、一棵孤立的植株也可以看做“微岛”。这些生境岛与岛屿十分相似。但是，陆地生境岛和海洋岛屿存在着明显的区别，其主要表现在陆地生境岛屿周围的生境中的生物类群能够比较自由地进出这些生境岛。而海洋岛屿则是被水包围，陆栖生物要迁入或扩散到岛屿上去，必须克服海水的屏障作用。

1. 影响岛屿植物区系的因素

岛屿植物的种数取决于岛屿面积、距离、地形、生境类型的多样性，物种拓殖的可能性、物种来源的丰富性以及新种拓殖的速度与现存种的灭绝速度的平衡。

1) 岛屿面积对植物区系的影响

Arhenius 和 Gleason 于 20 世纪 20 年代先后研究种数和面积的关系并建立了经验模型，其表达式为：

$$S=CA^{z} \tag{3.6}$$

或

$$\lg S=\lg C+z\lg A \tag{3.7}$$

式中：S 为岛屿种类种数；A 为岛屿面积；C 为岛屿内种类密度(单位面积内的种数)；z 为统计指数；在对数形式表达式(3.7)中为回归直线斜率；z、C 为常数。z 的性质较复杂，岛屿物种数目和面积的关系，很大程度上取决于 z 的数值。z 值的取值范围在0.05～0.37，最大值为最小值的 7～8 倍。z 值的大小取决于观测的样本数，与岛屿的隔离程度和海拔高度有关。大部分分类群的 z 值介于 0.18～0.35。就全球陆生植物 z 值平均为 0.22。z 的取值决定了植物种类数目的基本动态变化，当 z 值为 0.5 时，意味着种数增至 2 倍面积需增至 140 倍，才增加一倍指数。生境岛的物种数-面积关系同样可以用上述方程进行描述。

按照种数-面积的关系绘制的曲线称为种类-面积曲线。凡是未经扰动的岛屿，其种类-面积曲线关系的表达十分有规律，比较理想，而那些经过人为扰动或自然扰动的岛屿，种类-面积曲线会偏离正常的分布。在太平洋一些岛屿上，被子植物属数与面积呈近似线性关系(表 3.8)，相关系数为 0.94(除去比较孤立的群岛)。由于各地生境结构的差异，随着岛屿面积扩大,可容纳种数的增长速度是不同的。岛屿面积与岛屿植物总数呈正相关(图 3.2),岛屿面积越大,种数越多,称为岛屿效应(island effect)。D. Lack 认为,大岛种数较多是含有较多生境的简单反映,即生境多样性导致物种多样性。

表 3.8 西南太平洋群岛面积与生物属多样性间的关系(改自武吉华等,2004)

群岛名称	面积/km^2	被子植物属数	其中特有属数
所罗门群岛	40 000	654	3
新喀里多尼亚群岛	22 000	655	100
斐济群岛	18 500	476	10
新赫布里底斯群岛	15 000	396	0
萨摩亚群岛	3 100	302	1
社会群岛	1 700	201	2
汤加群岛	1 000	263	0
库克群岛	250	126	0

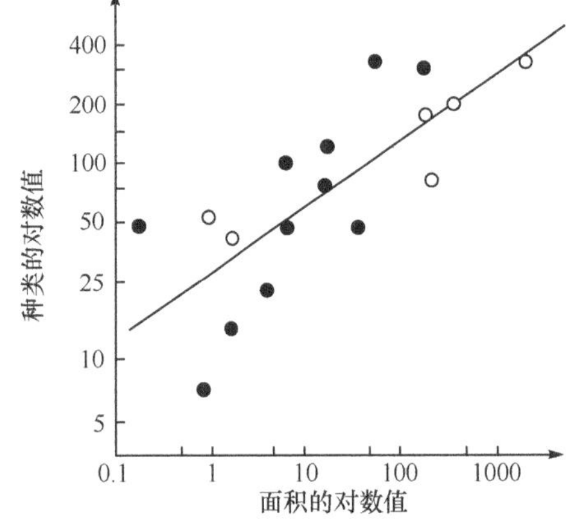

图 3.2 Galapagos 群岛的陆地植物种数与岛面积的关系(李博等,2000)

2) 岛屿距大陆的距离对岛屿植物区系的影响

岛屿物种组成具有其独特的性质。岛屿的隔离使陆地生物的移入发生困难,并且这种困难与岛屿距离大陆的远近成比例,如果岛屿距大陆较近,可能仅表现出对新进入种类栖息地范围的限制。相反若岛屿距大陆较远,可能被植物的散布能力和竞争所限制。植物由大陆或其他陆地向此散布,其间的距离和植物跨越海洋传播能力直接制约此岛植物种类的组成。海洋中遥远、单个、隔离的岛屿所维持的种类比大群岛或离大陆近的岛屿种类少(表 3.9)。

表 3.9 海洋岛屿植物区系特征(武吉华等,2004)

岛屿名称	与大陆或邻岛距离/km	种的总数	传播方式				
			水播	风播		鸟播	不详
				被子植物	孢子植物		
圣诞岛(古老珊瑚环礁)	240(距爪哇)	154	44	9	43	51	
费南都迪诺鲁尼亚岛(古老火山岛群)	370(距巴西)	78	21	1	少数	56	7
可可斯岛(年轻珊瑚环礁)	1160(距爪哇)	23	17	0	1	5	

3) 岛屿年龄的影响

岛屿形成的年代越久远,特有现象越明显。夏威夷群岛在上新世出露海面,约有 500～1 000 万年历史,有花植物约 95%为特有种,20%为特有属,但无特有科。面积与夏威夷群岛相近的新喀里多尼亚岛上则有 5 个特有科,100 个特有属,这可能是由于早自第三纪中期就已构成地理隔离状态。陆地上孤立的高山与海岛的情况类似,生物长期独立进化可以形成一些特有种类。

2. 岛屿生物地理学平衡理论

1）岛屿生物地理学平衡理论

1967年，麦克阿瑟（R. MacArthur）和威尔逊（E. Wilson）总结了大量的资料，创立了岛屿生物地理学平衡理论（equilibrium theory of island biogeography，简称M-W学说），即岛屿上的物种数量取决于新迁入物种数量和现有物种灭绝数量之间的动态平衡，不断地有物种灭亡，也不断地有同种或别种的迁入而补偿灭亡的物种。该理论主要用于解释他们确定的岛屿生物群的3个特征：生物种数与岛屿面积成正相关；生物种数与岛屿距大陆或其他的生物源地的远近成负相关；岛屿在生物种类组成上出现连续的种类流通，但种类数量保持大致稳定。

按照岛屿生物地理平衡理论，生物刚开始向岛屿拓殖时，适于散布的物种很快到达岛屿，因此拓殖速度很快，但随着时间推移，新的种类进入岛屿的速度下降；其次，岛屿上空间和资源有限，而每个种需要一定的生存空间和资源才能生存，随着物种数目的增加，需求相同的近缘种之间必然会发生排斥性竞争，结果或是造成竞争者之一消亡，或是分摊环境，这样，在某类生境中生存的种类就不可能维持较多的个体，当一个种群变得很小时，消亡的概率迅速增加。因此，岛屿上生物灭绝的速率随着新种的增加而增加。

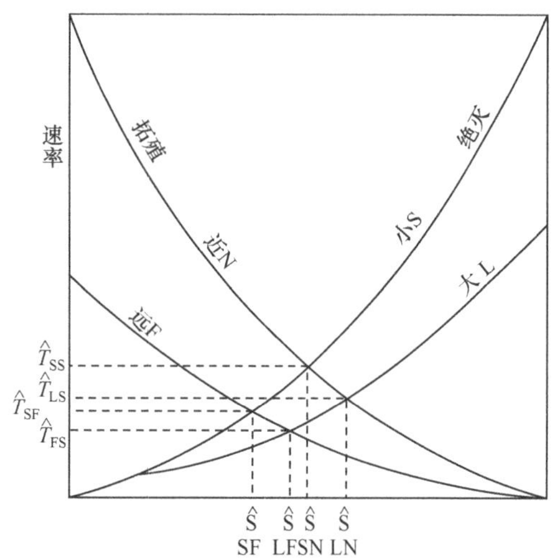

图3.3 岛屿生物地理学平衡模型（武吉华等，2004）

L：大岛；S：小岛；N：距种源近；F：距种源远；LF：大岛、距种源远；SN：小岛、距种源近；LN：大岛、距种源近；$\hat{S}$：留居种数；$\hat{T}$：种的转换率

岛屿的大小和距离都会影响物种的消亡速度。这可用两条消亡速度曲线的模型来说明（图3.3）。以迁入率曲线为例，当岛上无留居种时，任何迁入个体都是新的，因而迁入率高。随着留居种数加大，种的迁入率就下降。当种源库（即大陆上的种）中所有的种在岛上都有时，迁入率为零。灭亡率则相反，留居种数越多，灭亡率越高。迁入率取决于岛与大陆距离的远近和岛的大小，近而大的岛，其迁入率高，远而小的岛，迁入率低。同样，灭亡率也受岛的大小的影响。迁移曲线与灭亡率曲线交叉点上的种数，就是该岛预测的物种数。4条曲线有4个交叉点，每个交叉点是岛屿面积（大和小）与距离（远和近）的一种组合。在平衡时，种数预报具有$S_{LN}>S_{LF}>S_{SN}>S_{SF}$的顺序。这个模式可以预报，岛屿上的生物种数随着岛屿面积的增加而增加，随着岛屿距离的增加而减少。

根据岛屿生物地理学平衡理论，可说明下列4点：岛屿上的物种数不随时间而变化；这是一种动态平衡，即灭亡种不断地被新迁入的种所代替；大岛比小岛能“供养”更多的种；随岛距大陆的距离由近到远，平衡点的种数逐渐降低。

岛屿与大陆是隔离的，根据物种形成学说，隔离是形成新物种的重要机制之一。因此，如M. H. Williamson所言，岛屿的物种进化较迁入快，而在大陆，迁入较进化快。不过有一点需要说明，生物的迁移和扩散能力是不同的，所以对于某一分类群是岛屿，而对另一类群相当于大陆。实际上，大陆也是四面围海的“岛”；其次，离大陆遥远的岛屿上，特有种（即只见于该地的种)比较多尤其是扩散能力弱的分类单元更有可能;其三,岛屿群落有可能是物种未饱和的,条件是该岛进化的历史较短,不足以发展到群落饱和的阶段。

岛屿生物地理学的研究对象主要是海洋岛和陆桥岛。近些年,该理论也被广泛用于生境岛的研究。

2) 岛屿生物地理学平衡理论的应用

建立自然保护区目的在于保护濒危种、保护物种多样性和保护自然生态系统结构和功能的完整性。有些自然保护区或保护庇护所是在受到破坏的自然生态系统的剩余斑块(remnant patch)上建立起来的,如果剩余斑块的隔离程度大,有些传播能力差的物种的迁入也会受到阻碍。所以,这些自然保护区也表现一定程度的海洋岛屿特性。自20世纪70年代以来,岛屿生物地理学成为自然保护区设计的主要理论基础,为研究保护区内物种数目的变化和保护的目标物种(target species)的种群动态变化提供了重要的理论依据。

(1) 保护区地点的选择。为了保护生物多样性,应首先考虑选择物种最丰富的区域作为保护区;其次,特有种、受威胁种和濒危物种也应放在同等重要的位置上;最后,应考虑关键互惠共生种(keystone mutuallist)的重要性。在有些生态系统(如热带森林)中,某些动物如蜜蜂、蚂蚁、蝙蝠等在一年中的不同时间为不同植物传粉和传播种子,是植物完成生活史必不可少的因素,这些动物被称为流动联接种(mobile links),植物是这些流动联接种食物的主要来源,是支持流动联接种的关键互惠共生种。关键互惠共生种的丢失将导致流动联接种的灭绝。在选择保护区时,保护区内应有足够复杂的生境类型,保证关键种尤其是关键互惠共生种的生存。值得注意的是,如果保护区是原始植被的剩余斑块,应尽可能多的将周围人类已经利用的部分包含在保护区内,保护区建成以后,通过减少人为干扰,逐渐恢复自然植被,从而扩大保护区面积。

(2) 自然保护区面积的确定。按照岛屿生物地理学平衡理论,一个大的保护区比几个小的保护区好。保护区面积越大,越能支持或"供养"更多的物种,而面积小,支持的种数也少。那些完全依赖于当地植被、需要大的生存空间和种群密度较低的物种很容易在小的保护区内灭绝。但是,当遭受灾难性突发事件(火灾、传染病等)时,小保护区可使生活于其中的生物种群免遭危害,有利于提高生物避免灾难性突发事件(火灾、传染病等)的能力。如果在数个小保护区之间建立廊道,其保护效果不亚于大保护区。因为物种可以廊道为踏脚石岛(stepping stone islands),不断地进入保护区内,从而补充局部灭绝的物种。特别是那些需要领地较大的物种,在单个小的保护区内不能维持其存活种群时,廊道为扩大这些物种的领地面积提供了条件。廊道还可以避免近交衰退,也能增加整个保护区的美感。世界野生生物基金会1987年10月向我国政府递交的拯救大熊猫的计划中,突出的一点就是建议修建大熊猫栖息地"走廊"。但是,建立廊道也增加了传染病传播和蔓延、火灾扩散以及捕食动物的引入等风险。综上所述,保护区面积的大小,应根据实际情况确定,应该考虑多方面的因素,如关键种的种群密度、关键种对生境多样性的要求和遗传上的要求、物种的生物学特性、关键种能够维持生存的种群数量及其所需面积等,并要充分考虑物种的行为、传播方式和与其他物种之间的相互关系以及它们在生态系统中的地位。另外,还要考虑对火灾、滑坡、流行病等多种自然灾害的防御能力。每种自然灾害均具有一定的影响范围,因此所设计的自然保护区的面积不仅要考虑关键中的有效种群和生存空间,还要考虑本地区可能发生的自然灾害所影响的范围。Soule和Simberloff认为,确定保护区的面积分三步进行:首先确定目标种或关键种;第二步确定这些种的最小可存活种群(minimum viable population,MVP),所谓最小可存活种群是指在一定时间范围内某一物种所能维持其存活状态的最小个体数目。Shaffer(1981)将最小可存活种群定义为:在遗传特性、环境因素和种群自身的随机变化存在的情况下,物种能够以 99%的概率存活 1000 年的种群数量;第三步根据不同种的生态习性和最小可存活种群确定最小生存空间,即自然保护区的面积。

(3) 自然保护区形状的设计。自然保护区的形状,对物种的保存和动态迁移起着一定的作用。应根据具体情况确定保护区的形状。在陆地上,如果保护区设立在一个连续蔓延的生态系统中部,且物种在各个方向上的迁移是随机的,则保护区的形状以圆形最佳,狭长形最差。因为圆形保护区中的物种扩散距离保持最小,有利于保护区内外物种交流,可以防止保护区内物种退化或消失。同时,在面积相同的情况下,圆形保护区的周长最小,可减少边缘效应,有利于保护特征种及那些不适宜边缘生境的物种。如果选择狭长形状的保护区,则有可能因当地生境的退化而分裂成两块或多块。此外,狭长的保护区会因为边缘的长度而提高造价,增大人为影响;但是,如果生物的迁移传播不是随机的,比如说河流保护区中生物是沿河道迁移的,海洋保护区物种的迁移方向多半受洋流的影响。在这种情况下,设计保护区形状时,应该考虑生物的迁移方向及迁移传播范围,以最大限度地保证保护区不同部分之间的联系。如果狭长的保护区包含较复杂的生境和植被类型,狭长形状保护区反而更好。对于海洋岛屿,特别是比较隔离的海洋岛屿,其几何形状可能与岛屿生物无太大关系。

3.3　人为活动与植物分布

3.3.1　栽培植物的分布

原始农业的出现与采集有关,人们在狩猎、采集过程中逐渐熟悉了某些植物的生长规律,培育出了多种粮食作物如稻、小麦、玉米等。原始农业的出现就是人类驯化野生植物的开始。栽培植物的起源可以追溯到旧石器时代末或新石器时代初。人们很早就注意到栽培植物原产地问题,茹可夫斯基划分了栽培植物的 12 个大基因中心(megagene center),这些中心几乎占据了地球表面的大部分地区,12 个大基因中心分别是:

(1) 中国-日本中心:这个中心具有丰富的特有种。桃、杏、李、梨、苹果、橙、桑的很多品种都起源于此。粮食、蔬菜的许多种或品种也从这里起源,如大豆、黍、荞麦、白菜、黄瓜、葱、无芒大麦、莴苣等。此外,还有许多有用植物如枣、黄连、大黄、柿、栗、薯蓣、苧麻、蕉麻、桂花、香榧、山茶、漆树、猕猴桃以及多种竹。

(2) 中南半岛-印度尼西亚中心:是许多香蕉、橙子、槟榔、木菠萝、竹的原产地,可能也是椰子的原产地及某些水稻、甘蔗的特有变种的原产地。

(3) 澳大利亚中心:是某些种棉花、香蕉、多种桉树的原产地。

(4) 印度中心:包括印度、缅甸等地,是稻、茄子、黄麻、鸡脚棉、柠檬、芒果、柏木和胡椒、茶的某些种的原产地。

(5) 中亚中心:包括喜马拉雅山脉西南部与兴都库什山脉东南部之间的地区,这里是普通小麦、小籽亚麻、许多豆类(豌豆、蚕豆、小扁豆)、印度大麻、胡桃、亚洲胡萝卜、洋葱、葱、甜菜、芜菁、橡胶草等的原产地。

(6) 近东中心;包括伊朗、阿拉伯、高加索、土耳其东部。这里是黑麦、多种燕麦、二陵大麦、多种单粒小麦的原产地。又是苜蓿、驴喜豆、甜瓜、萝卜和许多果树(苹果、梨、李、胡桃、杏、葡萄、扁桃)的原产地。

(7) 地中海(沿岸)中心:这里是大籽亚麻、鹰嘴豆、拜占庭燕麦、四倍体小麦、石榴、无花果、齐墩果(油橄榄)的原产地。

(8) 非洲中心:是某些水稻、高粱、咖啡、油棕、枣椰、葫芦、大麦等的原产地。

(9) 欧洲、西伯利亚中心:是大麻、啤酒花、甘蓝、草莓、薄荷、茶藨子等的原产地。

(10) 南美中心:这里是玉米、马铃薯、甘薯、番茄、烟草、木棉、某些棉花、可可、橡胶、金鸡纳、古柯等多种经济作物植物的原产地。

(11) 中美中心:这里是玉米、马铃薯、甘薯、番茄、烟草、木棉、某些棉花、可可、橡胶、金鸡纳、古柯等多种经济作物植物的原产地。

(12) 北美中心:这里是糖槭、某些栗、柿、山核桃等的原产地。

随着生产的发展,许多有用植物的分布区大大扩展,远远超出了它们的原产地。特别是粮食、蔬菜以及特殊的经济植物,只要有适宜它们生产的条件,人们就广为栽培,并且不断地培育出许多新品种。因此研究栽培植物的分布已经形成了植物区系学的一个分支。

3.3.2 生物入侵

1. 概念

(1) 生物入侵。某一生物由原生地经过自然或人为途径进入某一适宜其生存和繁衍的地区,种群数量不断增加,分布区稳步扩展,对生态系统和人类健康造成损害或生态灾难的过程,称为生物入侵(biological invasion)。

(2) 外来种。外来种(alien species)相对于本地种而言,指来自其过去或现在自然分布区范围及扩散潜力以外的物种、亚种或以下分布单元。

(3) 外来入侵种。外来入侵种(alien invasive species)是指从自然分布区通过有意或无意的人类活动而被引入,在当地的自然或半自然生态系统中形成了自我再生能力,给当地的生态系统或景观造成明显损害或影响的物种。

生物入侵现象自古就存在,但是发展到现代变得更加频繁。随着国际国内间的贸易、旅游、移民以及战争等使生态入侵现象加剧。交通工具的更新使越来越多的物种跨越过去曾难以逾越的地理屏障如高山、海洋和沙漠,不断地扩大其分布区。过去500年里,尤其近200年来,全球入侵种的数目增加了几个数量级,全球几乎没有未受到外来种(尤其是入侵种)影响的地区。生物入侵已经打乱了全球物种本地化,改变了固有的生物区系并对某些物种的地理起源提出了挑战,成为继生境破坏后导致全球生物多样性丧失的第二大原因。

近些年来,由于外来物种入侵本土而造成的生态事件,已经引起世界各国的广泛关注。2003年年初,原国家环保总局与中国科学院联合发布了《中国第一批外来入侵物种名单》,公布了16种危害严重的外来物种,包括紫茎泽兰、薇甘菊(*Mikania micrantha*)、空心莲子草(*Alternanthera philoxeroides*)、豚草(*Ambrosia artemisiifolia*)、毒麦(*Lolium temulentum*)、互花米草(*Spartina alterniflora*)、飞机草(*Eupatorium odoratum* L)、凤眼莲、假高粱(*Sorghum halepense*)等9种植物;2010年1月,中国环境保护部和中国科学院联合制定了《中国第二批外来入侵物种名单》,公布了19种危害严重的外来物种,包括马缨丹(*Lantana camara*)、三裂叶豚草(*Ambrosia trifida*)、大薸(*Pistia stratiotes*)、加拿大一枝黄花(*Solidago Canadensis*)、蒺藜草(*Cenchrus echinatus*)、银胶菊(*Parthenium hysterophorus*)、黄顶菊(*Flaveria bidentis*)、土荆芥(*Chenopodium ambrosioides*)、刺苋(*Amaranthus spinosus*)、落葵薯(*Anredera cordifolia*)等10种植物。

2. 入侵植物种的特征

入侵植物具有一系列生态、生理特征：能产生大量的、易于传播的、具有广泛适应能力的种子，能忍受极端气候条件，并能在不同的土壤上萌发，种子寿命长，萌发不需要特殊条件，且能自控终止萌发；实生苗生长迅速，营养生长期短，开花早；可借助于风和其他授粉者进行异花授粉。可自花授粉，但不是专性的自花授粉；多年生入侵植物具有旺盛的无性繁殖能力；具有特殊的竞争方法：丛生群系、干死生长、化感作用等。

3. 外来物种入侵的途径

1）自然途径

自然状态下，有些植物通过营养器官或繁殖结构侵入其他自然生态系统，但这种传播极为缓慢的，往往以地理地质年代来加以计算；有些入侵植物借助于风、水流、气流等自然媒介而传入入侵地，如飞机草等随风和水流带到其他的地域而建立起种群。薇甘菊可能是通过气流从东南亚传入我国广东；有些入侵植物借助于生物媒介如通过被动物取食或携带传入入侵地，包括体内传播和体外传播两种形式。种子通过被取食进入体内，然后在反刍或排便时排出体外，进入其他地区，体内传播的优势在于肠道内的酸性物质可以消化掉一些种子很厚的外壳，有利于种子的发芽。以粪便排出的种子则因为具有足够的有机质作肥料而更加容易建立起生长系统；种子和果实的表皮有时也会有倒钩或者刺或者黏液，使其很容易黏附在动物的皮毛或羽毛上，随着动物的移动在当地散布开来。生物媒介传播比自然媒介传播更加有效，传播距离更远。在人类介入自然进化史以前，生物媒介传播所扮演的角色是极为重要的。

2）人为途径

(1) 无意传入。人员流动和物资交流可以充当外来种的引入媒介，无意间将外来种从原生地带到遥远的别的地区。相当一部分入侵种是由这种方式带入的。有些入侵植物混杂在作物种子或其他货物中被偶然引入，如假高粱、土荆芥、刺苋等可能从其他国家进口粮食中夹杂传入的；北美车前、直立婆婆纳（*Veronica arvensis*）、北美独行菜（*Lepidium virginicum*）等可能是黏附在旅行者的行李上而带入；刺苍耳（*Xanthium spinosum*）可能是随着畜产品进口带入；约11种藻类通过船只压水舱带入；集装箱、空运、邮寄、塑料垃圾等都可能为有些入侵植物提供了“交通工具”。

(2) 有意引入。我国目前已知的外来有害植物中，超过50%的种类是人为引种的结果。有意引入的目的多种多样，主要包括：作为牧草和饲料引进的，如空心莲子草、凤眼莲等；作为观赏物种引进的，如荆豆、加拿大一枝黄花、圆叶牵牛（*Pharbitis purpurea*）、马缨丹、三裂叶蟛蜞菊（*Wedelia triloba*）等；作为药用植物引进的，如美洲商陆（*Phytolacca americana*）等；作为环境植物引进的，如互花米草等；作为草坪植物引进的，如地毯草（*Axonopus compressus*）等；作为纤维植物引进的，如大麻等。此外，植物园逃逸、人造物种释放也是生物入侵的途径之一。主要是指那些从栽培植物和种植园中逃逸出来后，逸生的种类，如圆叶牵牛等。人类有意引入外来种的另一个形式是转基因植物的投入市场。转基因植物的潜在危害主要是食品安全性和杂草化问题。转基因植物由于体内具有抗性基因，如果扩散开来，会比一般的物种更具有侵略性。另外，抗性基因通过种间杂交还会转移到近缘种体内，产生的新品种有时比亲代对环境具有更好的适应性，往往成为难以控制的农田杂草。转基因植物体内的某些蛋白质会与人体产生过敏性反应，危害人体健康。因此，它的安全性问题越来越受重视，针对它的安全评估措施在美国和欧洲的一些国家已经得到落实，各国对批准这样的物种进入市场都持慎重态度。

4. 外来物种的入侵过程

外来物种通过种种途径到达某一生态系统，并非一进入新的生态系统就能形成入侵，而是在一定条件下实现从“移民”到“侵略者”的转变。外来入侵种的入侵是一个复杂的生态过程，这个过程通常可分为4个阶段：

(1) 侵入(introduction)：指生物离开原生存的生态系统到达一个新境。

(2) 定居(colonization)：指生物到达入侵地后，经当地生态条件的驯化，能够生长、发育并进行了繁殖，至少完成了一个世代。

(3) 适应(naturalization)：指入侵生物已繁殖了几代，由于入侵时间短，个体基数小，所以种群增长不快，但每一代对新环境的适应能力都有所增强。

(4) 扩展(spread)：指入侵生物已基本适应新的生态系统、种群已经发展到一定数量，具有合理的年龄结构和性比，并具有快速增长和扩散的能力，当地又缺乏控制该物种种群数量的生态调节机制，该物种就大肆传播蔓延，形成生态“暴发”，并导致生态和经济危害。

5. 外来入侵物种的危害

1) 严重破坏生态系统的结构和功能

在自然界长期的进化过程中，生物与生物之间相互制约、相互协调，将各自的种群限制在一定的栖息环境并维持一定的数量，形成了稳定的生态平衡系统。大部分外来物种成功入侵后大爆发，生长难以控制，改变了原有的生物地理分布和自然生态系统的结构与功能，导致生态平衡失调。如紫茎泽兰和飞机草成功入侵后，常常形成单一的优势种，排挤土著物种，影响景观的自然性和完整性。凤眼莲成功入侵当地水域后，覆盖整个水面，遮蔽阳光，致使沉水植物和水生动物死亡；有害硅藻、甲藻若引发赤潮，将使水域缺氧，使鱼类大量死亡，导致海洋生态失衡。此外，入侵种会干扰当地生态系统的营养循环过程，例如固氮植物的引入将增加氮的供应量，引起营养贫乏的火山土上群落的演替过程。桉树(*Eucalyptus*)引入我国海南和雷州半岛的林场后，由于其强烈的水分吸收能力，造成土壤干燥，土壤肥力下降。

2) 加快物种多样性的丧失

当入侵种越过地理屏障传播到新栖息地以后，与其原产地生态环境之间的关系被打断，又与新栖息地的环境和生物建立了新的关系。它们能逃避原产地的捕食和竞争，通过自身生物潜力的发挥建立新的种群，而且能很快适应新的生境并迅速繁衍，竞争和抢夺其他物种的养分和生存空间，占据本地物种生态位，使本地物种失去生存资源，或者通过释放化感物质，排挤或直接杀死当地物种，造成其他本地物种的减少和灭绝。

3) 影响遗传多样性

土著群落中物种之间的相互作用与维持其遗传多样性、食物网联结和群落的稳定性之间具有重要的关系，因此影响到土著群落对入侵的易感性。入侵种和土著种之间的杂交和基因渗入能给土著种带来破坏性的后果，有时甚至导致土著种的灭绝。杂交造成土著种遗传基因被入侵种“稀释”或遗传同化，最终导致遗传上“纯净”的土著种不复存在。随着生境片段化，残存的次生植被常被入侵物种分割、包围和渗透，使本土生物种群进一步破碎化，还可以造成一些物种的近亲繁殖和遗传漂变。有些入侵物种可与同属近缘种，甚至不同属的种杂交，如加拿大一枝黄花可与假蓍紫菀(*Aster ptarmicoides*)杂交。在植被恢复中将外来种与近缘本地种混植，如在华北和东北国产落叶松产区种植日本落叶松，以及在海南国产海桑属产区栽培从孟加拉国引进的无瓣海桑，都存在相关问题。

4) 对人体健康造成危害

有些外来种的花粉是引起人类花粉过敏症的主要病原物，如在豚草发生地的空气中会漂浮大量豚草花粉，可导致过敏体质者患“花粉症”。

5) 严重危害经济发展

生物入侵导致生态灾害频繁爆发，对农林业造成严重损害，危害经济发展。近年来豚草、紫茎泽兰、飞机草、薇甘菊、空心莲子草、凤眼莲、互花米草等在我国肆意蔓延，已到了难以控制的局面。据专家估算，全国每年因生物灾害给农业带来的损失占粮食产量的10%～15%，棉花产量的15%～20%，水果蔬菜的20%～30%。据不完全统计，美国因为外来物种入侵每年的经济损失高达1500亿美元，印度1300亿美元，南非达800亿美元，据徐海根等(2004)统计，我国因外来入侵种造成的总经济损失每年为1198.76亿元人民币，其中直接经济损失为198.59亿元，间接经济损失为1000.17亿元。

6. 中国外来入侵植物的来源地

据统计，我国有188种外来入侵植物，分别来源于美洲、欧洲、亚洲和大洋洲等地，其中来自美洲的外来入侵植物有125种，而且许多种类生态适应范围相当广泛，说明美洲的植物较能适应中国的环境，美洲来源的植物成为中国外来入侵植物的可能性最大。

在世界植物区系范围，北美和东亚植物区系的间断分布非常普遍。根据大陆漂移学说，北美和东亚是在被子植物形成之后才分裂移开的。其后的隔离造就了大量的新植物，这些新植物并没有完全脱化和丧失对原大陆气候的适应能力。加之，北美和东亚基本上处于同一的纬度范围。北美洲植物具有对亚洲气候的适应能力，所以北美洲来源的植物成为外来入侵植物的可能性大；非洲和印度曾经相连，印度带着特有的区系成分移到亚洲，后来，由于地理障碍的减小，与中国植物区系在地质史上的交流就逐渐开始并增强，因而，一些广布性植物已在漫长的地质年代中完成了扩展分布区的过程，如牛筋草(*Eleusine indica*)已很难确知其原产地。欧洲也是由于和中国地理隔离较弱，在人类出现前就开始了植物种质的交流。所以，人类活动导致源自非洲和欧洲的外来入侵植物数量就不会太多；与此相反，美洲大陆的地理阻隔，积累了许多可能扩散分布的植物种类，一旦这些植物获得了在另外大陆生境生存的机会，就能良好生长，蔓延扩散。

因此，在以后的植物引种中，要特别注意来自美洲新大陆的植物，严格审查其在中国重要气候带的延续能力，一旦发现能够年际自然延续的植物种类就必须慎重其引种和利用。

思考题

1. 解释名词：植物分布区 地理替代 植物区系 古特有种 新特有种 生物入侵
2. 有哪些因素影响分布区的形状和边界？
3. 间断分布区和连续分布区有何区别？间断分布是如何形成的？
4. 阐明特有分布的成因。
5. 阐明中国植物区系的特点。
6. 阐明生物入侵的危害性。

第4章 植物生活与环境

4.1 环境与生态因子

4.1.1 环境

1. 概念

环境(environment)一般指某一主体周围一切事物的总和。环境是一个相对概念,相对于一定的主体而存在,主体不同,环境的内涵也不相同。环境科学所指的环境以人类为主体,即环境是围绕人类周围的一切。而生物科学所指的环境,则以生物为主体,指围绕生物有机体周围的一切,即某一特定生物体或群体以外的空间,以及直接或间接影响该生物体或生物群体生存与活动的外部条件的总和。从这个意义上讲,只有生物才有环境,生物的环境包括对生物有影响的外界环境条件,而且包括生物本身的影响及作用。

在讨论生态学问题时,对象可指有机体(个体)、种群、群落,所以环境所包含的范围和要素也不同,例如在一片樟树林中,当以一株樟树作为对象时,其环境包括其他樟树个体、其他生物个体及非生物因子;当以樟树林中全部樟树个体组成的种群作为对象时,其环境要素包括其他生物个体及其非生物因子;当以整个生物群落作为研究对象时,环境要素仅为非生物因子。因此,环境所包含的范围和因素,视其主体而定。

组成环境的各种要素,称为环境因子(environmental factor),如气候、土壤、地形、生物、人类等。

2. 环境的类型

由于环境的构成因素极其复杂,尺度各异,性质不同,因此关于环境的分类,至今尚未形成统一的分类系统。按照不同的标准,环境可划分为不同的类型。

1) 按照环境的主体分类

按环境的主体可将环境分为两类:以人为主体的人类环境(human environment),其他生命物质和非生命物质均被视为构成人类环境的要素;以生物为主体的生物环境(biological environment),即生物体以外的所有要素构成的环境。

2) 按照环境的属性分类

按环境的属性,可将环境分为自然环境、人工环境和社会环境。自然环境(natural environment)是指未经过人的加工改造而天然存在的环境,如原始森林、苔原、天然草原等;人工环境(artificial environment)指在自然环境的基础上经过人的加工改造所形成的环境,如人类经营的一片林场、温室、塑料大棚、太空舱等。人工环境与自然环境的区别,在于人工环境对自然物质的形态做了较大的改变,使其失去了原有的面貌;社会环境(social environment)是指由人与人之间的各种社会关系所形成的环境,包括政治制度、经济体制、文化传统、社会治安、邻里关系等。

3) 按照人类影响分类

按人类对环境的影响可将环境分为三类:原生环境(primary environment)即自然环境;次

生环境(secondary environment)指由于人类社会生产活动,导致原生环境改变后形成的环境,如耕地、种植园、鱼塘、牧场、林场等。

4) 按照环境范围大小分类

按照环境范围大小可分为以下几类:宇宙环境(space environment)或称空间环境,指大气层以外的宇宙空间,由广阔的空间和存在其中的各种天体及弥漫物质组成,对地球环境能产生深刻的影响。太阳辐射能的变化影响着地球环境,例如,太阳黑子的出现与地球上的降雨量有明显的相关关系。月球和太阳对地球的引力作用产生潮汐现象,并可引起风暴、海啸等自然灾害;地球环境(global environment)或称地理环境(geoenvironment),由大气圈内的对流层、水圈、土壤圈和岩石圈组成,生物把地球上各个圈层的关系有机地联系在一起,推动各种物质循环和能量转换;区域环境(regional environment)指占有某一特定地域空间的自然环境,由地球表面不同地区的5个自然圈层相互配合而成。不同地区形成了各种不同的区域环境特点,分布着不同的生物群落;微环境(micro-environment)指区域环境中,由某一个(或几个)圈层的细微变化而产生的环境差异所形成的小环境;内环境(inner environment)指生物体内组织或细胞间的环境,对生物体的生长和繁育具有直接的影响,如叶片内部,直接和叶肉细胞接触的气腔、通气系统,都是形成内环境的场所。内环境对植物有直接的影响,且不能为外环境所代替。

3. 植物与环境的相互作用

(1) 作用。环境中非生物因子对于有机体的影响称为作用(action)。环境因子使植物的结构、生理过程和功能发生相应的变化。如气候的恶劣变化导致有机体停止繁殖甚至死亡。非生物环境因子对植物的作用形式体现在因子的质、量和持续时间3个方面:因子的质是指因子是否对植物有意义,相当于"开关变量",对植物来说是"有"和"无"的关系;因子的量(数量或强度)决定其对植物作用及植物响应的程度,属于连续变量,对植物来说是"多"与"少"的关系,如温度对植物作用的三基点。在因子的"质"对植物有意义的前提下,因子对植物的作用程度随其"量"的变化而变化。某些因子在量的方面具有累加效应;植物的发育需要时间,在这段时间里环境因子需要不断地保持作用。因此,在质和量的基础上,环境因子对植物的作用必须有一定的持续时间才能使植物作出响应。由于植物对某一因子的长期适应,以至于植物将某一因子的持续时间作为某些发育阶段(主要是生殖)的启动信息。

(2) 反作用。植物对环境影响做出反馈并改变环境称为反作用(reaction)。一般表现为植物改变非生物条件,例如,一块土地上生长了树木,改变了水、热条件;植物的残体分解后加入土壤中增加土壤的肥力;植物的光合作用使地球环境由缺氧状态变为富氧状态等。

(3) 相互作用。植物与其他生物之间的关系如捕食、寄生、共生、附生等,很难说清谁对谁是作用,谁对谁是反作用,它们之间的关系是相互的,称为相互作用或交互作用(interaction)。

4.1.2 生态因子及其作用

1. 概念

(1) 生态因子(ecological factor)。指在环境因子中,一切对生物的生长、发育、生殖、行为和分布有直接或间接影响的因子。

(2) 生存因子(living factor)。或称生存条件、生活条件,指生态因子中生物生存不可缺少的因子。例如光、温、水、气等对于植物来讲，都是它们生存所不可缺少的环境因子。环境中某种生存条件出现异常变化，而抑制植物生命活动或威胁植物的生存，称为环境胁迫(environment stress)。

(3) 生态环境(ecological environment)和生境(habitat)。生态环境指影响人类与生物生存和发展的一切外界条件的总和，即各种生态因子的综合体；生境指特定生物个体或群体生活区域的生态环境以及生物影响下的次生环境。

环境因子、生态因子、生存因子是既有联系，又有区别。环境因子是指生物有机体以外的所有环境要素，是构成环境的基本成分，而生态因子是环境因子中对生物起作用的部分，即只有与生物发生关系的因子才具有生态因子的意义。生存因子是直接影响生物存活的生态因子。

2. 生态因子的类型

各种生态因子在其性质、特性、作用强度和作用方式等方面各不相同。根据生态因子的性质，通常可将生态因子归纳为五大类：

气候因子(climatic factor)：如光、温、湿度、降水量和大气运动等因子。

土壤因子(edaphic factor)：主要指土壤物理性质、化学性质、营养状况等，如土壤的深度、质地、母质、容重、孔隙度、pH、盐碱度、肥力等。

地形因子(topographic factor)：指地表特征，如地形起伏、海拔、山脉、坡度、坡向、高度等地貌特征。

生物因子(biotic factor)：指同种或异种生物之间的相互关系，如种群结构、密度、竞争、捕食、共生、寄生等。

人为因子(anthropogenic factor)：即指人类活动对生物和环境的影响。包括人对环境的建设作用和破坏作用。把人为因子从生物因子中独立出来，是为了强调人类对生物及生存环境的影响，这种影响具有随机、迅速、广泛而深刻的特点。但是，自然因子的强大作用如虫媒传粉、风媒传粉等均不是人为因子可以替代的。

根据生态因子的稳定性将生态因子分为两类：稳定因子如地心引力、地磁力、太阳辐射常数等较恒定，这些因子对植物影响不大；变动因子包括周期变动因子(气候的昼夜变化和季节变化、潮涨潮落等)和非周期变动因子(风、降水等)，这些因子的质和量将随时间而变化，经常突然间改变植物的生长。Dajoz(1972)根据有机体对生态因子的反应和适应性特点，将周期变动生态因子又分类为第一性周期因素、次生性周期因素和非周期性因素。

根据生态因子对种群数量变动的作用分为密度制约因子(density dependent factor)和非密度制约因子(density independent factor)。

3. 生态因子作用特征

(1) 综合作用。在一个生态系统中，所有生态因子同时存在、相互制约、共同作用于生物有机体，任何因子的变化都会在不同程度上引起其他因子的变化，例如光照强度的变化必然会引起大气和土壤温度和湿度的改变。当湿度条件很高或很低时，温度对植物的限制作用比在湿度条件适宜的时候大得多。

(2) 非等价性。对植物起作用的诸多因子并不是等价的，其中必然有1～2个因子起着主要作用，这些因子称为主导因子(dominant factors)。主导因子的改变常会引起其他生态因子发生明显变化或使植物的生长发育发生明显变化，如光周期现象中的日照时间和植物春化阶段的低温因子就是主导因子。

(3) 不可替代性和可调剂性。生态因子虽不等价，但均不可缺少，一个因子的缺失不能由另一个因子来代替。如植物生长要求环境中具备全部生活物质，这些物质在环境中或大量存在或微量存在，植物所需有多有少，但不存在重要性的大小之分；某一因子的数量不足，在一定条件下，可以由其他因子来补偿，例如光照不足所引起的光合作用的下降可由 CO_2 浓度的增加得到补偿，调剂弱光带来的缺陷。但是因子之间的补偿作用不是经常的和普遍的，仅仅是部分的调剂，决不等于因子之间的代替。

(4) 阶段性和限制性。植物在生长发育的不同阶段常常需要不同的生态因子或生态因子的不同强度。例如低温在冬小麦的春化阶段必不可少，但在其以后的生长阶段则有害；同样，同一生态因子在植物某一发育阶段可能不起作用，而在另一阶段却是植物所必需，如日照长度对植物的开花起着主导作用，但是在春化阶段则无意义。

(5) 直接性和间接性。直接参与植物生理过程或新陈代谢过程的因子称为直接因子(proximate factor)；通过影响直接因子而对植物起作用的因子则称为间接因子(indirect factor)，如地形起伏、坡度、坡向、海拔、经纬度等因子，通过改变光照、温度、雨量、风速、土壤性质等引起植物和环境的生态关系发生改变，其作用不亚于直接因子。如我国四川省二郎山东坡和西坡分布着迥然不同的植被类型。原因在于由东向西运动的潮湿气流，遇到山体的阻碍而上升，随着海拔的逐步增高和气温的逐步降低，空气中大量的水汽丢失在东坡的坡面上，当空气运行到山脊顶部时已变得又干又冷，这种干冷的空气由山脊沿着西坡向下运行时，随着海拔逐步降低，温度逐步增高，干空气向坡面上吸收水分，使坡面进一步干燥。东坡潮湿的环境为常绿阔叶林的发育提供了条件，而西坡由于干燥只能发育草地和灌丛。

4. 生态因子的限制作用

(1) 限制因子的概念。地球上水分、热量的季节性和区域性的大幅度变化，包括某些生态因子的变化都会对植物产生巨大的影响，因此植物的生存、繁殖处处受到环境的限制。在众多生态因子中，任何对植物的生长、发育、繁殖、数量和分布起限制作用的关键性因子叫限制因子(limiting factor)。例如，低温是南方喜暖植物的限制因子。

(2) 生态幅。植物对每个生态因子都有一个能够生存的范围，即每一种植物对每一种生态因子都有其耐受的上限与下限，耐受上限与耐受下限之间的范围，称为生态幅(ecological amplitude)或生态价(ecological valence)。耐受上限称为最高点，耐受下限称为最低点，二者之间具有植物生存的最适生态因子范围，称为最适点，三者合称生态因子三基点。就同一因子来讲，不同种类的植物耐受范围不同，耐受范围有宽有窄。对所有因子耐受范围都很宽的生物，一般分布范围广泛，如松、桦等植物可以在－5～55 ℃的温度范围内生长；而有的植物的耐受范围较窄，如冰雪藻只能在 0 ℃范围内生长，椰子(*Cocos nucifera*)、可可等植物只能在 18 ℃以上的温度范围内生活，据此将植物分为广生态幅物种(eurytopic species)和狭生态幅物种(stenotopic species)(图 4.1)。广生态幅物种是对某生态因子的耐受范围相对较宽的物种；狭生态幅物种是对某生态因子的耐受范围相对较窄的物种，每个种的生态幅常常取决于其遗传特性。生态学上常常采用一系列名词表示生态幅的相对宽度，英文字首“steno”表示狭窄，“eury”表示广，这些字首与不同的因子配合，就表示某种植物对某一生态因子的生态幅，如广温性(eurythermal)和狭温性(stenothermal)、广盐性(euryhaline)和狭盐性(stenohaline)等。当植物对环境中某一生态因子的适应范围较宽,而对另一种生态因子的适应范围较狭窄时,生态幅常常受到后一生态因子的限制。另外,植物在不同发育期对生态因子的耐受限度也不同,物种的生态幅往往决定于其临界期的耐受限度。通常植物繁殖期是一个临界期,这时,环境中的某一生态因子的不足或过多,最容易起限制作用,从而使生物繁殖期的生态幅变狭窄。

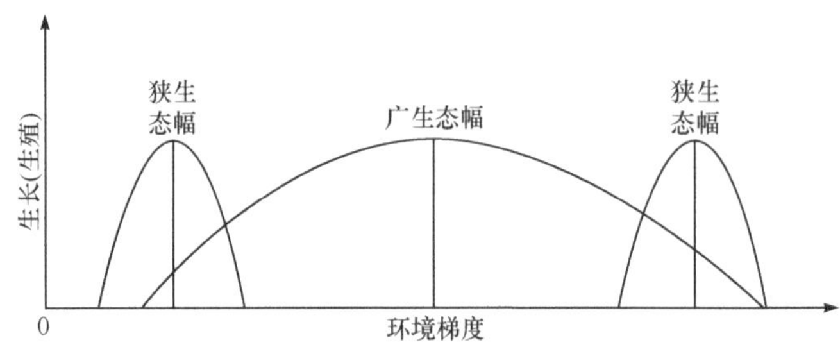

图 4.1　广生态幅物种和狭生态幅物种(孙儒泳等,1993)

(3) 限制因子原理。耐受性定律与最小因子法则合称为限制因子原理。

最小因子法则。德国农业化学家李比希(Baron Justus Liebig)是研究各种因子对植物生长影响的先驱。1840 年,他在研究营养元素与植物生长的关系时发现,植物生长并不受其大量需要且自然界中储量丰富的营养物质如水和 CO_2 的限制,而是受一些需要量小的微量元素如硼的影响,当这些元素在环境中的储备量处于最小量时,往往影响植物的整体生长,限制植物产量的提高。因此他提出:"植物的生长取决于那些处于最少量因素的营养元素"。后人称之为 Liebig 最小因子法则(Liebig's law of minimum),其基本内容是:当某一特定因子的存在量低于某种植物的最小需要量时,便成为决定该物种生存或分布的根本因素。影响植物生长发育的这个最小因子,就是限制因子。Liebig 最小因子定律与系统论中的水桶理论涵义一致:"一个由多块木板拼成的水桶,当其中一块木板较短时,不管其他木板多高,木桶装水的总量是受最小木板制约的"。

谢尔福德耐受性法则。1913 年,生态学家谢尔福德(V. E. Shelford)在 Liebig 最小因子定律基础上提出了耐受性法则(Shelford's law of tolerance),并试图用此法则来解释生物的自然分布现象,他认为:生物的生存需要依赖环境中的多种条件,任何因子在数量上或质量上不足或过多,即当其接近或超过了某种生物的耐受限度时,该种生物的生存就会受到影响,甚至灭绝。

上述两个法则只适用于稳定的环境,因为处在剧烈变动的环境中,如严重污染的环境中,限制因子常常被暂时掩盖起来了。例如,淡水藻类在正常水体中,磷元素可能是限制因子,假若大量含磷污染物(如合成洗涤剂)排入水体后,磷就不再是限制因子了。但这只是暂时的,因为一旦污染物降解或排除后,磷又转变为藻类的限制因子。

耐受性法则与最小因子法则的关系,可以从以下几方面进行理解:最小因子法则只考虑了因子量过少,而耐受性法则既考虑了因子量的过少,也考虑了因子量的过多;耐受性法则不仅估计了限制因子量的变化,而且也估计了生物本身的耐受性问题。生物的耐受性不仅随着种类不同,且在同一种内,耐受性也因为年龄、季节、栖息地的不同而有差异。耐受性定律允许生态因子之间的相互作用,如因子之间的补偿作用。

5. 植物的内稳态

植物内稳态(homeostasis)指植物控制小环境使其保持相对稳定的机制。植物内稳态能减少植物对外界环境的依赖性，从而提高植物对外界环境的适应能力。植物可以通过形态、生理过程或行为的调整来实现内稳态，如许多高山植物体表密被茸毛可以维持体温。向日葵的花随太阳转动方向、合欢(*Albizzia julibrissin*)的叶子昼挺叶合是最典型的行为机制。许多天南星科植物充分利用代谢产热来维持花序的温度，生活在低温环境下的植物通过减少细胞中的水分含量和增加细胞中的糖类、脂肪、色素等物质来降低冰点，增加抗旱能力。盐碱土植物借助于渗透压调节机制来调节体内的盐浓度，保持平衡状态。维持小环境稳定是植物扩大耐受限度的一种重要机制，但内稳态机制不能完全摆脱环境的限制，它只能在一定范围内扩大植物的生态幅度与适应范围，使其成为一个广生态幅物种。

6. 植物耐受限度的调整

在进化过程中或在较短的时间范围内，生物对生态因子的耐受限度能进行调整。

(1) 驯化。任何一种植物对生态因子的耐受限度都不是固定不变的。植物可以通过过程和结构的改变来适应外界环境的变化，从而拓宽其生态幅。如果一个种长期生活在其最适生存环境偏一侧的环境条件中，受环境压力的作用该种的耐受曲线位置逐渐移动，并可产生一个新的最适生存范围，而适宜范围的上下限也会随之发生移动。即使是在较短的时间范围内，植物对生态因子的耐受限度也能进行各种小的调整。这种在环境定向压力下植物发生的生态幅变化称为驯化(acclimatization)，驯化过程是植物体内酶系统适应性的改变过程。如在引种过程中南种北移、北种南移、野生植物的栽培等，均需要一个驯化过程。通过驯化，可以改变植物对生态因子耐受域的位置，产生新的最适生存范围。驯化包括 2 类：自然驯化(acclimatization)指长期的自然环境变化所诱发的生理补偿变化，一般需要很长的时间；人工驯化(acclimation)指人为改变植物环境条件或在实验室条件下诱发的生理调整，一般短时间内即可完成。

(2) 休眠。休眠(dormancy)指植物处在不活动状态，是植物抵抗暂时不利环境条件的一种非常有效的生理机制。环境条件如果超出植物的适应范围(但不能超出致死限度)，虽然植物也可以维持生活，但却常常以休眠状态适应这种环境。植物一旦进入休眠期，能极大限度地减少能量消耗，对环境的耐受范围就会比正常活动时宽得多。例如，在极不利的条件下，植物的种子可以进入休眠期，并长期保持存活能力直到有利于种子萌发的条件重新出现为止。休眠时间最长的纪录是埃及睡莲(*Nymphaea tetragona*)，经过 1000 年的休眠之后仍然有 80%的莲子保持萌发力。

(3) 周期性调整。通过昼夜节律和其他周期性节律变化，使植物对生态因子耐受性的补偿调节能力增大。生物在不同季节中可以表现出不同的生理最适状态，因为驯化过程可使生物适应环境条件的季节变化，甚至调节能力本身也可以显示出季节变化，补偿能力的这种周期性变化，实际上有很多是反映环境的周期性变化。

4.1.3 植物的适应

1. 生态适应

1) 适应的概念

在植物与环境的关系中，一方面环境对植物具有生态作用，能够影响和改变植物的形态结构和生理生化特性。另一方面，植物对环境具有适应性。植物在与环境长期的相互作用中，形成一些具有生存意义的特征。依靠这些特征，植物能免受各种环境因素的不利影响和伤害，同时还能有效地从其生境获取所需的物质、能量，以确保个体发育的正常进行。在植物的进化过程中，生存竞争仅仅保留了那些最能够适应的有机体；而有机体的适应性又在经常变化的环境中不断得到发展和完善，并在植物的外貌结构、生理生态习性上反映出来。植物通过改变自身的结构与过程与其生存的环境相协调的过程，称为生态适应(ecological adaptation)。适应是自然选择的结果。植物的适应表现为或者更充分地利用有益条件，或者增强抵御不利条件的能力。生态适应过程构成植物进化的基础，使生命从 30 多亿年前诞生以来，就不断进化，从低等到高等，从简单到复杂，种类由少到多。

2) 适应的类型

(1) 趋同适应(convergent adaptation)。指不同种类的植物，由于长期生活在相同或相似的环境条件下，通过变异、选择和适应，在形态、生理、发育以及适应方式和途径等方面表现出相似性的现象。趋同适应的结果会使不同植物在外貌、内部生理结构和发育上表现出一致性或相似性。生活在沙漠中的仙人掌、霸王鞭(*Enphorbia neriifolia*)、仙人笔(*Senecio articulatus*)分别属于仙人掌科、大戟科和菊科，但都以肉质化来适应干旱生境；红树林内的红树植物在系统分类上分属于不同的科属，但却具有许多相似的特征，如支柱根、胎生、具有盐腺、富含丹宁等，这些现象都是植物中的趋同适应。

(2) 趋异适应(divergence adaptation)。或称辐射适应(adaptive radiation)，是指亲缘关系相近的同种植物，长期生活在不同的环境条件下，形成了不同的形态结构、生理特性、适应方式和途径等。1925 年，瑞典科学家 Turesson 发现，生活在低地湿草甸环境和生活在山顶矮草甸的圆叶风铃草(*Campanula rotundifolia*)形态迥然不同，生活在山顶矮草甸的植株相对矮小，开花早，莲座状叶相对发达。趋异适应的结果是使同一类群的植物产生多样化，以占据和适应不同的空间，减少竞争，充分利用环境资源。

3) 适应组合

植物对环境条件的适应通常不限于单一的机制，往往涉及一组(或一整套)彼此相互关联的适应性，如同许多生态因子之间彼此关联，存在协同和增效作用一样。植物对特定环境条件的一组生态因子之间相互关联性的协同适应称为适应组合(adaptive suit)。生活在特殊或极端生境条件 (如盐土、低温、干旱、深海、高山高原、宿主体内等) 下的植物，都会表现相应的适应组合特征。如生活在沙漠中的植物常常受到缺水的威胁，其中的肉质旱生植物形成了一整套对干旱环境的适应特征，这些植物的表面积和体积比很小，以减少蒸腾表面积，大多数植物叶面积缩小甚至退化，由绿色茎来进行光合作用，茎表面覆盖有厚的角质层表皮，表皮下有多层厚壁组织细胞，气孔数量少，大多数种类气孔凹陷；其次，这些植物具有发达的贮水组织，细胞原生质持水能力很强，在短暂的雨季或供水充足时将水分大量吸收到体内并贮存在植物组织和器官中，由于具有这些贮藏的水分使植物在整个干旱期即使不从环境中吸收水分也能维持生命；此外这些植物还具有特殊的代谢途径，白天气孔关闭以减少蒸腾失水，夜晚温度降低、湿度缓和以后才张开气孔吸收 CO_2 并将其合成为有机酸贮存在组织中，白天在光照下，CO_2 被分解出来，作为光合作用的原料。植物凭借这一整套巧夺天工的适应组合，在沙漠恶劣的环境中得以生存。

2. 生活型

1）植物生活型的概念

植物对于综合生境长期适应而在外貌上反映出来的植物类型，称为生活型(life form)。生活型主要指植物的外貌特征，如大小、形状、分枝、生命周期的长短等等。无论植物在分类系统上的地位如何，只要它们的适应方式和途径相同，都属同一生活型。生活型的划分有不同的方法，例如将植物分为乔木、灌木、半灌木、木质藤本、多年生草本、一年生草本等。所以，生活型是指植物群一定的共同外貌，生活型的形成是生物对相同环境条件趋同适应的结果。

2）生活型系统

生活型分类系统很多，应用最广泛的是丹麦植物学家 C. Raunkiaer 的生活型分类系统。他以温度、湿度、水分(以雨量来表示)，作为揭示生活型的基本因素，以植物对恶劣环境(如冬季寒冷、夏季干旱)的适应方式作为分类基础。具体是按休眠芽或复苏芽所处的位置高低和保护方式，把高等植物划分为五个生活型(图 4.2)，在各类群之下，根据植物体高度、芽有无芽鳞保护、落叶或常绿、茎的特点等特征，再细分为 30 个较小的类型。下面对 Raunkiaer 的生活型分类系统加以简介：

图 4.2　Raunkiaer 生活型图解

1. 高位芽植物；2～3. 地上芽植物；4. 地面芽植物；5～9. 隐芽植物

(1) 高位芽植物(Phanerophyte，Ph.)。这类植物休眠芽或顶端嫩枝位于距地面 25cm 以上，如乔木、灌木和一些生长在热带潮湿气候条件下的草本等。根据高度分为四个亚类，即大高位芽植物(高度>30m)，中高位芽植物(8～30 m)，小高位芽植物(2～8m)与矮高位芽植物(25cm～2m)。再根据常绿还是落叶、芽有无鳞片保护分为 15 个较小的类型。

(2) 地上芽植物(Chamaephyte，Ch.)。更新芽或顶端嫩枝位于土壤表面或很接近地表处，一般不高出土表 20～30cm，它们受土表残落物所保护，在冬季地表积雪地区也受积雪的保护。多为半灌木或草本植物。其下分为四个亚类：矮小半灌木地上芽植物、被动地上芽植物、主动地上芽植物和垫状植物。

(3) 地面芽植物(Hemicryptophyte，H.)。这类植物多为多年生草本植物，其更新芽位于近地面土层内，在不利季节(如冬季)地上部分全部枯死，只有被土壤和残落物保护的地下部分仍然活着，并且在地面处有芽。可分为原地面芽植物、半莲座状地面芽植物和莲座状地面芽植物 3 类。

(4) 隐芽植物(Cryptophyte，Cr.)。或称为地下芽植物，其更新芽位于较深土层中或水中，多为鳞茎类、块茎类和根茎类多年生草本植物或水生植物。分为 7 个亚类：根茎地下芽植物、块茎地下芽植物、块根地下芽植物、鳞茎地下芽植物、没有发达的根茎、块茎、鳞茎地下芽植物、沼泽植物和水生植物。

(5) 一年生植物(Therophyte，T.)。这类植物只能在良好季节中生长，以种子的形式度过不良季节。

Raunkiaer 生活型被认为是进化过程中对气候条件适应的结果，因此它们的组成可反映某地区的生物气候和环境的状况。

3) 生活型谱

统计某一个地区或某一个植物群落内各类生活型的数量对比关系，称为生活型谱(life form spectrum)。制定生活型谱过程分为三步：弄清整个地区(或群落)的全部植物种类，列出植物名录；确定每种植物的生活型；然后把同一生活型的种类归到一起，按式(4.1)求算：

$$\text{某一生活型的百分率}=\frac{\text{该地区(该群落)该生活型的植物种数}}{\text{该地区(该群落)全部植物种数}}\times 100\% \qquad (4.1)$$

通过生活型谱可以分析一定地区或某一植物群落中植物与生境(特别是气候)的关系。从不同地区或不同群落生活型谱的比较，可以看出各地区或群落的环境特点，特别是气候特点。有关生活型谱与气候的关系，将第六章进行讨论。

3. 生态型

1) 生态型的概念

同种植物的不同个体或群体，长期生存在不同的自然生态条件或人为培育条件下，发生趋异适应，并经自然选择或人工选择而分化形成的生态、形态和生理特性不同的基因型类群，称为生态型(ecotype)。生态型是分类学种以下的分类单位。生态型是与生活型相对应的一个概念，是指同种植物内适应于不同生态条件或区域的不同类群，它们的差异是源于基因的差别，是可遗传的。Turreson 认为，生态型是植物与特定生态环境相协调的基因型类群，是植物种内对不同生态条件适应的遗传现象。一般来说，分布区域和分布季节越广的植物种，生态型越多。生态型越单一的植物种，适应性越窄。美国的 Clauson 和 Keek 等进行了大量工作进一步完善了生态型的内容：分布广泛的植物在形态学或生理学上的特性表现出区域(或空间)差异；植物种的内部变异和分化与特定的环境条件有密切联系；生态因子通过植物的遗传变异引起生态变异，是可以遗传的。

2) 生态型的类型

生态型的形成，可以由地理因素、生物因素或人为活动所引起。根据引起生态型分化的主导因素，可把生态型划分为以下类型：

(1) 气候生态型(climatic ecotype)。当种的分布区扩展到不同气候地区，由于长期受气候因子的影响而形成的生态型。不同的光周期、气温和降水量等气候因子影响植物而形成的各种生态型。例如，水稻品种中的不同光温生态型以及耐热性、抗寒性和抗旱性等不同的类型。对一般作物而言，春播秋收的各种作物多为喜温短日生态型，秋冬播春收的作物多为耐寒长日生态型。同为春播秋收的作物品种，则南方品种对于短日的要求比北方品种严格。而春播夏收的各类作物品种，一般对光周期要求不严格。

(2) 土壤生态型(edaphic ecotype)。长期在不同土壤条件作用下分化形成的生态型。植物在不同土壤的水分、温度和肥力等自然和栽培条件下，形成不同的生态型。如，分布在河洼地上的牧草鸭茅(*Dactylis glomerata*)生长旺盛，植株高大，叶肥厚，叶色深，割草后易萌发，而生长在碎石堆上的鸭茅则植株矮小，叶小，叶色淡，萌发力极弱，产量低；水稻和陆稻(旱稻)主要是由于土壤水分条件不同而分化形成的土壤生态型。又如，各种作物的耐肥品种或耐瘠品种，则是与一定的土壤肥力相适应的土壤生态型。

(3) 生物生态型(biotic ecotype)。在生物因子作用下形成的生态型。有的生物生态型是由于缺乏某些虫媒授粉的昆虫，限制了种内基因的交换，导致植物种内分化为不同的生态型；有的植物长期生活在不同的群落中，由于植物竞争关系不同而分化出了不同的生态型，如稻田中的稗子(*Echinochloa crusgalli*)明显不同于其他地方的，前者秆直立，高度与水稻等高，并与水稻同时成熟；后者秆矮小，开花期迟早不一。生物生态型中最常见的是人类生态型(anthropogenic ecotype)，即人类定向改变了属性的植物类型，世界上大多数的栽培植物与其祖先或相应的野生植物比较，均具有较大的差别。伴人植物也是一类人类生态型。

4.2　植物与光的关系

4.2.1　光的生态意义

(1) 太阳的光能是地球上一切生物能量的源泉。由绿色植物吸收太阳光能合成有机物质，把光能转变为贮藏于有机物中的化学能，从而供给生态系统中各种动物和其他异养生物作为食料而消耗，因此，通过植物的光合作用使几乎所有活的有机体与太阳能之间发生了最本质的联系。

(2) 太阳辐射为维持生命的环境创造了必要的条件。被地表吸收的绝大部分太阳辐射直接转变为热能，其中一部分用于水分蒸发，其余部分用于增加地表的温度，因而辐射也是构成地表热量、水分和有机物质分布状况的能量源泉。

(3) 光的有害作用。太阳光并非都是有益的，如紫外线就有致死作用。实际上，生物圈的进化过程就是不断"制服"太阳辐射的过程——利用其中有用的部分，减缓或消除其危险作用。由此可见，光对生物是矛盾的，光既是生命必需的，又是限制生命的因子。

(4) 光的信号作用。光是植物昼夜周期性、季节周期性节律的外界触发器(trigger)。生命活动的昼夜节律、季节节律都与光照周期有直接的关系。

4.2.2　光对植物的生态作用

光对植物的生态作用由光照强度、光质和日照长度的对比关系构成，这些光因子随着不同地理条件和不同时间而发生变化，在地球上分布极其不均匀，深刻地影响着植物的生长发育。

1. 光照强度的生态作用及植物的生态适应

1) 光照强度的生态作用

(1) 光照强度与植物的光合作用。植物的光合作用在叶绿体中继续进行，其实质是将光能转变成化学能。一般将光合作用分为两个阶段:光反应(light reaction)在叶绿体的类囊体膜上进行,需要光的参与,光反应发生水的光解、O_2 释放及活跃化学能(ATP、NADPH)的生成;暗反应(dark reaction)发生在叶绿体的基质中,利用光反应形成的 ATP 和 NADPH,将 CO_2 还原为糖。

太阳光是光合作用的唯一能量来源,所以光强对光合作用的影响最大。从图 4.3 可以看出,植物在黑暗中不能进行光合作用,只能进行呼吸作用,吸收 O_2 释放 CO_2,随着光照强度增强,光合速率逐渐增加,当达到某一光强时,植物的光合速率和呼吸速率达到动态平衡,光合作用合成的有机物刚好与呼吸作用的消耗有机物相等,此时的光强称为光补偿点(light compensation point)。在光补偿点以上的一定光照强度范围内,随着光强增加,光合速率迅速升高,但光强达到一定限度后,光强虽继续增加,但是光合速率不再增加,此时的光强称为光饱和点(light saturation point),这种现象称为光饱和现象(light saturation)。有机物质合成量超过呼吸作用消耗量的部分,称为净光合作用(net photosynthesis)。不同的植物补偿点和光饱和点不同。

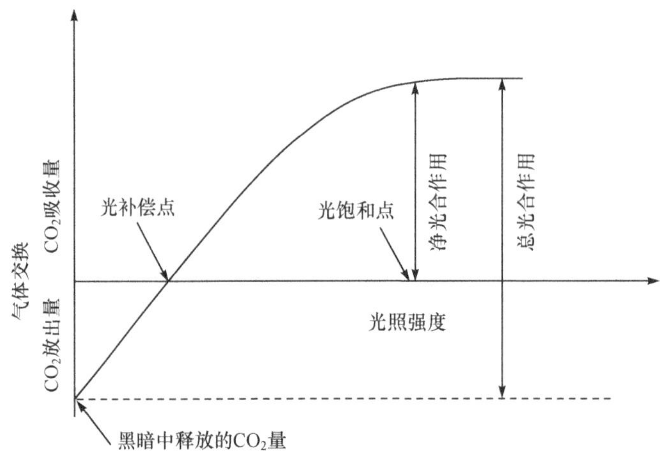

图 4.3 光补偿点与光饱和点示意图

但是,并不是光强越强光合速率越大,当光强超过植物光合系统的利用能力时,光合作速率下降,这种现象称为光抑制现象(photoinhibition)。晴天中午许多植物冠层表面的叶片和静止的水体表面的藻类经常发生光抑制。任何妨碍光合作用正常进行而引起光能过剩的因素如低温、干旱等,都会使植物发生光抑制。

在光照条件下,绿色细胞依赖光照吸收 O_2 放出 CO_2 的过程,称为光呼吸(photorespiration)。光呼吸相对暗呼吸(即呼吸作用)而言,光呼吸只能在有光的情况下,而且只能在进行光合作用时才能进行。尽管人们对于光呼吸的实际功能还不十分清楚,但大部分学者倾向于如下观点:减少光抑制。在干旱和强辐射环境条件下,植物发生气孔关闭,CO_2 不能进入叶肉细胞,会导致光抑制。此时,植物的光呼吸释放 CO_2,消耗多余的能量,对光合器官起保护作用,避免产生光抑制;在有氧呼吸条件下避免损失过多的碳;光呼吸可能为光合作用过程提供磷或参与某些蛋白质的合成过程。

(2) 光照强度对植物形态结构的影响。强光抑制细胞分裂和伸长,但能促进组织和器官的分化。因此,强光抑制植物伸长,促进枝叶和根的生长。受光充足的树木,树干粗壮,枝繁叶茂;受光不足的树木,枝干高、纤细、枝叶稀疏。光照强度明显影响叶片的排列方式、形态构造和生理性状,影响叶片数量、叶柄长度、叶片大小、叶片厚度、角质层厚度、气孔数目和叶脉数量。植物光合器官的叶绿素必须在一定光强条件下才能形成,在黑暗条件下,植物就会出现黄化现象(etiolation phenomenon)。黄化植物在形态、色泽和内部结构上都与阳光下正常生长的植物明显不同,表现在茎细长软弱,节间距离拉长,叶片小而不展开,植株长度伸长而重量显著下降。

(3) 光照强度对植物发育的影响。充足的光照有利于植物花芽形成、开花和果实的生长成熟。通常,植物遮光后,花芽数量减少,已经形成的花芽也会由于养分供应不足而发育不良或早期死亡。若结实期遇到弱光,会引起落果或果实发育不良、种子不饱满等。

(4) 光强对植物产品质量的影响。光强影响果实中糖分的形成和积累以及花青素的含量。强光下,果实中糖分积累丰富,花青素含量高。因此,在光照充足条件下生长的苹果、梨和桃等,果实甘甜、色彩艳丽,品质好。

2) 植物对光强的适应类型

植物对光强适应的生态类型可分为以下几类:

(1) 阳性植物(heliophyte)。指在强光条件下才能生长发育良好,在荫蔽和弱光条件下生长发育不良的植物。多分布在旷野、路边,其生境一般无任何遮阴,如蒲公英、松树、草原植物、沙漠植物以及一般农作物等。

(2) 阴性植物(sciophyte)。指在其光补偿点以上时,在弱光条件下比在强光条件下生长发育良好的植物。一般生长在潮湿、背阴处或密林下,如铁杉(*Tsuga Chinensis*)、红豆杉、人参(*Panax ginseng*)、三七(*P. Notoginseng*)、黄连(*Coptis chinensis*)等。

(3) 耐阴性植物(shade-tolerant plant)。指对光强的需求介于阳性植物和阴性植物之间的植物。这些植物对光照具有较广的适应能力,既能在阳地生长,又能在阴地生长,但是在全光照下生长最好。如红花酢浆草(*Oxalis crassipes*)、云杉(*Picea asperata*)、胡桃(*Juglans regia*)、党参(*Radix Codonopsis*)、黄精(*Polygonatum sibiricum*)、肉桂(*Cortex Cinnamomi*)、金鸡纳(*Cinchona ledgeriana*)等都是耐阴的种类。这类植物在形态上、生态上可塑性强。

阳性植物和阴性植物长期在不同的光强环境下生活,在形态结构、生理等方面产生了明显的差异(图4.4,表4.1)。

具有阳性植物叶和阴性植物叶的形态构造的叶分别称为阳性叶(sun leaves)和阴性叶(shade leave),生活在阳地和阴地的同一种植物叶、同一株植物不同位置上的叶也会表现出阳性叶和阴性叶的区别,植冠南向外侧的叶表现为阳性叶特征,而植冠内部和北向叶片表现为阴性叶特征。

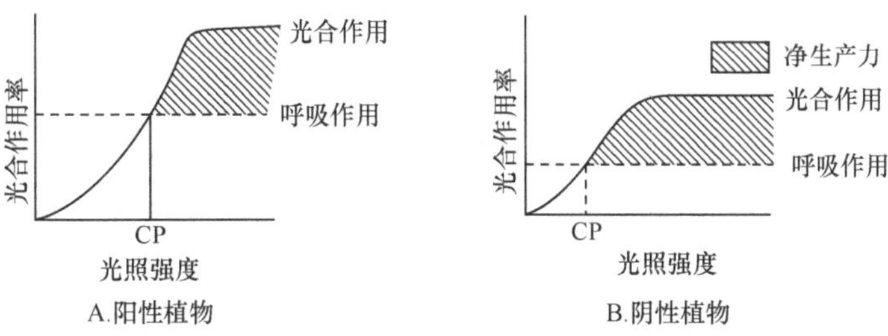

图4.4　阳性植物与阴性植物光补偿点(CP)示意图

表 4.1　阳性植物和阴性植物的比较

<table>
<tr><th colspan="3">比较特征</th><th>阳性植物</th><th>阴性植物</th></tr>
<tr><td rowspan="5">形态特征</td><td colspan="2">树木特征</td><td>枝叶稀疏，透光，自然整枝良好；枝下高长；树皮厚；叶色淡；植物开花结实力较大；生长快，寿命短</td><td>枝叶茂密，透光度小，自然整枝不良；树皮薄；叶色深；植物生长缓慢，寿命较长</td></tr>
<tr><td rowspan="2">茎</td><td>外形</td><td>较粗，节间短，分枝多</td><td>茎细长，节间长，分枝少</td></tr>
<tr><td>内部结构</td><td>细胞体积小，胞壁厚，木质部与机械组织发达，维管束多，细胞结构紧密，含水量较少</td><td>细胞体积大，胞壁薄，木质部与机械组织不发达，维管束少，细胞结构疏松，含水量较多</td></tr>
<tr><td rowspan="2">叶</td><td>外形</td><td>叶子较小，厚；角质层厚；叶脉细密而长；有的叶子表面具有绒毛；叶子常常与直射光排列呈一定的角度</td><td>叶子较大，薄；角质层不发达；叶脉较稀；叶面光滑；叶柄长短不齐，呈镶嵌状排列</td></tr>
<tr><td>内部结构</td><td>细胞排列紧密，细胞小，胞壁厚，气孔小而数目多，栅栏组织发达，海绵组织不发达</td><td>细胞排列疏松，细胞大，胞壁薄，气孔大而数目少，栅栏组织不发达，海绵组织发达</td></tr>
<tr><td colspan="3">生理生化特征</td><td>耐阴力弱；光补偿点、光饱和点高；呼吸作用与光合作用强；渗透压大；叶绿素含量低；抗性高</td><td>耐阴力强；光补偿点、光饱和点低；呼吸作用与光合作用弱；渗透压小；叶绿素含量高；抗性低</td></tr>
</table>

3）植物对光照强度的适应对策

植物对强光环境的适应对策是提高对光能的接受和转换能力，并防止或减弱强光引起植物体升温和失水。光照强度强时，单位面积的光量子丰富，植物为了提高单位面积固定 CO_2 的能力，将更多的物质能量投入到增加叶肉细胞尤其是栅栏组织细胞的数量，而投入叶片面积扩展的物质能量减少，从而导致叶片变厚变小；为了充分利用到达叶肉细胞的光量子，必须要有充分的 CO_2 能够进入叶片，因此气孔数量增加；提高单位叶面积固定 CO_2 能力与羧化酶数量、电子传输能力及电子受体数量的增加直接相关，叶片表现出具有较高的光饱和点；强光条件能满足植物生长对光照辐射的需求，但营养和水分就可能成为限制植物生长的主要因素。叶片以较厚的角质层反射过多的光线，栅栏组织的叶绿体沿径向细胞壁排列，以尽量减少接收过量的太阳辐射，减弱蒸腾失水。为补偿蒸腾作用造成的水分丢失，较多的生物量投入到了根部，根系发达；光过剩会造成自由基等有害物质在植物细胞中积累，降低净同化效率和速率，形成光抑制，甚至光破坏。长期生活在强光环境中的植物如沙漠植物、草原植物等，必须形成一系列的光保护系统来适应高光强，如通过叶片表面的腺毛或绒毛反射光线、通过光呼吸和抗氧化体系等耗散过剩光能保护光合机构、通过抗氧化机制降低活性氧的伤害、有过剩光能出现时减少传递光能等，避免高光的伤害。

植物对弱光环境的适应对策是捕获更多的光能和降低消耗。光照强度弱时，单位面积的光量子数量少，为了能够捕获更多的光量子，植物一方面投入更多的物质扩大对光的接受面积，从而使叶片变大。另一方面，由于进入单位面积叶片的光量子数量少，不需要更多层的细胞接受，叶片内细胞层数少，叶片变薄。单位面积的呼吸消耗减少，呼吸速率和光补偿点下降；植物减少根和茎的直径生长，增加高生长以尽快摆脱光照强度不足的状况；此外，叶片数目减少，叶柄伸长，避免由于自我遮阴造成的光能捕获减少；栅栏组织的叶绿体则充满整个细胞，以扩大接受太阳辐射的表面积。

2. 光质的生态作用

光是太阳辐射能以电磁波的形式投射到地球表面的辐射线。短波光随着纬度增加而减少，随着海拔升高而增加，长波光则与之相反；冬季长波光丰富，夏季短波光增多。波长不同，显示出的性质不同，对植物的影响和作用不同。

1）红外线

红外线是波长为 0.75～1000μm 的光波，其主要作用是产生热效应。红外线对植物体温的变化起支配作用，植物吸收红外线可使体温升高，影响植物的生理过程和物理反应，同时对植物体和环境不同部分的热流方向与速度产生影响。

2）紫外线

紫外线是波长小于 380nm 的光波，由于波长小于 290nm 的紫外线被大气圈上层的臭氧层所吸收，因此大部分紫外线没有达到地球表面。近些年由于环境污染所造成的臭氧层漏洞使进入地球表面的紫外线增加。

紫外线能够破坏生物机体细胞中的 DNA 或 RNA 的分子结构，对细胞具有杀伤作用，波长越短，杀伤力越强。紫外线对微生物（细菌、病毒、芽孢等病原体）具有辐射损伤而具有杀菌能力，可减少植物病原菌的传播。

紫外线在诱导植物形态建成、向光性和色素形成等方面起着较为重要的作用。紫外线能抑制植物体内某些生长激素的形成，从而抑制植物的伸长生长，造成植物矮化；紫外线使植物细胞特别是表皮细胞累积去氢黄酮衍生物，再进一步还原为花青素。花青素等物质的存在，对 UV-B 具有很强的吸收性，可以防止 UV-B 进入叶片；紫外线能引起植物向光性的敏感。在紫外线辐射强的地区，植物通过类黄酮等次生代谢物质的合成产生相应的保护反应；在形态解剖结构上，植物用于防御的资源增加，如增加表皮厚度、表皮腔中的单宁含量、外表皮酚醛树脂含量。

3）可见光及其生态作用

可见光是人眼能够感受到的光。包括红（760～620nm）、橙（620～590nm）、黄（590～560nm）、绿（560～510nm）、青（510～490nm）、蓝（490～460nm）、紫（460～380nm）等 7 种颜色的光波。不同波段的可见光对植物具有不同的生理生态效应。

（1）可见光与植物的光合作用。不同波长的光对植物光合作用的效应不同。红、橙光是被叶绿素吸收最多的可见光，具有最大的光合活性。蓝、紫光也能被叶绿素和类胡萝卜素强烈吸收。这部分能被植物光合作用所吸收利用的光辐射称为生理有效辐射或光合有效辐射（photosynthetically active radiation, PAR），约占总辐射的 40%～50%。一般来说，植物需要同时吸收红光区和蓝光区的光才能实现最大的光合效率；绿色叶片对绿光具有反射和透射作用，因此绿光很少被光合作用利用，称为生理无效光；红光能促进 CO_2 的分解与叶绿素的形成；光质对光合产物成分具有一定的影响，红光有利于碳水化合物的形成，蓝光有利于蛋白质的合成。在农业生产上，可以通过改变光质（应用带色的塑料薄膜）来改善农作物的品质。

（2）可见光对植物形态建成的诱导。红光与远红光在光形态建成中的调控作用相反，红光抑制茎的伸长，促进分枝，而远红光促进茎伸长，抑制分枝。森林中处于林冠下生长的松柏科植物，其茎的伸长受林冠下的远红光促进，植物把较多的能量提供给茎尖，使茎尽快伸至林冠以获得更多的光照，因而抑制了分枝。红光对形态建成等的影响，可被远红光处理所逆转；蓝紫光和青光能抑制植物的伸长生长使植物形态矮小，诱导植物向光性的敏感和促进花青素的形成;蓝紫光是支配细胞分化最重要的光线,如蜈蚣草(*Pteris vittata*)形成原叶体时,照射红光时细胞分裂少,形成一个不分枝的细丝,照射蓝光则形成片状体。高山植物茎干粗短,叶面缩小,毛绒发达,茎叶富含花青素,花色鲜艳等,除了强光、低温、风大等原因外,主要是因为高山上青、蓝、紫等短波光和紫外线较多所致。

(3) 可见光对种子萌发的影响。红光打破需光种子的休眠,远红光使种子保持休眠状态。

3. 日照长度的生态作用

地球表面的日照长度具有明显的周期性变化,是生物节律最可靠的信号系统。光对植物的信号作用是指日照长短在昼夜或一年四季规律性变化对植物的影响,这种影响在自然界广泛存在。

植物长期生活在具有一定光照长短变化格局的环境中,借助于自然选择与进化,各类植物形成了由特定日照长度启动的生殖和行为,这种现象称为光周期现象(photoperiodism)。早在1920年,Garner等就发现,季节变化的日照长度决定了植物开花。他们观察到美洲烟草在华盛顿附近的夏季长日照下,株高3～5m也不能开花,但是在冬季温室中,植株高度不到1m就开花了。此后,又观察到不同植物的开花对日照长度都有不同的反应。在自然界中,许多植物的种子萌发、植株开花、落叶休眠等不同的生长发育阶段每年都在特定的季节进行,具有明显的季节性,这与光周期密切联系。光周期实际上是一种适应策略,有利于充分利用资源,避开不利季节。

根据植物诱导花芽对日照长度的反应可将植物分为四类:

(1) 长日照植物(long day plant)。或称短夜植物(short night plant),是指在日照时间长于一定数值(一般14h以上)或黑夜小于某一数值才能开花,否则只能进行营养生长的植物。如冬小麦、大麦、油菜和甜菜等。这类植物光照时间越长,开花越早。可以通过辅助人工光照使之提前开花。长日照植物大多数原产于温带和寒带(高纬度地区),在生长发育旺盛的夏季,一昼夜中光照时间长。如果把长日照植物栽培在热带,由于光照不足,就不会开花。

(2) 短日照植物(short day plant)。或称长夜植物(long night plant),指在一定日照时数范围内,黑夜越长,开花越早的植物。这类植物通常是日照时间短于一定数值或黑夜长于一定数值才能开花,否则只能进行营养生长。如水稻、棉花、大豆和烟草等。这类植物多在深秋或早春开花,人工缩短日照时数,则可以提前开花。短日照植物大多起源于日照时间短的热带、亚热带(低纬度地区);短日照植物栽培在温带和寒带会因光照时间过长而不开花。

(3) 中日照植物(day intermediate plant)。或称中夜植物(night intermediate plant),是指开花要求昼夜长短比例接近相等(12h左右)的植物,如甘蔗(*Saccharum officenarum* L.)、甜根子草(*Saccharum spontaneum*),少数热带植物属于这类类型。

(4) 中间型植物(day neutral plants)。对日照长度要求不严格,只要其他条件适宜,生活周期达到开花成熟状态即可开花的植物,如番茄、黄瓜等。

植物秋季落叶、冬季休眠与日照长度有关。短日照促使植物进入休眠状态,如给予杨树几天短日照后,即使气温在相当高(15℃、20℃或30℃)情况下,在继续长出10～11片叶后形成顶芽,叶子停止生长,如在继续给予短日照(温度不变),其叶子可以以此状态保持几个月不生长,然后逐渐萎黄,脱落,进入深休眠,如果给予长日照处理,植物可以继续不断生长,而不进入休眠状态;菊芋(*Jerusalem artichoko*)在长日照下仅仅形成地下茎,并不加粗,但在短日照下则形成肥大的块茎,大丽菊(*Dahlia pinnata*)、马铃薯等地下器官的形成,都受到短日照的促进。此外，日照长度对植物的节间伸长具有一定的影响，如莲座状植物翠菊(*Callistephus*)在长日照下很快抽薹，但在短日照中花序停止伸长。了解植物的光周期现象对引种驯化、园艺十分有用。

4. 光与水生植物

光因子在水体中的分布情况与陆地环境差异较大，入射光的 10%～70%被水反射掉，大量长波光和短波光(紫外线)在水体表层被吸收。此外，光线还被水中的溶解物质、悬浮土粒、碎屑颗粒及浮游生物所吸收和散射。天气晴朗时，只有 1%的可见光到达 5～10m 深处，水中的植物仅能在可见光到达的深度内生活。

在水体中，随着水深度的增加，植物的光合作用减弱，当光合作用合成量减少到与呼吸作用消耗量平衡时的水深，称为补偿深度(compensation depth)。补偿深度是水体中光合植物垂直分布的下限。在海洋中，只有在表层透光带内，植物的光合作用量才能大于呼吸量。如果海洋中的浮游藻类沉降到补偿深度以下或者被洋流携带到补偿深度以下而又不能很快回升到表层时，这些藻类便会死亡。补偿深度随着水的透明度而变化，在一些特别清澈的海水和湖水中(特别是在热带海洋)，补偿深度可以深达几百米；在浮游植物密度很大的水体或含有大量泥沙颗粒的水体中，透光带往往只限于水面下 1 m 处，而在一些污染严重的河流中，水面下几厘米处就很难有光线透入。

绿藻的色素与维管植物相似，主要利用红光，需要较强的光照，分布在水的上层，可比拟为阳性植物；红藻含有较多藻红素，能够利用微弱的青绿光，分布在深层(也有在浅处的)，可比拟为阴性植物；褐藻含有很多藻褐素，分布在中层(或浅海底)。扎根海底的巨型藻类通常只能出现在大陆沿岸附近，这里的海水深度一般不会超过 100m。生活在开阔大洋和沿岸透光带中的植物主要是单细胞的浮游植物。

4.2.3　植物的光合功能型

植物功能型(plant functional types，PFTs)是具有确定植物功能特征的一系列植物的组合，是研究植被随环境动态变化的基本单元。由于固定 CO_2 的最初产物不同，在光合作用的碳同化途径包括 C_3、C_4 和 CAM 途径，其光合能力以及光能利用效率也明显不同。

1. C_3 植物

在光合作用暗反应中，CO_2 首先与 RuBP(1，5-二磷酸核酮糖)结合，在 RuBP 羧化酶(Rubisco)的催化下进行羧化，一个 6 碳分子的羧化产物立即分解成两个分子的 3-磷酸甘油酸(PGA)。这些最初固定的有机分子均含有 3 个碳原子，故此过程称为 CO_2 同化的 C_3 途径，具 C_3 途径的植物为 C_3 植物，地球上 95%以上的高等植物都属于 C_3 植物。为了固定 CO_2，植物必须开放气孔让 CO_2 进入叶片，而气孔开放又会导致大量的水汽蒸腾损失。在温度不太高、潮湿的环境中，这种情况不会成为生存的问题。但如果在强光、高温、干燥的气候条件下，大量蒸腾将导致失水，气孔被迫关闭，光合作用停止；或者由于气孔开度减小，进入叶片的 CO_2 也随之变小。此外，叶片温度升高时，羧化酶的活性下降，而氧化酶的活性升高，植物的呼吸作用增强，净光合速率下降。因此，C_3 植物不适宜在强光、高温和干燥的生境中生活。

2. C_4 植物

在光合作用暗反应固定的最初产物不是 3 碳分子，而是具有 4 碳的草酰乙酸，故称 C_4 途径，具 C_4 途径或以此途径为主的植物称 C_4 植物。

C_4 植物的叶片解剖结构和 C_3 植物不同，维管束鞘细胞由一层较大的薄壁细胞组成，与外侧相邻的一圈辐射排列的叶肉细胞组成花环结构(Kranz)。维管束鞘细胞含有较大的叶绿体，但没有或有少量的基粒。叶肉细胞排列紧密、叶绿体小而少。在维管束鞘细胞和叶肉细胞间存在着大量的胞间连丝。C_4 植物光合作用的光反应与暗反应分别在这两类细胞进行。

叶肉细胞主要起吸收和固定 CO_2 的作用。进入叶肉细胞的 CO_2 与磷酸烯醇式丙酮酸(PEP)结合形成草酰乙酸，草酰乙酸还原为苹果酸或天冬氨酸。在叶肉细胞中形成 4 碳的二羧酸通过胞间连丝转入维管束鞘细胞中，释放出 CO_2，再进一步合成有机物质。PEP 羧化酶对 CO_2 有较高的亲和性，使 C_4 植物保持较低的内部 CO_2 浓度，扩大了叶片内部与外部空气间 CO_2 浓度差，提高了空气中 CO_2 向叶内扩散的速率。与 C_3 植物相比，C_4 植物仅需较小的气孔开度就可获得相同的 CO_2 交换量。由于气孔开度减小，水分丢失少，C_4 植物保水效能更好。另一方面，叶肉细胞中 CO_2 向维管束鞘细胞转运，使维管束鞘细胞中 CO_2 的浓度可达到很高水平。这有利于羧化酶催化羧化反应，使植物可以将更多的太阳能转变为储存在糖类中的化学能。在光照强、高温、干燥的气候条件下，C_4 植物光合速率远比 C_3 植物高。此外，C_4 植物具有聚集 CO_2 的性能，使它们在低 CO_2 的条件下也可保持高效的羧化反应。有的水生植物，如黑藻(*Hydrilla verticillata*)也以 C_4 途径进行光合作用，使其在低 CO_2 浓度的水中可保持较高的羧化效率。

3. CAM 植物

CAM 植物的代谢途径为景天酸代谢途径，多为肉质植物。CAM 植物叶片的维管束鞘细胞小、几乎不含或很少含叶绿体；叶肉细胞排列紧密，叶绿体大而多，CO_2 的吸收、固定与碳水化合物合成均在这类细胞中完成。CAM 植物白天关闭气孔，夜间开放气孔吸进 CO_2，在磷酸烯醇式丙酮酸羧化酶(PEPC)催化下，与磷酸烯醇式丙酮酸(PEP)结合，生成草酰乙酸，进一步还原为苹果酸。白天 CO_2 从贮存的苹果酸中经氧化脱羧释放出来，参与卡尔文循环，形成淀粉等。所以植物体在夜间有机酸含量很高，而糖含量下降；白天则相反，有机酸含量下降，而糖分增多。CAM 植物的光合作用在许多方面与 C_4 植物相似，CO_2 也经两次固定。C_4 植物 CO_2 的两次固定是同一时间在不同的细胞中进行，在空间上被隔开。CAM 植物 CO_2 的两次固定却是在同一细胞内的不同时间进行，在时间上隔开。CAM 植物多生活在高温、干燥、缺水的环境中，在温度较低、湿度较高的夜间开放气孔放入 CO_2 进行第一次固定，而在高温、干燥的白天关闭气孔进行 CO_2 的第二次固定。因此，CAM 途径大大降低了水分消耗，光合作用的水分利用率大大高于 C_3 植物和 C_4 植物，尤其适应沙漠等白天高温、干燥、缺水的生境。

CAM 植物是少数 C_3 植物在特定的环境条件下，经过长期的进化而成的，因此种类较少，主要分布在一些干旱、温暖和盐生的特殊生境之中。有些水生植物，如苦草(*Vallisneria spiralis*)和水韭(*Isoetes howellii*)也是 CAM 植物。水体中 CO_2 的移动较空气中慢得多，CO_2 的吸收不易是制约水生植物光合作用的主要因素之一。水中 CO_2 夜间比白天高，夜间更利于 CO_2 的吸收。水生植物以 CAM 途径进行碳代谢，对提高其生存、竞争力有利。

4.3　植物与温度的关系

环境温度是植物重要的生态因子和生活的基本条件，任何植物都生活在一定温度的环境中，并受温度时空变化的影响。就目前所知，生命只能存在于大约 300℃（−200～100℃）的范围内，处于活动期的动、植物生命的温度极限大约在 0～50℃，仅有极个别的植物能生活在极端高温或低温的环境中。温度直接或间接影响着植物的生长、发育、繁殖、形态、数量及分布。

4.3.1　温度的生态作用

地球上的温度受纬度、地形、海拔和海陆位置的影响，并随四季和昼夜而变化。温度在时空上的变化给植物带来深刻的影响，植物长期适应的结果，都各自选择了自己最合适的温度。

1. 温度对植物生长的影响

植物的代谢过程必须在一定的温度范围内才能正常进行。一般来说植物的新陈代谢过程随着温度的升高而加快，从而加快植物的生长发育速度，反之亦然。当环境温度低于或高于所能耐受的温度范围时，植物生长发育受阻甚至死亡。温度对植物生长的影响主要表现在温度对光合作用的影响方面。温度通过影响光合作用暗反应中酶的活性和气孔的开度来影响光合作用。植物的光合作用只能在一定的温度范同内进行，温度过高或过低都会降低光合作用，表现出光合作用也具有温度三基点。一般把达到最大净光合速率值的 90%以上的温度范围称为光合作用的最适温度范围。光合作用的温度三基点和最适温度范围因植物种类不同而有很大差异（表 4.2），这种差异反映出各自生境或起源地的温度特点；此外，昼夜变温对植物生长具有促进作用，这与代谢产物的积累有关，夜间温度适度降低，呼吸作用减弱，消耗减少，白天适度的高温有利于光合作用，光合产物的净积累增加。

表 4.2　在自然的 CO_2 浓度和光饱和情况下不同植物光合作用的温度三基点（℃）（姜汉侨，2004）

植物种类		最低温度/℃	最适温度/℃	最高温度/℃
草本植物	热带 C_4 植物	5～7	35～45	50～60
	C_3 植物	−2～0	20～30	40～50
	温带阳性植物	−2～0	20～30	40～50
	阴性植物	−2～0	10～20	约 40
	CAM 植物夜间固定 CO_2	−2～0	5～15	25～30
木本植物	春天开花植物和高山植物	−7～2	10～20	30～40
	热带和亚热带常绿乔木	0～5	25～30	45～50
	干旱地区硬叶乔木和灌木	−5～1	15～35	42～55
	温带冬季落叶乔木	−3～1	15～25	40～45
	常绿针叶乔木	−5～3	10～25	35～42

2. 温度对植物发育的影响

温度是植物发育的关键因子，能直接或间接地影响植物的发育进程，并直接影响植物的胚胎发育。植物的生活周期是由多个生长发育阶段组成的，某一生长发育阶段又是在一定的温度范围才能进行。同时,完成生长发育阶段需要一定的温度累积。有时特定的温度还是由一个生长发育阶段向另一个阶段转换的启动信号。

(1) 春化作用。在自然条件下,冬小麦等是在头一年秋季萌发,以营养体过冬,第二年夏初开花结实。我国北方农民很早就知道,春季补种冬小麦,将会只长苗,不开花结实,因为麦种未经过头年秋末冬初的一段低温。对于冬小麦来说,秋末冬初的一段时间低温是花诱导所必需的条件。植物这种需要低温诱导才能开花的现象,称为春化作用(vernalization)。需要低温刺激的发育阶段称为春化阶段(thermo stage)。春化阶段就像信号开关一样,这关不过,就不能完成生命周期。不同植物完成春化对低温的程度和持续时间有不同的要求,这种差异与其原产地有关。在一些情况下,春化作用是质的效应,而在另一些情况下则是量的效应。例如,延长春化时间或适当降低春化温度可缩短植物达到开花的天数或提高开花率。植物在春化过程结束之前,如果遇到较高的温度,则低温的效果会被减弱或消除。这种由于高温消除春化作用的现象称为脱春化作用或去春化作用(devernalization)。不同植物感受低温的时期有差异。大多数一年生植物在种子吸胀以后即可接受低温诱导,也可以在苗期进行。而大多数二年生和多年生植物只能在幼苗生长到一定大小才能接受低温,完成春化作用。

(2) 发育起点温度。植物需要在一定温度以上才能开始生长和发育,这个温度阈值称为发育起点温度(developmental threshold temperature)或生物学零度(biological zero)。不同地区、不同种类或品种、不同的发育阶段发育起点温度不尽相同。一般情况下,温带植物的发育起点温度为 5～6℃,亚热带为 10℃,热带作物如橡胶、椰子等为 18℃以上。

(3) 有效积温法则。植物的生长发育不仅需要一定的温度幅度,并且还需要一定的温度量,人们常常用有效积温法则来表示植物的需热量。有效积温法则的主要含义是:植物在生长发育过程中,必须从环境中摄取一定的热量才能完成生长发育期或某一阶段的发育,而且植物各个发育阶段所需要的总热量是一个常数。也就是说,植物生长发育期或某一发育阶段内,高于某一特定温度数值以上昼夜温度的总和,就是该植物或某一发育阶段的有效积温(effective accumulative temperature)。用公式表述为:

$$K = N(T - C) \tag{4.2}$$

式中:K 为有效积温(常数);N 为发育历期即生长发育所需时间;T 为发育期间的平均温度;C 为生物发育起点温度(生物学零度);发育时间 N 的倒数为发育速率。

不同植物的有效积温不同,如马铃薯、小麦大约需热量为 1000～1600℃;向日葵为 1500～2100℃;柑橘类为 4000～5000℃;椰子为 5000℃以上。在生产实践中,有效积温可作为农业规划、引种、作物布局和预测农时的重要依据,可以用来预测一个地区某种害虫可能发生的时期和世代数以及害虫的分布区危害猖獗区等。

3. 温度变化对植物的影响

在自然界,温度经常呈规律性变化。例如一年有四季变化,一天有昼夜变化,我们称这种有规律的温度变化为节律性变温。植物长期适应这种变温的结果,能从生长、发育等方面反映出温度的节律性变换的特点。

1) 温度日变化对植物的影响

(1) 温周期现象。温度的昼夜变化对植物的生长、发育和品质有很大的影响。植物适应温度昼夜变化的现象,称为温周期现象(thermoperiodism)。温周期现象的生理基础是白天适当的高温有利于光合作用,夜间适当的低温使呼吸作用减弱,光合作用产物消耗量减少,净积累增多。

(2) 温度日变化对植物的生态作用。除了可促进植物的生长外,昼夜变温还能提高种子萌发率,原因是降温后增加了 O_2 在细胞中的溶解度,改善了萌发中的通气条件。其次,温度的交替变化能够提高细胞膜的透性,促进萌发;昼夜变温会影响植物的开花结实。如甘薯开始孕蕾时需要昼夜变温条件,而且温差越大开花数较多;水稻在昼夜温差大的地方栽种,不仅植株健壮,而且米质也好;昼夜变温会影响植物的产品质量,昼夜温度差异很大,品质越好,如云南山苍子(*Litsea cubeba*)含柠檬酸达 60%~80%,浙江山苍子只含柠檬酸 35%~52%。新疆的葡萄(*Vitis vinifera*)、甜瓜(*Cucumis melo*)品质很好。

2) 温度年变化对植物的影响

除赤道地区外,地球表面的温度在一年中具有明显的季节变化。春暖、夏炎、秋凉、冬寒的温度年变化深刻影响着植物的生长发育,大多数植物春天发芽,夏季开花,秋天结实,冬季休眠。植物长期适应于一年中温度水分的节律性变化,形成的与此相适应的发育节律,称为物候现象(phenological phenomenon)。发芽、幼苗生长、开花、果实成熟、落叶等生长发育阶段,称为物候期(phenological phase)。物候期因地而异,通常受经度、纬度、海拔和年际气温变化的影响。

物候现象是气候的一面镜子。温度决定了植物的生长,而植物的生长发育反映了环境的温度状况,每一个物候期需要一定的热量,因此物候可较为全面、准确地反映出来季节来临的情况。生物出现发育的某一阶段便预报了当时的气象状况。如杨柳绿表示春天到,枫叶红表示秋天到等等。同期物候的空间变化,可以反映温度的空间分布趋势。19 世纪末叶开始,美国昆虫学家 Hopkins 经过 20 年的研究发现,在北美温带地区,纬度每北移 1°、经度每东移 5°、海拔每升高 124m,春天至初夏各物候依次推迟 4 天,秋天则正相反,这就是著名的霍普金斯物候定律。在我国东南部早春,从广东湛江至福州和赣州,纬度每北移 1°,桃树始花日期推迟 10 天;从南京至北京,纬度每北移 1°,桃树始花日期只推迟 3 天;同期物候在山区的垂直分布,可以直观地反映山区气候的垂直变化。如唐朝诗人白居易的诗句"人间四月芳菲尽,山寺桃花始盛开",直观体现了从九江到庐山上物候期的 1100 m 垂直分布梯度。

利用物候可以预报农时活动,预报虫害,确定产品质量,推测未来气候变迁等等。物候学(phenology)是指研究生物与气候周期变化相互关系的科学。

4. 温度对植物分布的影响

温度对植物分布的影响主要表现在植物群落分布的纬度地带性(详见第七章)。年平均气温、最冷月和最热月的平均气温、日平均温度的累计值的高低等均能限制植物的分布的温度因子。极端温度往往是制约植物分布的重要因子。高温破坏植物体内的代谢过程和光合呼吸平衡,某些植物因得不到必要的低温刺激而不能完成发育阶段,因此限制植物的分布,苹果、桃,梨在低纬地区不能开花结实;而低温往往决定了植物水平分布北界和垂直分布上限,例如橡胶分布的海拔高度的上限是 900m(云南潞西);油棕(*Elaeis gunieensis*)为 24°N(福建韶安)和海拔 600m(西双版纳);椰子为 24°30′N,(厦门)和海拔 640m(海南岛)。植物往往分布于其最适温度附近地区。多数植物的最适温度为 20~30℃,因而温暖地区分布的植物种类多,低温地区植物种类少。我国有 3 万多种高等植物,其中广东、广西、福建、云南等省区分布最多,东北、西北地区则分布较少。巴西年均温高于我国,有 4 万多种高等植物。

5. 植物的温度生态类型

由于植物长期生活在一定的温度范围内，在生长发育的过程中，需要有一定的温度量和适应于一定的温度变幅，所以就形成了温度的植物生态类型。广温植物(eurytherm)指在较宽温度范围内生活的植物，例如桦、松等在−5～55℃生活；窄温植物(stenotherm)只能在很窄的温度范围内生活。在低温范围内发育繁殖的植物，称为低温窄温植物，如雪球藻(*Sphaerella nivalis*)(0℃)；只能在高温环境下生活的植物，称为高温窄温植物，如椰子、可可、温泉中的蓝绿藻(70℃)等。

4.3.2 温度胁迫及其植物的适应

1. 低温胁迫及植物对低温的适应

1) 低温胁迫

低温是由寒流引起的突然降温。寒流侵袭具有强烈的突然性，寒流侵袭之地，温度骤降，植物常因温度突然下降而受到伤害。凡低于某温度植物便受害，这个温度就称为临界温度或“生物学零度”。超过临界温度，温度下降得越低，植物受害越重。临界温度或低于临界温度的温度值使植物受害的最短时间为“临界时间”。超过此时间，低温持续时间越长，植物受害越重。植物受低温伤害的程度还决定于物种(品种)及其不同发育阶段的抗低温能力。按照低温程度及植物对低温的反应，可将低温胁迫分为3种类型：

(1) 冷害(chilling injury)。或称寒害，是指0℃以上的低温使喜温植物(如热带植物)受害甚至死亡的现象。如热带植物橡胶、槟榔(*Areca catechu*)等，气温在0℃以上就会受害。0℃以上低温对植物伤害的机理，目前普遍认为是低温打乱了代谢的协调性，引起了细胞膜系统损害，蛋白质合成受阻、碳水化合物减少和代谢紊乱、根吸收能力下降等。植物受低温的伤害不但取决于温度下降的程度和低温持续的时间，还取决于温度下降的速度。温度越低，下降越快，持续时间越长，危害越大。不同生长发育阶段，发生冷害的温度不同。

(2) 冻害(freezing injury)。是指0℃以下的低温对植物造成的损害。冻害产生的主要原因是由于结冰而引起的。植物体内结冰包括细胞外结冰和细胞内结冰。胞间结冰是指温度缓慢下降时，细胞间隙中细胞壁附近的水分结成冰。胞间结冰的伤害作用主要是使原生质凝固变性和机械损害。胞间结冰时，细胞间隙水势降低，周围细胞的水分向细胞间隙的冰晶体凝聚，使冰晶体体积逐渐增大，失水的细胞又从其周围的细胞内吸取水分，这样，不仅邻近间隙的细胞失水，而且离冰晶体较远的细胞也都失水。细胞失水后，细胞原生质凝固变性，蛋白质分子被破坏，出现生理干旱。另一方面，细胞间隙冰晶过大时，形成机械损害，促使细胞膜变形和细胞壁破裂，严重时，引起植物死亡；当外界温度突然降低或冬天温度发生波动使植物体出现冻融交替时，会使植物细胞内结冰。胞内结冰时，细胞内的冰晶体数目众多，体积一般比胞间结冰的小。胞内结冰伤害的原因主要是机械损害。原生质内形成的冰晶体体积比蛋白质等分子体积大得多，冰晶体会破坏生物膜、细胞器和细胞质基质的结构，使组织分离、酶活动无秩序、代谢紊乱，直接造成细胞致死性损伤。此外，冻害还会造成养分的外渗损失，导致树皮破裂，在黏重潮湿的土壤上冻融交替，会造成树苗根系上升出土的冻拔现象。植物受冻害以后，温度急剧上升比缓慢回升受害更加严重。原因在于温度回升过快，冰晶体迅速融化，水分蒸发丢失，虽然细胞壁容易恢复原状，但原生质却来不及吸水膨胀，有可能被撕破和变得更加干燥，使植物受害加剧。大多数经过抗寒锻炼的植物是能忍受胞间结冰,某些抗寒性较强的植物,例如大白菜(*Brassica pekinensis*)、大葱(*Allium fistulosum*)、雪莲(*Saussurea involucrata*)等,有时虽然被冻得像玻璃一样透明,但在解冻后依然存活。

(3) 霜害(frost injury)。当气温或地表温度下降到零度,空气中过饱和的水汽凝结成白色的冰晶就是霜,又称白霜(white frost)。因霜的出现而使生物受害称为霜害,它是冻害的另一种类型,其机理与冻害一样。

2) 植物对低温的适应

当低温来临之前,植物在生理生态方面表现出相应的适应特征,在形态上、生理上和行为上获得了特殊的防御装备,对极端低温表现出很多明显的适应:

(1) 形态适应。高山和极地是地球上极端低温出现的生境,高山和极地植物形成了相应的适应特性。在形态上,更多地获得太阳辐射热量,减少热量丧失。植物的芽及叶片常有油脂类物质保护,芽具有鳞片,器官的表面有蜡粉和密被柔毛,这些密毛在叶片表面形成流动性小的气流,阻止叶片与空气对流损失热量;高山植物和极地植物为了避免低温的袭击,即使是乔木,其植株也变得非常矮小,常呈匍匐、垫状或莲座状,伏在地上,蜷缩成团。垫状生长的植物,体表温度高于周围气温,也比开敞生长的植物高,这主要是因为寒冷地区的地温常常比气温高,垫状植物可以获得较多的地面远红外线。其次,贴近地面风速小,致密的冠层内空气流动性小,热量损失减少。有些树种到了冬天,树皮有较发达的木栓组织,树干好像包裹上了一层棉被,保护树干免遭冻裂。

(2) 生理适应。低温来临之前或遇到低温时,植物可发生一些生理变化来避免或减轻可能受到的伤害。为了减少细胞内和细胞间结冰的可能性,一方面降低植株含水量,使束缚水的相对含量增加,另一方面在细胞质表层增加脂肪,使水分子不易透过,代谢降低,细胞内不易结冰,还能防止过度脱水;通过减少呼吸消耗来维持细胞内的高糖分和增加细胞内可溶性糖、脂肪和色素等有机物质来降低冰点,提高原生质的保护能力,例如鹿蹄草(*Pyrola calliantha*)通过在叶细胞中大量贮存五碳糖、黏液等物质以降低冰点,可使其结冰温度下降到-31℃;高山植物和极地植物含有较多的深色色素,在可见光谱中的吸收带加宽,并能吸收更多的红外线,以便能更多地吸收辐射热量。如虎耳草(*Saxifraga*)、十大功劳(*Mahonia fortunei*)等植物叶片在秋季变红,能吸收更多的红外线,增加对热量的吸收;增高脱落酸含量,生长停止,进入休眠,在休眠条件下,细胞发生轻度质壁分离,原生质把贯穿在细胞壁中的胞间连丝吸入内部,表面盖上一层厚厚的脂类物质,使水分不易通过,因此,细胞内不易形成冰晶,增强抵御低温的能力;增加抗氧化系统的性能,如提高抗氧化酶的活性,提高对自由基和活性氧的清除能力;有的植物经低温诱导可形成低温诱导蛋白,能降低细胞的冰点,缓冲细胞质的过度脱水。此外,植物体内也可能存在有抗冻蛋白,提高抗冻能力;绝大多数的植物是靠外界的热量提高体温,但也有的植物可通过生理发热来提高体温,如生长在北美的天南星科臭菘(*Symplocarpus foetidus*)开花期在 2～3 月,此时当地的气温为-15～15℃,植物体被雪覆盖。植物开花时,体温可高于气温 15～35℃,足以将体表周围的雪融化。臭菘的花期大约 14 天,在整个花期,植株都维持着较高体温,这是由于臭菘在营养生长期间形成储藏大量淀粉的庞大根系,开花期把淀粉运输到地上部分尤其是花器官,这些器官强烈的代谢活动伴有热量产生,提高了植物温度,避免花受冻害。

(3) 行为适应。植物对低温的行为适应,主要表现在生长方式和向热移动等方面。高山和极地植物叶片与太阳光线保持垂直状态,以获更多的热量;热带高山一些大型植物,如东非肯尼亚的半边莲(*Lobelia keniensis*)具有莲座叶,白昼叶丛开放、增加热量吸收,夜晚则闭合包围生长锥、减少热量散失;在 82°N 的加拿大西北领地的爱丽斯米尔岛,夏季白天气温只有15℃,全缘仙女木(*Dryas integrifolia*)的花像向日葵一样向日转动,以最大限度地吸收太阳辐射,使花的温度保持在 25℃左右,以保证正常的生命活动。

3) 植物的抗寒锻炼

温带植物抗寒性随秋季气温的逐步降低而逐渐增强的现象,称为抗寒锻炼(cold hardiness)。随着秋季日照时间缩短和气温下降,植物含水量减少、可溶性糖类增加、细胞液浓度增加、束缚水相对增多,因而植物冰点下降,呼吸减弱,即使过冷也不凝结。随着温度的继续降低,细胞失水而质壁分离,植物停止生长、进入休眠,因脂类物质和束缚水含量增多,即使结冰也不脱水,或者结冰脱水也不受害,可以忍受−10～−40℃的酷寒。

4) 植物对低温适应的生态类型

(1) 冷敏感植物(cold sensitive plant)。可被冰点以上低温严重伤害的所有植物,如温暖海洋里的藻类、某些真菌和一些热带维管植物,如麒麟叶(*Epipremnum pinnatum*)、甘薯等。

(2) 冻敏感植物(freezing-sensitive plant)。这些植物仅靠延迟冷冻时间来防止损伤。在较冷的季节,细胞液和原生质中的渗透活性物质如糖类、不饱和脂肪酸等增加,以提高对低温胁迫的抗性。生活在海洋深层的藻类和一些淡水藻类、热带和亚热带维管植物,以及温暖适宜地区的多数植物,全年都对冻害敏感。

(3) 耐冻植物(freezing-tolerant plant)。潮间藻类和一些淡水藻类、气生藻、各气候带的苔藓和在寒冷冬季地区的多年生陆生种类都是季节性耐冻的。一些藻类、多种地衣和各种木本植物能够充分锻炼以忍耐极度低温,不因霜期延长而受到损害。一些高山植物和极地植物,如矮嵩草(*Kobresia humilis*)、雪莲在一年中几天内获得耐冻性。因此,也能在夏天胞间结冰下生存。

2. 高温胁迫及植物对高温的适应

1) 高温对植物的生态作用

温度超过植物适宜温区的上限后就会对植物产生有害影响,温度越高对植物的伤害作用越大。高温致害机理主要是引起酶活性降低和功能紊乱,水分代谢失调,有毒物质积累,细胞膜透性增加和功能降低,植物光合作用降低,呼吸作用加强,呼吸强度大于光和强度,例如当温度达到 40℃时,马铃薯同化作用就等于零,而呼吸作用的强度随温度上升而继续增强(直到50℃以上),植物若长期处于这种状态下,就会因长期饥饿而死亡。高温影响植物的受精过程,如水稻开花期如遇高温就会使花粉不能在柱头上萌发而造成受精过程受到阻碍。对于木本植物,突然高温还会使树皮灼伤,甚至开裂,导致病虫害入侵,加速了高温对植物的破坏作用。

由于类囊体膜对热特别敏感,因此光合作用失调常作为热胁迫的初始指标。高温下,类囊体膜理化状态和蛋白质分子构型发生变化,叶绿体受损,最初光系统Ⅱ受到抑制,随后碳代谢逐渐失去平衡,光合作用受阻。热和辐射的结合对光系统Ⅱ的抑制效应更加显著,如在热带草本植物紫花大翼豆(*Macroptilium atropurpureum*)、豇豆(*Vigna unguiculata*)叶片中,热依赖型光抑制在 42℃开始,而在黑暗下它们要在 48℃以上才遭受损害。若在其他胁迫因子(如干旱)存在下,30℃以上就有早期光合作用受抑制的迹象。另外,由于高温能加速植物的生长发育,缩短植物的整个生育期,而使生长量相应减少。同时,高温能促使叶片过早衰老,减少了有效光合叶面积。

2) 植物对高温的适应

植物在受到高温胁迫的同时，还要忍受水分胁迫，因此高温环境下，植物所具有的避免体温过热的适应，同时也具有减少水分丢失，维持水分平衡的功能。在高温环境中，植物逐步在形态上、生理上和行为上形成了一整套防暑装备。

(1) 形态适应。生活在高温环境下的植物减少对热量的吸收就可减缓体温升高。一方面，减少对太阳辐射的吸收，如有些植物体表密生绒毛或鳞片，能过滤一部分阳光；有些植物体呈白色、银白色，叶片革质发亮，能反射一大部分阳光；有些植物叶片垂直排列使叶缘向光或在高温条件下叶片折叠，减少光的吸收面积，如热带许多植物的叶片垂直地挂在树上，叶沿向阳；还有一些植物如羊蹄甲(*Bauhinia*)在烈日当空的中午把叶子对折起来，减少对光的吸收面积；有些植物叶片变小甚至退化。这些特征均可以减少对光的吸收。另一方面，减少对地面热辐射的吸收，如沙漠植物地上枝叶尽量不贴近地面，减少吸收地面热辐射，另外它们的根系被一层固结的沙粒形成的根套包裹，有一定的隔热作用，使根系免遭灼伤；还有些植物的树干和根茎生有很厚的木栓层，具有绝热和保护作用；有些植物形成开敞的植冠，叶片周围的空气流动大，具有高效的风冷效果。

(2) 生理适应。植物对高温的生理适应有以下几个方面：在细胞内增加糖或盐的浓度，同时降低含水量，使细胞内原生质浓度增加，增强了原生质抗凝结的能力。细胞内水分减少，使植物代谢减慢，同样增强了抗高温的能力；生长在高温强光下的植物大多具有旺盛的蒸腾作用，由于蒸腾而使体温比气温低，避免高温对植物的伤害。但当气温升到 40℃以上时，气孔关闭，则植物失去蒸腾散热的能力，这时最易受害；某些植物具有反射红外线的能力，在夏季反射的红外线比冬季多。

(3) 行为适应。高温环境下植物在行为上的适应主要表现在依靠叶片运动，减少叶片与入射光线的角度，避免体温过高。

3) 热驯化

在热胁迫数小时内植物热驯化就会完成。在炎热天气中，早晨热抗性弱而下午热抗性强。冷天气中解除锻炼或热抗性损失发生较慢，需几天才能完成。为产生抗性，温度要足够高以引发原生质的胁迫反应。通常在气温超过 35℃时大多数陆生植物产生抗性，在 38～40℃时草本植物会产生抗性，肉质植物在高温下抗性最佳。

4) 植物对高温适应的生态类型

(1) 热敏感植物(heat sensitive plant)。此类型包含在 30～40℃或最高到 45℃受损伤的所有植物种：真核藻类和沉水茎叶植物、水合状态的地衣。然而，这些植物在强太阳光下迅速干透，然后变为完全抗热。

(2) 较抗热植物。在阳光充足和干燥环境的植物一般具有抗热性。植物可在 50～60℃左右条件下存活 0.5h。60～70℃是高度分化的细胞和生物存活的绝对极限。

(3) 耐热植物(heat-resisting plant, thermophyte)。一些喜温的原核生物能忍受极高的温度。火山口和火山喷泉的水中，在 75℃的热水区生长着蓝细菌型群落，细菌在 90℃水中都能存活。而在海洋深处有超耐热的原始细菌，如热杆菌(*Pyrobaculum*)、热球菌(*Pyrococcus*)及热网状菌(*Pyrodictium*)，可在 110℃的高温下生活。上述有机体具有特别抗热的细胞膜、核酸和蛋白质。

4.4 植物与水的关系

地球素有“水的行星”之称，地球表面有70%以上被水所覆盖，其中90%是海水，其余的则是以淡水形式储存于陆地和两极的冰山中。在自然界，水分以三种形态存在：固态、液态和气态，它们对植物的生态作用是不同的。生境水分状况是限制植物分布的主要因素。

4.4.1 水的生态意义

水具有重要的生态学意义。第一，水是植物不可缺少的重要组成成分，原生质平均含有80%～90%的水分，从这个意义上来讲没有水就没有生命。第二，水是生命活动的媒介、原料和场所。细胞是植物生理生化过程的基本场所，而水分是这些活动的必需介质，光合作用、呼吸作用以及其他许多涉及物质合成和分解的过程都有水分子参与。水又是物质吸收并在体内运输的溶剂，植物所需要的矿质营养只有溶解在水中才能被吸收利用。此外，水是光合作用的原料之一。第三，水具有独特的性质。地球上的生物能够生存至今，依赖于水的一种特性，即温度在0.98℃时水的密度最大，温度越低水的密度越小，水结冰时体积增大密度减小，因此冰总是漂浮在水面上，阻止了湖泊、河流和海洋的底部结冰，在冬天为水生植物营造了一个避难所；水分子具有很高的比热和汽化热，吸热和放热过程缓慢，因此水体温度变化不像大气温度变化那样剧烈，为生物创造了一个相对稳定的环境，也对陆生植物的热量代谢和热能代谢具有重要的意义，因为蒸发散热是所有陆生植物降低体温最重要的手段；水具有密度高（是空气密度的800倍）、黏性大的特点，为植物提供了一个强大的支持作用，但阻碍了植物的运动；水具有不可压缩性，因此能维持细胞和组织维持紧张状态，使各器官保持其饱满状态，保证了各种代谢过程的正常进行，如使植物枝叶挺立，便于充分接受阳光和气体交换，同时也使花朵张开，利于传粉。第四，水对植物散布和基因交流具有一定的作用。有些植物的果实、种子依靠水来散布，有些水生植物以水作为媒介来传播花粉。第五，生命起源于水，生物进化90%的时间都在海洋中进行。

4.4.2 植物对水因子的适应

水在地球上的分布是不均匀的，不同类群的植物对水的依赖性差异很大。一般将植物分为水生植物和陆生植物两种水分生态类型，它们对水的耐受范围和相应的生态适应特点各不相同。

1. 水生植物

(1) 水环境的特点。水体主要的特点是弱光、缺氧、密度大、黏性高、温度变化平缓，以及能溶解各种无机盐类。

(2) 水生植物的生态适应。生长在水中的植物称为水生植物(Hydrophyte)。水生植物长期适应水环境的结果，形成了一整套生态适应特征。体内具有发达的通气系统，以保证身体各部分对氧气的需要，多数水生植物具有特别的内腔和特殊的细胞排列，构成叶、茎和根相连通的通气系统，使茎叶中的氧分子能向根部运动，改善在缺氧环境中根部的含氧量。水生植物体内的通气系统分为开放式通气系统和封闭式通气系统。开放式通气系统通过叶片气孔与大气直接相通，如莲(*Nelumbo nucifera*)的通气系统。生长在水下的水生植物，体表没有气孔结构,体内通气系统为封闭式。封闭式通气系统既可贮存呼吸作用释放出的 CO_2 提供给光合作用,又可贮存光合作用释放出的 O_2 提供给呼吸作用;叶片多分裂成带状、线状,而且很薄,以增加吸收阳光、无机盐和 CO_2 的面积,最典型的是伊乐藻属(*Anacharis*),叶片只有一层细胞。有的水生植物,出现异型叶,水毛茛(*Batrachium bungei*)在同一植株上有两种不同形状的叶片,在水面上呈片状,而在水下则丝裂成带状;表皮发育微弱,沉没在水中的器官无气孔,浮在水面上的叶片气孔较多;机械组织不发达甚至退化,以增强植物的弹性和抗扭曲能力,适应于水体流动;沉没在水下的叶片无栅栏组织和海绵组织的分化;根系发育微弱或无根系;淡水水生植物生活在低渗的环境中,植物还具有调节渗透压的能力。海洋中的水生植物生活在等渗的环境中,不具调节渗透压的能力。

(3) 水生植物的类型。按照植物体沉没在水中的情况,将水生植物分为 3 类:

沉水植物(submerged plant)。这类植物大部分生活周期中植物体全部沉没在水中,扎根于水体基质中,其根、茎、叶退化,根中维管束退化,减弱了根系的吸收功能;茎中机械组织不发达,柔软而富有弹性;叶片薄、多呈带状或丝状,细胞中叶绿体大而多,集中在表面;无性繁殖发达,有性繁殖以水媒为主。

浮水植物(floating plant)。叶片漂浮在水面的水生植物,称为浮水植物。分为两类:飘浮植物的叶片漂浮在水面,根悬垂在水中,不与土壤发生直接联系,叶片或茎的海绵组织发达,浮力大,具有漂浮的特化器官,无固定的生长地点,植株漂浮不定,如满江红(*Azolla imbricata*)、浮萍(*Lemna minor*)、凤眼莲等;浮叶植物的叶漂浮在水面,根扎在水下的土壤中,气孔分布在叶片的上面,如睡莲(*Nymphaea tetragona*)、莲等。

挺水植物(emerging plant)。这类植物的根固定生长在水底泥土中,茎叶下部浸泡在水中,上部暴露在空气中,整个植物体分别处于土壤、水分和空气中,如芦苇(*Phragmites australis*)、香蒲(Typhas spp.)等。挺水植物是植物界最复杂的一类,是水生植物向陆生植物发展演变的先驱。

2. 陆生植物

生长在陆地上的植物称为陆生植物(terrestrial plant)。按照植物对水分的需求量和依赖程度,可将陆生植物分为 3 类:

(1) 湿生植物(hygrophyte)。指在潮湿环境中生长,不能忍受较长时间的水分不足,即抗旱能力最弱的陆生植物。湿生植物生长在陆地上最潮湿的环境中,土壤水分常常处于饱和状态,如沼泽、低洼地、山谷湿地及热带潮湿雨林的林下。根据其环境特点,还可以再分为阴性湿生植物和阳性湿生植物两个亚类(表 4.3)。

表 4.3　阴性湿生植物和阳性湿生植物的比较

项目	阴性湿生植物	阳性湿生植物
环境特征	光照弱,大气湿度大	光照强,土壤潮湿
生态适应	植物蒸腾弱,容易保持水分平衡,防止蒸腾、调节水分平衡的能力差;根系极不发达,叶片柔软,海绵组织发达,机械组织和栅栏组织不发达	植物蒸腾较强,叶片有角质层等防止蒸腾的各种适应;根系不发达,无根毛,根部通气组织和茎叶的通气组织相连,以保证根部对氧气的需求
代表植物	海芋(*Alocasia macrorrhiza*)、各种秋海棠(*Begonia*)等	水稻、半边莲、灯心草(*Juncus bufonius*)等

(2) 中生植物(mesophyte)。指生长在水分条件适中生境中的植物。这类植物种类最多、分布最广、数量最大。中生植物不仅要求中等适宜的水湿条件,而且需要适度的营养、通气和温度条件。该类植物具有一套完整的保持水分平衡的结构和功能,其根系和输导组织均比湿生植物发达。叶片表面具有角质层、栅栏组织整齐、无完整的通气组织系统。

(3) 旱生植物(xerophyte)。指生长在干旱环境,在长期或间歇干旱下仍能维护水分平衡和正常的生长发育的陆生植物。这类植物在形态或生理上有多种多样的适应干旱环境的特征,多分布在干热草原和荒漠区。一般根据旱生植物的形态-生理特征,将旱生植物分为两类:

少浆液植物体内含水量极少,外观干硬,在丧失水分50%的情况下,仍然能生存(中、湿生植物丧失水分2%就枯萎)。它们具有一系列适应干旱环境的特征:叶面积缩小,具有发达的角质层,气孔下陷,茎叶表面密被柔毛或卷叶,以减少水分丧失量。例如,松柏类植物叶片呈针状或鳞片状,且气孔下陷;木麻黄(*Casuarina equisetifolia*)的叶片退化为鳞片状;夹竹桃叶表面被有很厚的角质层或白色的绒毛,能反射光线;许多单子叶植物,具有扇状的运动细胞,在缺水的情况下,它可以收缩,使叶面卷曲,尽量减少水分的散失;发达的根系是增加水分摄取的重要途径,少浆液植物根系特别发达,根系生长迅速,扩展范围广而深,根细胞原生质渗透压高,以确保在干旱环境下吸收足够的水分。例如,沙漠地区的骆驼刺(*Alhagi sparsifolia*)地面部分只有几厘米,而地下部分可以深达15m,扩展的范围达623m^2;在干旱情况下,能抑制碳水化合物和蛋白质分解酶的活性,保持合成酶的活性。

多浆液植物是指具有发达的贮水组织的旱生植物。这类植物根、茎、叶的薄壁组织转变为贮水组织,能够贮藏大量的水分。例如,美洲沙漠中的仙人掌(*Opuntia*)高达15~20m,可贮水2t左右,西非的猴面包树(*Adansonia digitata*)可贮水4t以上。这类植物旱生环境的适应特征为:面积对体积比例小,可以减少水分支出,它们大多叶片退化,由绿色的茎代行光合作用,茎的外壁具有厚的角质层,表皮下具有多层厚壁组织,气孔数目少且大多数气孔深埋在沟槽中;原生质渗透压特别高,体内含有大量的碳水化合物,有利于保持大量的水分;代谢方式特殊,行景天酸代谢途径,白天气孔关闭以减少水分支出,晚上气孔张开吸收CO_2并将CO_2固定为有机酸,白天再将CO_2释放出来以供光合作用所需。

陆生植物的含水量在不同类群之间变化很大,可以按照植物体含水量及其稳定程度区分出变水植物和恒水植物两种基本类型。

(1) 变水植物(poikilohydric plant)。体内含水量与其环境的湿度相一致,植物组织的细胞较小并且缺少中央液泡。当细胞缺水干燥时,它们就十分均匀的皱缩起来,原生质的超微结构不致被破坏,所以细胞仍保持有生活力。含水量降低的时候,植物的光合作用和呼吸作用受到抑制,然而当它们再次吸入足够的水分时,便可重新开始正常的代谢活动。藻类、地衣、苔藓、蕨类中的一些种类以及极少数被子植物属于变水植物。如地衣的叶状体只要组织水势不低于−3MPa,就能保持光合能力。种子植物的花粉粒和胚则可以被看作恒水植物的变水阶段。

(2) 恒水植物(homoehydric plant)。又称为定水植物。其共同特点是细胞内有一个中央大液泡,由于液泡内贮藏有水分而使植物组织含水量能够在一定范围内保持稳定,因而原生质受外界环境条件变动的影响很小;不过大的液泡的存在也使细胞容易失去耐脱水的能力。陆生恒水植物的祖先分布在湿润的生境,后来随着角质层和气孔的进化使它们能够较好地控制水分平衡,才逐渐分布到干燥的生境中。大多数维管植物属于恒水植物。

4.5 植物与土壤的关系

土壤是大气和生物长期作用于岩石表层而形成的产物，是岩石圈表面能够生长植物的疏松表层，是提供陆生植物生活必需的水分和养分条件的基质。植物与土壤之间进行着频繁的物质交换，彼此有着强烈的影响。一方面，土壤为植物提供了必需的营养和水分，土壤养分的供应状态常常决定了植物养分需求能否得到满足，直接决定植物能否生存以及生长发育的状况。土壤可吸收和贮存水分，保证长期供给植物利用。在相同降水的地区，各类土壤的不同吸水和保水能力形成了不同水分供应状态，导致了对水有不同要求、具不同耐旱能力植物异地各自生长。由于土壤可以强烈地影响植物个体的生长发育，因此在植物群落的演替方面发挥着巨大的作用。控制着陆地生态系统的稳定与变化。另一方面，植物和土壤生物的生活不断地对土壤的结构和组成进行改造，因此，土壤是生态系统中生物因子和非生物因子相互作用的产物。

4.5.1 土壤的生态作用

1. 土壤物理性质对植物的影响

(1) 土壤结构和质地。土壤结构和质地直接影响着土壤空隙的大小、多少和分布，对土壤的水、肥、热等性能具有较大的影响，因此，土壤结构和质地影响着植物的生长发育，尤其是对植物的根系有重要影响。砂质土壤通气性好，透水性强，植物根系易于发展，根毛发达。黏性土壤通气透水性差，植物根系不易伸展，根毛少。在土壤结构类型中，团粒结构的土壤可达到对植物生长发育最有利的水、气、热、肥状态。因此，团粒结构是土壤肥力高的一种表征。

(2) 土壤水分。土壤水分来自于降水和地下水。植物所需要的绝大部分水分来自于土壤，土壤水分过少时，植物会受到干旱胁迫。土壤水分过多时，土壤空气减少，阻碍了根系的呼吸和吸收，并使根系腐烂。土壤水分过多还能使溶于水中的养分随水流失，降低土壤肥力；土壤水分是向植物供给养分的媒介，各种养分只有溶于水以后才能被植物吸收利用；土壤中矿质养分的溶解和转化，有机物质的分解与合成，只有在水存在与参与的情况下才能进行；土壤水分能调节土壤温度。

(3) 土壤空气。土壤空气基本来自大气，还有一部分是由土壤的生化过程产生。存在于未被水分占据的土壤孔隙中。由于土壤生物生命活动的影响，土壤空气中的 CO_2 高于大气，O_2 低于大气。另外，水汽含量比大气高，还可能含有甲烷、硫化氢和氨等。土壤空气中的 CO_2 含量是大气中的几十到几百倍。通常，一部分不断扩散到近地面空气，被植物叶片吸收；一部分可被根系直接吸收。但是，当土壤通气不良，CO_2 积累过多时，会抑制根系生长和种子萌发，使根系不能扩展，缺乏根毛，阻碍根系的呼吸和吸收功能。严重时对植物会产生毒害作用，甚至因呼吸窒息死亡。大多数植物不能直接利用土壤空气中的分子态氮，只有固氮微生物能固定游离氮，并将其转化为化合氮。固氮微生物有两类：一类是共生固氮微生物，主要是与植物共生的根瘤菌；另一类是非共生的固氮微生物。土壤通气性程度影响土壤微生物的种类、数量和活动情况，从而影响土壤肥力和植物营养状况。在土壤通气不良条件下，好气微生物的活动受到抑制，减慢有机物的分解与养分的释放速度，供应植物的养分减少。但土壤过分通气，好气微生物过于活跃，有机物迅速分解并完全矿化，植物如果不能及时利用，就会流失。而且会减少腐殖质的形成，影响土壤的长期肥力供应。

(4) 土壤温度。土壤的热量主要来自太阳能。土壤温度制约着各种盐分的溶解度、土壤气体交换和水分蒸发、土壤微生物的活动以及土壤有机质的分解速度和养分转化等，对植物种子萌发、根系生长和呼吸等都具有很大的影响。在10～35℃范围内随着土温升高，大多数植物细胞分裂和生长速度加快，新陈代谢过程加快。过高或过低的土温都能减弱根系的呼吸作用，阻碍植物的生长。

2. 土壤化学性质对植物的影响

(1) 土壤酸碱度。土壤酸碱度是土壤化学性质特别是岩基状况的综合反应，对土壤的一系列肥力性质有深刻的影响。土壤中微生物的活动、有机质的合成与分解、氮和磷等营养元素的转化与释放、微量元素的有效性、土壤保持养分的能力与土壤酸碱度有关。在pH为6～7的微酸条件下，土壤养分有效性最好，最有利于植物生长。在酸性土壤中容易引起钾、钙、镁、磷等元素的短缺，而在强碱性土壤中容易引起铁、硼、铜、锰和锌的短缺。土壤酸碱度还通过影响微生物的活动而影响植物的生长。酸性土壤一般不利于细菌活动，根瘤菌、褐色固氮菌、氨化细菌和硝化细菌等大多数生长在中性土壤，在酸性土壤中多不能生存。许多豆科植物的根瘤也会因土壤酸性增加而死亡。pH3.5～8.5是大多数维管植物的生长范围，但最适合植物生长的pH则远较此范围窄。

(2) 土壤矿质营养元素。将植物材料放在105℃下烘干称重，可测得蒸发的水分占植物组织的10%～95%，而干物质占5%～90%。干物质中包括有机物和无机物，将干物质放在600℃灼烧时，有机物中的C、H、O、N等元素以CO_2、水、分子态氮、NH_3和氮的氧化物形式挥发掉，一小部分硫变为H_2S和SO_2的形式散失，余下一些不能挥发的灰白色残渣称为灰分(ash)。灰分中的物质为各种矿质的氧化物、硫酸盐、磷酸盐、硅酸盐等，构成灰分的元素称为灰分元素(ash element)。它们直接或间接地来自土壤矿质，故又称为矿质元素(mineral element)。必需元素(essential element)是指植物生长发育必不可少的元素。包括C、H、O、N、P、K、S、Ca、Mg 9种大量元素和Fe、Mn、Zn、Cu、Cl、B、Mo 7种微量元素。植物对矿物质的吸收、转运和同化，称为矿质营养(mineral nutrition)。矿质营养对植物来说非常重要，农谚有："有收无收在于水，收多收少在于肥"就说明了这点。在土壤中将近98%的养分呈束缚态，存在于矿质或结合于有机碎屑、腐殖质或较难溶解的无机物中，它们构成了养分的储备源，通过分化和矿化作用慢慢地变为可用态供给植物生长需要。土壤中含有植物必需的各种元素，比例适当能使植物生长发育良好，因此可通过合理施肥改善土壤的营养状况来达到植物增产的目的。

(3) 土壤有机质。土壤有机质是指土壤中的各种含碳有机化合物，包括动植物残体、微生物体和生物残体的不同分解阶段的产物，以及由分解产物合成的腐殖质等。土壤有机质分为非腐殖质和腐殖质。非腐殖质是原来动植物残体和部分分解的组织；土壤腐殖质是有机质分解后再缩合或聚合而成的一系列黑褐色高分子有机物，占土壤有机质的85%～90%，是植物营养的重要碳源和氮源，也是植物所需各种矿质营养的重要来源。土壤有机质能改善土壤的物理结构和化学性质，有利于土壤团粒结构的形成，促进植物的生长和养分吸收。土壤有机质中有一些对植物生长发育起激素作用的物质，如维生素B_1、B_2、吡醇酸和菸碱酸等。但是也存在着对植物生长不利的一些物质，如香草醛、苯甲酸、香豆素和二氢固醇酸等。

3. 土壤生物对植物的影响

(1) 土壤微生物与土壤肥力和植物营养。土壤微生物生命活动中产生的生长素和维生素类物质,直接影响植物生长。这些物质对高等植物的营养、种子萌发和正常生长发育起了良好作用,如维生素 B_1、B_6 能促进根系发育,生长素(如赤霉素)能促进植物生长发育,抗生素能增强植物的抗病性等。所以,它们在植物整个生长发育过程中,是植物强大的活化因素;土壤中某些微生物能和植物的根系形成共生体,如根瘤和菌根。植物为根菌提供有机物质,根菌帮助根系吸收水分和养分。根瘤菌具有固氮性能,能改善植物的氮素营养;有的根菌可分泌酶,能增加植物营养物质的有效性;有的根菌能产生维生素、生长素等物质,有利于根的生长和种子萌发;硅酸盐细菌能破坏土壤中长石等硅酸盐类的矿物,使矿物中的钾释放出来为植物所用,磷细菌对磷矿石也具有类似作用。

(2) 影响土壤结构。微生物在形成土壤团粒结构方面起着直接或间接的作用。腐殖质在土壤结构形成中起着关键作用,而腐殖质是土壤微生物活动的产物;许多真菌和放线菌的菌丝将土粒黏在一起形成土壤团粒,细菌分泌的黏液也起着胶结土粒的作用。

(3) 抗菌。某些微生物在不同程度上,具有抑制病毒、致病细菌和真菌的作用,在一定条件下成为植物病原菌的拮抗体。

(4) 土壤微生物的不利影响。土壤微生物对土壤肥力和植物营养也有不利的一面。在某些条件下,有些微生物的活动能引起养分损失;有些微生物分解活动所产生的有毒物质或还原性物质,对植物生长有害;还有些土壤微生物是引起植物致病的病原菌。

4.5.2 以土壤为主导因子的植物生态类型

生活在不同土壤上的植物,长期适应的结果产生了一系列适应特性,形成了各种以土壤为主导因子的植物生态类型(图4.5)。

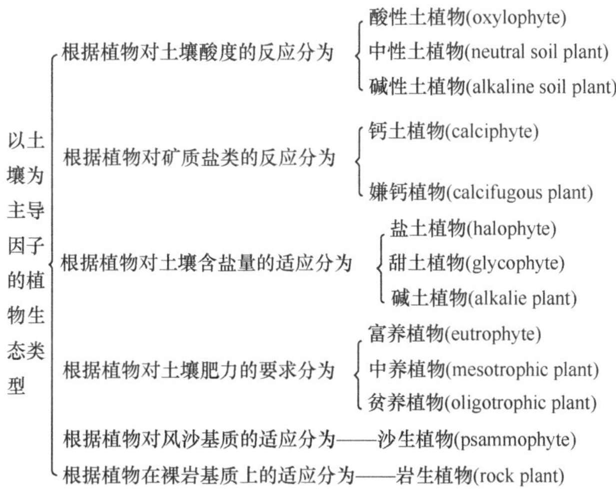

图4.5　以土壤为主导因子的植物生态类型

1. 酸性土植物

指只能生长在酸性或强酸性土壤上，在碱性土或钙质土上不能生长的植物，如马尾松(*Pinus massoniana*)、铁芒萁(*Dicranopteris linearis*)、茶树(*Camellia sinensis*)、杜鹃(*Rhododendron*)等。这类植物耐受氮和多种矿质营养贫乏的环境，多属贫养植物。

2. 钙土植物

生长在含有大量代换性 Ca^{2+}、Mg^{2+} 而缺乏代换性 H^+ 的钙质土或石灰性土壤上，不能在酸性土壤上生长的植物称为钙土植物或嗜钙植物，如蜈蚣草(*Pteris vittata*)、铁线蕨(*Adiantum cappillus-venerzs*)、南天竺(*Nandina domestica*)、柏木(*Cupressus funebris*)等都是较典型的钙土植物。石灰性土壤通常较易透水，植物容易受到干旱胁迫，钙土植物一般具有耐旱性，能从石灰性土壤中吸收磷和其他微量。

3. 盐碱土植物

1) 盐碱土及其危害

盐碱土是盐土和碱土以及各种盐化、碱化土的统称。在我国内陆干旱和半干旱地区，由于气候干旱，地面蒸发强烈，在地势低平、排水不畅或地表径流滞缓、汇集的地区，或地下水位过高的地区，广泛分布着盐碱化土壤。在滨海地区，由于受海水浸渍，也有盐土的分布。此外，用含盐较多的水灌溉农田，若有灌无排或灌溉不当，也都会抬高地下水位，使盐分上升到土表而形成次生盐碱化。全球约 1/4 土地发生不同程度的盐渍化。湿润条件下盐土含 Na^+ 0.5%～2%，海水 3%，干旱区盐土表层达 5%～20%或更多。一般植物在可溶盐 0.1%～0.5%的土壤上便很难获得水分；当土壤表层含盐量超过 0.6%时，对一般农作物的生长开始有害，大多数植物已不能生长，只有一些耐盐性强的植物尚可生长。当土壤中可溶性盐含量达到 1.0%以上时，则只有一些特殊适应于盐土的植物才能生长。碱土的主要危害是土壤的强碱性能毒害植物根系，使土壤物理性质恶化，土壤结构被破坏，质地变得很坏，尤其是形成了一个透水性极差的碱化层次，潮湿时膨胀黏重，干燥时坚硬板结，水分不能渗滤进去，根系不能透过，种子不易出土，即使出土后也不能很好生长。盐土对植物生长发育的不利影响，主要表现在以下几个方面：

(1) 引起植物生理干旱。盐土中含有的大量可溶性盐类降低了水势，容易对植物产生渗透胁迫，导致植物根系不能从土壤中吸收水分，甚至导致水分从根细胞外渗，从而引起植物的生理干旱，使植物枯萎，严重时甚至死亡。此外种子萌发过程中也不能从土壤中吸收到足够的水分而使种子萌发受阻。

(2) 伤害植物组织。土壤含盐分太高时，会伤害植物组织，尤其在干旱季节，盐类聚集在土壤表层，常伤害根、茎交界处的组织。伤害的能力以 Na_2CO_3、K_2CO_3 为最大。在高 pH 下，还会导致 OH^- 离子对植物也有直接毒害作用。

(3) 引起植物代谢混乱。在盐渍化生境中，植物细胞过量摄取 Na^+ 和 Cl^- 以后，首先破坏细胞的离子均衡(ion homeostasis)，对细胞酶活性及膜系统机构产生特异性效应，从而影响一系列代谢反应，例如光合作用、呼吸作用、核酸代谢、蛋白质代谢、糖类代谢和激素代谢等，进而严重影响植物的生长发育，使植物生长缓慢，发育不良。

(4) 影响植物营养状况。土壤中某种离子过多会排斥植物对其他离子的吸收，即使土壤中这类离子很丰富，植物仍然表现出对这些元素的缺乏症。如土壤中 Na^+ 过多时，植物对 K^+、P^{3+} 和其他元素的吸收减少，P 的转移也会受到抑制，从而影响植物的营养状况；低水势情况下造成植物细胞水分亏缺，也会影响矿质营养的吸收和运输、有机物质的合成和运输，造成营养亏缺，最后影响植物的生长发育。

(5) 使气孔不能关闭。在高浓度盐类的作用下，气孔保卫细胞内的淀粉形成过程受到妨碍，气孔不能关闭，即使在干旱时期也是如此，因此，植物容易干旱枯萎。

2) 盐碱土植物的生态适应

盐碱土植物指具有一系列适应盐、碱生境的形态和生理特性，能在含盐量高的盐土或碱土里生长的植物，包括盐土植物和碱土植物。盐碱土植物具有一系列生态适应特征。

(1) 形态适应。植物体干而硬；叶子不发达，蒸腾表面强烈缩小，气孔下陷；表皮具有厚的外壁，具灰白色绒毛。在内部结构上，细胞间隙强烈缩小，栅栏组织发达。有一些盐土植物枝叶具有肉质性，叶肉中有特殊的贮水细胞，使同化细胞不致受高浓度盐分的伤害，贮水细胞的大小还能随叶子年龄和植物体内盐分绝对含量的增加而增大。

(2) 生理适应。盐碱土植物具有一系列的生理适应特征，其适应机理主要有两条途径：避盐和耐盐。避盐主要有以下途径：一是细胞原生质对某些盐分的透性很小，即使是生长在高盐环境中，细胞也能稳定地保持对离子的选择吸收，不吸收或少量吸收某些离子，避免盐分的胁迫；二是茎叶表面有盐腺，植株吸收盐分后，不留存在体内，而是通过盐腺排出体外。如柽柳(*Tamarix chinensis*)生长在高盐土壤中，茎叶表面常可看到 NaCl 和 Na_2SO_4 的结晶。通过这种主动分泌盐分，防止 K^+、Na^+、Cl^- 等离子在体内积累；三是将吸收的盐分在体内稀释，保持体内不会因盐分过高造成危害。通过快速生长，细胞大量吸水，扩大体积，尽管体内盐分总量增加，植物体的贮水量也在提高，体内的盐分浓度保持恒定；耐盐主要是通过自身生理代谢过程抵抗过多盐分进入细胞的危害。在细胞特定区域积累盐分，保持渗透势低于土壤溶液。这样，既保证细胞吸水，又降低原生质的盐分浓度，使酶系统免受直接盐胁迫。例如，肉质植物将盐分集中在液泡。渗透势也可通过增加可溶性糖类而降低。有些耐盐植物在较高的盐浓度中仍能保持一定的酶活性。

3) 盐土植物的类型

盐土植物指在盐渍生境中能正常生长并完成生活史的植物。与盐土植物相对的一类植物为甜土植物，指在盐碱环境上不能生长和不能完成生活史的非盐土植物。我国盐土面积很大，盐土植物分布广泛。

按照盐土植物的分布范围，一般将盐土植物分为旱生盐土植物和湿生盐土植物：旱生盐土植物分布在内陆地区的盐土植物，如盐角草、海枣等，在我国主要分布在温和、寒温气候区的内陆盐土上；湿生盐土植物分布在海滨地区的盐土植物。如碱蓬(*Suaeda heteroptera*)、大米草(*Spartina anglica*)以及红树植物等。

根据盐土植物对过量盐类的适应特点，一般将盐土植物分为三类：①聚盐性植物(euhalophyte)。这类植物能适应在强盐渍化土壤上生长，能从土壤里吸收大量可溶性盐类，并把这些盐类积聚在体内而不受害。这类植物的原生质对盐类的抗性特别强，能忍受 6%甚至更浓的 NaCl 溶液，所以，聚盐性植物也称为真盐生植物。它们的细胞液浓度也特别高，并有极高的渗透压,特别是根部细胞的渗透压,一般都在 40 个大气压[①]以上,有的甚至高达 70～100 个大气压,大大高于盐土溶液的渗透压,所以能吸收高浓度土壤溶液中的水分。聚盐性植物的种类不同,积累的盐分种类也不一样,例如,盐角草、碱蓬能吸收并积累较多的 NaCl 或 Na_2SO_4,滨藜(*Atriplex*)吸收并积累较多的硝酸盐。②泌盐性植物(salt-secreting halophyte)。这类植物的根细胞吸进体内的盐分并不积累在体内,而是通过茎、叶子表面密布的盐腺把所吸收的过多盐分排出体外。排出在叶、茎表面上的 NaCl 和 Na_2SO_4 等结晶和硬壳逐渐被风吹或雨露淋洗掉。泌盐性植物虽能在含盐多的土壤上生长,但它们在非盐渍化的土壤上生长得更好,所以常把这类植物看作是耐盐植物,如柽柳、瓣鳞花(*Frankenia pulverulenta*)、滨海的各种红树植物等。③抗盐植物(salt-resistant plant)。或称不透盐性植物,这类植物的根细胞对盐类的透过性很小,几乎不吸收或很少吸收土壤中的盐类,其细胞的渗透压很高的原因不是因为积聚盐分而是由体内大量的可溶性有机物(如有机酸、糖类、氨基酸等)引起。细胞的高渗透压提高了根从盐碱土中吸收水分的能力,如獐茅(*Aeluropus littoralis* var. *sinensis*)、盐地风毛菊(*Saussurea salsa*)等。这类植物一般只生长在盐渍化程度较轻的土壤上。

4. 沙生植物

1) 沙区生境的特点

沙区生境的显著特点是高温、冷热剧变、干燥少雨、光照强烈、风大沙多、基质具有流动性且营养元素极度贫乏。沙区平均年温差一般在 30～50℃,绝对温差达 50～60℃,日温差尤为显著,一般在 10～20℃,最大可达 30℃。在沙地表面温度的变化尤为剧烈,夏秋午间可达 60～80℃,夜间又下降到 10℃以下;沙丘表层 0～20cm 经常干燥,只是在有雨水的时候水分才往下渗滤,在 20～60cm 的沙层中可保持湿润;大部分沙区每年起沙风可达 300 次左右,在大风侵袭下,风沙弥漫,基质不断流动;沙质基质极为贫瘠,营养元素十分缺乏,有机质含量常小于 0.1%。这些恶劣的环境条件常常成为许多植物生长的限制因子。

2) 沙生植物的生态适应

适生于沙区生境的植物称为沙生植物。在长期自然适应的过程中,沙生植物形成了一系列抗风蚀沙割、耐沙埋、抗日灼、耐干旱贫瘠等生态适应特性。

(1) 沙的流动性使得沙生植物具有耐风蚀沙埋的能力,在被沙埋没的茎干上和暴露的根系上长出不定芽和不定根的能力,如沙竹(*Psammoehloa mongoliea*)当被流沙埋没时,茎节处仍能继续抽出不定根和不定芽。

(2) 在沙基质流动性大的地段,植物根系生长的快慢往往是决定植物是否存活的因素。很多沙生植物根系的生长速度极为迅速,尤其在幼苗期,地下部分的生长比地上部分快得多。沙生植物的根系极为发达,根幅常为冠幅的几倍、十几倍,乃至几十倍。一些沙生植物的水平状根和根状茎,可以长达几米、十几米或 20m 以上。

(3) 有些沙生植物的根系形成了保护结构,当风蚀露根时,能使根系免遭灼伤和流沙的机械伤害,也能减少蒸腾、防止水分反渗透,如沙竹、沙芥(*Pugionium cornutum*)的根具有根套(由固结的沙粒形成的囊套);沙葱的根具有厚的纤维鞘;油蒿、籽蒿等半灌木的根则强烈木质化;有的植物其根内有一层很厚的皮层。

(4) 沙基质的干旱性使得沙生植物具有许多旱生植物的特征,如植株矮小,根系发达;叶

① 非法定计量单位。1 个标准大气压(atm)=1.013 25×10^5Pa。

片极端缩小甚至完全退化以减少蒸腾，由绿色的细枝进行光合作用，茎叶常具白色表皮毛以反射日光；内部结构具有特殊的适应：有的植物的叶具有贮水细胞；有的在叶表皮下具有一层无叶绿素的细胞，其内积累脂类物质，能提高植物的抗热性；根细胞具有较高的渗透压，如红砂（*Reaumuria soongarica*）、珍珠（*Salsora paeserina*）的渗透压可达 5066kPa，梭梭（*Haloxylon ammodendron*）甚至高达 8106kPa，大大提高了根系的吸水能力；沙生植物体内还具有较高的束缚水含量，束缚水/自由水比值较大。这是旱生植物保存最低限度的含水量以度过长期干旱的一种适应方式。

(5) 有些沙生植物在特别干旱的时候，停止生长，进行休眠，呈假死状态，待到有雨的时候再恢复生长，如猪毛菜。

(6) 短命植物(ephemerophyte)指能利用环境中短暂的雨季快速萌发并完成整个生活史的植物。如短命菊的种子稍有一点水分就能萌发，然后迅速生长、开花结实，3～4周内就完成其生活史。

(7) 在繁殖方面，大部分沙生植物具有对沙基质流动性的特殊适应，它们多靠风力传播的种子和果实，其种子和果实富有弹性，能随着流动的沙子一起移动而传播；有的植物如猪毛菜植株呈圆形或椭圆形，当茎干枯萎、植株被风吹折离根后，能随风在沙地上滚动并将种子散布；有的植物的种子遇水能分泌胶质黏液，使种子胶着在沙粒上发芽生根；许多沙生植物的种子寿命较长，可以在干沙层中保持若干年的生命力，一旦遇水就能萌发；许多植物具有发达的无性繁殖能力。

5. 岩生植物

岩生植物(rocky plants)又称为石生植物，指生长在裸露基岩和碎石堆上的植物。岩生植物具有较强抗性和耐瘠薄能力，株形低矮。岩生植物能直接生长在陡峭岩石、浆砌片石上，其自然生长的土层不足 1cm，根系发达，致密的根盘紧紧地吸附在岩石表面或部分根系渗透到岩石缝隙中，对岩体的风化和原始成土过程的作用非常强烈而明显。岩生植物需要利用它们的整个表面吸收雨露或由岩石上流下的水，还必须能够忍耐一定时间内的高度干旱。许多岩生植物株形美观，在园林与岩石边坡生态恢复备受关注。

4.6　植物与地形的关系

地形的差异引起光照、温度、湿度等因子的变化，这些因子综合地作用于植物，间接影响植物的生命活动。

1. 坡向和坡度的影响

地形能够改变其他方面相同气候区域内的局部环境。在多山地区，陆地的坡度倾斜和光线的方向影响着土壤的温度和湿度。陡坡土壤有利于排水，因此山坡上的植物常常受到干旱胁迫，同时，水却渗透到低地的土壤中；山坡朝向是影响生态因子空间再分配的重要地形因子。在大型山地，迎风坡气候湿润而背风坡干旱，如北美阿拉巴契亚山迎风面东坡分布着喜湿的森林植物，如北美鹅掌楸（*Liriodendron tulipifera*）、刺栗（*Canstena dentata*）等，而背风面的西坡则分布着耐旱的红栎（*Quercus rubra*）、白栎（*Quercus albus*）等。在北半球，南坡接受的阳光比北坡多，温度较高，较为干燥，北坡则正好相反。使在南坡和北坡分布着不同的植物。南坡以耐旱植物为主,而北坡则生活着对水分要求相对较高的植物。但是在低纬度地区或沿海地区,由于潮湿海风或雾的影响,或者太阳高度的影响,坡向的差别被削弱甚至消失。

2. 海拔的影响

气温随着海拔的升高而降低。海拔每升高 100m,气温下降 0.6～1℃,这种温度的降低是由于高海拔地区较低气压空气扩散引起的,称为绝热冷却(adiabatic cooling)。海平面平均温度 30℃的地方,冰点温度会出现在海拔 5000m 左右的高度,是热带高山雪线的近似海拔。此外,随着海拔升高,太阳辐射增强,短波光和紫外线增加,风速增大,雨量和湿度在一定范围内增加随后降低。由于山地对降水和太阳辐射的再分配作用,土壤类型也存在着显著差异,即使在同一山坡,坡上部、中部和下部的生境条件明显,山坡下部土壤水分、养分等条件明显优于山坡上部。这些因子随着海拔的变化形成了显著的环境梯度变化,从而引起了植物的垂直分布变化。高山空气稀薄、光照强烈、温差大、风力大,蒸发强烈,成土作用差,植物表现出抗风、耐寒、耐旱、植株低矮等特征,明显区别于海拔较低处的植物。

3. 山脉和河谷走向的影响

山脉和河谷的走向影响着植物的分布。高大山体可能成为一些植物传播的阻碍因子,而山区的有些河谷又可能成为不同区域植物物种交流的通道。如我国西南横断山脉的走向大致与强大而湿热的印度洋西南季风平行,带来大量的降水,使热带雨林植物向北推进很远,亚热带常绿阔叶林植物由于东南季风的影响,则沿着白龙江、汉水等某些河谷走向,则向西北延伸很远。

思 考 题

1. 解释名词:环境　生态因子　生存条件　限制因子　植物内稳态　适应组合　适应　趋同适应　趋异适应　生活型　生态型　生理有效辐射　光抑制　光周期现象　温周期现象　春化作用　岩生植物　盐碱土植物　有效积温　发育起点温度　物候现象
2. 阐明生态因子作用的特征。
3. 阐明限制因子原理,并比较这些原理之间的异同。
4. 比较 C_3、C_4 和 CAM 组植物的适应特征。
5. 比较阳生植物和阴生植物的不同点。
6. 为什么高山植物毛茸发达、茎叶富含花青素、花色鲜艳、植株矮小?
7. 以水生植物为例,阐明植物与环境之间的相互关系。
8. 阐明低温胁迫的类型以及植物对低温的适应。
9. 阐明高温对植物的伤害作用以及植物对高温的适应。
10. 比较少浆液植物与多浆液植物。
11. 阐明盐土植物生态适应类型。

第 5 章　植物种群

5.1　种群概述

5.1.1　种群的概念

种群(population)是在同一时期内占有一定空间的同种生物个体的有机集合。种群的基本构成成分是具有潜在杂交能力的个体,它们之间能够自由授粉或交配繁殖,能产生有生育能力的后代。

"population"来自拉丁语词根"populus",原词义是"人"或"人民"(people),在生物学研究中,不同学者根据所研究的对象(如昆虫、鱼类、鸟类等)不同,分别翻译为"虫口"、"鱼口"、"鸟口"等。种群可以再分为繁殖群(deme)或地方种群(local population),即一群能够相互交配繁殖的同种个体。

种群概念强调种群的分布和数量,并且强调种群是一种生物系统,种群是由一定数量的同种个体所组成,但这种组成并不是简单的相加,种群作为一种新的生物系统具有新质的产生。种群与环境之间、种群与种群之间以及种群内部个体之间存在着一系列的相互关系。

5.1.2　自然种群的基本特征

一般认为,自然种群具有 3 个基本特征:

(1) 空间特征。种群均占据一定的空间,具有一定的分布区域和分布方式。生态学研究者往往根据研究的方便起见,划定出种群的分界线,即种群的分界线是人为划定的。大至全世界的某个植物种群(如芦苇种群),小至一块农田中的玉米种群,甚至实验室培养的一瓶藻类。当然,如果种群的栖息地具有天然的分界线,那么,这个天然的分界线则就是该种群的分界线。在岛屿、湖泊、池塘、沼泽、被森林环绕的草地、或是被草地环绕的森林等区域,种群的一个适宜栖息地与另一个适宜栖息地之间,被不利的栖息地所隔离,不利的栖息地因此成为种群的分界线,如水体是岛屿上的种群和其他种群之间的分界线。

(2) 数量特征。每单位面积(或空间)上的个体数量(即密度),具有一定的变动规律。种群的数量大小受 4 个种群参数(出生率、死亡率、迁入率和迁出率)的影响,这些参数继而又受到种群的年龄结构、性别比率、内分布型和遗传组成的影响。种群通过生死过程、迁入与迁出活动,在与环境相互作用过程中发生数量与分布上的动态调整,从而使种群能够适应多样的环境,世代延续发展。

(3) 遗传特征。种群具有一定的基因组成,即种群内的个体属于同一个基因库而与其他物种相区别。但基因组成同样是处于变动之中的。种群内的个体通常只和同一种群的个体交配,但是植物的种子和孢子有时会被风吹到很远的地方。在这种情况下,不同种群的个体之间便偶尔发生基因交流,但是因不同物种之间存在着基因交流的障碍,这种交流一般只能在同一物种的不同种群之间进行。

5.1.3 种群与物种和群落之间的关系

种群是构成物种的基本单位。一般认为，种群是物种在自然界中存在的基本单位。在自然界中，门纲目科属等分类单元是学者按物种的特征及其在进化中的亲缘关系来划分的，唯有种(species)才是真实存在的。因为组成种群的个体是随着时间的推移而死亡和消失的，又不断通过新生个体的补充而持续，所以进化过程也就是种群中个体基因组成和频率从一个世代到另一个世代的变化过程。所以物种在自然界能否持续存在的关键问题，就在于种群能否不断产生新个体以代替那些消失了的个体。从进化论的观点看，种群是一个演化单位。

种群是群落的基本组成单元。任何一个种群在自然界都不能孤立存在。或多或少、直接或间接都要依赖于别的生物生存，它与其他种群一起形成群落。因此，种群是群落的基本组成单位。

5.1.4 单体生物和构件生物

20 世纪 60 年代，Harper 和 Clatuorthy 在研究浮萍(*Lemna minor*)时提出植物种群的结构具有两个层次：基株(genet)和构件(module)。基株是由合子发育而来的全部产物，即遗传个体，指种群的每一个独立的个体，如浮萍的母萍；构件是与基株相对应的概念，指基株之上每一个与生死过程相关的可重复的结构单位，如个体上的枝条、芽、分蘖、脱离母体可独立生长的部分等。由此他们提出了单体生物和构件生物的概念。

(1) 单体生物(unitary organism)。由一个合子发育而成的生物体，其器官、组织各个部分的数目在整个生活周期的各阶段保持不变，它们的生长过程只是器官、组织的大小不可逆的增长，除非畸变，它们在形态上保持高度稳定，如大多数动物和一些低等植物属于单体生物。

(2) 构件生物(modular organism)。指由一套构件组成的生物体，如高等植物和某些低等动物。这类生物的合子发育成幼体后，在其后的各发育阶段构件反复形成。构件生物通常都是分枝的，如一株树反复形成分枝。除幼龄阶段(如种子)和少数自由飘浮的水生植物外，构件生物的生长位置一般都是固定的。由于构件数的差别，个体之间表现出不同的形态结构，在不同环境条件下生活的同一种植物的不同个体，其构件数量有所差异。许多天然植物都是无性繁殖，个体本身就是一个无性系的"种群"。在某一生境内，同一种植物体上的某种构件的集合，称为构件种群(modular population)(图 5.1)，每个构件称为构件个体。构件种群有其结构特征和动态特征。

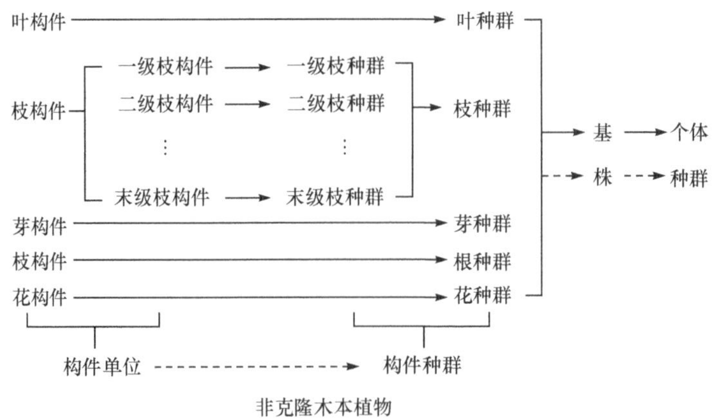

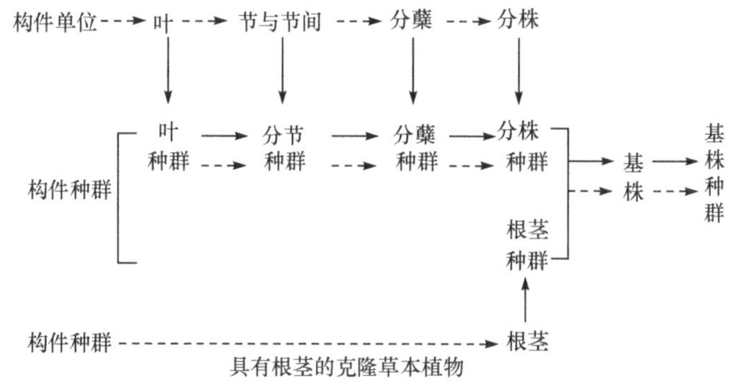

图5.1 植物构件组成、构件种群和基株种群(刘庆和钟章成,1995)

5.2 种群动态

生存在特定环境中的任何植物种群,都会随时间进程而呈现个体数量消长和分布变迁,称为种群动态(population dynamics)。种群动态研究种群数量在时间上和空间上的变动规律,即有多少(数量和密度)?哪里多、哪里少(分布)?怎样变动(数量变动和扩散迁移)?为什么这样变动(种群调节)?

5.2.1 种群密度

种群密度(population density)就是单位空间内种群的大小,通常以单位面积或体积的个体数量或种群生物量来表示,如每公顷200株樟树,每立方米500万个硅藻等。用公式表示为

$$D=\frac{N}{S} \tag{5.1}$$

式中:D为密度;N为个体数;S为面积。

根据密度调查方法不同,密度分为两类:绝对密度(absolute density)是指单位面积或单位体积中的植物个体数量;相对密度(relative density)是衡量植物数量多少的相对指标。

种群密度是一个变量。在适宜的环境条件下密度较高,反之则低。种群密度随时间和环境条件而发生变化,因此,进行种群调查时要具有时间和空间的概念,在特定时间内,了解、比较各地的具体环境条件。单位面积(或体积)特定生态环境中的植物个体数也称为生态密度(ecological density),它反映了植物与环境的相互关系,是常用的密度指标。对于许多构件生物,研究构件的数量与分布状况往往比个体数(由合子发展起来的遗传单位)更为重要。例如,一丛稻可以从只有一根主茎到具有几百个分蘖,个体的大小相差悬殊,所以在生产上计算稻丛数量意义不大,而计算秆数比区分主茎更有实际意义。果树上的枝节还具有不同年龄,有叶枝和果枝的区别,每一果座上花数与果实数也有变化。由此可见,研究植物种群动态,必须重视个体水平以下的构件组成"种群"的重要意义。

5.2.2 种群的年龄结构和性比

1. 年龄结构

1）年龄结构的概念

种群的年龄结构(age structure)是指种群内不同年龄个体的分布或组配情况，即各个年龄级的个体数目与种群个体总体的比例，或称为年龄比(age ratio)或年龄分布(age distribution)。根据年龄结构可将种群区分为异龄种群和同龄种群，一年生植物和栽培植物为同龄种群，而多年生植物的自然种群往往为异龄种群。年龄结构对种群出生率与死亡率的影响很大。如果其他条件相等，种群中具有繁殖能力年龄的成体比例较大，种群的出生率就越高；而种群中缺乏繁殖能力的年老个体比例越大，种群的死亡率就越高。构件生物的年龄结构包括两个层次：个体的年龄结构和组成个体构件的年龄结构。在同一植株上由幼龄的、正在生长发育的、参与繁殖的、衰老的不同构件组成，叶、枝条、根等构件的活动性也会随着年龄而变化，因此，在植物种群的研究中，要注意构件种群的年龄结构。

2）年龄结构的划分

从生态学角度，根据生态年龄(ecological age)，即繁殖状态，通常可以将一个种群分为3个年龄组(age classes)：繁殖前期(prereproductive period)(性不成熟期)、繁殖期(reproductive period)(性成熟的生殖期)和繁殖后期(post reproductive period)(性衰退消失的老年阶段)。3个年龄组还可以进一步细分，如高等植物繁殖前期可以进一步分为休眠期、幼苗期、幼年期和成熟期；繁殖期分为繁殖初期、繁殖盛期、繁殖末期；繁殖后期分为繁殖停滞期、衰老期、死亡期。不同植物这3个年龄组在其生活史中的相对长短差异很大，势必会影响种群的出生率与死亡率。

植物种群个体年龄的确定较为复杂，可以根据生长特征(如芽鳞痕、轮枝台数、小枝节数)和年轮来确定种群中个体的年龄；由于种群的表现结构(高度、重量、茎级等)能反映植物种群现存的状况和发展趋势，因此表现结构也可以用来表示年龄，如乔木的胸高直径(diameter at breast height，DBH)与植物的年龄或生活阶段具有明显的正相关关系，可以直接用胸径大小来表示个体的年龄。克隆生长的植物可以用个体大小来表示年龄。乔木种群常常用立木级(size class)和高度来表示种群个体的年龄。

3）年龄金字塔

常用年龄金字塔(age pyramid)或年龄锥体来表示种群的年龄结构。年龄金字塔是用从上到下一系列不同宽度的横柱作成的图。横柱的高低位置表示由幼体到老年的不同年龄组，横柱的宽度表示各个年龄组的个体数或其所占种群全部个体数的百分比。根据年龄金字塔的形状，可以将种群分为3个基本类型(图5.2)。

(1) 增长型种群(expanding population)。年龄锥体呈典型的金字塔形，基部宽阔而顶部狭窄，种群中有大量的幼体，年老的个体很少，种群出生率大于死亡率，是迅速增长的种群。

(2) 稳定型种群(stable population)。其年龄锥体大致呈钟形，种群各年龄组的分布比较均匀，出生率和死亡率也大致平衡，种群数量稳定。

(3) 下降型种群(decline population)。其年龄锥体呈壶形，基部比较狭窄而顶部较宽，种群中幼体所占比例很小，而老年个体的比例较大，种群死亡率大于出生率，是一种数量趋于下降的种群。

种群中各年龄组的比率决定现有繁殖状况,并能预测种群未来趋势。

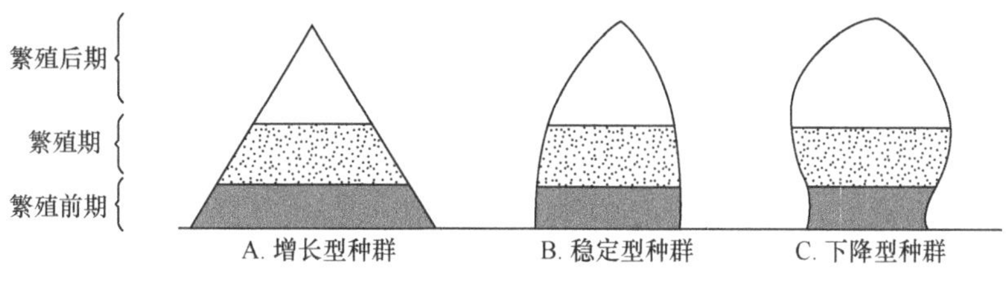

图 5.2 年龄金字塔的基本类型

2. 性比

一个种群中所有个体或某个年龄组的个体中,雄性个体数与雌性个体数的比例称为性比(sex ratio)。性比是反映种群中雄性个体(♂)和雌性个体(♀)比例的参数。用公式表示为

$$S=\frac{M}{F}\times 100\% \tag{5.2}$$

式中:S 为性比;M 表示雄性个体数;F 表示雌性个体数。

有性生殖是植物的一个普遍特性,对于雌雄异株的植物来说,性比是种群结构的一个要素,它对种群的发展具有很大的影响。如果两性个体比值过于悬殊,极不利于种群的增殖而影响种群的结构与动态。一般将受精卵的性比称为第一性比,雌雄比例大致为 50∶50;幼体成长到性成熟这段时间的性比称为第二性比;性成熟以后的性比称为第三性比。第二性比和第三性比常常因为各种原因而变化。部分原因可能同性别的遗传决定、生理学和两性的行为等因素有关。

5.2.3 生命表

1. 生命表的概念

生命表(life table)是描述种群死亡过程和存活过程的一览表,用以记录在自然条件或实验条件下,种群在整个生命周期内出生和死亡的数目,以及出生、死亡发生的年龄。根据不同龄级出生和死亡的数量,估计种群消长的趋势。生命表实质上就是一种描述种群死亡的有用的图表模式。

2. 一般生命表的构成

一般生命表由若干栏构成(表 5.1)。第一列表示年龄组,从低龄到高龄自上而下排列,其他各列都记录着种群死亡与存活的情况的一个观察数据或统计数据,每栏以符号代表,这些符号在生态学中已成为习惯用法,含义如下:

x:年龄组;

n_x:在 x 期开始时的存活个体数;

d_x:从 x 到 $x+1$ 的死亡数目;

表 5.1 一个假想的生命表

x	n_x	d_x	l_x	q_x	L_x	T_x	e_x
1	1000	550	1.00	0.550	725	1210	1.21
2	450	250	0.45	0.556	325	485	1.08
3	200	150	0.20	0.750	125	160	0.80
4	50	40	0.05	0.800	30	35	0.70
5	10	10	0.01	1.000	5	5	0.50
6	0		0.00				

lx:在 x 期开始时的存活个体的百分数

$$l_x = \frac{n_x}{n_1} \tag{5.3}$$

q_x:在 $x \to x+1$ 期的死亡率

$$q_x = \frac{d_x}{n_x} \tag{5.4}$$

L_x:x 年龄组期间的平均生活个体数

$$L_x = \frac{n_x + n_{x+1}}{2} \tag{5.5}$$

T_x:x 年龄组期间种群个体期望寿命总和,其值等于生命表中各 L_x 的值自下而上累加之和,即

$$T_x = \sum_x^{\infty} L_x \tag{5.6}$$

e_x:在 x 年龄组开始时的平均生命期望(即该年龄期开始时平均能够存活的年限)

$$e_x = \frac{T_x}{n_x} \tag{5.7}$$

在生命表中,只有 n_x 和 d_x 是实测值,其余各栏都是统计值,即只要有 n_1,n_x 和 d_x 就可以计算出其他各项的数值,其中 L_x 和 T_x 是专为计算 e_x 设计的。

3. 生命表的类型

(1) 动态生命表(dynamic life table)。又称为特定年龄生命表(age-specific life table)或同生群生命表(cohort life table),是根据观察同一时间出生的个体群(同生群 cohort)死亡或动态过程所获得的数据而编制的生命表。动态生命表在记录各年龄或发育阶段死亡的同时,还可以查明和记录死亡原因,从而分析和找出种群发育的薄弱环节,找到种群下降的关键因子。这种生命表需要收集同生群从出生到死亡的全部数据,结果比较准确,但是对于世代重叠、寿命较长的种群来说要想获得全部数据比较困难。动态生命表的个体都经历了同样的环境条件。

(2) 静态生态表(static life table)。又称为特定时间生命表(time-specific life table),是在某一特定时间对种群作一个年龄结构调查,并根据调查结果而编制的生命表。静态生命表的编制基于三个假设:种群数量静止不变;种群的年龄结构稳定,与时间无关;无迁入和迁出。然

而事实并非如此，静态生命表中各年龄组个体的出生时间有先有后，经历的环境也有差异，各年龄组个体的出生、死亡、存活的变化影响因素十分复杂。编制静态生命表等于就是假定种群所经历的环境是无变化的。但是静态生命表能反映出种群出生率与死亡率随年龄而变化的规律，很容易使人们看到种群的生存对策和生殖对策，也比较容易编制，特别对世代重叠、寿命长的种群具有很大的应用价值。马丹炜(1999)以径级代替年龄级编制了四川九寨沟不同林型的油松种群静态生命表，反映了油松种群的动态特点。

(3) 图解生命表。是一种简化的生命表，它以图形记录的方式，将种群数量变动的过程以流程图的形式表示，并标志各变量的数值，具有直观、方便的特点。图 5.3 是一个理想化的高等植物图解式生命表，表示一次性结实植物种群从 N_t 到 N_{t+1} 一个世代的数量动态。图中的长方形框图分别代表几个发育阶段(种子、实生苗和成株)的起始数量。$t+1$ 时刻的成年植株(即 N_t+1)有两个来源：一是从 t 时刻存活下来的成株，其存活率用 $p(0\leqslant p\leqslant 1)$ 表示。例如，如果 $N_t=100$，$p=0.9$，那么就会有 $100\times 0.9=90$ 株存活到 $t+1$ 时刻。即 t 至 $t+1$ 期间，10 株死亡，死亡率为 $1-p=0.1$。二是源自出生，出生包括种子的生产、种子萌发和实生苗的生长存活等过程。每株植物平均生产的种子数量(即种群的平均生育力)用 F 代表，种子总产量为 $N_t\times F$。这些种子的平均萌发率用 g 代表，实生苗的数量为 $N_t\times g\times F$；最后一个过程是实生苗发育为能独立进行光合作用的成年植株，其存活率用 e 代表。种群的出生总数为 $N_t\times F\times g\times e$。综上种群在 $t+1$ 时刻的数量就等于 $(N_t\times F\times g\times e)+(N_t\times p)$。根据生命表的上述各个成分，可以建立一个种群增长的基本方程式，即

$$N_t = N_t - N_t(1-p) + N_t\times F\times g\times e \qquad (5.8)$$

对于多次结实，世代重叠的种群来说，图解模型需按照年龄组进一步细化。

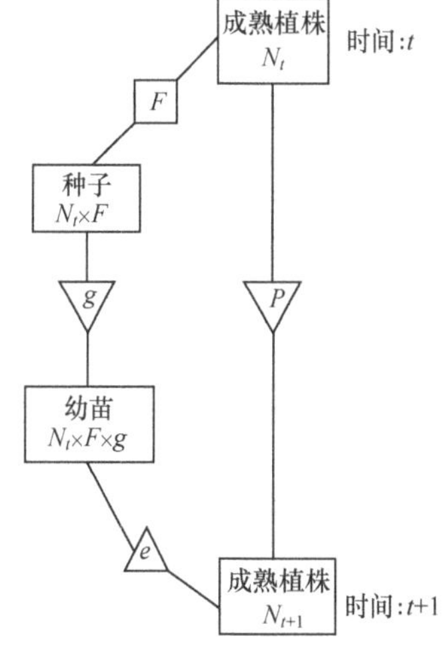

图 5.3 植物种群的图解生命表
(姜汉侨等,2004)

4. 存活曲线

存活曲线(survivorship curve)是一条反映种群个体在各年龄组存活状况的曲线，以对数的形式表示在每一生活阶段存活个体的比率。Deevey(1947)以相对年龄(即以平均寿命的百分比表示年龄，记作 X)作为横坐标，存活 L_x(在 x 期开始时的存活分数)的对数作纵坐标，绘制存活曲线划分为 3 个基本类型(图 5.4)。

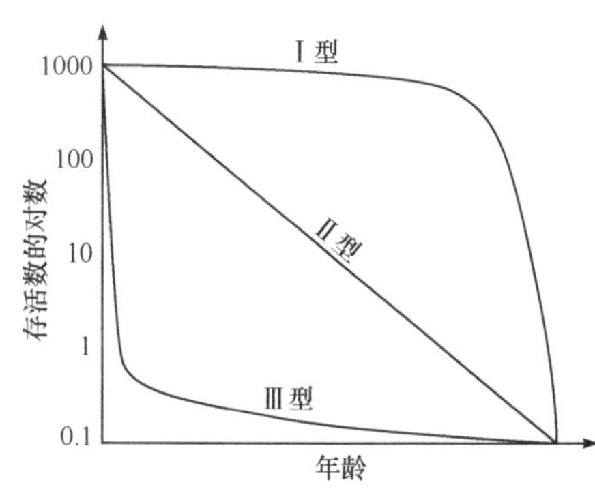

图 5.4 存活曲线的基本类型

(1) Ⅰ型(A 型)。曲线呈凸形，表示种群在接近于生理寿命(在最优条件下，种群中个体的平均寿命)之前，只有个别个体的死亡，即几乎所有的个体都能达到生理寿命，如一年生植物。

(2) Ⅱ型(B 型)。曲线呈对角线，表示种群各时期的死亡率相等，如多年生一次性结实植物。

(3) Ⅲ型(C 型)。曲线呈凹形，表示幼体的死亡率很高，以后的死亡率低而稳定。如多次结实的多年

生植物。

5.2.4 种群的增长

1. 种群的内禀增长率

生命表是总结死亡的一览表，死亡率与出生率相对立而共同作用并决定了种群的数量变化。可采用种群参数——内禀增长率(intrinsic rate of natural increase，r_m)来表达二者的综合作用。其意义为：最适条件下(最适的温、湿度组合，充足的和高质量的营养、无限的空间，最佳种群密度并排除其他生物的有害影响)，种群内部潜在的增长能力，即稳定年龄结构的种群所能达到的最大增长率。r_m 值具有统计特性。

种群的实际增长率总是在不断变化。自然界的环境条件不断变化，当环境条件有利时，种群的增长率为正值，反之亦然。在实验室中，可排除对种群增长不利的因素，观察到种群的内禀增长率。r_m 与实际测得的增长率之差，即为环境阻力(environmental resistance)的度量，环境阻力就是妨碍生物潜能实现的环境限制因子的总和。通过比较实际增长率和内禀增长率，可以了解种群在生殖上的生态对策，极高的 r_m 值可能意味着高死亡率，极低的 r_m 值则预示着种群在自然条件下可能出现低死亡率。

2. 种群的增长规律

种群生态学研究的核心是种群动态问题，而反映种群动态的客观现象是一大堆的数学问题，数学模型是用来描述现实系统或其性质的一个抽象的、简化的数学公式，只要应用得法，就能达到直接观察和试验所得不到的效果。数学模型中，人们感兴趣的不是特定公式的数学细节，而是模型的结构。哪些因素决定了种群大小？哪些参数决定种群对自然或人为干扰反应的速度？即注意力应该集中在数学模型的各量的生物学意义上，而不是其推导上。

1) 与密度无关的种群增长模型

在无限环境(即环境中的空间、营养等是无限的)中，种群潜在的增长能力得到最大的发挥，其增长率不随种群本身的密度而变化，这类增长呈指数式增长格局，称为种群的指数增长规律(law of exponential growth)，包括离散增长规律和连续增长规律。

(1) 离散增长模型。一次结实植物(semeparity)的种群在结实后所有的个体将死亡，下一代从种子重新开始，包括一年生(annual)、二年生(biennial)和多年生(perennial)，差别在于有性生殖过程是在当年完成，还是在第二年甚至经历多年才完成。一次结实植物种群的世代是不连续、不重叠的，其增长规律通常用差分方程描述：

$$N_{t+1} = \lambda N_t \tag{5.9}$$

或

$$N_t = N_0\lambda^t \tag{5.10}$$

式中：N_t 为 t 世代种群大小；N_{t+1} 为 $t+1$ 世代种群大小；λ 为周限增长率，即相邻两个世代的比率为

$$\lambda = \frac{N_1}{N_0} \tag{5.11}$$

将方程 $N_t = N_0\lambda^t$ 两端取对数，即

$$\lg N_t = \lg N_0 + (\lg\lambda)t \tag{5.12}$$

式(5.12)具有直线方程式 $y=a+bx$ 的形式，以 $\lg N_t$ 对时间 t 作图，就得到一条直线，其

中 $\lg N_t$ 为截距，$\lg\lambda$ 为斜率。

λ 是一个有用的参数。从理论上讲又有以下四种情况：λ>1，种群上升；λ=1，种群稳定；0<λ<1，种群下降；λ=0，种群无繁殖现象，且在一代中灭亡。

(2) 种群连续增长模型。多次结实植物(iteropafity)的种群存在世代重叠，各次结实的时间间隔也不固定。在自然条件下，许多树木都不是每年都结实，结实的频率有的隔年，有的间隔两年，甚至三、五年或更长。例如，果树结实就有大、小年之分。世代重叠的种群的增长规律常常用指数模型进行描述。

$$\frac{dN}{dt} = rN \tag{5.13}$$

或

$$N_t = N_0 e^{rt} \tag{5.14}$$

式中：dN/dt 为种群的增长速度，即在一定时间中个体数的变化；N 为种群个体数；t 为时间；r 为增长率=出生率－死亡率；e 为自然底数；N_0 为开始时种群的数量。

以对数标尺($\lg N_t$)对时间(t)作图(图 5.5)，得到一条直线，而以个体数(N)对时间作图，得到一条"J"形曲线，故该增长模式又称为"J"型增长(J-shaped growth form)。一年生植物、藻类等植物具有此类增长特征。

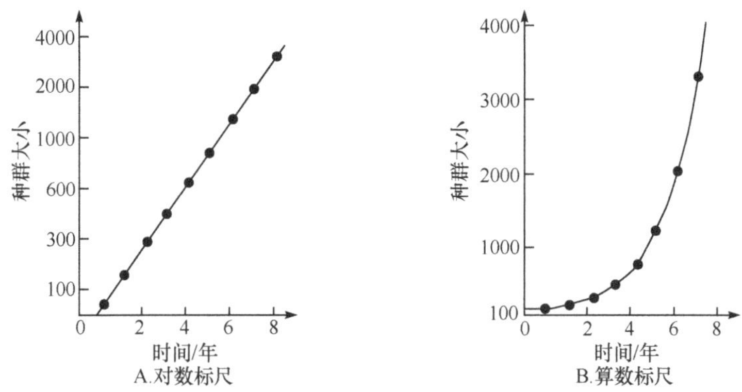

图 5.5　种群的指数式增长(林育真，2004)

2) 与密度有关的种群增长规律

尽管物种具有巨大的增长潜力，但是在自然界中，种群却不能无限制地按照几何级数增长。当种群在一个有限的环境中增长时，随着种群密度上升，对有限空间资源和其他生活必需条件的种内竞争必将增加，继而影响到种群的出生率和死亡率，降低种群的实际增长率。因此，在自然界种群总是在增长到一定限度后，增量和减量的差异逐渐消失，而达到平衡。

(1) 环境容纳量(carrying capacity)。是指由环境资源所决定的种群限度，即某一环境所能维持的最大种群数量，用 K 来表示。

(2) 逻辑斯谛增长(logisitic growth)。在自然条件下，所有生物种群的增长曲线不是直线而是"S"形的。开始时经过一个适应环境的延滞期后，随即进入指数增长期(即个体呈指数增长)，然后增长速度变慢，最后增量和减量相等，种群不再增长而达到最高密度的稳定期。这种增长形式称为逻辑斯谛增长。其数学模型由比利时学者 Verhurst 首次提出，后来由 Pearl 与 Reed 应用到人口学上而得到普遍认同，故称为 Verhulst-Pearl 方程(Verhulst-Pearl equation)，也被称为逻辑斯谛方程(logistic equation)。

$$\frac{\mathrm{d}N}{\mathrm{d}t} = rN\left(1 - \frac{N}{K}\right) \tag{5.15}$$

该方程可以采用以下方式表达：

$$\begin{pmatrix}\text{种群}\\ \text{增长率}\end{pmatrix} = \begin{pmatrix}\text{当 } N \text{ 接近 0 时}\\ \text{的内禀增长率}\end{pmatrix} \times \begin{pmatrix}\text{种群}\\ \text{大小}\end{pmatrix} \times \begin{pmatrix}\text{因拥挤引起}\\ \text{的增长下降}\end{pmatrix}$$

其积分式为

$$N_t = \frac{K}{1 + \mathrm{e}^{a-rt}} \tag{5.16}$$

式中：N 为种群个体数；t 为时间；r 为增长率；e 为自然底数；K 为环境容纳量，a 为常数。

逻辑斯谛方程的两个参数 r 和 K，均具有重要的生物学意义。

(3) 逻辑斯谛曲线。以种群数量对时间作图，得到一条“S”形的曲线(图 5.6)，故逻辑斯谛增长又称为“S”形增长(sigmoid 或 S-shaped growth form)。S 形增长曲线有两个特点：S 形曲线有上渐近线(upper asymptote)，即 S 形增长曲线渐近于 K，但却不会超过最大值水平，此值即为环境容纳量；曲线变化是逐渐的、平滑的，而不是骤然的。从曲线的斜率来看，开始变化速度慢，以后逐渐加快，到曲线中心有一拐点，变化速率加快，以后又逐渐变慢，直到上渐近线。逻辑斯谛曲线常划分为 5 个时期：开始期(或称潜伏期，由于种群个体数很少，密度增长缓慢)；加速期(随个体数增加，密度增长逐渐加快)；转折期(当个体数达到饱和密度一半，即 $K/2$ 时，密度增长最快)；减速期(个体数超过 $K/2$ 以后，密度增长逐渐变慢)；饱和期(种群个体数达到 K 值而饱和)。

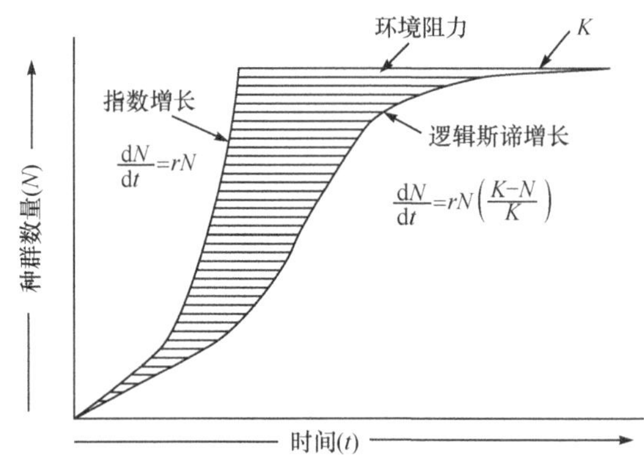

图 5.6　种群逻辑斯谛增长与指数式增长曲线的比较(李振基等，2004)

(4) 逻辑斯谛方程修正项$(1-\frac{N}{K})$的生物学意义。$(1-\frac{N}{K})$代表的是剩余空间(residue space)，即种群尚未利用的，或种群可利用的最大容纳量中还“剩余”的，可供种群继续增长用的空间。种群数量 $N\to 0$，则$(1-\frac{N}{K})\to 1$，表示几乎全部空间尚未被利用，种群潜在的最大增长能力能够充分地实现，种群接近于指数增长；如果 $N\to K$，那么$(1-\frac{N}{K})\to 0$，表示 K 空间几乎全部被利用，种群增长的最大潜在能力不能实现；当种群数量 N 由 $0\to K$，$(1-\frac{N}{K})$项则由 $1\to 0$，表示种群增长的“剩余空间”逐渐缩小，种群潜在的最大增长可实现程度逐渐降低。并且种群每增加一个个体，这种抑制效应就增加 $1/K$。因此，这种抑制效应又称为拥挤效应(crowding effect)，产生的影响即为环境阻力。当 $N>K$，$1-\frac{N}{K}<0$ 时，种群下降；当 $N=K$，$1-\frac{N}{K}=0$ 时，种群稳定；当 $N<K$，$1-\frac{N}{K}>0$ 时，种群增长。由此可见，逻辑斯谛系数 $(1-\frac{N}{K})$ 对于种群数量变化有一种制约作用，使种群数量总是趋于 K 值，形成"S"形增长曲线，因此，K 可以称为种群平衡密度(population balance density)。

综上所述，种群增长有两个基本类型，即"J"型增长与"S"型增长。自然种群的增长虽然难以出现与上述两种类型完全相同的典型例子，但却往往有与之相似的各种变型。

(5) 逻辑斯谛增长模型的现实意义。根据逻辑斯谛增长方程可知，当种群密度处于逻辑斯谛增长曲线的拐点 $N=K/2$ 的时候，dN/dt 最大，即种群数量维持在 $K/2$ 左右时，才是能提供最大持续产量的"最适"种群水平；$N<K/2$ 时，种群将受到严重损害，短期内难以恢复，而 $N=K$，种群的增长率为0。因此，逻辑斯谛增长模型是农业、林业、渔业等实践领域确定最大持续产量(maximum sustained yield，MSY)的基本模型。最大持续产量是指要使某种生物资源产量达到最大，又不影响资源的持久利用。即所谓的"青山常在、永续利用"。要使产量达到最大，必须使种群数量维持在 $K/2$，从而使增长速率 dN/dt 达到最大；在资源利用管理方面和有害生物防治方面，逻辑斯谛增长模型具有积极指导意义。一个从未开发利用、数量比较稳定且接近于环境容纳量 K 值的资源种群，其增长率自然接近于零，因此也就没有持续产量可言。对于这类资源种群，首先要利用它使其数量小于 K 值，使种群增长率成为正值，才有"剩余生产"可供持续利用。通过利用资源，降低了种群密度，改善了种群中每一个体的生活条件，使种群的生长速度加快，出生率增加，死亡率降低，从而使种群增长率提高，种群增长率的提高才是持续产量的基础。与此相反的资源利用方式是"竭泽而渔"，过度利用某种资源使其种群数量降低到 $K/2$ 水平以下，导致种群持续下降，最后濒临灭绝，这种现象称为生物学过捕(biological over-harvesting)。综上所述，对资源的过度利用或不加利用都不符合人类社会发展的需要。许多人认为资源种群数量的减少，就是资源的过度利用，这是一种错误的见解，问题不在于资源种群数量的减少，而在于减少到什么程度，需要作出定量的估计；在防治有害生物时，仅采用杀灭这一办法有时效果适得其反。如果仅仅将有害种群杀死了一半，存活个体的数量反而降到指数生长期，将按照指数增长很快恢复到原来的数量。因此，在使用有效方法消灭某种有害生物的同时，还需要减少其环境资源，以此降低环境容纳量，从根本上控制这种有害生物的数量。

5.2.5 自然种群的数量变动

当种群被引入新的栖息环境后，通常经过一系列的生态适应(包括定居、生长、发育、生殖等)，建立起种群后，其数量会出现各种不同的变化方式。

(1) 种群平衡(population equilibrium)。指种群较长期地维持在几乎同一水平上。种群的数量增长到 K 值以后，种群数量会保持稳定。但是实际上大多数种群数量不会长期保持稳定，稳定是相对的，种群平衡是一种动态平衡。

(2) 季节消长(seasonal change)。各种生物种群的数量变动往往具有季节消长规律，由于受环境因子季节性变化的影响，生活在该环境中的植物种群产生与之相适应的季节性消长的生活史节律。如温带湖泊的浮游植物(主要是硅藻)，每年常常有春秋两次密度高峰，称为"开花"。原因是冬季的低温和光照减少，降低了水体的光合强度，营养物质随之逐渐积累；到春季水温升高、光照适宜，加之有充分营养物质，使具巨大增殖能力的硅藻迅速增长，形成春季数量高峰。但不久后营养物质耗尽，水温过高，硅藻数量下降；当秋季来临时营养物质又有积累，形成秋季的高峰。这种典型的季节消长，也会受到气候异常和人为的污染而有所改变。

(3) 年际变动(annual change)。指种群在不同年份之间的波动，包括周期性波动和不规则波动。有些的生活环境极不稳定，或环境不固定(即流动性环境或波动性环境)，在这种环境中生活的一些个体小、寿命短的植物种群，其数量常常出现不规则波动，可在短时间内实现种群的极大波动，幅度可以达到几个数量级，如绿藻和硅藻种群可以在几天或几周内完成种群的剧增和骤减(图 5.7)。少数生物种群的数量年际变化呈现出周期性的波动。决定周期性波动的原因有许多不同的学说，但是有两点是值得注意的：周期性波动见于比较简单的生物群落；数量高峰有时可以在广大地区同时出现，但是不同的种类或同一种类的不同地区，其种群数量高峰并不始终一致。

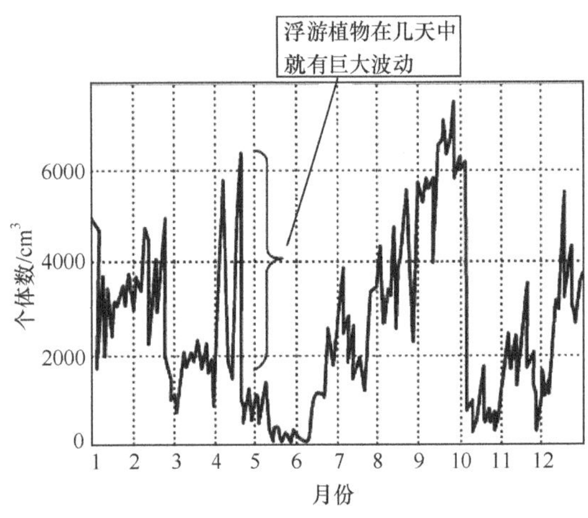

图 5.7　浮游植物在短期内的数量波动(Ricklefs，2004)

(4) 种群暴发(大发生)(population outbreak)。指某些具有高生殖力的特性种群在环境适宜时，种群数量在短期中迅速增长。具有不规则或周期性波动的生物都可能出现种群暴发。在外来入侵植物中，种群暴发现象比较普遍，紫茎泽兰、凤眼莲、微甘菊等在我国均发生过种群暴发现象。海洋中的赤潮是指水域中一些浮游生物(如腰鞭毛虫、裸甲藻、梭甲藻、夜光藻等)暴发性增殖所引起水色异常的现象。造成赤潮的主要原因是有机物污染，氮、磷等营养物过多，形成水体富营养化。

(5) 种群崩溃。在种群暴发之后，环境条件恶化导致种群个体大批死亡，种群数量急剧下降，称为种群崩溃(population crash)。

(6) 种群的衰落(population decline)和灭亡(population extinction)。指当种群长久处于生长不利条件下，或在人类过度利用、栖息地被破坏的情况下，其种群数量会出现持久性下降的现象。个体大、出生率低、生长慢、成熟晚的生物，最易出现这种情形。种群衰亡的原因是多方面的，如种群内个体数量太少而产生近亲繁殖，使后代体质减弱，死亡率增加；不能适应栖息环境的改变；对于雌雄异株的植物种群来说，种群密度过低导致雌雄个体难于相遇，使其繁殖力下降；人类不合理地开发利用；入侵种的排斥作用等。

5.3　种内关系

种内关系(intraspecific relationship)是指种群内的个体之间的相互关系。植物种群的种内关系主要表现在密度效应和空间分布格局两个方面。

5.3.1 种群的密度效应

同种个体间发生的竞争称为种内竞争(intraspecific competition)。植物不能像动物那样逃避密集和环境不良的情况,因而植物种群内个体间的种内竞争主要表现在密度效应。密度效应(density effect)或称邻接效应(neighbor effect),指在一定时间内,当种群的个体数目增加时,就必定会出现邻接个体之间的相互影响。植物的密度效应有两个特殊的规律。

1. 最后产量恒值法则

1951年,Donald在研究地三叶(*Trifolium subterraneum*)密度和产量的关系时发现,在一定范围内,当条件相同时,不管种群的密度如何,植物最后的产量差不多总是一样的。原因是在高密度情况下,植株之间的光、水、营养物的竞争十分强烈,在有限的资源中,植株的生长率降低,个体变小。这就是最后产量恒值法则(law of constant final yield),用公式表示为

$$Y = \overline{W} \cdot d = K_i \tag{5.17}$$

式中:$\overline{W}$为植物个体平均重量;d为密度;Y为单位面积产量;K_i为常数。

2. −3/2次幂自疏法则

自疏(self thinning)是指同一种群随着年龄的增长和个体的增大,种群的密度降低的现象。

自疏属于种群的一种密度效应。植物种群密度较低时,个体之间不会形成争夺有限资源的相互作用。随着个体数量增多,因资源的限制而相互影响时,就会产生邻接效应。种群内个体的基因型不同,所处微生境也可能有所不同,个体间抑制对方的作用强度和耐受程度都存在差异,结果有的个体可获得更多的资源,长得更快,而有的个体会死亡。

高密度种群中,邻接效应发生在基株和构件两个层次上,表现为个体与构件的自疏现象。同株个体或相邻个体的构件如枝、叶、花、果等因有限资源的制约而相互影响、相互抑制,可引起构件的数量和大小变化,以及构件死亡,使植株的形态改变,整株生物量减少,生殖投入减少,甚至出现植株死亡。

植物种群尤其是稠密种群中,自疏过程往往出现个体利用资源量的分化。植物个体利用资源量的分化可用个体重量分布频率来反映。在单种或混种实验中,起始阶段幼株的重量分布呈正态分布,个体大的植株出现的几率完全是随机的,也可能有土壤微地形和安全岛等因素的差异。随后,种群中会均匀地出现少量较大的个体,这些个体植株最高,生物量最大,形成高过其他许多小个体植株的冠层。这时植株重量分布频率呈高度的偏斜分布,绝大多数为小个体。接着,个体死亡开始出现,最小的个体首先死亡,小个体所占的比例也逐步下降。最后存活下来的个体在空间上均匀分布(图5.8)。上述过程,形成了一种资源利用等级,导致种群成员间不同的生长速率。在这个等级的底端是受压制的个体,顶端是处于支配地位的个体。

资源利用等级的形成并非偶然和随机的结果,就个体而言,这与个体的一定遗传素质有关,包括:开始的投入(种子的重量差异);特定环境中个体基因型的生长速率及持续时间;邻接个体的特性及相互影响。从种群的角度看,资源占有的不平等是种群通过自我调节机制的一

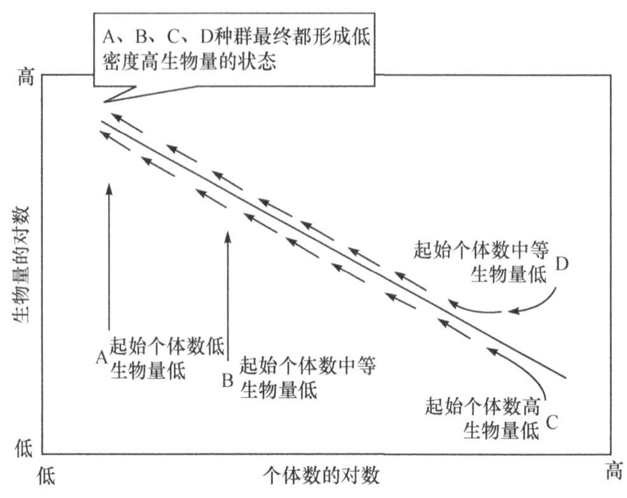

图 5.8 植物种群的自疏过程(姜汉侨等,2004)

种适应和分化,是种群质量决定数量的一种反映,毕竟能够使种群延续才是最终的目标。在资源利用等级形成的过程中,具体与以下因素有关:体型大的个体通过直接竞争抑制体型小的个体生长;邻接个体的大小和相邻远近对植物的生长速率有负面影响;植物生长的相对生长率(RGR)与个体大小相关;其他因素如抗病虫害的遗传素质差异造成生长速率的不同。

1963 年,Yoda 等提出—3/2 次幂定律,即植物的生物量与密度之间存在一定的关系,通常是"对数生物量"与"对数植物密度"成逆相关,存在着一个—3/2 的斜率,这种表现具有相对的恒定性,草本、灌木和乔木中都存在着这一关系。生物量常用植物平均干重来衡量,Yoda 将植物的平均干重($\bar{\omega}$)和存活个体密度(d)之间的关系表示为

$$\bar{\omega} = Kd^{-a} \tag{5.18}$$

或

$$\lg\bar{\omega} = \lg K - a\lg d \tag{5.19}$$

式中:K 和 a 是常数,a 是密度和植物平均干重的对数曲线斜率,log$K$ 是曲线的截距。不同的植物 K 值为 3.5~4.5,而 a 为一个恒值等于—3/2,即

$$\bar{\omega} = Kd^{-3/2} \tag{5.20}$$

—3/2 次幂定律反映了一条植物种群动态调节中的自疏线,这条线的斜率为—3/2。当植物种群的单位面积生物量和个体数均处在这条斜线之下时,总生物量将增加直至达到这条线,个体将随生物量的积累而逐渐死亡,死亡率取决于生物量的积累率。植物的个体或生物量越大,非光合的部分也就越多。个体越大(数量越少)时,环境能够支持更多的生物量。作物的产量不一定符合—3/2 次幂定律,因为收获产量不等同于植株的重量或生物量,但对于一些植物体来说,合理的种植密度确实能获得最高的产量。

5.3.2 种群的空间分布格局

1. 内分布型的概念

组成种群的个体在其生活空间中的位置状态或配置方式,称为内分布型(internal distribution pattern)或种群空间分布格局(spatial pattern)。

2. 内分布型的类型

种群的内分布型是种群特性、种群关系和环境条件的综合作用下形成的种群空间特性，是种群在长期进化历程中形成的适应性，也是对现实环境波动的适时反映。理论上，种群的内分布型分为 3 种类型(图 5.9)。

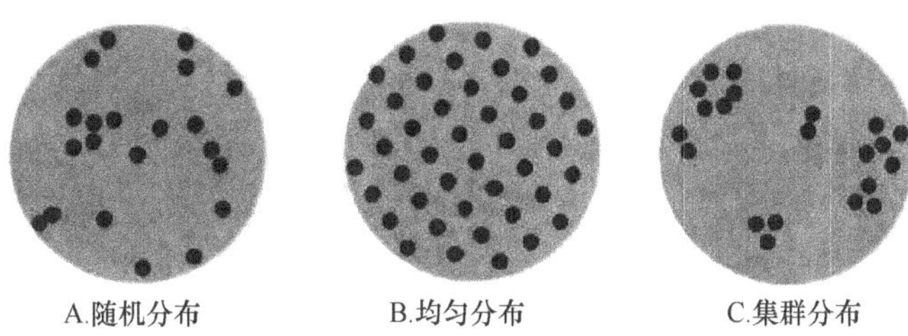

图 5.9　内分布型的基本类型(Molles，2002)

(1) 随机分布(random distribution)。指某一个体的分布不受其他个体分布的影响，每个个体在种群分布空间内各个位置出现的机会相等。随机分布在自然条件下并不多见，只有在生境条件基本一致，或者生境中的主导因子是随机分布的时候，或者种群内部个体之间没有相互吸引或排斥时才会出现。如种子随机散布形成的幼苗种群随机分布，进入稳定期的单优森林群落或原始热带雨林中，上层优势种也常表现为随机分布。

(2) 均匀分布(uniform distribution)。指种群个体之间彼此保持一定的距离，个体之间形成等距的规则分布。自然条件下均匀分布极其罕见。竞争的个体间形成均匀相等的间隔，如森林中的树木由于竞争树冠空间或根部空间可能导致均匀分布。此外，优势种呈均匀分布、地形或土壤等物理特征呈均匀分布、自毒现象(autotoxin)(植物分泌物对同种植物的实生苗有毒的现象)以及虫害等都能导致均匀分布的形成。

(3) 集群分布(clumped distribution)。指种群个体的分布不均匀，成斑、成簇、成团状密集分布。1975 年，Whittaker 提出了第四种内分布型，即嵌式分布(mosaic distribution)，指种群个体高度簇生结合成许多群，而集群间又是规则的均匀分布的内分布型。而集群分布的各群大小、群间距离、群体内个体的密度不等，各群大体呈随机分布。实际上，嵌式分布属于集群分布的范畴，目前一般将二者均归并为集群分布。集群分布是自然界最广泛的一种内分布型。环境体条件的不均匀性、以母体作为扩散中心以及种间关系(如寄生、附生等)均可能导致集群分布的形成。

3. 种群内分布型的判断

假设取 n 个样方，x 为各样方的实际个体数，m 为每个样方的平均数，其方差为

$$S^2 = \frac{\sum (x-m)^2}{n-1} \tag{5.21}$$

根据 S^2 值可以判断种群的内分布型：$S^2=0$，属于均匀分布；$S^2=m$，属于随机分布；$S^2>m$ 属于集群分布，此外，人们常常用理论拟合的方法来确定种群的内分布型。

4. 影响内分布型的因素

影响种群格局的因素主要由环境的空间异质性和物种适应性决定，表现为 4 个方面：

(1) 植物的形态结构特点。种群的空间格局与该物种的生长习性和亲代的散布习性密切相关，这是一个种特有的内在适应性决定的，其中营养增殖、种子的重量和传播力是影响种群格局的重要因素。行无性繁殖的植物，其个体的形态学特征影响着格局的尺度。由于重力的作用，种子多散布在母树周围，种子萌发后往往形成集群分布的幼苗。

(2) 环境因素的配置。自然界中各种环境因素的分布并非均匀一致，而是呈梯度变化，特别是小地形、温度、湿度、光照、土壤厚度等小尺度生境条件的分异，对种群的空间格局有着显著的作用。种群因其自身的生物学适应范围，随环境梯度变化而形成相应的分布格局。Harper(1977)曾提到，当草地很湿的时候，牛蹄留下的脚印对次年春天 *Ranuuculus bulbosus* 的生长有明显的影响，虽然牛蹄印已经不见了，但 *R. bubosus* 的幼苗整齐地聚集生长在牛蹄印的轮廓里，称为安全岛(safety island)。

(3) 生物之间的相互作用。各物种间存在着许多复杂的种间关系，导致内在的本质联系和过程更为复杂。例如，动物贮藏种子的行为就有可能影响到植物后代种群的格局，被动物遗忘的种子在贮藏点萌发形成聚集的幼苗群；经鸟类传播种子的植物也可能形成类似的格局形式。植物种群的种间联结和种群间的排他行为，如化感作用也是影响种群分布的重要因素。

(4) 植物的生长发育阶段。在一个特定的环境中，植物种群的内分布型可能不止一种类型，往往由种群自我调节过程所控制。从幼苗到成株可能有着不同的内分布型。Phillips 和 MacMhon 提出了沙漠灌木的内分布型随着其生长进程而更替的假设(图 5.10)。由于种子在有限“安全点”(safe site)萌发、或不能远离母植株扩散，或因无性繁殖，幼年灌木种群倾向于集群分布，随着植株的生长，集群中的一些个体死亡，降低了集群的程度，种群的内分布型逐渐呈现出随机分布，存活下来的植株与邻近个体竞争导致死亡率上升，灌丛进一步稀疏，最终形成了均匀分布；李俊清在研究红松(*Pinus koraiensis*)种群成熟林的种群结构特性时发现，红松更新苗与立木的内分布型不同，更新苗为集群分布，而立木为随机分布。反映了红松种群格局存在时空上的有规律变动，即从幼苗斑块状聚群，向空间扩大，逐步形成立木分散的群落，以满足随个体长大，对空间和营养不断增长的需求，从而使红松种群能更合理的占有和利用环境资源，维持种群的持续生存和发展。

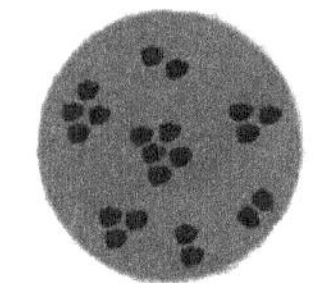

A. 幼年、小灌木呈集群分布

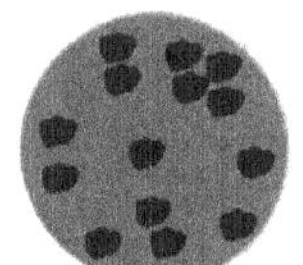

B. 中灌木呈随机分布

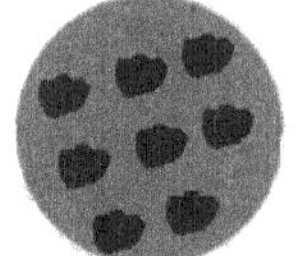

C. 大灌木呈均匀分布

图 5.10 灌丛不同生长阶段内分布型的变化(Molles,2002)

5.3.3 通讯

种群的通讯(communication)是指由一个个体释放一种或几种刺激信号，发送信息，另一个个体接受信息并启动特定行为的现象。有关植物种群通讯的研究较少，积累的资料也欠全面。

5.4 种间关系

种间关系(interspecific ralationship)是指异种种群之间的相互关系(或称为相互作用)，即各种生物种群之间相互联系、相互制约、相互促进等诸种效应的综合反应。种间相互作用包括两个方面：两个或多个物种在种群动态上的相互影响，称为相互动态(co-dynamics)；在进化过程和进化方向上的相互作用，称为协同进化(co-evolution)。

5.4.1 种间关系的类型

两个物种之间的种间关系的性质，主要由其相互作用的效应来判断，一般认为种间的相互效应分为 3 类：促进效应(stimulation effect)以正项加入到种群的增长方程，引起种群数量的增加(+)；抑制效应(depression effect)以负项加入到种群增长方程，引起种群数量的减少(－)；中性效应(neutral effect)不表现为增加(+)或减少(－)。据此，Oudm 将种间关系区分为 9 个类型(表 5.2)。这 9 种种间关系可以区分为两大类：负相互作用(negative interaction)包括竞争(competation)、捕食(predation)、寄生(parasitism)和偏害(amensalism)；正相互作用(positive interaction)，按其作用程度分为偏利共生(commensalism)(附生植物与被附生植物之间的关系就是一种典型的偏利共生，如兰花附生于乔木的枝上，易获得阳光)、原始协作(protocooperation)和互利共生(symbiosis)(如固氮菌和豆科植物的根形成根瘤等)。

表 5.2 种间相互关系类型(Oudm，1971)

类型名称	效应		种间相互作用性质
	物种 A	物种 B	
中性作用	0	0	A 与 B 无抑制与促进
直接竞争	－	－	彼此之间直接抑制
间接竞争	－	－	资源争夺的间接抑制
偏害作用	－	0	A 受损，B 无损益
寄生作用	+	－	A 为寄生者，B 为寄主
捕食作用	+	－	A 获益，B 受损
偏利作用	+	0	A 获益，B 无损益
原始协作	+	+	非专利性互利
互利共生	+	+	专利性互利

5.4.2 种间竞争

1. 竞争的概念

两个或两个以上的物种共同利用同一资源而受到相互干扰或抑制，称为种间竞争(interspecific competition)。其中物种由于共同资源的短缺而引起的竞争称为资源利用性竞争(exploitatition competition)；物种在寻找资源过程中损害其他个体而引起的竞争，称为相互干扰性竞争(interference competition)。有许多因素都会导致种间竞争：如降低光照强度、改变光质、湿度的变化、限制水分蒸发、限制养分吸收、改变土壤表层性状和土壤 pH 变化、分泌毒性物质、捕食等。

种间竞争的结果有两个：一个种群被另一个种群完全排挤掉，如美国的土著种冰草(*Agropyron*)与由欧洲引入的雀麦(*Bromus*)竞争水分，导致冰草被排挤；一个种群迫使另一种群，占有不同的空间(空间分隔)和食性特化或其他生态习性分化(时间分隔)。

2. 种间竞争原理

(1) Gause 的实验。1934 年，Gause 首先用实验观察了两个物种之间的竞争现象。他选择了两种在生态上和分类上很接近的两个物种——双核小草履虫(*Paramecium aurelia*)和大草履虫(*P. Caudatum*)做实验材料，观察了两个物种的直接竞争结果。当两个种分别培养时，均呈“S”形增长，双小核草履虫比大草履虫增长快；取两个物种相同数目的个体共同培养时，开始时两个种的个体都增长，随后，双核小草履虫数目增长，大草履虫个体数目下降，16 天以后，只有双核小草履虫生存，大草履虫完全消失(图 5.11)。分析结果发现，两个种之间没有分泌有害物质，主要是其中一种增长得快，另一种增长慢，因为竞争食物的结果，增长快的种排挤了增长慢的种。

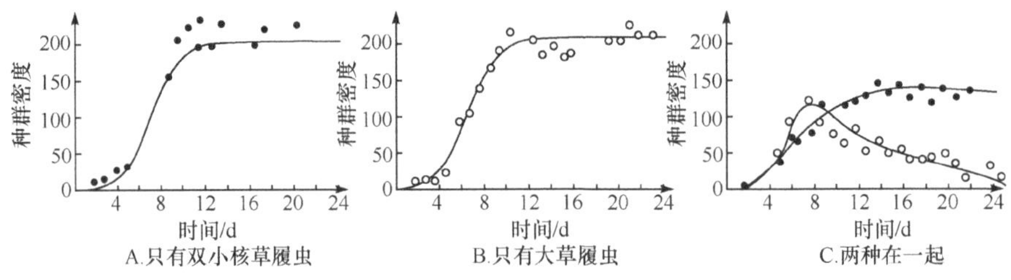

图 5.11　两种草履虫的种间竞争(孙儒泳等，2002)

(2) 竞争排斥原理。Gause 在上述实验的基础上提出了竞争排斥原理(principle of competitive exclusion)。其内容为：在一个稳定的环境中，两个以上受资源限制的但具有相同资源利用方式的物种，不能长期共存一处，即完全的竞争者不能共存，最终一个种被另一个种所取代。后人称为高斯原理。Tilman 等研究了两种淡水硅藻——星杆藻(*Asterionella formosa*)和针杆藻(*Synedr ulna*)之间的竞争。硅藻是单细胞藻类，具有一个由硅质($SiO_2 \cdot H_2O$)和果胶质组成的、特殊复杂的细胞壁，硅质位于最外面，因此所有硅藻的生长都需要硅酸盐。当分别培养在具有硅酸盐的培养液中时，两者都能很好地生长，只是和星杆藻相比，针杆藻将培养液中的硅酸盐含量降到更低水平。因此将两个种放在一起培养时，星杆藻很快被排斥，因为硅酸盐降低到其不能利用的水平(图 5.12)。

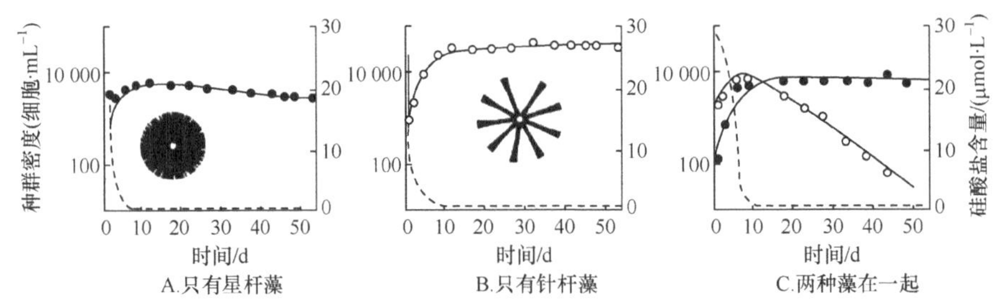

图5.12　星杆藻(*Asterionella formosa*)和针杆藻(*Synedr culna*)的种间竞争(孙儒泳等，2002)
点线表示硅酸盐含量

(3) 种间竞争模型。美国学者 Lotka(1925)和意大利学者 Volterra(1926)分别独立地提出了描述种间竞争的模型，也称为 Lotka-Volterr 模型，该模型是逻辑斯谛模型的引申。

$$\frac{dN_1}{dt} = rN_1\left(\frac{K_1 - N_1 - \alpha N_2}{K_1}\right)$$
$$\frac{dN_2}{dt} = rN\left(\frac{K_2 - N_2 - \beta N_1}{K_2}\right) \tag{5.22}$$

两个种在同一环境中生存时,每一个物种的增长不仅受种内竞争的抑制作用,而且还要受种间竞争的抑制作用。按照逻辑斯谛模型,$\left(\frac{K-N}{K}\right)$代表剩余空间,而 N/K 则可以代表已利用空间。上述方程分别在物种 1 和物种 2 单独生长时的逻辑斯谛增长方程$\left[分别为\frac{dN_1}{dt}=r_1N_1\left(\frac{K_1-N_1}{K_1}\right)和\frac{dN_2}{dt}=r_2N_2\left(\frac{K_2-N_2}{K_2}\right)\right]$引申的模型加入了 αN_2 和 βN_1,α 和 β 称为竞争系数。α 表示在物种 1 的环境中,每存在一个物种 2 的个体对物种 1 所产生的竞争抑制效应,β 表示在物种 2 的环境中,每存在一个物种 1 的个体对物种 2 所产生的竞争抑制效应。同样的资源对于不同物种来说环境容纳量可能是不同,在大多数的情况下,一个个体所占的“空间体积”,对于物种 1 和物种 2 是不会相等的。例如,一个物种 2 的个体所利用的资源相当于 10 个 N_1 个体,那么 $\alpha N_2=0.1N_2$,$\beta N_1=10N_1$。当两个物种发生竞争时,计算一个种的增长速率需要将另一个种所利用的资源折算为这个种利用资源的当量加入到增长方程中。

(4) 种间竞争结果。从理论上来讲,种间竞争的结局有 3 种:物种 1 取胜,物种 2 被排挤掉;物种 2 取胜,物种 1 被排挤掉;共存。图 5.13 表示有竞争情况下,物种 1 的平衡条件(即 $dN_1/dt=0$)和物种 2 的平衡条件($dN_2/dt=0$)。横坐标为物种 1 的密度 N_1,纵坐标为物种 2 的密度 N_2,对角线上的点表示平衡时的条件:图 5.13A 是物种 1 的平衡条件,最极端的两种条件是:物种 1 的全部空间都为物种 1 的 K_1 个体所利用,没有物种 2 的个体,即 $N_1=K_1$,$N_2=0$;物种 1 的全部空间为物种 2 的 K_1/α 个体所利用,没有物种 1 的个体,即 $N_1=0$,$N_2=K_1/\alpha$。连接这两个端点的对角线就表示所有的平衡条件,在对角线内,物种 1 增大 $dN_1/dt>0$(因为 K_1 空间尚未饱和)。在对角线之外,物种 1 减少,$dN_1/dt<0$(因为物种超过了环境容纳量 K_1)。图 5.13B 表示物种 2 的平衡条件,两种极端情况为:$N_2=K_2$,$N_1=0$ 和 $N_2=0$,$N_1=K_1/\beta$。对角线上任何一点所表示的 N_2 与 N_1 的配合,对角线的内侧 $dN_2/dt>0$(因为 K_2 空间尚未饱和)。在对角线之外,物种 2 减少,$dN_2/dt<0$。将两图叠合起来,得到 4 种可能的竞争结果(图 5.14)。根据图 5.14 可知,种间竞争结果取决于两个种的竞争抑制作用(α 和 β 的大小)以及环境容纳量 K 值的大小。显然 K 值越大,种内竞争越小,因此,$1/K$ 的大小与种内竞争强度成正比。α/K_1 和 β/K_2 可以看作是种间竞争指标,α/K_1 是物种 2 对物种 1 的种间竞争强度的指标,β/K_2 是为物种 1 对物种 2 的种间竞争强度的指标。根据 $1/K_1$、$1/K_2$、α/K_1 和 β/K_2 四个参数观察竞争的四种结局:

由图 5.14A 可见,$K_1>K_2/\beta$,$K_2<K_1/\alpha$,即 $1/K_1<\beta/K_2$,$1/K_2>\alpha/K_1$,物种 1 的种内竞争强度小于种间竞争强度,物种 2 的种内竞争强度大于种间竞争强度。结果物种 1 取胜,物种 2 被排挤掉。

由图 5.14B 可见,$K_1<K_2/\beta$,$K_2>K_1/\alpha$,即 $1/K_1>\beta/K_2$,$1/K_2<\alpha/K_1$,物种 2 的种内竞争强度小于种间竞争强度,物种 2 取胜,物种 1 被排挤掉。

由图 5.14C 可见,$K_1>K_2/\beta$,$K_2>K_1/\alpha$,即 $1/K_1<\beta/K_2$,$1/K_2<\alpha/K$,两物种的种间竞争激烈,种内竞争强度小于种间竞争强度,表现为不稳定。最后谁取胜取决于两个物种的初始状态对谁有利。

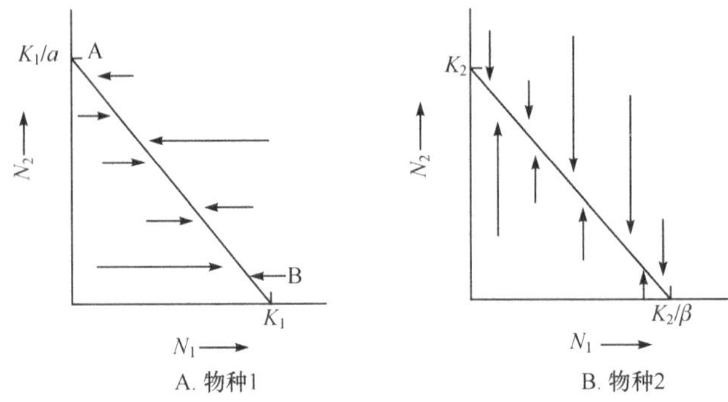

图 5.13 种间竞争中物种 1 和物种 2 的增长平衡线(孙儒泳等,2002)

由图 5.14D 可见,$K_1<K_2/\beta$, $K_2<K_1/\alpha$,即 $1/K_1>\beta/K_2$,$1/K_2>\alpha/K_1$,两物种的种内竞争强度都大于种间竞争,因此出现共存的稳定格局。两物种稳定地共存。

总之,种间竞争模型稳定性特征是:假如种内竞争比种间竞争强烈,就可能有两个物种共存的平衡点;假如种间竞争比种内竞争强烈,就不可能有稳定的共存,两个种以同样方式利用资源的特殊情况时,即 $\alpha=\beta=1$ 和 $K_1=K_2$ 时,其结果是两个种不可能共存,即竞争排斥原理,由此产生了早期生态位的概念。

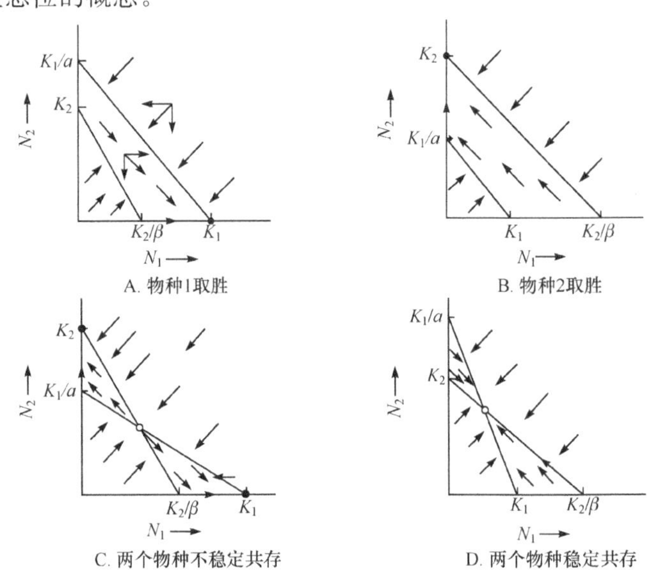

图 5.14 Lotaka-Volterra 竞争模型的行为所产生的 4 种可能结果(孙儒泳等,2002)

3. 生态位

1)生态位的定义

生态位(niche)的概念起源于 20 世纪初,学者们给生态位下了各种定义,归纳起来,大致分为 3 个类型:空间生态位(spatial niche)、营养生态位(trophic niche)和超体积生态位(super-volume niche)。现在普遍认为:生态位是指自然生态系统中一个种群在时间、空间上的位置及其与相关种群之间的功能关系。

生态位准确描述了某一物种所需要的各种生活条件。这个概念不仅包括了生物所占据的物理空间,还包括了它在生物群落中的功能作用(如它的营养位置)以及它们在温度、湿度、pH、土壤和其他生存条件的环境变化梯度中的位置。因此,生态位不仅决定了物种在哪里生活，而且也决定了它们如何生活（在生态系统中的地位和扮演的角色），以及如何受其他生物的制约。

生态位的概念常常容易和生境（habitat）混淆，生境是指植物具体生活的环境，它仅决定植物在哪里生活，而不能确定植物如何生活（在生态系统中的地位）。

Hutchinson进一步将生态位分为基础生态位和实际生态位。基础生态位（fundamental niche）指在生物群落中，能够为某一物种所栖息的、理论上的最大生态位空间；实际生态位（realized niche）指一个物种实际所占有的生态位空间。一个种的实际生态位总是基础生态位的一部分。因为在群落中，无论有无种间竞争，任何物种及种群均不太可能获得满足其对资源的全部需求。

2）生态位宽度

生态位宽度（niche breadth）或生态位幅度（niche amplitude）或生态位大小（niche size），是指现实生态位的限度，即一种生物所利用的各种资源的总和，主要指任何生物或生物单位对资源利用的多样化程度。生态位宽度通常是用宽或窄加以描述，这种描述方式主要是依据生态位在一个资源轴上所截段落的宽窄。一个物种的生态位越宽，该物种的特化程度就越小，它更倾向于是一个泛化物种（generalization），相反，一个物种的生态位越窄，该物种的特化程度就越强，也就是说，它更倾向于是一个特化物种（specialization）。泛化物种具有很宽的生态位，以牺牲对狭窄范围内资源的利用效率来换取对广大范围内资源的利用能力。如果资源本身不能确保供应，那么作为一个竞争者，泛化物种将会优于特化物种。另一方面，特化物种占有很窄的生态位，具有利用某些特定资源的特殊适应能力，当资源能确保供应并可再生时，特化物种的竞争能力将超过泛化物种，一种可确保供应的资源常常被许多特化物种明确瓜分，从而减少它们之间的生态位重叠。

3）生态位重叠

当两种生物（或生物单位）利用同一资源或共同占有其他环境变量时，就会出现两个种或种群的生态位宽度在空间上不同程度地相互重叠的现象。在一个资源序列上，两个物种利用相同资源而相互重叠的状况，称为生态位重叠（niche overlap）。假如两个生物具有完全相同的生态位，就会发生百分之百的重叠，但通常生态位之间只发生部分重叠，即一部分资源是被共同利用的，其他部分则分别被各自所独占。

4）生态位分离

在生态位的形成中，与种内竞争和种间竞争完全相反的作用力，也发挥着重要作用。生活在同一群落中的各种生物所起的作用是明显不同的，而每一个物种的生态位都同其他物种的生态位明显分开。生态位分离（niche separation）是指两个物种在资源序列上利用资源的分离程度。

5）竞争与生态位

生活在同一地区的不同物种，它们的生态位总是有一定的差别。这是因为由于种内竞争和种间竞争的作用，生活在同一地区的不同物种在漫长的进化过程中必然在生态位上形成各种差别。在同一地区共存的物种，它们生态位的关系从理论上可以设想有3种形式：生态位完全分离；生态位彼此部分重叠；生态位基本上重叠。高斯等的研究表明，由于竞争的结果，生态位接近的两个种很少能够长期稳定的共存。在资源有限的情况下，生物之间特别是生态位相近的物种之间难免要发生竞争。竞争的结果，可能是一种生物取得了生存和发展的机会，另一种被淘汰。但是在自然界普遍存在许多亲缘种在同一地方共存的现象。它们可能是通过资源利用的专化缩小生态位，减少生态位重叠以减少竞争最后求得共存。相反，如果亲缘种利用资源是泛化的，生态位扩大，相互之间存在着剧烈的潜在竞争。但是，这些泛化物种大多具有易变的生长率，在环境条件不利时停止生长，当环境条件改善则恢复生长，这种可变性缓和了种间竞争，因此彼此也能共存。显然，生态位重叠明显是引起利用性竞争的一个条件，但生态位重叠并不一定导致竞争，资源供应充分时，就不会发生竞争。亲缘关系很相近的物种，当它们分布在同一区域时，相互之间激烈的竞争必然在进化上导致其生态位分离和性状的趋异。两个亲缘关系密切的物种若在异域分布时，它们的特征往往很相似，甚至难以区别。但在同域分布时，它们之间的差别就明显，彼此之间必然出现明显的生态分离，出现了一个或几个特征的相互替换。这种由于竞争产生的生态位收缩导致的形态性状变化，称为性状替换（character displacement）。在缺乏竞争者的情况下，物种会扩张其实际生态位，称为竞争释放（competitive release）。

5.4.3 化感作用

1. 化感作用的概念

化感作用（allelopathy）（或称他感作用）一词由德国科学家 Molish 于 1937 年首次提出。Allelopathy 来源于希腊语的两个词根 *allelon*（＝of each other，相互）和 *pathos*（＝to suffer，不利）。Rich 分别在 1974 年和 1984 年在其“*Allelopathy*”中给化感作用下了定义。目前一般认为：化感作用是指一种植物（或微生物）通过向体外分泌代谢过程中的化学物质，对其他植物（或微生物）产生直接或间接的影响，包括促进和抑制两方面的作用。植物的化感作用在竞争中具有重要作用，如北美的黑胡桃（*Juglans nigra*）分泌的胡桃醌能抑制其树干周围 25m 范围植物的生长，银胶菊（*Parthenium hysterophorus*）分泌的反肉桂酸抑制自身及其他植物的生长。在干旱、低温、高温、缺肥、虫害等逆境胁迫下，植物的化感作用有增强的趋势，以增强其自身的生存竞争能力。

2. 植物化感物质

化感物质（allelochemical）是化感作用的媒体，指植物所产生的影响其他生物生长、行为和种群生物学的化学物质。化感物质大多数是植物的次生代谢物质，不参与有机体的主要代谢过程，其结构多种多样。Rice 根据化感物质的结构把它们分为 14 类：水溶性有机酸，直链醇，脂肪族醛和酮；简单不饱和内脂；长链脂肪族和多炔；萘醌、蒽醌和复合醌；简单酚，苯甲酸及其衍生物；肉桂酸及其衍生物；香豆素类；类黄酮；单宁；类萜和甾类化合物；氨基酸和多肽；生物碱和氰醇，硫化物和芥子油苷；嘌呤和核苷。

3. 化感物质的释放方式

植物化感物质分布于植物的根、茎、叶、花、果实和种子中，它们在植物体中存在的部位影响其释放方式。常见的植物化感物质释放方式主要有 4 种：

(1) 挥发。一些挥发性化感物质（主要是萜类）通过植物体表（茎、叶、花）进入环境而发挥作用。如蒿属（*Arternisia*）、桉属（*Eucalyptus*）和鼠尾草属（*Salvia*）等产生的挥发性物质能抑制附近杂草的生长。

(2) 淋溶。由于雨水或雾滴的作用，一些有机酸、氨基酸、萜类和酚类等水溶性化合物易被从植株表面淋溶下来，对周围植物产生影响。例如，菊科植物洋艾（*Artemisia absinthium*），从叶面上的腺状微毛溢出的物质,被雨水冲到土壤中,抑制周围其他植物的生长。

(3) 根的分泌。很多化感作用物是从根中分泌出来的,如小麦、玉米、黄瓜、番茄的根都可分泌抑制性的物质。

(4) 残株腐解。植物及其某些器官死后,其中的复合物或聚合物被微生物分解而释放出某些化合物,对周围植物起化感作用。例如,蕨(*Pteridium aquilinum*)枯死的枝叶释放出来的酚类物质(主要成分是阿魏酸和咖啡酸)作用的结果,使其周围很少生长其他草本植物。

4. 植物化感作用的生态意义

化感作用广泛存在于植物之间,它在优势种形成、群落演替、生物多样性以及农林生产中均具有重要的意义。

(1) 对生态系统功能的影响。化感物质作为信息载体,通过影响植物对氮、磷的利用或它们在土壤中的状态,而改变物质循环的流向、流径和流强,最终决定物质循环类型。植物分泌的酚酸,在低浓度情况下刺激固氮微生物生长,使其氮需求增加。小麦的阿魏酸、对羟基苯甲酸、苯甲酸对枯草芽孢杆菌(*Bacilius subcilis*)的反硝化活性有明显的抑制作用,使土壤中氮素的矿化作用减轻,生物学循环增强;车轴草属(*Trifolium*)根分泌的脂肪酸、黄酮类减少了土壤中参与磷代谢的微生物种类,使土壤中有效磷锐减,导致磷素的生物循环减弱。相反,豌豆根分泌的直链醇、酮类及脂肪酸类化感物质则促进了大麦等对氮、磷、钾的吸收,使三者的生物学循环加强;化感作用对能量流动的影响发生在能流的不同环节,机制也不尽相同。在阔叶树、红松混交林中,云杉、红松叶内化感物质能显著地抑制椴树(*Tilia*)幼苗的光合作用,当红松或云杉数量多时,椴树数量下降。椴树光合作用下降,意味着太阳辐射能在第一营养级的转换受阻,继而造成能量在该级蓄积减少,最终导致生态系统生产力和生物量下降;影响动物取食的要素除食物的外观和营养成分外,还有食物的口感。强心苷、生物碱和单宁等化感物质使植物味偏苦,多数哺乳动物、鸟类和爬行类动物对其避而远之,或觅而不食,可见化感物质作为影响动物觅食口感的重要信息载体之一,决定了生态系统功能结构——食物链的类型,改变生态系统的能量流动过程。

(2) 对群落演替的影响。环境变化、生物入侵、物种变异、化感作用等是引起生态系统演替的因素。化感作用对生态系统的影响是通过化感物质这一信息载体实现的,表现为控制演替速度、影响演替效应两个方面。Rice曾报道在美国俄克拉荷马地区的植被演替过程中,一年生禾草阶段向多年生禾草(须芒草)的演替延续十年之久。原因与一些一年生禾草和野向日葵、豚草、三芒草等杂草分泌的绿原酸有关。这些化感物质抑制土壤中硝化细菌与固氮菌的生长,使土壤中氮素积累减慢,造成需氮量高的多年生禾草不易繁衍,从而控制了演替的速度;木麻黄的自毒作用使木麻黄林在生长20年后便迅速衰退,大量死亡。在这个渐变过程中,木麻黄分泌的多种化感物质影响了系统演替的效应。

(3) 对群落种类组成的影响。化感物质作为强有力的选择信息,对系统中物种多样性的构成发挥重要作用。许多研究表明,化感作用是外来入侵植物在生态系统中形成单一优势种的原因之一。植物向环境中释放化感物质的种类和数量取决于植物自身和环境因素的共同作用,环境影响因素包括光照、温度、营养、水分等非生物因子和植物竞争、病虫害、动物侵袭等生物因子。植物通过长期进化已经选择了合适的生境条件,当这种适宜的环境改变时,一些植物就会采取化感作用等方式增强自身的生存竞争能力。外来种初到一个新的环境时,为了在新环境更好地生存下来和更好地利用生态系统中的可利用资源,便向环境中释放化感物质影响邻近植物的生长,排挤其他土著植物,加上缺乏其他限制因素,因此外来入侵种具有更强的竞争优势,最终形成单一的优势种,导致当地生物多样性下降;化感作用作为种间的协调信息,在协调种间关系上具有不可忽视的重要作用。狗脊、里白(*Diplopterygium glaucum*)是我国亚热带常绿阔叶林草本层中的优势种,对常绿阔叶林生态系统建群种的更新具有重要影响。在自然状态下以木荷(*Schima superba*)-檵木(*Loropetalum chinense*)-狗脊为单位的群丛,其间很难见到茅栗(*Castanea seguinii*)、檫木(*Sassafras tzumu*)、油茶(*Camellia oleifera*)等亚热带树种,表明狗脊同木荷、檵木之间有很强的正关联,而和茅栗、檫木及油茶间为负关联。研究发现狗脊释放的烯醇类化感物质能促进木荷、继木幼苗生长,而抑制茅栗、檫木及油茶幼苗的生长。

(4) 对农林生产的影响。在农业和林业生产上,普遍存在的连作障碍与根分泌物中的化感物质密切相关。有些农作物不宜连作,否则就会影响作物长势,降低产量,乃至死亡,这种现象称为歇地现象。早稻根系分泌的对-羟基肉桂酸和黄瓜根系释放的酚酸都会抑制下茬幼苗的生长,不宜连作。杉木、桉树人工林连栽引起地力衰退、生产力下降;植物的化感物质对周围的植物具有化感效应(allopathic effect),如杉木林中,杉木的化感物质对自身的种子萌发和幼苗生长具有自毒作用,而伴生树种木荷、毛竹等对杉木的种子萌发和幼苗生长则具有促进效应。

5.4.4 协同进化

协同进化(co-evolution)是指在进化过程中,一个物种的性状作为对另一物种性状的反应而进化,而后一物种的性状本身又作为前一物种性状的反应而进化的现象。或者说协同进化是指物种 A 的性状作为对物种 B 性状的反应而进化,物种 B 这一性状本身又是作为对物种 A 性状的反应而进化。

协同进化的内容相当广泛,包括种间竞争的协同进化、植物-草食动物的协同进化、寄生者-寄主的协同进化、互利共生的协同进化等。协同进化的生物之间,选择压力不断地起作用,在这种适应与反适应的发展过程中,双方可能产生一种互利的稳定状态。捕食者-猎物、寄生物-寄主或是相互没有利害关系的共生物种之间的一些协同进化可能逐渐发展成互利关系。例如,昆虫授粉作用可能只是从昆虫采花粉的单方获利开始,而后昆虫与其采花粉的植物之间的协同进化改变使得双方从这种关系中共同获利,因此,在植物-授粉者的关系中,授粉成功性提高的利益使植物进化形成招引昆虫的花,如花的鲜艳颜色、气味和花蜜。反之,互利关系也可能恶化成单方受益的寄生关系。例如,许多种类的兰花并没有从其授粉者身上获得回报,这些兰花利用气味、形状或颜色模拟蜜蜂和胡蜂等雌性昆虫来减少这种寄生性的关系。真核细胞的线粒体和叶绿体可能是来自自由生活的原核生物,它们都有环状的 DNA 和其他原核生物(细菌、蓝藻)的特征,因此线粒体和叶绿体原来也是寄生物,后来才逐渐演化成共生体。同样,地衣当中的藻类和菌类之间也是从寄生关系发展成互利关系。

5.5 种群的生态对策

5.5.1 生态对策的概念

在长期的协同进化过程中,生物逐渐形成了对其环境适应的生存策略,每种植物都具有独特的生活史特征,这些特征表现在生存、生长和繁殖方面的分配策略。生活史的关键内容是植物体大小、生长率、繁殖和寿命。不同植物之间生活史差异很大,一些物种可以存活几百年甚至几千年，而有些植物的寿命却很短；有些植物个体很大而有些植物个体却很小；有些植物一次产生大量的后代而有些植物的生殖率却很低。生物所特有的生活史特征，即植物在生活史中维持生存、生长和繁殖方式的组合，称为生态对策（bionomic strategy），这种组合以资源的获取和配置为核心，以实现最大的繁殖为目的，是植物适应环境最集中的表现。

5.5.2 植物的资源配置

植物的资源配置方式由其遗传特性决定并受环境的影响。植物的资源配置总是围绕着生长、生存和繁殖3个方面来进行。植物获取的资源总量有限，这些有限的能量只能协调地分配到各种生活史对策。一种生物如果把大部分能量分配到生活史某一方面，那么它就不可能再把大部分能量用于生活史的其他方面，这就是“能量分配原则”。能量分配原则说明生活史特征之间是相互对立的，生物只能具有两种生活史特征之一，不可能二者兼得，故每一个方面获得的资源也是有限的。对于一类植物来说，资源配置格局不仅要在短期内有效，而且在很长时间范围内维持这种资源配置方式。在经常受干扰的环境，植物常常将资源配置到生殖过程中。在特别严酷的环境中经常可以看到的植物是那些生殖繁殖一次的植物；在稳定的环境中，植物主要将资源用于生长，而投入到生殖的资源较少，如热带雨林中的绝大多数木本植物。衡量资源配置优劣的最终指标是生殖成功，而衡量生殖成功则是以在整个生活史中的有效生殖总量为基础。

1. 资源获取的资源配置

植物的资源获取（resource acquisition）是由不同的组织器官来完成的，叶片或其他绿色器官进行能量固定和 CO_2 的同化，根系吸收水分和营养。再将资源配置到不同的组织器官中，以平衡地上和地下器官对不同资源的获取能力。物种之间根茎中的资源配置变化往往大于种内的变化。

最小因子法则说明植物的生长受环境中最少资源的限制，因此获取最少资源的能力越强的植物，就是资源配置越成功的植物。根据资源稀缺程度配置资源是植物为获取资源而进行资源配置的基本原则。如在茂密的森林内，光照是稀缺的资源，如果植物的资源主要配置在地上部分，这类植物往往是对光竞争的优胜者；干旱环境中，水是最少的资源，如果主要资源配置在地下部分，则在竞争地下资源时占据有利的地位；演替开始阶段，土壤营养比光的限制作用更强，这时对资源配置倾向于根的植物是有利的；随着植物丰富度的增加和植物对土壤改良作用的加强，地下营养就不再成为最主要的限制因素，这时的环境有利于那些将资源主要向地上部分配置的植物发展。

自然选择使植物能够充分地优化对资源的利用。在一个特定环境里，由于竞争使其中的资源都可能得到较充分的利用，则每一种资源对植物将都是限制性的。不少植物往往在某个阶段获取过量的资源，以备随后资源短缺之需。

2. 生存维持的资源配置

植物生存维持上的对策各有差异。一年生植物往往将所有的资源倾注到生殖过程中，而没有存留的资源维持进一步的生长，它们往往生活在多变、严酷的生境中，如沙漠、北方森林砍伐以后留下的林窗等，这些生境能够给植物提供资源的时间很短，只有快速生长和繁殖的植物才能生存下来，所以这些环境中的植物一般都是短命植物；一次结实的多年生植物和二年生植物所在环境往往有周期性的不利干扰，推迟生殖过程可以使植物储备更多的资源，有利于生殖过程和质量的提高。二年生植物在开花前需要积累和储藏必需的养料，但在达到必需积累之前，环境变得较为恶劣（如低温、干旱），只有等环境好转才完成开花、结果过程。这样虽然可能遭遇恶劣环境致死的危险，但却提高了植物的大小和结实率，后者的收益补偿了前者的风险；多年生一次结实的植物也往往采用延迟生殖的方式，在生殖前通过无性生殖和营养储备积蓄充足的力量，等到适合生殖年份（生命终结前），倾力结籽，产生大量的后代。竹类的无性种群就是最好的例子，竹类往往生长数十年，甚至上百年，然后同步开花、结实。多次结实的植物，以增加生殖频率来弥补不利环境频繁干扰所带来的生存率降低的影响，或缓和每次生殖种子数量偏低的消极影响；多次结实的多年生植物主要为木本植物。寿命越长，植物为维持本身存活付出的代价就越高。木本多年生植物为此形成了维持支持组织的专项投入。早期的投入主要集中在生长过程和维持自身生存方面，在生殖方面和抵御病虫害方面的投入较少。

在植物的生活史中，不可避免地会受到动物和病害的侵袭。因此植物抵御动物和病害也是资源配置的一个方面。一是提高耐受性，在被动物啃食或受伤以后增加对营养的吸收和增强光合作用，资源集中分配，形成防御结构如皮刺、叶刺等来抵御动物的啃食；二是化学防御，通过合成大量的防御性化学物质如生物碱、难闻的醇、酚类、胺、甙等来避免动物的啃食和病害侵袭，为此所消耗的资源必然会对植物的生长产生影响，可能影响到资源分配到生殖过程的总量，间接影响植物的生殖过程。

3. 生殖繁衍的资源配置

植物的生殖环节多而复杂，在资源总量有限的情况下互相牵制，但是对于特定的植物来讲总要设法实现生殖过程内的资源优化配置。不同植物在生殖繁衍方面的资源配置不同。植物种群的整个生活史中，生殖器官耗用的营养元素和积累的有机物质占总同化产物的比例，称为生殖配置（reproduction allocation，RA）。

（1）繁殖方式选择的资源配置。自然选择下植物具有两种策略达到最大种子产量。一是一次结实的生殖方式，在生活史前期尽可能争取高存活率，而在生命终止前实现最大的生育力，最大限度地把全部资源一次性投入集中生殖。一次性结实植物具有许多优势：大量植物同时开花，增加了个体间遗传杂交的机会，提高了遗传多样性。其次，一次性产生大量种子，即使有动物啃食也能保存一定数量的种子。竹类主要靠营养繁殖，一旦开花结实就意味着死亡，种子的形成使植物顺利渡过不良环境；二是采用多次结实的生殖方式。多次结实的生殖方式在合适的生殖配置范围内以较少的生殖投入，来实现较大的存活率和较多的生殖机会（次数），以求在整个生活史阶段产生较多的后代。无论在稳定优越或是恶劣的环境中，绝大多数植物幼年个体的生存能力低于成年个体，这时植物就要避免一次性地将全部资源投入到年幼个体，以防止幼年个体难以存活导致所有生殖投入无效的危险产生，而要将这种风险分解到各个世代中，最有效的策略就是尽可能延长寿命，多次繁殖。即使是多次繁殖的木本植物，繁殖能力和种子的产量在年际之间也不是均等的。当营养条件和气候条件好时，植物生殖作用完成的质量和数量就高，当年种子产生能够保存下来形成幼苗的机会也就越多，幼苗间的竞争也就越激烈，竞争获胜的幼苗发展潜力将更大。

（2）植物生殖环节的资源配置。植物生殖过程的资源配置是多方面的，涉及多个环节，这些环节之间的资源配置是相互关联的（表 5.3）。不同的植物采取不同的资源配置策略，在资源有限的情况下，实现生殖过程内资源的优化配置。每一方面的资源配置都需要其他方面的互动响应，才能确保生殖过程顺利完成。如风媒植物产生大量的花粉，以确保传粉和受精过程的顺利完成。而虫媒植物在花粉生长中投入较少，但需要在吸引传粉者方面分配更多的资源，如利用气味、形状、花色等来吸引昆虫，并给以昆虫应有的回报；在不同的植物中，种子的大小、形态、颜色、表面结构、附属物的多少和形态等方面均具有较大的差异，都是植物应对环境资源配置方式差异的体现。

表5.3 影响陆生植物生殖资源配置的主要关联环节(姜汉侨等，2004)

繁殖方式	资源配置的主要关联环节	
Ⅰ. 有性生殖	A. 受精作用的投入与种子生产	1. 花粉的生产与子房的生产 2. 花粉的数量与花粉的大小(风媒、动物传粉系统) 3. 配子的生产与传粉者得到的回报(子房的数量/花蜜的分泌)
	B. 种子与幼苗的形成	1. 种子的大小与种子的数量 2. 种子的成熟性与种子休眠 3. 种子的传播与种子的附属组织(依靠风传播的种子具有的附属组织，果实的质量和大小) 4. 种子的质量与幼苗的大小
Ⅱ. 营养繁殖	不同营养繁殖方式之间资源配置	

5.5.3 生态对策的类型

1. *r*-对策和*K*-对策

MacArthur根据种群动态的两个综合性指标(r和K)，将种群分为r-对策者(*r-strategist*)和K-对策者(*K-strategist*)，较全面地反映了生态对策的多个方面。

(1) r-对策者和K-对策者的特征。r-对策者主要通过最大限度地扩大其内禀增长率(r)来适应于不可预测的多变化环境(如干旱地区和寒带)，具有能够将种群增长最大化的各种生物学特性，即高生育力、快速发育、早熟、成年个体小、寿命短、且单次生殖多而小的后代。一旦环境条件好转，就能以其高增长率，迅速恢复种群，使物种能得以生存；K-对策者适应于可预测的稳定的环境。在稳定的环境(如热带雨林)中，由于种群数量经常保持在环境容纳量(K)水平上，因而竞争较为激烈。K-对策者具有成年个体大、发育慢、迟生殖、产仔(卵)少而大但多次生殖、寿命长、存活率高的生物学特性，以高竞争能力使其能够在高密度条件下得以生存。因此，可以说在生存竞争中，K-对策者是以“质”取胜，而且r-对策者则是以“量”取胜；K-对策者将大部分能量用于提高存活，而r-对策者则是将大部分能量用于繁殖。一年生植物可以看作是r-对策者；乔木可以看作是K-对策者。1970年，Pianka比较了r-对策者和K-对策者的特征(表5.4)。r-对策和K-对策只代表一个连续系列的两个极端，在r-对策和K-对策之间存在着一系列的过渡类型。所以，r-对策和K-对策都只有相对的意义，无论是在种内或是种间都存在着程度上的差异。当环境尚未被植物充分占有时，植物往往表现为r-对策；当环境已被最大限度占有时，生物又往往表现为K-对策。当一个种群并非因为密度和拥挤而发生大量死亡时，那些生殖能力较强的个体就会产生极多的后代，并将在种群基因库中占有较大比重；但当一个种群因密度太大而发生大量死亡时，那些能够忍受高密度并适应于在环境容纳量水平存活的个体将最有可能被自然选择所保存，从而使这些个体在种群基因库中占优势。总之，r-对策有利于种群的繁殖，而K-对策有利于种群有效地利用它们的生境。植物的分类类群往往倾向于采取其中一种对策。一年生植物往往属于 r-对策者,多年生植物往往属于 K-对策者,但不绝对。

表 5.4 r-对策者与 K-对策者的特征比较

性状	r-对策	K-对策
环境特点	多变,不可预测	稳定或可预见
死亡率	非密度制约	密度制约
存活状况	幼龄期死亡率高	比较一致或年龄越大死亡率越高
种群大小	变化大	相对稳定,接近环境容量
竞争作用	比较迟缓	很激烈
发育时间	很短	很长
寿命	很短,小于 2 年	很长,往往大于 5 年
种子库	有	无
资源配置	以生殖为核心	以维持生存为主,生育延迟
生殖方式	一次结实	多次结实
整体特性	高繁殖力,生产型	比较一致或年龄越大死亡率越高

(2) r-对策者和 K-对策者的种群增长曲线。由于 r-对策者和 K-对策者的基本特性不同(前者数量不稳定,后者数量稳定),所以它们的增长曲线也存在着明显差异(图 5.15)。图 5.15 中对角虚线代表 $N_{t+1}=N_t$,种群处于平衡状态;对角线上方表示种群增长,下方表示种群下降;从图中可以明显看出,K-对策者有两个平衡点:一个是稳定平衡点 S,一个是不稳定平衡点 X(又叫绝灭点),种群数量高于或低于平衡点 S 时,都趋向于 S(用两个收敛箭头表示),但是在不稳定平衡点处,当种群数量高于 X 时,种群能回升到 S,但种群数量一旦低于 X,则必然走向绝灭(用两个发散箭头表示);与此相反,r-对策者只有一个稳定平衡点 S,而没有绝灭点;它们的种群在密度极低时,也能迅速回升到稳定平衡点 S,并在 S 点上下波动。

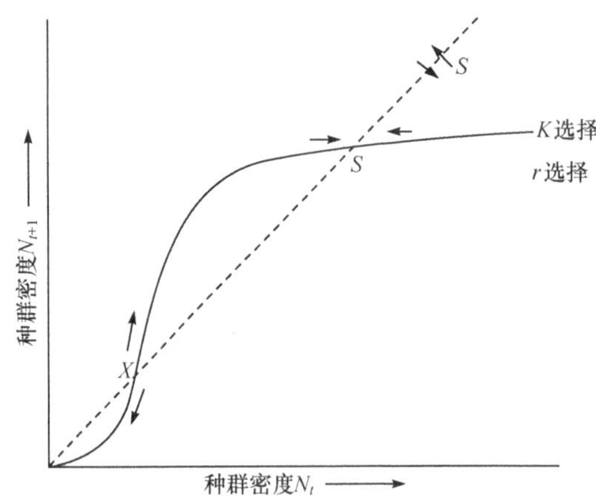

图 5.15 r-对策者和 K-对策者的种群增长曲线

r-对策和 K-对策在有害生物的防治和珍稀濒危生物的保护上具有重要的指导意义。很多有害生物(如杂草)都属于 r-对策者,对这些生物的种群来说,天敌因素(生物防治手段)对控制种群数量所起的作用是微不足道的,因为任何天敌的繁殖速度都赶不上受控种群的繁殖速度。等到天敌种群发挥作用时，它们已经迁出原地，在新的地方形成新的种群；相反的是，天敌因素对控制 *K*-对策者的数量却可以发挥重要作用，因为 *K*-对策生物个体大，繁殖速度慢，天敌常可把受控种群压制在一个较低水平上。在珍稀濒危生物的保护方面，由于大部分珍稀濒危生物都属于 *K*-对策者，繁殖力低下，一旦种群数量下降到下限——灭绝点(*X*)，则难以恢复增长，因此应当不断地给予保护。

2. C-对策、S-对策和 R-对策

英国生态学家 Grime(1979)认为限制植物生存和数量的外界条件主要是胁迫和干扰。他把生活史对策划分为3种基本形式(表5.5)。

表5.5 C-对策、S-对策和R-对策植物的特征比较

性状	C-对策	S-对策	R-对策
生活型	多种多样	多种多样	草本
茎的形态	树冠高大浓密	多种多样	小型化
叶型	多种多样	革质、针形	多种多样
落叶情况	落叶	常绿	落叶
寿命	或长或短	很长	很短
开花	每年	间歇	每年
生殖成熟期	晚	晚	早
生殖投入	小	小	多
持久的组织器官	芽、种子	叶片和树干	种子
生长速度	快	慢	快
对胁迫的响应	快	慢	快
枯枝落叶层	丰富，经常有	少，但经常有	少，不经常有
对食草动物的适口性	多种多样	低	经常高
整体特性	生长型	维持型	生殖型

(1) 杂草对策型(Ruderal strategy，R-对策)。适合在资源丰富的临时性环境中的植物，主要将资源配置给生殖作用，其生境特点为低胁迫(光、温、水等生态条件有利)、强干扰(经常受到干扰或干扰程度较高)，如海滨、湖边断续淹水低、动物和人经常践踏的地方以及沙漠中的洼地。这类植物以寿命短、相对生长率高、种子产量高为特征，在资源匮乏的情况下，压缩营养部分的分配，增加生殖部分的配置，保证产生大量种子。

(2) 竞争对策型(Competitive strategy，C-对策)。适合在资源丰富的稳定环境或可预测环境中，主要把资源配置到植物的生长过程。其生境特点为生态条件优越(低胁迫)、干扰强度小、干扰频度低(低干扰)，如温带森林地区。这类植物根系、树冠和叶层发达，能快速有效地利用优越生境中的光热和营养资源。在不利条件下，可通过营养器官的调节来适应生境的变化，在合适的生境中，常常成为优势种，如一些落叶乔木和灌木。

(3) 耐受对策型(Stress-tolerant strategy，S-对策)。适合在资源比较紧张的胁迫环境中，主要把资源配置到抵御不良环境、维持生存。其生境特点为生存环境恶劣(高胁迫)、干扰强度

低(低干扰),往往是一些极端环境,如极地、高山等。

Grime 将这些对策类型与 MacArther *r*-*K* 对策比较,认为 R-对策型与 *r*-对策者相似,C-对策型与 *K*-对策者相似,而 S-对策型介于 *r*-对策者和 *K*-对策者之间。如果将 3 种对策型分别作为 3 种极端情况置于一个三角形的顶端,可以出现生态对策的多种组合,称为 Grime 模型(图 5.16)。从图中可以看出,除了三种极端类型外,植物的生活史样式有多种多样的组合或过渡类型。竞争胁迫型(CS 型)适应于胁迫、竞争中等,无干扰的环境,如大多数乔木和灌木;竞争杂草型(CR 型)主要出现在竞争、干扰中等,无胁迫的环境,如苔藓;竞争胁迫杂草型(CSR 型)适应于生产力、干扰、竞争中等的环境中;胁迫杂草型(SR 型)适应于胁迫中等、干扰强烈、无竞争的环境中。

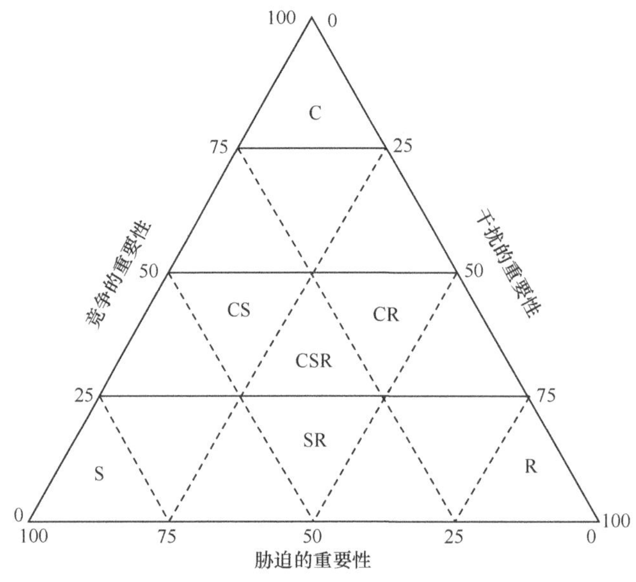

图 5.16　Grime 模型

CR 竞争杂草型;CSR 胁迫忍耐竞争型;SR 胁迫杂草型;CS 竞争胁迫型

3. LHS 系统

Westoby (1998)以 CSR 系统为基础,提出了 LHS(leaf-height-seed)系统。该系统采用植物本身的可测定特征,定量评估物种的生态对策。LHS 系统包括 3 个对数轴:即叶片特征(L 轴,leaf)、高度特征(H 轴,height)和种子特征(S 轴,seed)。每个物种在这三维空间的位置,反映了该种的生态策略。

(1) 叶片特征(L 轴)。叶片特征(L 轴)是成熟叶片在全光照(或者自然生境中最大光照)下的典型叶面积,表示为单位干重的捕光面积。Grime 等(1997)研究发现,在 43 种植物的 67 个特征之中,典型叶面积是主要的种间差异特征之一,相当于 CSR 系统的 C-S 轴。典型叶面积大而叶片寿命短的植物,在发育前期叶片更新与生长快,对光照和土壤条件的反应更灵活,相当于 CSR 系统的偏竞争型植物;典型叶面积小而叶片寿命较长的植物,发育后期积累的叶片总量大、捕光量大,养分贮留时间长、利用率高,相当于偏胁迫型植物。

(2) 高度特征(H 轴)。即成熟植株的典型高度,反应植物对干扰间隔期的适应对策,也可作为区分 CSR 系统中的竞争型和胁迫型的指标之一。一般说来,典型成株较高的植物,竞争力强，但是需要较长的干扰间隔期才能完成其生活史，相当于CSR系统的偏竞争型植物；典型成株较低的植物，竞争力弱，但是比较适应干扰较频繁的生境，相当于杂草胁迫型植物。

(3) 种子特征(S轴)。种子特征(S轴)即典型种子大小，既能反应植物侵占新生境的能力，还可以衡量发芽初期的存活力。一般说来，种子较大的植物，种子数量较少，散播距离较近，幼苗在不利环境中的成活率较高，相当于CSR系统的竞争型植物；相反，种子较小的植物，种子数量较多，散播距离较远，不利环境中幼苗成活率较低，相当于杂草型植物。但是一些研究发现，较大的种子，传播辅助结构一般也较发达(如种翅较大、冠毛较长)，而且母株一般较高大，因而传播距离未必短。

CSR系统的每个轴都寓意着植物的多种特征，可操作性差；LHS系统的每个轴都只有一个很容易确定的定量特征，应用性更强，从而为不同物种之间的定量比较分析提供了基础。CSR系统假设在强胁迫＋强干扰的生境中植物不能生存，因此所有物种的生态对策只局限在有限的三角形范围内(图5.16)。但是一些研究发现，有些植物也可以生长在强胁迫＋强干扰的生境中。LHS系统没有这种假设，而且每项特征(轴)的大小都不受其他两项特征的影响，所以在LHS系统中植物可以分布在整个三维空间里。

4. Whittaker的植物生态对策类型

Whittaker和Goodman(1979)从种群大小波动样式与环境波动和生境异质性的关系，认为种群对策是与其典型环境联系在一起的，或更正确地说是适应环境波动，谋求度过不利周期的生态选择，可以有3种方式。

(1) 逆境选择(adversity selection)。即在逆境中选择出对逆境的适应，它相似于Grime的耐受对策型。

(2) 开拓选择(exploitation selection)。即具有可利用非预期的或间断的有利环境能力，它是在不安定生境的选择下形成的适应性的对策，相当于杂草对策型。

(3) 饱和选择(saturation selection)。在安定环境里形成的能完全占有有利环境的生态对策，相等于竞争对策型。

思 考 题

1. 名词解释：种群　植物种群　种群的年龄结构　种群的性比　年龄金字塔　最大持续产量　生物学过捕　生态位　生态位重叠　生态位分离　生命表　内禀增长能力　协同进化　生态对策
2. 论述单种群在有限环境中的连续增长规律，并用此理论来阐述生物资源的可持续利用。
3. 阐明种群与群落和物种之间的关系。
4. 阐明种群衰亡的原因。
5. 阐明种间竞争原理，并说明生态位与种间竞争有何关系？
6. 比较 r-对策和 K-对策的特征。说明它们在有害生物防治和珍稀濒危生物保护上的指导意义。

第6章 植物群落

6.1 植物群落概述

6.1.1 植物群落的概念

自然界生长的植物，无论是天然的或栽培的，既没有一株独立生长的个体，也没有一个完全孤立的种群。它们总是和其他植物成群地生长在一起，或为森林、或为灌丛、或为草原等，构成了覆盖在地球表面的植物群。这些覆盖在地球表面的植物群，称为植被(vegetation)，包括天然植被和人工植被。某一地区的植被称为某地区植被，如四川植被、中国植被、世界植被等。

植被并不是一群植物偶然的拼凑。群聚在一起的植物，彼此之间不可避免地发生一些复杂的关系，这种关系主要表现在对生存空间的竞争、光能的获取、营养物质的利用、植物排泄物和分泌物彼此的影响，以及植物之间共生、寄生、附生关系等，使这些群聚在一起的植物成为复杂的集合体，这些集合体在受环境影响的同时，又作为一个整体反作用于环境，形成本身所特有的植物环境。这些植物组合就是植物群落(plant community，phytocommunity，phytocoenosium)，换句话说，植物群落是指在特定时间聚集在一定地域或生境中所有植物种群组成的有机集合。植物群落具有一定的外貌和形态结构及营养结构，执行一定的功能。植物群落如一块块建筑材料，镶嵌在一起便形成了植被，因此植物群落是植被的结构单元。

6.1.2 植物群落的特征

根据上述植物群落的概念可知，植物群落具有以下基本特征。

(1) 具有一定的种类组成。不同的植物种类具有不同的生态耐受范围，因此，在一定的生境中，就形成了由一定种类组成的植物群落。种类组成是区别不同群落的首要特征。一个群落种类成分的多少及每种个体的数量，是度量群落多样性的基础。

(2) 具有一定的外貌。由于组成群落的植物种类不同，群落反映到人们眼中的样子也不同。人们到野外观察的时候，很容易辨认出来，这是森林，那是草原，就是由于这些群落的样子不同，这种样子就叫群落的外貌。

(3) 具有一定的结构。由于种类组成的不同和所处环境的差异，造成每一个植物群落各自有其结构特点而区别于其他群落，这些结构包括形态结构、生态结构、营养结构等。如生活型组成、种的分布格局、成层性、季相等。但群落的结构，不像有机体结构那样清晰，群落与群落之间的边界往往是模糊的、不明确的，故称之为松散结构。

(4) 形成一定的群落环境。植物群落与环境之间的关系极其密切。一方面，环境为群落生长提供最低条件，在决定群落的类别上起着基本的作用，可以说，群落是严格生境选择的结果。另一方面，群落的存在很大程度上对其生境产生深刻的影响，它通过对光照条件、水分条件、热量状况、土壤条件、空气条件等的改造作用，在群落内部创造了一个有别于裸地的特殊环境，这种由群落所创造的群落内部环境，称为群落环境或植物环境(phytoenvironment)，它是群落的一个组成部分。在一定范围内，不同群落具有不同的群落环境。

(5) 具有一定的动态特征。任何一个植物群落，都随着时间的历程而处于不断的运动、变化和发展之中。群落的动态包括其形成、季节动态、年际动态、演替与演化。

(6) 每一群落在空间上有其分布规律。任何一个植物群落都分布在特定地段或特定生境上,不同群落的生境和分布范围不同。无论从全球范围看还是从区域角度讲,不同植物群落都是按着一定的规律分布。

6.1.3 群落的性质

关于群落的性质问题,长期以来存在着两派决然对立的观点(图 6.1)。

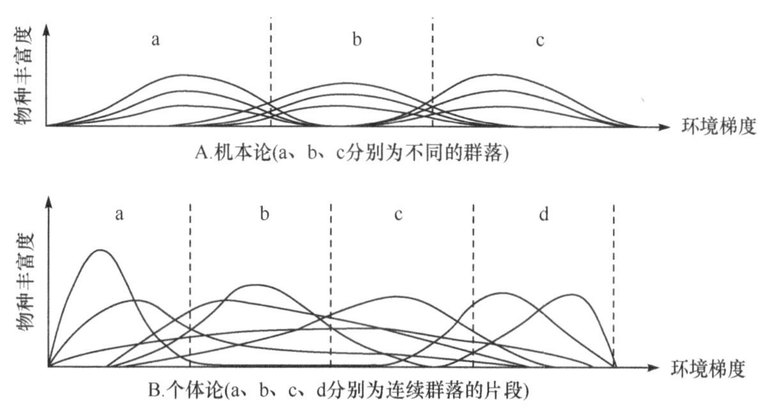

图 6.1 机体论和个体论的群落沿环境梯度的分布(曹凑贵等,2002)

(1) 机体论学派(organismic school)。认为群落是客观存在的实体,是一个有组织的生物系统,像有机体与种群那样。生态学家 Braun-Blanquent,Clements 和 Tansley 等持这种观点。

(2) 个体论学派(individualistic school)。认为群落并非一个自然实体,而只是生态学家从一个连续变化着的植被中搜集来的一组生物而已,其所以会出现这种组合,只是由于对环境的同样需求。Ramensky、Gleason 和 Lenoble 等都是个体论学派的支持者。

两派的争论实质在于群落到底是一个有组织的系统,还是一个纯粹偶然的个体集合。一些近代生态学的研究,尤其是采用一些定量的方法(如梯度分析和排序等)的研究证明,群落并不是一个个分离的、有明显边界的实体,而是在空间上和时间上连续的系列,这一事实,似乎更倾向于个体论学派的观点。

6.2 植物群落的种类组成

6.2.1 种类组成

种类组成是群落最基本最重要的特征之一,它是群落形成的基础,是决定群落性质最重要的因素,也是鉴别不同群落类型的基本特征。所以,要了解某个群落,首先必须了解其种类,进而了解这些种类在群落中的作用和地位。理论上,一个群落的种类组成,应该是该群落所含有的一切植物,不管它们是低等的还是高等的,也不管它们在群落中的数量多少,以及所占据的空间多大,凡是存在于该群落内的任一植物,都是该群落的组成者。但在实际工作中,群落的种类组成,常因研究的对象和目的等不同而有所侧重。

1. 最小面积

调查群落中的植物组成成分是研究群落特征的第一步。为了掌握群落中物种的组成,通常采用确定最小面积的方法来统计一个群落的种类组成。

在群落中选择能代表群落基本特征的一定地段或一定空间，称为样地。所取样地应注意环境条件和群落外貌的一致性，最好处于群落的中心部位，避免过渡地段。确定样地以后，用绳子圈定一块小面积（一般在草本群落中，最初的面积是 10cm×10cm，森林群落则是要用 5m×5m 或稍大），登记这一面积中所有的植物种类，然后，按照一定的顺序成倍的扩大边长（图 6.2A），每扩大一次，就登记新增加的种类。开始，面积扩大，种类的数目也随之迅速增加，最后面积再扩大，种类却很少增加。按照面积扩大和种类增加的累积数二者之间的比例关系，绘制种-面积曲线（图 6.2B）。在曲线转折处所指示的面积，称为群落的最小面积（minimal area），即对一个特定的群落类型能提供足够的环境空间（环境或生境的特性），或者能够保证展现出该群落类型的种类组成和结构真实特征的一定面积。

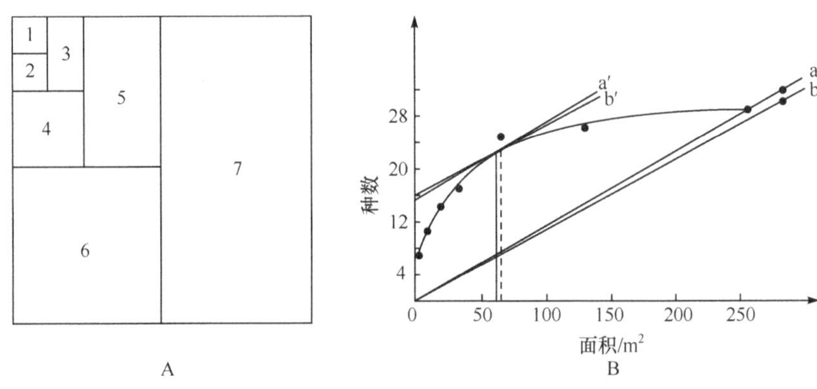

图 6.2 确定最小面积的程序（宋永昌，2001）

群落最小面积随群落类型而异（表 6.1）。通过比较各种群落的最小面积可见：组成群落的植物种类越多，群落的最小面积越大；环境条件越优越，群落结构越复杂，组成群落的种类就越多。因此，环境条件的优越程度与种数、群落结构的复杂程度以及群落最小面积等成一种正比例关系。

表 6.1 不同国家和作者建议的各类植被研究时的最小面积（m^2）（宋永昌，2001）

Whittaker(1978)		Ellenberg(1956)		中国常用标准	
热带沼泽雨林	2000～4000	温带植被		热带雨林	2500～4000
热带次生雨林	200～1000	森林（乔木）	200～500	南亚热带森林	900～1200
混交落叶林	200～800	（灌木）	50～200	常绿阔叶林	400～800
温带落叶林	100～500	干草地	50～100	温带落叶阔叶林	200～400
草原群落	50～100	矮石楠灌丛	10～25	针阔混交林	200～400
密灌丛群落	25～100	干草割草场	10～25	东北针叶林	200～400
杂草群落	25～100	肥沃牧场	5～10	灌丛幼年林	100～200
温带夏旱灌木群落	10～100	农田杂草群落	25～100	高草群落	25～100
钙质土草地	10～50	苔藓群落	1～4	中草群落	25～400
高山草甸和矮灌丛	10～50	地衣群落	0.1～1	低草群落	1～2
石楠矮灌丛	10～50	各国森林调查的标准 Huach et al.			
干草草甸	10～25	英国国家调查		400	

续表

Whittaker(1978)		Ellenberg(1956)	中国常用标准
海岸流动沙丘群落	10～20	美国(锯材、杆材)	400～800
盐生沼泽	5～10	瑞典国家调查	138(0.03英亩)
沙丘草地	1～10	芬兰国家森林调查	1000
湿生先锋群落	1～4	日本木材调查	500～2000
陆生苔藓群落	1～4	加拿大木材调查	800～1000
附生群落	0.1～0.4	德国木材调查	100～500

2. 群落成员型

各种植物在群落中所起的作用和所处的地位各不相同，它们在群落中并不具备同等的群落学重要性，其中有的植物是主要组成者，对群落具有巨大的影响，而有的植物则影响较小，有的植物甚至是偶然的成员。因此，在群落学研究中评价或划分种类成分的作用和地位具有重要意义。在植物群落学研究中，根据物种在群落中的各种特征，综合评价其作用和地位而划分的植物类型，称为群落成员型(phytocoenosium type)。常用的群落成员型有以下几类：

(1) 优势种(dominant species)。指对群落的结构和群落环境的形成有明显控制作用的植物种。其个体数量多、投影盖度大、生物量高、体积较大、生活能力较强，即优势度较大。群落的不同层次可以有各自的优势种，如森林群落中，乔木层、灌木层、草本层和地被层分别存在各自的优势种。一个层次中的优势种，可以是一个或几个，如果一个层次中有两个以上的优势种时，称为“共优种”。根据群落中优势种的多少可将群落划分为多优群落(polydominant community)、寡优群落(oligodominant community)、单优群落(monodominant community)。多优群落的优势种较多，甚至在众多的植物中找不到占有明显优势的物种，在这个意义上，多优群落又可称为混合种群落或混优群落(mixed dominant community)。

(2) 建群种(constructive species)。指群落优势层的优势种。它们在群落中的数量不一定很多，但决定着整个群落的内部结构和群落环境。如果群落中具有两个或两个以上同等重要的建群种，该群落称为共建种(co-edificato)群落。热带森林几乎全部都是共建种群落。

(3) 亚优势种(subdominant species)。指个体数量与作用都次于优势种，但在决定群落性质和控制群落环境方面仍起着一定作用的植物种。在复层群落中，它通常居于下层，如大针茅草原中的小半灌木冷蒿(*Artemisia frigida*)就是亚优势种。

(4) 伴生种(companion species)。为群落的常见种类，它与优势种相伴存在，但不起主要作用。

(5) 偶见种或罕见种(rare species)。是那些在群落中出现频率很低的植物种。偶见种可能是偶然由人带入或随着某种条件的改变而侵入群落中，也可能是衰退的残遗种。偶见种在群落中出现的频率很低，个体数量稀少。有些偶见种的出现具有生态指示作用。有的可以作为地方特征种看待。

同一个植物种群在不同的群落中可表现为不同的群落成员型。

3. 植物区系成分

在弄清了群落种类组成的基础上，还必须从区系学的角度，确定其种类组成的区系成分及其在群落中的作用等，对阐明群落的发生、起源、特性和类型等都具有重要意义。

（1）种属组成分析。每一植物种类均属于一定的科、属，因此，从系统分类的角度研究它们的科属关系，并加以数量统计分析，是了解群落结构必不可少的，尤其是优势科属组成的分析，对判断群落类型提供重要的依据。例如，我国亚热带地区的代表植被类型是亚热带常绿阔叶林，通过区系成分分析，了解到它们的主要组成者是樟科、壳斗科、山茶科、木兰科、金缕梅科等，这几个科的常绿树种就成了常绿阔叶林的标志。

（2）地理成分分析。对种类所属的区系地理成分加以分析，对研究群落类型、水平地带性分布以及邻近地区群落间的关系等都具有很大意义。例如，以泛北极成分占优势的群落，其温带性质很强，其分布中心应在北方，而以泛热带成分为优势的则具有热带性质，分布中心应在南方的热带地区。又如，我国的南亚热带常绿阔叶林中，植物种类的地理成分以热带和亚热带成分为主，虽有较强的热带成分，但与热带雨林不同，虽有亚热带成分，又与典型的亚热带常绿阔叶林不同，说明南亚热带常绿阔叶林具有过渡性质。在地理成分中，有一些某一地区的特有种或孑遗植物总是分布在一定的群落中，通过对它们的分析，可以判断群落的古老性和特有性。例如，裸子植物中的银杉属、水杉属和被子植物中的杜仲属等特有成分，显示着我国亚热带常绿阔叶林的特有性。

（3）生态成分分析。以群落种类组成的生态特性、类型等来分析群落的性质、类型以及与环境间的相互关系，尤其是生活型、叶型等，在群落分析中具有重要意义。

（4）历史成分分析。根据种属的历史发生，来进行区系分析的，尤其是分析那些第三纪以前的古老植物，对地区植被的发生、演替等具有重要意义。例如，我国亚热带常绿阔叶林具有丰富的孑遗植物，证明了其古老性和特有性。

6.2.2 数量特征和综合特征

有了所研究群落完整的植物名录，只能说明群落中有哪些物种，想进一步说明群落特征，还必须研究不同种的数量关系。对种类组成进行数量分析，是近代群落分析技术的基础。

1. 数量特征

（1）密度(density)。指单位面积或单位空间内的个体数。对乔木、灌木和丛生草本一般以植株或株丛计数，根茎植物以地上枝条计数。样地内某一物种的个体数占全部物种个体数之和的百分比称作相对密度。

（2）多度(abundance)。指某种植物在群落中的数目。确定多度有两种方法：一是直接计算法(记名计数法)；二是目测估计法。两者在植物群落的研究中都广泛使用。一般在植物个体数量多而植物体形小的群落如草本和矮灌木群落，或在概略性踏察时常用目测估计法，国内多采用 Drude 的七级制多度(表 6.2)。而森林群落中乔木的调查，或者需要进行详细的群落学研究时，则采用记名计数法。

表 6.2 几种常用的多度等级

Drude			Clements			Braun-Blanquet	
Soc. (Sociales)		极多	Dominant	优势	D	5	非常多
	Cop3	很多	Abundant	丰盛	A	4	多
Cop. (Copiosae)	Cop2	多				3	较多
	Cop1	尚多	Frequent	常见	F	2	较少

续表

Drude		Clements			Braun-Blanquet	
Sp. (Sparsae)	少	Occasional	偶见	O		
Sol. (Solitariae)	稀少	Rare	稀少	r	1	少
Un. (Unicun)	个别	Very rare	很少	Vr	+	很少

(3) 盖度(coverage)。一般指投影盖度,是植物地上部分垂直投影所覆盖的土地面积。也可以用基盖度表示,即植物基部的覆盖面积。对于草原群落,常以离地面2.54cm高度的断面积计算;对森林群落,则以树木胸高(1.3m处)断面积计算。乔木的基盖度特称为显著度(dominance)。盖度可分为种盖度、层盖度、总盖度(群落盖度)。林业上常用郁闭度来表示林木层的盖度。通常,种盖度或层盖度之和大于总盖度。群落中某一物种的盖度或显著度占所有物种盖度或显著度之和的百分比,即为相对盖度或相对显著度。

(4) 频度(frequency)。指某种植物在群落中出现的频率,一般用出现该物种的样方占全部样方数的百分比计算。群落中某一物种的频度占所有物种频度之和的百分比,即为相对频度。频度表示植物种在群落内的分布状况。

(5) 高度(height)或长度(length)。根据高度可以确定物种在群落中所处的垂直高度,了解群落的垂直结构。

(6) 重量(weight)。用来衡量物种生物量(biomass)或现存量(standing crop)多少的指标。可分干重与鲜重。这一指标是研究和理解群落与生态系统生产力的基础。

(7) 体积(volume)。植物所占空间大小的度量。在森林经营中,通过体积的计算可以获得木材的生产量(称为材积)。

2. 综合特征

不同的学者采用不同的综合特征来研究植物群落,下面介绍两种比较常用的综合特征。

(1) 优势度(dominance)。表示一个种在群落中的地位和作用。某一个种数量可能不多,但它可能对群落的作用要比数量多但体积小或不太活跃的另一个种要强烈得多。Braun-Blanquet主张以盖度、所占空间大小或重量来表示优势度,并指出在不同群落中应采用不同指标。苏卡乔夫(1938)提出多度、体积或所占据的空间、利用和影响环境的特性、物候动态应作为某个种的优势度指标。

(2) 重要值(important value,IV)。是一个反映种群大小、多少和分布状况,表示某个种在群落中的地位和作用的综合数量指标。可确定群落的优势种、表明群落的性质以及可推断群落所在地的环境特点,是用于群落分类的一个很好的指标。重要值是Curtis和McIntosh(1951)在研究威斯康星州森林群落时提出的,用来确定乔木的优势度或显著度,计算公式为

$$\mathrm{IV}=\frac{D(\%)+F(\%)+T(\%)}{300} \tag{6.1}$$

式中:IV为重要值;$D(\%)$为相对密度;$F(\%)$为相对频度;$T(\%)$为相对显著度。式(6.1)用于草原群落时,相对优势度可用相对盖度代替。

6.2.3 物种多样性

生物多样性(biodiversity)是生物及其与环境形成的生态复合体以及与此相关的各种生态

过程的总和。包括数以百万计的动物、植物、微生物和它们所拥有的基因,以及它们与生存环境形成的复杂的生态系统。生物多样性是一个内涵十分广泛的重要概念,包括多个层次或水平。其中,研究较多,意义重大的主要有遗传多样性(genetic diversity)、物种多样性(species diversity)、生态系统多样性(ecosystem diversity)3 个层次。文化多样性(culture diversity)可以看成是生物多样性在人类社会中的反映,被认为是生物多样性的一部分。

生物多样性是人类赖以生存和发展的基础,其直接价值在于为人类提供了食物、医药、工业原料、能源等基本生存的物质基础和育种的原始基因库以及基因治疗的原材料,各类生物多样性资源的美学价值是旅游业和娱乐的主要资源。生物多样性还具有一系列间接价值,如固定太阳能;调节水文学过程;保持水土,减轻泥石流、滑坡等自然灾害;调节气候;吸收分解环境中的有机废物、农药和其他污染物;储存营养元素并促进养分循环;维持进化及保持环境的自然平衡等。由于生物多样性包括了人类生存的基本条件,如水和其他基本资源,自然成为国家安全的一部分。此外生物多样性还具有科学、社会、经济、哲学、伦理等方面的价值。

生物多样性的热点(biodiversity hotspot)是物种多样性最丰富的地区、很多特有物种集中分布的地区或生境正被严重破坏的地区。世界上有 25 个热点,这些地区的面积仅占地球陆地面积的 1.4%,却生存着全部维管植物的 44%,全部鸟类、兽类、两栖、爬行动物的 44%。热带安地斯、巽他群岛、马达加斯加、巴西大西洋森林以及加勒比是世界上生物多样性最高的 5 个热点。热点地区的生物多样性具有不可替代与不可恢复性,是应该优先保护的地区。近些年,由于生境破坏和片断化、生物入侵、掠夺式地开发利用、环境污染和全球气候变化等,全球生物多样性急剧丧失,物种灭绝加剧,遗传多样性减少,生态系统尤其是热带森林的大规模破坏,有 11 个热点已丧失原始植被的 90%,3 个甚至已丧失 95%,原始植被平均丧失率为 88%,引起了国际社会对生物多样性问题的极大关注。20 世纪 90 年代,联合国环境规划署首次评估生物多样性后得出结论:在可以预见的未来,5%～20%的动植物种群可能受到灭绝的威胁。

1. 物种多样性的概念

在植物群落的研究中,物种多样性是一个非常重要的概念,它不仅反映了群落组成中物种的丰富程度,也反映了不同自然地理条件与群落的相互关系,以及群落的稳定性与动态,是群落组织结构的重要特征。

物种多样性是指一个群落中的物种数目、各物种的个体数目及其分布的均匀度。物种多样性具有下面两种含义:种的数目或丰富度(species richness)指一个群落或生境中物种数目的多少。在统计种的数目的时候,需要说明多大的面积,以便比较。在多层次的森林群落中必须说明层次和径级,否则是无法比较的;种的均匀度(species evenness or equitability)指一个群落或生境中全部物种个体数目的分配状况。它反映的是各物种个体数目分配的均匀程度。例如,甲群落中有 100 个个体,其中 90 个属于种 A,另外 10 个属于种 B。乙群落中也有 100 个个体,但种 A、B 各占一半。那么,甲群落的均匀度就比乙群落低得多。

Whittaker(1972) 将物种多样性分为 3 类:α 多样性指群落或生境内种的多度;β 多样性指在一个环境梯度上,从一个生境到另一个生境之间所发生的种的多度变化的速率和范围;γ 多样性是在一个地理区域内(如岛屿)一系列生境中种的多度,它是这些生境的 α 多样性和生境之间的 β 多样性两者的结合。其中,α 多样性和 β 多样性都可用纯量来表示,γ 多样性不仅有大小并且有方向变化,因此是一个矢量。

2. 物种多样性的测定

测定多样性的公式很多，这里仅选取其中几种有代表性的公式。

(1) 辛普森多样性指数(Simpson's diversity index)。1949年，Simpson提出：在无限大的群落中，随机取样得到同样的两个标本，它们的概率多大？如在加拿大北部森林中，随机采取两株树标本，属同一个种的概率就很高。相反，如在热带雨林随机取样，两株树同一种的概率很低，他从这个想法出发得出多样性指数。用公式表示为

Simpson多样性指数＝随机取样的两个个体属于不同种的概率
＝1－随机取样的两个个体属于同种的概率

$$D = 1 - \sum_{i=1}^{S} P_i^2 \tag{6.2}$$

$$D = 1 - \sum_{i=1}^{S} \frac{N_i(N_i - 1)}{N(N-1)} \tag{6.3}$$

式中：D 为Simpson多样性指数；P_i 为第 i 种的概率；N_i 为第 i 种的个体数；N 为群落中个体总数；S 为种数。在群落研究中 N 常常采用其他数量参数，如重要值、优势度、盖度、多度、密度等。

(2) Shannon-wiener指数。该指数在群落生态学中应用最多。该指数表征在信息通讯中的某一瞬间，一定符号出现的不定度以及它所传递的信息总和，例如，对于a a a a a这样的信息流，它们属用于同一字母，要预测下一个字母是什么，没有任何不定性，即信息的不定性含量为0。但如果是a b c e f这样的信息流，它们的每个字母都不同，其信息的不定性含量就大。在群落多样性的测度上，就借用于信息论中这种不定性的测量方法。Shannon和Weiner按此原理提出物种多样性指数：

$$H = -\sum_{i=1}^{S} P_i \ln P_i \tag{6.4}$$

式中：H 为Shannon-wiener指数；P_i 为第 i 种的概率；S 为种数。

(3) Pielou均匀度指数。1969年，Pielou把均匀度定义为群落多样性的实测值(H)与该群落理论上的最大多样性(H_{max})的比率。所谓最大的多样性是指在给定的条件下，个体完全均匀分布的多样性。以Shannon-wiener指数为例，Pielou均匀度指数(J)的计算公式为

$$J = \frac{-\sum_{i=1}^{S} P_i \ln P_i}{\ln S} \tag{6.5}$$

式中：J 为Pielou均匀度指数；P_i 为第 i 种的概率；S 为种数。

(4) 物种丰富度。物种丰富度是一个群落中的物种数目，它是基于物种的存在与否，而不是物种的相对多度的一个多样性测度。物种丰富度是最简单、最经典的物种多样性测度方法，直到目前，仍有许多生态学家尤其是植物生态学家使用。

3. 物种多样性的梯度变化

(1) 物种多样性随纬度变化。从热带到两极随纬度的增加，物种多样性有逐渐减少的趋势。如马来西亚热带雨林 $2hm^2$ 的面积内有227种乔木，密执安落叶林中同样面积只有10～15种乔木。

(2) 物种多样性随着经度而变化。从海洋到内陆,物种多样性逐渐减低(表 6.3)。

表 6.3 不同经度地区群落的物种多样性(王伯荪,1987)

群落类型	种数	个体数	α 指数	Simpson 指数	Shannon-Wiener 指数
雨林	59	118	30	0.069	4.517
季雨林	31	114	14	0.162	3.260
季雨林→萨瓦纳林	28	145	10.3	0.139	3.170
萨瓦纳林	22	238	5.9	0.293	2.404

(3) 物种多样性随海拔变化。如果在赤道地区登山,随海拔的增高,能见到热带、温带、寒带的环境,同样也能发现物种多样性随海拔增加而逐渐降低(表 6.4)。

表 6.4 热带山地随海拔变化的物种多样性(王伯荪,1987)

地点	海拔/m	面积/hm^2	胸径/cm	种数	个体数	α 指数
哥斯达黎加	850	0.3	>10	37	190	13.7
	900	0.3	>10	39	175	15.6
	1275	0.4	>10	62	234	27.6
	1700	0.5	>10	47	262	16.1
	2180	0.3	>10	42	282	13.7
	2360	0.3	>10	20	121	6.9
	3080	0.4	>10	—	245	5.9
菲律宾	450	0.25	>300	92	353	39.0
	700	0.25	>300	70	539	21.5
	1020	0.25	>300	21	610	4.2

(4) 在海洋或淡水水体物种多样性有随深度增加而降低的趋势。在大型湖泊中,温度低、含氧少、黑暗的深水层,其水生生物种类明显低于浅水区;同样,海洋中植物分布也仅限于光线能透入的光亮区,一般很少超过 30m。

此外,从群落早期演替阶段向后期顶极阶段物种多样性具有增大的趋势。但是在大多数情况下,从达到顶极群落之前的一段时期开始,多样性也可能下降。这种倾向的产生是由于在演替的最早阶段,只有少数植物能够适应于严酷的环境条件,物种多样性、生产力与生物量都很低,随着环境条件的改善,这些方面都在逐渐上升,当将进入演替的顶极阶段时,早期演替阶段的物种依旧能够暂时生存,物种多样性达到一个最高峰,随着进入演替的最后阶段,这些种都将衰退消失,多样性也就略有下降。

4. 物种多样性梯度变化的原因

物种多样性梯度变化的原因极其复杂,不同学者提出了多种理论来说明为什么热带群落比温带群落和极地群落有更多的物种,下面将这些理论简介一下。

(1) 进化时间理论。该理论认为,物种多样性高低取决于群落所经历的地质年代的久远。热带地区温暖潮湿,环境稳定且未受冰川影响,物种长期演化形成了一些古老种属和群落,种的消亡机会也较少。因此,与温带群落和极地群落相比,热带群落存在的历史更悠久,而且演变和多样化的速度较快,物种多样性较高。有些事实支持了这一理论。例如,采自北半球白垩纪的浮游有孔虫化石，由赤道到北极种类逐渐递减，这同现今尚存的有孔虫所表现的趋势一致。

(2) 生态时间理论。该理论认为，一个物种需要一定的时间才能进入适宜生境未被占有的地域。从热带起源的大多数的物种，由于没有足够时间或因地理障碍未能进入温带地区，因此温带地区现存的物种数未达到饱和状态。

(3) 空间异质性理论。该理论认为，自然环境条件越复杂，异质性越强，该地区的物种多样性就越高。如从地势的大地形来看，山区较平原地形复杂，物种多样性较高；群落的垂直结构复杂，使小生境复杂多样，适宜于更多种类的生物栖息生长，如群落的垂直分层愈多，群落中的鸟类与昆虫也就愈多。

(4) 气候稳定性理论。该理论认为，环境越稳定，物种多样性越高，而严酷或带有灾难性变化的气候中，只有少数能够适应的种类生存下来，生物种类消亡的机会较多，物种多样性就降低。在热带地区气候稳定，通过自然选择，在那里出现了大量狭生态位和特化的物种，由于每一物种都只利用了总资源中很少的一部分，因此可以容纳更多的动植物种类生存。而在温带和极地，气候的剧变造成生境、食物的多变，迫使物种向广适应性的方向进化，而特化物种被淘汰。

(5) 竞争理论。竞争导致生态位分化或重叠，使同一生境中能生活更多的物种。热带地区种间竞争强烈，物种的生态位比较狭窄，具有较高的进化特征和狭窄的生态幅，因此，同样的空间生活的物种比温带地区多。

(6) 捕食理论。在群落中种类较多时，随着捕食者数量增加，猎物个体数量减少，使猎物种群彼此间的竞争大大削弱，从而允许存在更多的猎物物种，这又反过来供养新的捕食者。捕食理论认为：群落组成的多样化能维持较大比例的捕食者生存。热带森林的种类很多，而每一种林木个体较少，分布也比较零散，可以用该理论解释。

(7) 生产力理论。该理论认为，物种多样性的高低，取决于通过食物网的能量流。群落生产力越高，生产的食物越多，通过食物网的能量流就越大，物种多样性就越高。热带地区生长季较长，生产力较高，从而在时间上和空间上可以为更多种共存提供条件。

上述 7 种理论，实际包括 6 个因子，即时间、空间、气候、竞争、捕食和生产力。这些因子可以同时在同一生境中相互作用，综合影响物种多样性的高低（图 6.3）。但在某种程度上空间异质性、气候稳定性以及生物竞争性的影响较强烈。而群落本身对自然环境适应的自然选择与进化发展，也具有较重要的意义。

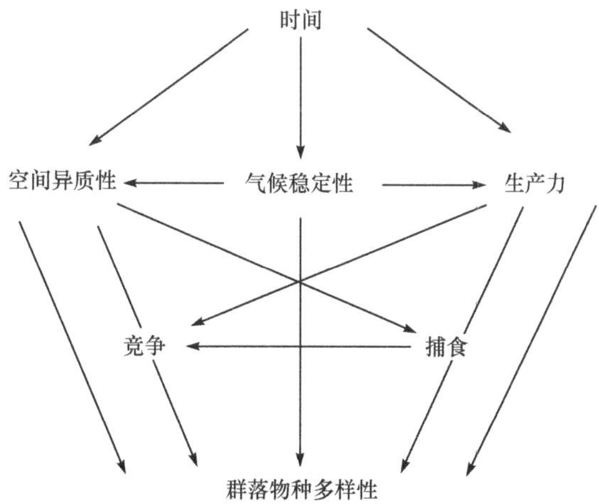

图 6.3 影响群落物种多样性因子的综合作用（郑师章等，1994）

6.2.4 群落的种间关联

种间关联(species association)是指不同种类在空间分布上的相互关联性。在群落学中具有重要的位置,是对不同种个体的在空间联结程度的定性测定。种间关联的测定,通常是先把成对物种的存在与不存在数据,排成 2×2 列联表,即

		物种 A		
		+	−	
物种 B	+	a	b	$a+b$
	−	c	d	$c+d$
		$a+c$	$b+d$	

其中:a 是两个种都有的样方数;b 是只含有 B 种的样方数;c 是只含有 A 种的样方数; d 是两个种都没有的样方数,n 是样方总数$=a+b+c+d$。按公式计算关联系数。

$$v=\frac{ad-bc}{\sqrt{(a+b)(c+d)(a+c)(b+d)}} \tag{6.6}$$

式中:v 为关联系数,v 值的变化范围为$-1\sim1$,然后按照统计学的 χ^2 检验法测定关联系数的显著性。$v=1$ 完全正联结;$v=-1$ 完全负联结;$v=0$ 个体间彼此单独分布。当 $ad>bc$ 时,v 为正值,表示正联结,意味着一个种依赖于另一种(如寄生者与寄主、支持植物与附生植物)或相互依赖(共生、原始协作),或者它们对生境的适应和反应是相同或相似的;当 $ad<bc$,v 为负值,表示负联结,意味着一个种通过对另一种的影响而排斥它(如竞争,空间排斥或化感作用),或者它们对生境的适应和反应不同,或对环境有不同的需求;$ad=bc$ 时,v 值为 0,表示不联结。两个种在空间上的分布为中性,既不表现为联结或依赖,也不相互排斥。

联结系数可用于排列半矩阵和星系图等,以表达种间联结或相互关系(图 6.4),有助于对群落本质的深入认识,并且形成了数值分类和排序技术的基础。

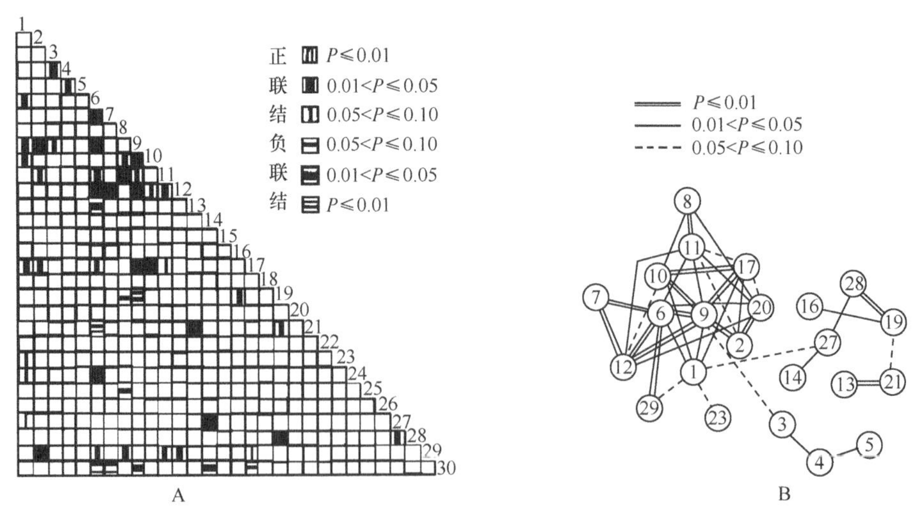

图 6.4　天童常绿阔叶林乔木层种间联结 χ^2 检验的半矩阵图(A)和星系图(B)(宋永昌,2001)

图中数字代表组成群落中的物种,植物名略;P 为显著度

6.3　植物群落的外貌与结构

外貌与结构是植物群落的明显标志，是植物群落中植物之间、植物与环境之间相互关系的综合反映，不同的群落具有不同的外貌和结构，因此，外貌和结构是认识和鉴别群落类型的重要特征，是群落研究的必要基础。

6.3.1　植物群落的外貌

外貌(physiognomy)指群落的外表形态或相貌，是植物群落与外界环境条件长期作用的结果。陆生植物群落的外貌取决于种类的生活型(或生长型)组成、叶的特征以及周期性等，水生植物群落的外貌取决于水的深度与水流特征。本章重点讨论陆生植物群落的外貌。

1. 生活型

生活型是植物在演化过程中对一定生活环境长期适应所形成的各种基本形式。各种生活型具有适应其生活环境的形态外貌、内部结构和生理特点。分析群落的植物生活型及生活型谱，按照生活型划分群落以及说明生活型的相对作用，对群落结构、类型、群落与环境间的关系、群落的起源及演变等，都能给予深刻的解析。

(1) 每一个特定的植物群落都具有独特的生活型谱。每个群落类型都是由各种不同生活型的植物所组成，群落类型不同，其生活型谱也不相同(表 6.5)。在生活型谱中必有一类或两类生活型占优势。如热带雨林高位芽植物占绝对优势，并含有较高比例的附生植物，一年生植物、地下芽植物和地面芽植物很少或几乎不存在；而在温带森林和草原中占优势的地面芽植物在雨林中却难觅踪影；在草原和荒漠中一年生植物占有较高的比例；而在极地冻原中则以隐芽植物占优势；植物群落生活型谱的差异充分反映了植物群落在群落结构上的差异。通过群落生活型谱的分析，有助于认识群落的类型，对群落进行分类并对分布在不同地域的植物群落进行比较，群落类型相同，如西双版纳的热带雨林和巴西莫康巴雨林，生活型谱相似，群落类型不同，如热带雨林和温带落叶阔叶林，生活型谱具有较大的差异。同时，不同的生活型常具有不同的地理起源，因此有助于人们对该植被类型发展历史的认识。

表 6.5　几个典型植物群落的生活型谱

群落类型(地点)	生活型百分率/%				
	Ph.	Ch.	H.	Cr.	T.
热带雨林(西双版纳)	94.7	5.3	0.0	0.0	0.0
热带雨林(巴西莫康巴)	95.0	1.0	3.0	1.0	0.0
热带雨林(海南岛)	96.9(11.1)	0.8	0.4	1.0	0.0
山地雨林(海南岛)	87.6(6.9)	6.0	3.4	2.4	0.0
南亚热带常绿阔叶林(鼎湖山)	84.5(4.1)	5.4	4.1	4.1	0.0
亚热带常绿阔叶林(滇东南)	74.3	7.8	18.7	0.0	0.0
亚热带常绿阔叶林(浙江)	76.7	1.0	13.1	7.8	2.0
暖温带落叶阔叶林(秦岭北坡)	52.0	5.0	38.0	3.7	1.3
寒温带暗针叶林(长白山)	25.4	4.4	39.6	26.4	3.2
温带草原(东北)	3.6	2.0	41.1	19.0	33.4
沙漠(利比亚)	12.0	21.0	20.0	5.0	42.0
极地苔原(斯匹次卑根)	1.0	22.0	60.0	15.0	2.0

注：括号中数据为附生植物的百分率。

Ph.：高位芽植物；Ch.：地上芽植物；H.：地面芽植物；Cr.：隐芽植物；T.：一年生植物。

表 6.6　世界各地气候带的生活型谱

地区	统计种数	生活型/%				
		Ph.	Ch.	H.	Cr.	T.
高位芽植物气候(谢尔群岛)	258	61	6	12	55	6
地上芽植物气候(斯匹茨尔根)	110	1	22	60	15	2
地面芽植物气候(丹麦)	1 084	7	8	50	22	18
一年生植物气候(死谷)	294	26	7	18	7	42

注:Ph.:高位芽植物;Ch.:地上芽植物;H.:地面芽植物;Cr.:隐芽植物;T.:一年生植物。

(2) 植物群落的生活型谱可以反映一定地区的气候等自然条件。生活型反映植物生活的环境条件,相同的环境条件具有相似的生活型。世界各大洲环境相似的地区,由于趋同进化而具有相同生活型的植物,可以称为生态等值种(ecological equivalent)。因此,植物群落的生活型谱可以反映一定地区的气候等自然条件(表 6.5,表 6.6)。高位芽植物占优势反映了群落所在地的气候温热多湿;地面芽植物是适应酷寒最成功的生活型,地面芽植物占优势反映了群落所在地具有较长的严寒季节;一年生植物占优势群落所在地气候干旱;隐芽植物是高山-极地气候的代表,反映了冷、湿的环境。在热带雨林中,高位芽植物占有绝对优势,一年生植物除偶见于开垦地及路旁外,在雨林中很难看到。附生植物的种类有较高的比例,一般数量都超过地上芽植物,这些特点充分反映了热带地区常年有利于植物生长的高温、高湿的气候条件。由于雨林常绿的树冠层造成林下终年荫蔽,地面芽植物十分贫乏;长白山的寒温带暗针叶林中地面芽植物占优势,隐芽植物次之,高位芽植物又次之,反映了当地有一个较短的夏季,但冬季漫长,严寒而潮湿。因此,不同群落类型的生活型谱的差异,充分说明了它们所处的环境条件上的差异,以及它们所创造的植物环境的特点。群落所在地环境不同,生活型谱不同,群落生境相同,生活型谱相似。

2. 叶的特征

植物同化器官——叶对环境的适应性表现得最为突出和多样,因此叶是决定植物外貌的重要特征。叶的特征主要表现在叶的质地、大小、生活期、叶型和叶缘等方面。叶特征的分析,对于结构复杂的森林群落来说,具有较为重要的意义。

(1) 叶的质地。叶的质地反映了生境中光、温、水等生态因子的综合作用。一般分为膜质叶(membranous)、草质叶(orthophyll)、革质叶(sclerophyll)、厚革质叶(thick sclerophyll)和肉质叶(succulent)等。如浙江常绿阔叶林乔木层第一、第二层革质叶和厚革质叶占 56%。

(2) 叶的生活期。叶的生活期区分为常绿叶(至少可以通过两个生长季,在不利生长时期也不脱落)、夏绿叶(寒冷季节脱落)、半常绿叶(寒冷季节不脱落,入春后大量脱落,并很快为新叶所代替)和冬绿叶(在干旱夏季脱落,冬季生长)。

(3) 叶型和叶缘。叶型主要是指单叶和复叶。如浙江常绿阔叶林的叶型以单叶占多数,一般在 80%以上。叶缘指叶的边缘,分为全缘和非全缘两种。热带和无霜的非热带地区多为全缘叶,非全缘叶多见于寒冷地区。一般认为全缘叶是一种古老的性质,菲律宾麦基林山海拔 450m 处的龙脑香林中,有 76%的种类和 80%的树木具有全缘的叶;常绿阔叶林全缘叶和非全缘叶的比例相差不多,如浙江常绿阔叶林全缘叶的种类占 46%;东北美中部温带森林全缘叶的种类只有 10%左右。

(4) 叶的大小。叶片大小与水分平衡密切相关。大叶比小叶更能阻碍空气的对流和热的散失,所以在太阳光照射的条件下,大叶比小叶的叶温高、蒸腾量大。相反,在荫蔽的条件下,大叶的叶温降低也较快,叶温影响光合速率,所以叶子大小与光合收益的效果有密切联系。蒸腾量大小要以植物的根从土壤吸收水分的多少为代价。最佳叶子大小模型就是根据经济学上收益-成本分析方法,以平衡蒸腾失水的植物根吸水量作为成本,以光合收益高低作为收益,从这两个参量随叶子增大而变化的相互关系中,求得收益与成本相差最大时的叶子大小(图 6.5)。如图 6.6 所示,蒸腾耗水随叶子增大而上升,而光合收益随叶子增大而上升的曲线有一高峰值,超过此限,光合收益反而减低(这是受气体交换所限制的)。

叶面积指数(leaf area index,LAI)是群落结构的一个重要指标,与群落的光能利用效率直接相关。一般定义为

$$\text{LAI}=\frac{\text{总叶面积(单面计算)}}{\text{单位土地面积}} \tag{6.7}$$

不同的植物群落,叶面积指数差异较大(表 6.7)。

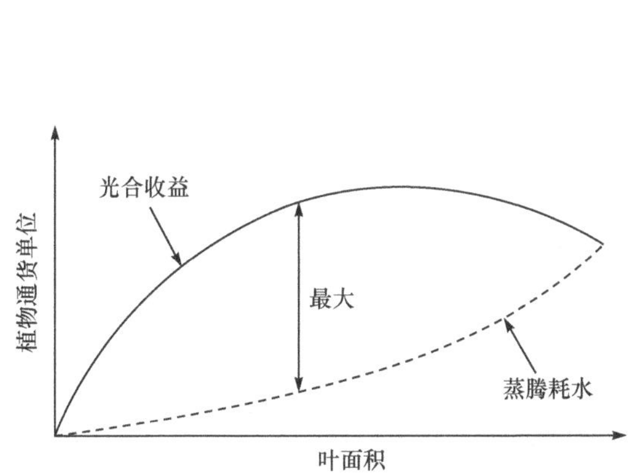

图 6.5　最佳叶子大小模型(李博等,2000)

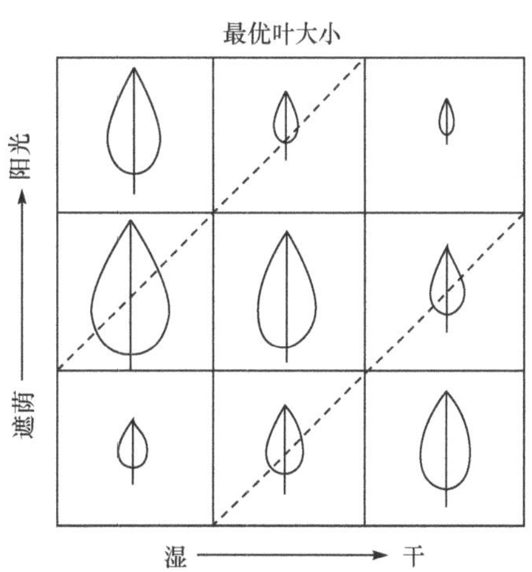

图 6.6　最佳叶大小模型预测的叶子大小与光辐射和水分的关系(李博等,2000)

表 6.7　不同植被类型的叶面积指数和功能利用效率(李博等,2000)

植被类型	LAI	光能利用率/%	植被类型	LAI	光能利用率/%
热带雨林	10～11	1.5	冻原	1～2	0.25
落叶阔叶林	5～8	1.0	草原化荒漠	1	0.04
北方针叶林	9～11	0.75	农作物	3～5	0.60
草地	5～8	0.50			

在群落学研究中,叶级大多按 Raunkiaer 创立的叶面积等级系统(表 6.8)进行叶级谱的分析。每一植物群落具有特定的叶级谱。不同群落类型的叶级谱都具有一定的规律性,通常以某一叶级的植物占优势(表 6.9),如热带雨林和南亚热带常绿阔叶林都是以中叶为主,大型叶和小型叶的种类较少,而微叶和鳞叶的种类很少或几乎不存在;中亚热带常绿阔叶林和温带针叶林则以小型叶为主。因此,可以根据群落叶级谱确定群落的类型;植物群落的叶级谱与气候具有一定的相关性(表 6.10)。大叶片一般经常出现于热带温暖而潮湿的气候中,而小叶片则

是十分干燥或寒冷地区的特征，叶级的变化表现出从潮湿到干燥，从温暖到寒冷，由大到小逐渐减缩的现象。通过最佳叶子大小模型的收益-成本分析，可预测在各种光照和土壤水分条件下的最佳叶子大小(图 6.5)。荒漠和热带旱生林的植物叶子都较小，这与模型预测在较高辐射和较低水分的最佳叶子相符合。群落不同层次间的叶级谱存在着差异(表 6.10)。在热带雨林和南亚热带常绿阔叶林中，叶级随第三层小乔木→第二层→第一层乔木逐渐缩小，这与群落内部小气候的垂直梯度变化密切相关，反映了叶级与环境条件之间的紧密联系。图 6.6 中被虚线分隔的斜带代表雨林的林冠(右上)到地被(左下)的光照和水分条件，根据热带雨林调查结果，叶子大小由林冠向下有增大，然后再变小的倾向，与模型预测也相符。

表 6.8 C. Raunkiaer 的叶级分类系统

级别	名称	叶面积/mm^2	级别	名称	叶面积/mm^2
1	鳞叶 leptophyll	< 25	4	中叶 mesophyll	2 025～18 225
2	微叶 nanophyll	25～225	5	大叶 macrophyll	18 225～164 025
3	小叶 microphyll	225～2 025	6	巨叶 megaphyll	>164 025

表 6.9 不同群落类型的叶级谱

群落类型	叶级百分率/%					
	鳞叶	微叶	小叶	中叶	大叶	巨叶
热带雨林(巴西)	2.3	3.2	15.1	68.3	11.0	0
热带雨林(尼日利亚)	0	0	10.0	84.0	6.0	0
热带雨林(菲律宾)	0	0	4.0	86.0	10.0	0
南亚热带常绿阔叶林(中国鼎湖山)	0	2.8	36.1	59.2	1.9	1.0
中亚热带常绿阔叶林(中国庐山)	0	7.0	52.9	39.7	0.4	0
亚热带常绿阔叶林(中国浙江)	0	4.1	53.5	37.1	5.4	0
温带山地针叶林(中国长白山)	6.5	13.0	39.5	31.8	8.8	0

表 6.10 群落不同层次叶级谱的变化(王伯荪，1987)

群落类型	群落层次	叶级百分率/%					
		鳞叶	微叶	小叶	中叶	大叶	巨叶
热带雨林(海南坝王岭)	第一层乔木	0.0	0.0	40.0	60.0	0.0	0.0
	第二层乔木	0.0	0.0	50.0	50.0	0.0	0.0
	第三层乔木	0.0	0.0	71.4	28.6	0.0	0.0
	灌木层	0.0	0.0	54.5	36.4	0.0	0.0
常绿季节林(特里尼达)	突出树冠层的乔木	0.0	2.4	4.8	85.7	7.1	0.0
	树冠层	2.2	0.0	17.4	76.1	4.3	0.0
	下层	0.0	0.0	11.8	80.4	7.8	0.0
南亚热带常绿阔叶林(鼎湖山)	第一层乔木	0.0	0.0	16.7	83.3	0.0	0.0
	第二层乔木	0.0	0.0	9.1	86.4	4.5	0.0
	三层乔木	0.0	0.0	5.0	96.0	5.0	0.0

3. 植物群落的周期性

周期性(periodicity)是指群落中那些与季节性的气候变化相关联的明显的周期现象，这种周期现象取决于构成群落的优势植物的物候现象或物候期。一年四季各种植物的物候进程不同，使群落在不同的季节里表现出不同的外貌。某个季节里群落的外貌就是季相(aspect)群落的季相常常年复一年地重复出现。随季节更替而改变的群落外貌变化,称为季相演替(aspection)。群落的周期性受环境节律(rhythm)的影响,温带和寒带群落,如温带草原和落叶阔叶林的季相明显与温度的季节性变化相吻合,热带和亚热带群落的周期性外貌变化很大程度上取决于湿度的季节性变化,在干湿季交替变化的地区,群落具有较明显的周期性节律,例如季雨林就有在旱季周期性落叶的周期现象;雨林和常绿阔叶林终年常绿,花果终年不衰,群落的周期性在某种程度上仅表现在新叶或嫩叶上。

6.3.2 植物群落的结构

在群落中,各种植物各自占据一定的生存空间,从而构成了群落的空间结构。群落结构是群落的一个重要特征,反映了群落对环境的适应。

1. 群落的结构单位

(1) 层片(synusia)。指由相同生活型或相似生态要求的种组成的机能群落(functional community),是群落最基本的生态结构单元。每一个层片由同一生活型的植物所构成,在群落中占据一定的空间。层片具有下述特征:属于同一层片的植物是同一个生活型类别。但同一生活型的植物种只有其个体数量相当多,而且相互之间存在着一定的联系时才能组成层片;每一个层片在群落中都具有一定的小环境,不同层片小环境相互作用构成了群落环境;每一个层片在群落中都占据着一定的空间和时间位置,层片的时空变化形成了植物群落不同的结构特征;每一层片都具有相对独立性,并按照其作用和功能划分为不同的类型,如优势层片、伴生层片、偶见层片等。

(2) 同资源种团(guild)。指群落中以同一方式利用共同资源的物种集团。它们是在群落中占有同一功能地位的等价种(equivalent species)。如果一个种由于某种原因从群落中消失,其他种就可能取而代之。同资源种团作为群落的亚结构单位,比只从形态或营养级划分更为深入。

(3) 小群落(microcoenose)。植物在群落中的分布往往是不均匀的,因而造成群落内的斑块状分布,这些斑块在植物种类组成、数量、郁闭度、生产力等方面都有所不同,但是它们的形成和存在由其所在群落决定,仍然不能脱离整个群落的影响。这些群落内部小型的植物组合,特称为"小群落",每一个小群落具有一定的种类组成和生活型组成。小群落是群落水平分化的结构单位。小群落产生的主要原因是群落生境条件的不均匀性,如小地形和微地形的变化、土壤湿度和盐渍化程度的差异,以及群落内部其他生态环境的不一致等;动物活动、人为影响以及植物本身的生态生物学特征,尤其是植物繁殖体的散布特性以及竞争能力等在小群落的形成中都具有重要的作用。群落内小生境的变化是多种多样的,因而小群落也可能是多种多样的,在垂直上可以表现为附生小群落,水平上可以表现为地面小群落。

2. 群落的结构

群落的结构是指群落的所有种类在时间上和空间上的配置状况。包括垂直结构、水平结构和时间结构。

1) 垂直结构

垂直结构(vertical structure)是群落在空间中的垂直分化或分层现象,包括地上分层和地下分层。成层结构显著提高了植物利用环境资源的能力。层次(layer,stratum)是植物群落的形态结构单位。层次与层片之间有相同之处，但又有质的区别。一般层片比层的范围要窄，因为一个层可由若干生活型的植物所组成，森林群落的乔木层，在北方可能属一个层片，但热带森林中可能属于若干不同层片，如常绿落叶阔叶混交林及针阔叶混交林中的乔木层都含有两种生活型；层片是群落的生态学结构单位，而层次是群落形态学特征的基本结构单位。

（1）地上成层性。地上成层现象是群落地面以上部分的不同高度所形成的垂直结构（层次结构），地上分层可以充分利用阳光和空间。决定群落地上成层现象的主要因素主要是光照、温度、湿度（图 6.7）。在一个发育良好的森林群落中，按照植物的生长型，可将群落分为乔木层（tree stratum）、灌木层（shrub stratum）、草本层（herb stratum）和地被层（ground stratum，field stratum）4 个基本层次。草本群落的地上分层较为简单，通常划分为草本层和地被层。在各层次之间，可以按照同化器官的高度再分为亚层。群落中的有一些植物，如藤本植物和附生植物、寄生植物，并不形成独立的层次，分别依附于各层次直立的植物体上，称为层间植物（inter-stratum plants），或层外植物（extra-stratum plants），或层内植物（intra plants）；多层结构的群落中，由于各层次在群落中的作用和地位不同，常常区别为主要层（major stratum）

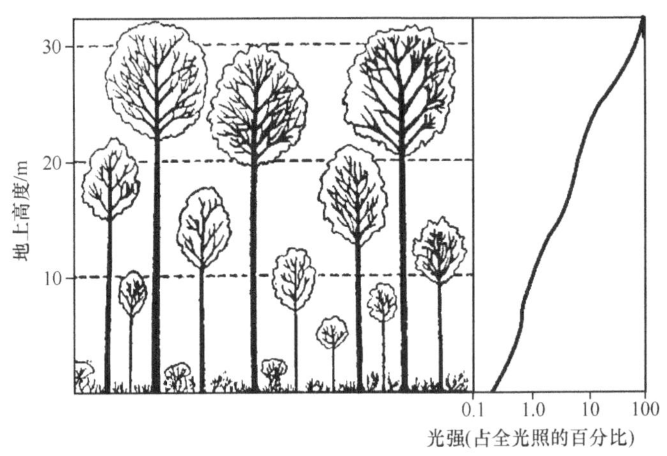

图 6.7　森林中的成层现象与消光现象（王伯荪，1987）

和次要层（secondary stratum）。主要层在创造群落环境方面起着主导作用，并影响或决定了其他层次，主要层消长会导致群落发生质变；次要层在创造群落环境方面起着次要作用，它们的存在、种类组成、个体数量、结构状态等取决于主要层的影响。大多数情况下，群落的最高层就是主要层，但在某些特殊的情况下，群落中某些较低的层次也会成为主要层，例如热带稀树草原的草本层控制着木本植物及其幼苗生存的有效水分总量。

（2）地下成层性。不同植物的根系分布在土壤的不同深度形成了地下成层性。最大的根系生物量集中在表层。地下分层可以充分利用土壤中的营养和水分。地下成层现象取决于土壤的理化性质，尤其是水分与养分。

（3）水生植物的成层性。水生植物的成层性问题比较复杂，因为有的在水中飘浮，有的则着生在水下土壤中而茎叶则伸出水面（图 6.8）。一般把水生植物分为 6 个层群，即水底层群、水中沉水矮草层群、水面高草层群、沉水漂草层群、漂浮草本层群和挺水草木层群。水生植物群落的分层现象，主要取决于光的穿透性、温度、氧气的垂直分布。

2）水平结构

水平结构（horizontal structure）是指群落在水平空间上的分化。小群落是群落水平结构

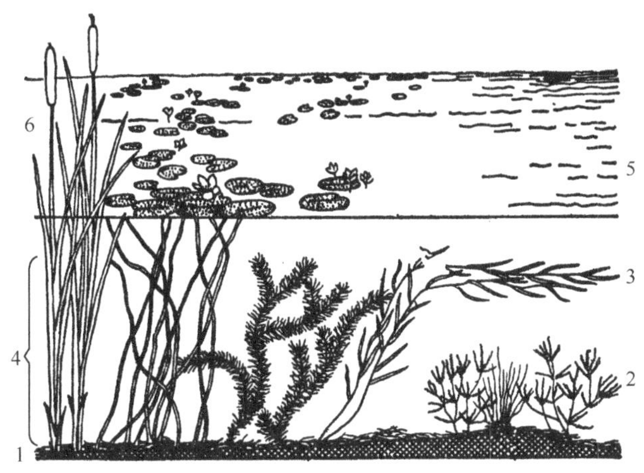

图6.8　水生植物群落的成层现象(王伯荪,1987)
1. 水底层群;2. 沉水矮草层群;3. 沉水漂草层群;4. 水草高草层群;
5. 漂浮草本层群;6. 挺水草木层群

的基本单位,它们在二维空间中的不均匀配置,彼此组合,使群落在外形上表现为斑块相间,称为镶嵌性(mosaic),具有这种特征的植物群落叫做镶嵌群落(mosaic community)。群落内部环境因子的不均匀性是群落镶嵌性的主要原因。内蒙古草原上锦鸡儿灌丛化草原是镶嵌群落的典型例子。在这些群落中往往形成1～5m呈圆形或半圆形的锦鸡儿丘阜,可以聚积细土、枯枝落叶和雪,因而使其内部具有较好的水分和养分条件,形成一个局部优越的小环境。小群落内部的植物较周围环境中返青早,生长发育好。

3) 时间结构

群落的时间结构(temporal structure)是指群落结构在时间上的分化或在时间上的配置,它反映了群落结构随时间的周期性变化而发生的相应更替,这种更替在很大程度上表现在群落结构的季节性变化、群落的年际变化和演替。

6.3.3　群落交错区与边缘效应

1. 群落交错区

(1) 群落交错区的定义。群落交错区(ecotone)或生态交错区或生态过渡带是指两个或多个群落之间(或生态地带之间)的过渡区域。如森林和草原之间、软海底与硬海底的两个海洋群落之间、两个不同森林类型之间或两个草本群落之间都存在交错区。这种过渡带有的宽,有的窄;有的是逐渐过渡,有的变化突然。群落的边缘有的是持久性的,有的在不断变化。1987年1月,在巴黎召开的一次国际会议上对群落交错区的定义是:“相邻生态系统之间的过渡带称为生态交错带,它具有由特定时间空间尺度以及相邻生态系统相互作用程度所确定的一系列特征特性。”可以认为,群落交错区是一个交叉地带或种群竞争的紧张地带,在这里群落中种的数目及一些种群密度比相邻群落大。群落交错区的特征是宏观性、动态性、过渡性。

(2) 群落交错区的特征。在群落交错区这一区域内,两种群落成分同时出现在同一环境下,并处于激烈的竞争状态并达到动态平衡,在这里两个相邻群落成分并非简单混合或叠加,它是两个相对均匀的相邻群落相过渡的突发转换区域,不但有相邻群落的一些特性,而且具有其独特的特性。

环境异质复杂化。交错区生境趋于异质复杂化，并在生物与非生物力作用下，形成了明显不同于相邻群落内部核心区域的环境条件。如林缘风速较大促进蒸发，导致边缘生境干燥等。

物种多样性增加。群落交错区不但含有两个相邻群落的组分，而且特化的生境导致某些特有种类的产生，植物种类及群落结构往往更加多样复杂，从而为动物提供了更多的营巢、隐蔽和摄食条件。

2. 边缘效应

边缘效应(edge effect)是指群落交错区种的数目及一些种的密度增大的趋势。在交错区内形成的特有种，称为边缘种(edge species)。边缘效应的形成需要较长的时间，是协同进化的产物。在群落交错区往往包含两个重叠群落中所有的一些种以及交错区本身所特有的种，这是因为群落交错区的环境条件比较复杂，能为不同生态类型的植物定居，从而为更多的动物提供食物、营巢和隐蔽条件。如我国大兴安岭森林边缘，具有呈狭带状分布的林缘草甸，植物种数达 30 种/m^2 以上，明显高于其内侧的森林群落与外侧的草原群落。因此，可通过增加群落交错区数量或边缘长度以增加边缘效应，提高野生生物产量。群落交错区代表着两个相邻群落极端生境水平，犹如栅栏一样，对物种的分布和动物的活动范围起着阻碍限制的作用，它起着过滤器的作用。边缘效应类似于生物学中的杂种优势，其形成需要一定条件，如两个相邻植物群落的渗透力大致相似，两类环境或两种植物群落的过渡地带需相对稳定，相邻植物群落各自具有一定的均一面积或群落内只有较小面积的分割，具有两个群落交错的生物类群等。

6.3.4 影响群落结构的因素

众多因素影响着群落结构，其中竞争、捕食、干扰以及空间异质性被认为是较为重要的因素。

(1) 竞争。竞争导致生态位分化，是群落形成的驱动因素之一。Tilman 以两种植物竞争两种资源的结局的分布范围(对 ZNGI 线的位置)，确定其胜败或共存。图 6.9A 表明了 a+b 两物种的共存区范围(以两种资源供应率为坐标轴的图上)。当 5 种植物竞争两种资源时，其结局就多样了，除有 a+b，b+c，c+d……共存的范围外，还有一个区 5 种可以同时共存(图 6.9B 中虚线圈内)，这表明仅对两种资源的竞争，5 种植物(甚至更多种)都是能共存的。由此可见，许多种植物在竞争少数相同资源中能够共存是有根据的。

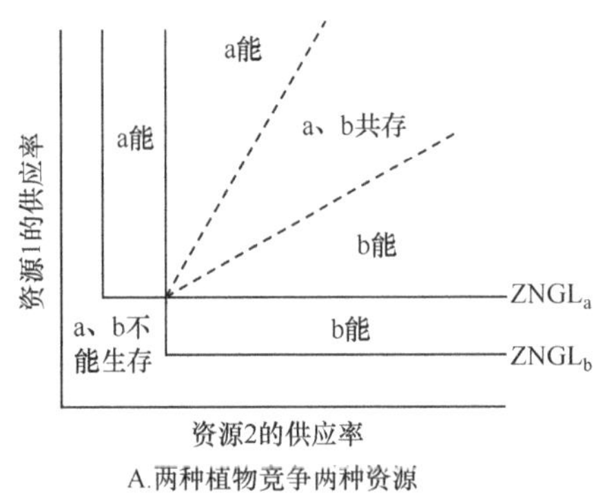

A.两种植物竞争两种资源

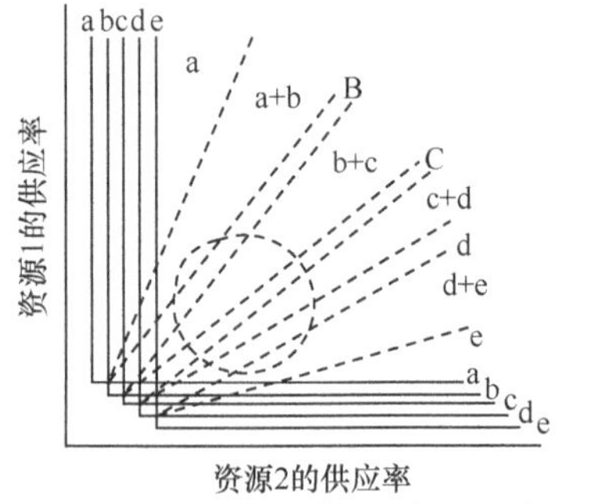

B.5种植物竞争两种资源(虚线圈内5种植物能共存)

图 6.9 Tilman 模型中各种植物竞争结局示意图(孙儒泳等，1993)

(2) 空间异质性。在一个生境中各种生态因素并不是均匀分布的，空间的异质性是物种共存的另一根据。空间异质性的程度越高，意味着有更加多样的小生境，能允许更多的物种共存。在土壤和地形变化丰富的地方,群落会有更多的物种。

(3) 捕食。捕食对形成群落结构的影响视捕食者是泛化种(generalist)还是特化种(specialist)而不同。对泛化种来说,捕食使种间竞争缓和,并促进多样性提高。但当取食强度过高时,物种数随之降低;对特化种来说,随被选食的物种是优势种还是劣势种而异。如果被选择的是优势种,则捕食能提高多样性。但是捕食者喜食的是竞争力弱的劣势种,随着捕食压力的增加,多样性就会线性下降。例如,潮间带常见的浜螺(*Littorina littprea*)以藻类为食,尤其喜食浒苔(*Enteromorpha*),随着浜螺捕食压力的增大,藻类的种数增加,显然捕食作用提高了藻类的物种多样性,其原因是浜螺大大降低了具有竞争力优势的浒苔的生物量。

(4) 干扰。就字面含义而言,干扰(disturbance)指平静的中断,对正常过程的打扰或妨碍。干扰不同于灾难(catastroph),不会产生巨大的破坏作用,但它经常反复地出现,使物种没有充足的时间进化。

中度干扰假说(intermediate disturbance hypothesis)。Cornell等提出中等程度的干扰频率能维持较高多样性。其理由是:一次干扰后少数先锋种入侵断层,如果干扰频繁、反复出现,则先锋种不能发展到演替中期,使多样性保持较低;如果干扰间期很长,使演替过程能发展到顶极期,竞争排斥起到排斥他种的作用,多样性也不高;只有中等程度的干扰将使多样性最高,它允许更多的物种入侵和建立种群。草地在经受动物挖掘活动后也出现断层,对其干扰频率对断层演替的研究结果,同样证明了中度干扰假说。

干扰与群落的断层。连续的群落中出现断层(gap)是非常普遍的现象,断层经常是由于干扰而打开的。森林中的断层可能由大风、雷电、地震所引起,从而形成斑块大小的林窗;草本群落的干扰包括冰冻、动物挖掘,食草动物啃食、践踏,粪便堆等。干扰造成群落的断层以后,有些在没有继续干扰的条件下会逐渐地按该地区典型的顶极群落演替过程而出现可预测的有序的小演替(mini-succession),但也有些将经受完全不同的变化:断层可能被周围群落的任何一种所侵入和占有,并发展成为优势种。哪一种是优胜者,完全取决于随机因素。

干扰和生态管理。干扰理论对应用领域有重要价值。如要保护自然界生物的多样性,就不要简单地排除干扰,因为中度干扰能增加多样性。实际上,干扰可能是产生多样性的最有力手段之一。冰河期的反复多次“干扰”,大陆的多次断开和岛屿的形成,看来都是物种形成和多样性增加的重要动力。同样,群落中不断出现断层、新的演替、斑块状镶嵌等都可能是产生和维持生态多样性的有力手段。例如,斑块状的砍伐森林可能增加物种多样性,但斑块的最佳大小要进一步研究决定。

6.4 植物群落的植物环境

环境既是形成群落的要素,也是群落存在的条件,植物群落的本质特征之一是群落中的植物与环境之间存在着一定的相互关系。一方面,群落的组成、结构、功能、成因、动态、分布等都受环境制约;另一方面,群落生活也影响着环境,决定着环境的许多特性,并在群落内部创造了一个特殊的植物环境。

6.4.1 群落内部的光照

1. 群落内部光照的变化

太阳光投射到群落上后,被群落反射、吸收和透射到地面,这三部分的比例在不同群落中不同(图 6.10)。无论是森林还是草本群落,吸收太阳辐射最多的部位均为枝叶最密集处,森林在林冠层,而草本群落在中部和下部;植冠反射的太阳辐射占入射光的 10%～20%,森林反射率低于草本群落的原因在于林冠叶子数量多且浓密,下层叶反射的光又可被上层叶所吸收;透射到地面的太阳辐射仅占入射光的 2%～5%。在热带森林里,光照强度减少更多,只有全光照的 1%,而 1%～2%的相对强度通常被看作是维管植物生存的低限。光在群落内的分布决定于叶的密度和排列。叶的密度用叶面积指数(LAI)来定量表示。当太阳辐射穿过植冠层进入群落后,随着总盖度的增加,光照强度几乎成指数降低。辐射减弱的程度可以用 Monsi 和 Saeki(1953)消光方程式计算:

$$I_n = I_0 e^{k\mathrm{LAI}}, \ln \frac{I_n}{I_0} = -k\mathrm{LAI} \tag{6.8}$$

式中:I_0 为植冠顶端的入射辐射强度;I_n 为距植冠一定距离上的辐射强度;LAI 为在计算 I_n 的水平上每单位土地面积上的总叶面积(LAI 累加);k 为该特定群落的消光系数,它表示在给定的叶面积指数下,光在植冠内削减的程度。

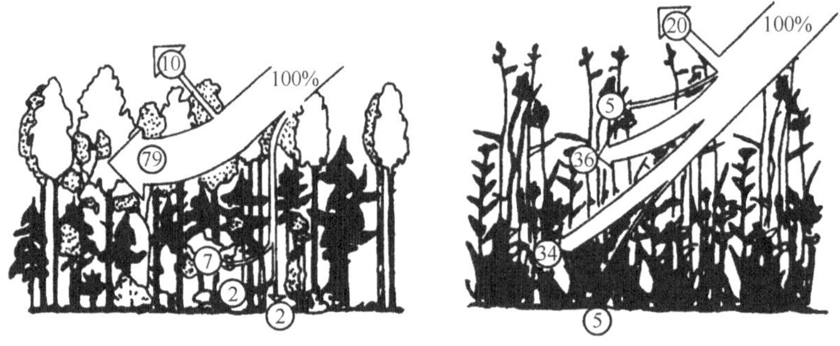

图 6.10　北方混交林和草甸中太阳辐射的减弱情况(武吉华等,2004)

植物群落内的太阳辐射不仅在强度上显著减弱,而且在光质上也与群落外不同。群落内的光主要是穿过枝叶间而射入直射光和光强较弱的散射光组成。通常把透过植被冠层的缝隙入射到冠层内和植被下层的直射光称为光斑(sunfleck)。群落内光斑的成分与群落外的直射光一样,但强度与其从树冠透光处到达地面的距离成反比,一般要比空旷地减弱 25%～50%,而且持续时间也较短,因为太阳光点随它离地平线的高度而更换,并常被在风里摇摆的枝叶所遮挡,在稀疏的森林里(郁闭度 0.5),直射光照射的持续时间不到该地可能照射时间的一半,在茂密森林里,即使在晴天,光斑在一天里只出现 1/4h 或 1/2h。群落内直射光的照射面积与群落盖度成反比。在热带森林里,被光点照射的面积比例为 0.5%～2.5%,南亚热带常绿阔叶林 5%～10%。

群落内直射光照射的时间短、强度弱、面积小,因而群落内是以散射光为主,但是由于植物对光的反复吸收和透过,散射光在强度上最大也不超过空旷地的 20%～30%。

由于太阳辐射经过植被冠层时,大部分光和有效辐射被叶片吸收,林下散射光中以叶片很少吸收的绿光和近红外光(760～810mm)为主,红光和远红光的比例较低。在小片的林斑下或稀疏的林下,蓝光比例较高。针叶树林内光质的改变比阔叶林为小,在稀疏的松林中,它的有效辐射占全部漫射光的 17%～30%,而在阔叶林中仅占 10%～13%,甚至更少。在植物生活周期内叶子数量是变化的,因而植物群落中光的分布也随季节而变化。其中落叶阔叶林内光照强度随季节变化最为显著。

2. 群落对内部光照变化的适应

群落光条件在空间上和时间上的差异显著地影响着群落的结构和动态。群落结构的垂直分化是对光强梯度的一种适应，群落的上层植物多是阳性喜光的种类，或是耐阴性较差的种类，中下层则依次分布着耐阴性植物和阴生植物；群落中草本地被层的种类组成，在很大程度上是随群落中近地面光条件的差异而转移，在阴暗的热带雨林中，草本植物大多是阴生的，叶子大多呈斑驳性，如缀以红色的桑勒草(*Sonerila*)，缀以白色或灰绿色的各种秋海棠(*Begonia*)以及具有铜蓝绿色光泽的卷柏(*Selaginella*)等，这些都是对林下光条件的适应；群落内光照条件制约着地被层的发育。在80龄的云杉林中，光条件是林下苔藓地被层发育的决定因素，仅是1%的光照差异，也会对地被层的苔藓种类组成发生显著的影响：相对光照为9%～10%时，苔藓地被层占优势的种类是棉藓属(*Plagiothecium*)和灰藓属(*Hypnum*)等，当光照为7%～8.5%时，由曲尾藓属(*Dicranum*)和指叶苔属(*Lepidozia*)等苔藓植物所组成稀疏的地被层；群落季相及季节层片的变化与群落内光照条件的季节性周期变化密切相关。温带落叶阔叶林在早春树木尚未长叶时，林下出现春季开花的草本植物，夏季树冠隐蔽，早春开花的植物转入结果或休眠状态，继之以较耐阴的植物。

6.4.2　群落内的温度

植物群落以一系列群落因素，控制和改变着到达群落的太阳辐射，从而改变了群落内的热状况，创造了群落内的独特温度条件。群落内比群落外的温度来说，其总特点是波动较为缓和。通常群落的最高温度比群落外低，最低温度比群落外高，而平均温度则比群落外稍低。一般来说，群落内的平均温度是白天和夏季低于群落外，而夜间和冬季则高于群落外，尤其是森林群落。但在热带亚热带森林群落中的平均温度，无论是夏季或是冬季均低于群落外，而稍异于一般所指出的夏低冬高的特点。

群落内的热状况与太阳辐射以及群落本身的特性密切相关，群落结构越复杂，对温度的影响越大，森林群落在这方面的作用较其他群落更为显著。群落的作用面——植冠层吸收和反射了大量的太阳辐射，使进入群落内的辐射能减少，从而降低了群落内的温度。森林茂密的林冠可以遮去大部分(50%～80%)太阳辐射，所以白天森林内温度比林外空旷地低，特别是在夏季相差更大，有时可达10%左右。但是到了夜间，由于林冠的阻碍，热量不易散失，气温反较林外为高，所以森林在白天降低了最高温度，在夜间提高了最低温度，缩小了日较差，起着缓和气温升降的作用。同理，森林也能缓和群落内部温度的年变化；密闭的植冠层起着被覆保温作用，使群落内的热量不易散失和变化；群落中重叠的层次结构，阻碍了群落内部及其与群落外部的热量交换，在某种意义上群落内温度的稳定性和降低的数量，与群落的郁闭度和组成的层数成正比例；此外，群落中植物的蒸腾作用不断地消耗热量，群落中的枯枝落叶的蒸发作用，也调节了群落内的温度，缓和着地表温度的振幅和热量的散失。

6.4.3　群落内的水分

植物群落能截留降水，保蓄水分，并对降水的再分配起着重要作用，因而创造了群落内的特殊的水湿条件。群落内水湿条件基本上受地形、土壤、降水量、温度和空气运动等因素的调节或控制，但是群落内水湿条件也随群落结构的差异或群落本身的特性而有所不同。

1. 蒸腾与蒸发

蒸发与植物的蒸腾作用是自然界水分平衡的重要因素，植物群落在这方面起着很大影响。植物群落能吸收了大量的太阳辐射、降低了温度和风速、提高了空气湿度，加上群落内有枯枝落叶层的覆盖，使土壤的蒸发量减少。有森林群落的地方，土壤表面的蒸发量在一年内要比空旷地少 1/3～1/2；另一方面，群落本身要蒸腾大量水分。如果把某地植物群落的蒸腾量和土表蒸发量相加，显然是比没有植物群落的单纯的土表蒸发量要大得多。群落的蒸腾量主要取决于群落的类型和结构。在相似的气候条件下，森林群落＞草本群落＞石南灌丛荒原，常绿阔叶林＞常绿针叶林；生长在沼泽生境或任何潮湿地段上的植物群落，或生长于能接触到地下水的植物群落，蒸腾的水分远远大于降雨带入土壤中的水量，有时甚至大于自由表面蒸发的水量。群落的蒸腾量也取决于水分供应状况，并随气候条件的周期性变化而变化，以及取决于气孔的调节。由于群落的蒸发和蒸腾作用，导致群落内的空气湿度优越而稳定，与旷地相较，群落内的相对湿度一般均高 20%～40%，绝对湿度平均值亦高，并呈单峰型的日变化曲线。群落内湿度垂直梯度变化规律，虽与旷地相类似，无论是绝对湿度或是相对湿度，均随高度的下降而增大。然而，在森林群落中，湿度垂直梯度夜晚会在林冠下略有逆增现象。在热带亚热带雨林里，夜晚的湿度垂直梯度变化则较稳定，差异不大，或者说夜间是没有湿度梯度的，各层的大气湿度都接近饱和状态。

2. 截留

大气中的降水无论是哪种形式的，在有群落的地区都不能全部到达地面，总有部分为群落所截留，截留的降水附着在植物表面，大部分最终被直接蒸发。植物群落截留降水的能力，取决于群落的类型、密度及种类组成成分的形态特征，也与降水的性质和当时的气象条件有关。一般说，森林截留能力较大，草本群落较差。针叶林截留量平均约占总降水量的 30%，阔叶林约占 20%。随着覆盖率的下降，截留能力减小，当覆盖率由 100%下降到 40%～50%时，林冠截留作用将下降 60%左右。此外，降水强度越小，降水时间越短，则群落截留的降水比例越大，反之，降水强度越大，降水时间越长，截留的降水比例就越小。当然，截留量的大小还随当时天气条件，如温度和风的情况而有不同。由于群落截留降水的作用，大气降水要成为群落内的降水只有当植物体表面完全浸湿后才能到达地面，因此浸湿植物所需的降水即是净降水的临界值，不同群落的临界值是不同的，如阔叶林为 0.5～2mm，草地为 1～2mm，针叶林为 3～6mm。由此可见，由于群落中植株分布和密度不同而引起的降水分布的不均匀性，在森林群落内尤为明显，林冠空隙下的地面、林冠外缘、树干基部附近的地面渗入土壤中的水量相对地多些。

群落对降雪的截留作用没有对降雨的截留那样大，一方面是由于雪积压在林冠上，因重量大而易散落在地面。另一方面是由于降雪时气温低，林冠上的积雪不易蒸发，而易滑落至地面。但通常截留量与雪的性质有关，如在气温 0℃时，雪具有一定的黏性，易被大量截留，气温在零下低温时，雪黏性较小，易滑过植冠降落至地面。群落对雪的截留仍然是以森林群落最为显著，并视树种和树冠结构而异，云杉林可达 50%～60%，松林达 20%～30%，而桦树林 4%～5%。

3. 径流与渗透

由于群落截留降水的作用，以及群落内枯枝落叶层和草本地被层等活地被物的存在，能够吸收大量的水分，加之植物基部和地上根系可以机械地阻挡水流，有助于水分渗入土壤而减少地表径流。一般来说，植物群落减少径流，加强渗透作用，仍以森林群落最为显著。森林群落地面径流仅达 13%，草甸地面径流可达 28%～32%，而土壤坚实的旷地地面径流竟达 50%。同时，森林群落可以减低春季融雪所造成的最大流量和暴力的 50%。森林内死地被物吸水一般可达自身重量的 26%～40%，其吸水量的多少又取决于种类组成，如杉木林的持水率为 168.8%，常绿阔叶林为 161.9%。枯枝落叶转化为腐殖质后，吸水量可提高到自身重量的2～4倍。因此，为了发挥森林减少地表径流及增加渗透、含蓄水源的作用，保护其林下枯枝落叶层十分重要。

4. 降水量

植物群落一方面能截留一部分降水而又蒸发到大气中，另一方面又通过根系吸收土壤中的水分，经过蒸腾作用分化为水汽而送入大气中，从而增大大气湿度，改造了气流的构造，加速了降水过程，促进了水分的小循环。森林的存在可以增加一定的降水量，森林一般易发生较多的雾、露、霜等水平降水形式的“森林夜雨”现象。这是因为森林群落通过蒸发和蒸腾作用，可以把它们吸收水分的 75%送回到大气层中，从而增加了大气层的水汽含量；森林林冠及其上层气温较附近大气层为低，含水汽能力小，更容易促使空气湿度达到饱和状态，便于水汽凝集成云而致雨；森林是气流运动的障碍，平流的空气遇到森林的阻碍而被迫上升，形成气流的涡旋，致使森林上空的空气处于涡动状态，促使空气上下交流，森林上空的下层气压较高，上层气压较低，上升空气的体积就会膨胀，膨胀时气体分子运动而消耗热能，因而气温会显著降低，含水汽的能力就变小，会使大部分水汽凝结成云，直至降雨；森林树木的大量放电，引起云块放电，使空气电解，促进水汽凝结而降雨。

群落在水分循环和水分平衡中的重要调节作用(图 6.11)，具有重要的生态和实践意义。

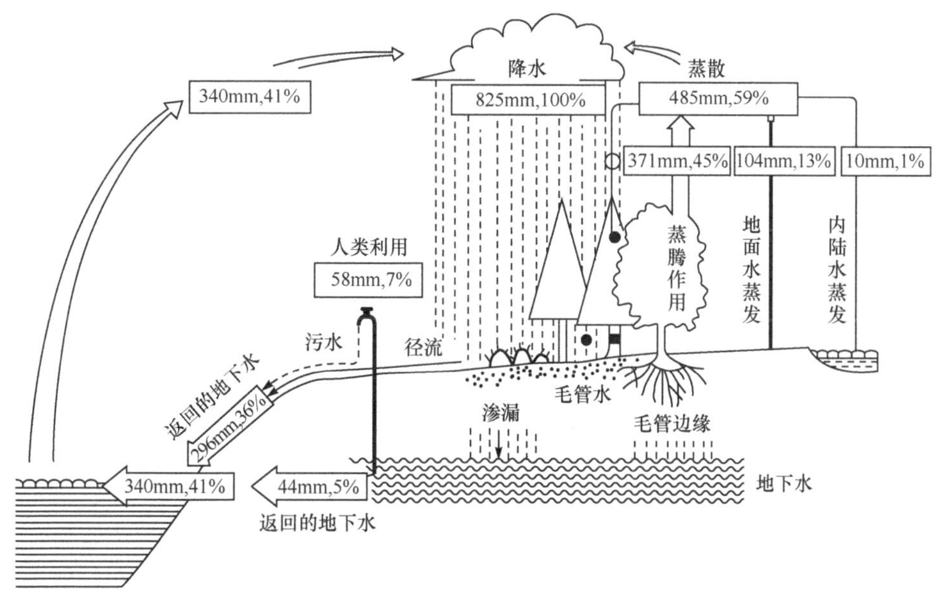

图 6.11 森林调节水分平衡示意图(宋永昌，2001)

在河流的上游保护和营造大面积森林，不但可以起到涵养水源的作用使河流水源获得更宁静的恒流，以及在时间上更平静的强度。在山坡地带建造森林，可以减少地面径流，防止水土流失；在水库旁建造森林，可以防止山坡上泥沙大量流入水库，并可不断补充水库水量，延长水库寿命；在干旱地区和沙漠地带造林，可以调节水分状况，有利于水分平衡。因而，必须重视植物群落在涵养水源、保持水土，调节湿度等方面的特殊意义。

6.4.4 群落内的空气

群落内形成很特殊的空气环境，其最显著的特征是风速小和高浓度的 CO_2。群落对空气运动的影响，以及对空气成分的调节都具有重要意义，而空气运动则以不同的方式影响着群落，具有一定的意义。

(1) 群落中空气成分的变化。群落内空气成分的变化，在 CO_2 的含量上表现得最为明显。由于进行光合作用，树冠周围的空气中 CO_2 降低，在无风的条件下形成一个低浓度区（305×10^{-6}），周围大气中和土壤中的 CO_2 向该区扩散，在夜间，空气成为稳定层，靠近地表因土壤呼吸而使 CO_2 浓度增高（图 6.12）。显然群落内 CO_2 含量的变化，取决于植物的光合作用和呼吸作用，也取决于土壤呼吸作用的强弱，还与群落的类型和结构有关；植物以各种途径释放的多种分泌物质，使局部空气成分、气味和性质发生了变化，形成了群落内特殊的空气成分，对某些植物具有促进或抑制作用，因而对群落产生明显的影响。如松树林中，松脂被氧化释放出臭氧，对空气具有净化作用。

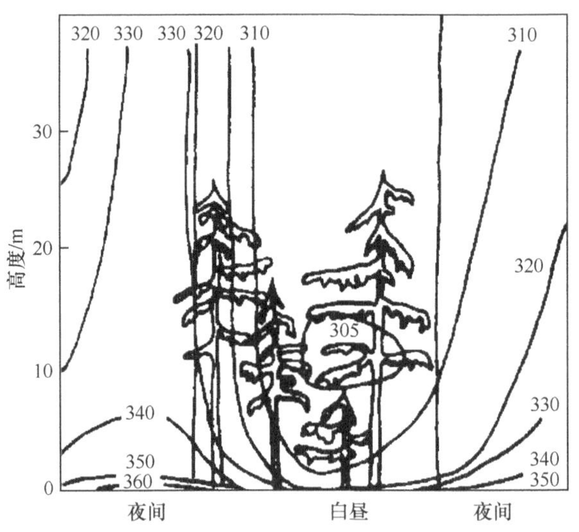

图 6.12 森林空气中 CO_2 在垂直剖面上的昼夜变化（王伯荪，1987）（单位：$\times10^{-6}$）

(2) 群落内的空气流动。空气运动以不同的方式影响着群落，如加快蒸腾作用过程、使植物出现旱生形态或矮化、强风常常对植物造成伤害，如风拔、风折、风倒等。但风对植物也有有利的一面，风的传粉作用和传播种子的作用，对植物群落具有很重要的生态意义。植物群落对空气运动的影响也是巨大的，植物群落尤其是森林群落不仅是空气运动的巨大障碍，而且能改变空气运动的方向、速度和构造。以森林群落为例，当风进入森林后，其速度很快就减降下来，通常在深入林内 200～250m 处，风速仅及原风速的 2%～3%，即使在热带的一次风暴中，雨林外离地5m处28.8m/s的风速,而在与林外相距12 000m的森林内部同样高度处,风速降低到1.9m/s,而平时在林内1100m处,风速即小到不能测出。在一般情况下,森林内的风速几乎从来不会超过1m/s的速度,在热带林下完全处于静风状态,烟缕完全垂直上升。群落内的空气运动也有明显的垂直梯度,林冠处的风速最大,林冠下直到地面风速都很小,这是由于风的大部分动能都已消耗在林冠层。

6.4.5 群落内的土壤

植物群落与土壤间的相互关系极其复杂。土壤是植物群落的生长地和生存的物质基础,是植被的发育与之发生相互作用的环境要素之一。另一方面,植物群落是土壤形成的参与者,实际上,土壤中植物的全部活的和死的部分,都是土壤的组成成分,植物群落组成的改变,必然引起土壤中新质特征的产生,因而,植被的类型与土壤类型是密切相关的。

(1) 植物群落与土壤的物理性质。植物群落覆盖减少了地表蒸发,提高了土壤的透水性和蓄水性,因此群落内土壤表层经常保持着比裸地高的湿度;植物群落影响地下水位的高低,沼泽地区森林可以降低地下水位,而干旱地区造林后,可以使地表水位抬高;植物对地下水矿化的影响很大,特别是在干旱地区,一般来说,蒸腾作用越强,地下水埋藏越深,矿化越弱;蒸腾越弱,地下水接近地表,矿化越高。如新疆的多枝柽柳(*Tamarix ramosissma*)群落,它们在优势植物、伴生植物、高度和盖度上的差异,导致土壤含盐量、地下水深度和矿化度明显不同(表6.11)。

(2) 植物群落与土壤的化学性质。植物群落的枯枝落叶与植物的尸体分解以后,把各种元素归还于土壤,或通过淋溶一定的化学元素或活的植物体排出一些化学元素归还土壤,维持土壤肥力。土壤的酸度与群落有一定的相关性。如三种针叶林的土壤pH为云杉林>松林>落叶松林;热带森林的土壤几乎都呈酸性,即使红树林分布于滨海盐土上,但其下的土壤也呈微酸性。

(3) 植物群落与土壤的发育。植物群落对土壤发育在很大程度上具有决定性意义。群落影响土壤发育,首先在于它左右着土壤的气候,这取决于植物群落所创造的植物气候或特殊的小气候,同一气候下不同群落类型,创造了不同的小气候,导致土壤发育的条件不同;其次,群落影响土壤发育是增加腐殖质,腐殖质在土壤发育中的重要性,部分是由于它的胶体性质,部分是由于它矿化时所释出的盐基与其他无机物。因此,群落类型与土壤的发育是密切相关,每一个高级植被类型都有自己特殊的土类,或每个主要植被类型和地带性土壤类型的分布之间的紧密相似性。例如,荒漠-荒漠土、草原-黑钙土或栗钙土、北方针叶林-灰化土、热带雨林-砖红壤、常绿阔叶林-黄壤。土壤和植被密切相关,并共同受着气候的控制。植物群落对土壤发育的影响,不可避免地导致土壤发生一系列变化而有利于其他植物生长,结果产生一种由土壤所控制的植被类型的演替,也就是说群落本身造成了对自己不利的条件,并且为自己被其他群落所演替作了准备。例如,碱土植被促使土壤发生脱碱化,在一定的气候条件下为自己被脱碱土的植被所演替作了准备,潮湿的山毛榉林引起土壤强烈灰化,而这种灰化作用在一定条件下导致山毛榉更新的停止,导致山毛榉林被云杉林或冷杉林所演替。

6.4.6 植物群落内的地形

坡度、坡向、海拔等地形因子通过改变其他直接因子,间接对植物群落造成较大的影响。地形的差异引起光照、温度、湿度等方面的差异,这些因子综合作用导致植被有所差异。另一

表 6.11　多枝柽柳群落与土壤盐质化和地下水的关系(根据武吉华等,2004,略改动)

群丛组	土壤名称	0～30cm含盐量/%	地下水位深度/m	地下水矿化度/g/L	群落盖度/%	分层现象	优势植物	伴随植物
多枝柽柳灌丛	盐土型柽柳林土	1～1.5	淡水～弱矿化	3～4	60～70	单层高 3～4(5)m	多枝柽柳(*Tamarix ramosissima*)	芦苇(*Phragmites communis*) 胀果甘草(*Glyeyrrhiza inflata*) 骆驼刺(*Alhagi sparsifolia*)
多枝柽柳-草本灌丛	草甸盐土	2～5	2～3	<5	30～60	Ⅰ.灌木层 2～2.5m Ⅱ.草本层 0.6～0.8m 或 0.1～0.2m	多枝柽柳(*Tamarix ramosissima*) 白花苦豆子(*Sophora alopeuroides*) 胀果甘草(*Glyeyrrhiza inflata*) 骆驼刺(*Alhagi sparsifolia*) 芦苇(*Phragmites communis*) 獐茅(*Aeluropus littoralis*)	黑果枸杞(*Lycium ruthenicum*) 盐穗木(*Halostachys belanqeriana*) 花花柴(*Karelinia caspica*) 大叶白麻(*Poacynum hendersonii*) 丝路蓟(*Cirsium arvense*) 拐轴鸦葱(*Scorzonera divaricata*) 鹅绒藤(*Cynanchum acutum*)
多枝柽柳肉质半灌木,小半灌木灌丛	典型盐土	5～30	10～ 20(30)	2～4	20～40	Ⅰ.灌木层 1～1.8m Ⅱ.半灌木层 1～1.2m 或小半灌木层 0.4m	多枝柽柳(*Tamarix ramosissima*) 盐穗木(*Halostachys belanqeriana*) 盐节木(*Halocnemum strobilaceum*)	刚毛柽柳(*Tamarix hispida*) 黑果枸杞(*Lycium ruthenicum*) 大叶白麻(*Poacynum hendersonii*) 芦苇(*Phragmites communis*)
稀疏的多枝柽柳灌丛	残余盐土、盐化荒漠化草甸土	3～6	>20,或弱矿化	7～8m以下	10左右	单层:1.5～2.2m或有 小半灌木层 0.4～0.5m	多枝柽柳(*Tamarix ramosissima*) 红砂(*Reaumuria soongorica*)	柔毛盐蓬(*Halimocnemis villosa*) 补血草(*Limonium lessingii*) 叉毛蓬(*Petrosimonia brachiata*) 刺毛碱蓬(*Suaeda acuminata*) 盐生草(*Halogeton glomeratus*)

方面，植物群落对地形也具有较大的影响。植物群落对湖泊的填平作用，是群落影响地形的最显著的例子。陆生植物群落对地形的影响也极显著，尤其是对微地形和小地形的作用最为明显。群落中的植物基部在背风面经常阻挡着一些尘土和枯枝落叶，形成小土丘和小土台。植物群落的存在，可以阻碍和防止土壤的冲刷。植物群落在固定地形的类型和制约土壤的形成等方面的意义更大，高等植物定居在岩石表面并把根系穿入裂隙中，加速了岩石的风化和破碎，在它们的作用下岩石形成了不移动的或移动的碎石块，加速了细土的形成和固着。而植物群落对流动沙丘的固定作用，以及红树群落扩大海滩面积而促进和固定新的海岸地形等，则更有积极意义。

综上所述，植物群落改造了周围的环境，具有巨大的环境效应。如维持大气中 O_2 和 CO_2 的平衡、涵养水源、保持水土、防止风害、调节气候、改良土壤、净化环境等方面，都具有积极的意义。其次，植物和植物群落在一定的环境条件下生存，是植物之间经过不断竞争及对环境条件的长期适应的结果，在一定程度上反映了环境条件的特点。许多植物是对环境条件的要求非常严格，对环境具有一定的指示作用，学者们也常常根据植物群落的类型来确定自然地理和气候区的界限，把植被类型用来做大气候、土壤的类型与性质、环境污染程度的指示，以及用于水文地质调查和矿产勘探上。这些植物和植物群落分别被称为指示植物(indicator plant)和指示植物群落(indicator community)。但是，在应用植物和植物群落作为环境的指示者时，应该考虑到任何环境条件都不是孤立地作用于植物和群落，而是作为一个整体综合地作用于植物和群落，同时还要考虑到因子的主导作用和植物遗传的可变性。也就是说植物和群落指示作用的应用是有限的，必须充分认识植物和群落与环境之间的相互关系，给予恰当的评价。

6.4.7 生态种组

群落与环境的关系十分密切，在组成植物群落的全部种类中，有些种表现出具有类似的生态习性，这些种可以归纳为生态种组(ecological species group)。一般认为生态种组是指一组生活型十分类似，对重要生态因子关系十分近似的种。生态种组代表了物种上一级的群落成员，在群落的细微结构上起着重要作用。

生态种组的确定，主要有三种方法：根据野外观察直接找出具有相似生态关系的种组。这种方法获得成果快，但最不可靠；研究多种植物与单个生态因子相关的生态习性，以便能把这些种的生态关系表示为等级数字。这是根据环境梯度与植物相关性研究的成果，采用归纳法确定生态种组；利用群落表的比较或相关性计算的方法研究哪些种(区分种或特征种)会形成生态种组，这种方法是利用植被科学研究中积累的资料，特别是已经建立的种类组成类型和环境类型的联系来划分生态种组，这需要有丰富的经验。

任何一个多层结构的植物群落总是由多个生态种组参与构成的，若干生态种组的结合是表明植物群落特征的一种简单方法。用生态种组的结合来说明群落的优点是无须预先进行种类组成的排列，就可以通过生态种组与环境的关系立刻对每一个群落给予评判，因为生态种组体现了相应生境中比较重要的因子结合。生态种组也可以用来命名尚未定名的植被分类单位，即把群落中的优势生态种组放在群落名称的末尾。

6.5 植物群落的动态

植物群落的动态(dynamics)包含的意义十分广泛，涉及群落的形成、变化、演替与进化等。

6.5.1 群落的形成与发育

1. 植物群落的形成

地球上无论是陆地或是水域，只要有植物生活的生存条件，就会有植物生长并形成一定的群落。群落的形成过程就是从裸地开始的群落发生过程。

1）裸地的类型及其成因

裸地（bare，barren）指没有植物生长的地段。是群落形成的最初条件和场所。裸地通常具有一些极端的环境条件，如潮湿、干旱、盐渍化、贫瘠或基质具有流动性等，会直接影响群落形成速度或进程，对定居植物具有决定性的影响。但一般来说，只有极少数情况，才不利于生命活动；按照其性质一般将裸地分为两类。

（1）原生裸地（primary barren）。指从来没有植被生长过的地段，或是原来虽有植被生长，但由于水流侵蚀、风积作用以及火山爆发等原因，使植被彻底破坏，没有保留下原有植物的传播体以及原有植被影响下的土壤。因此，群落的形成和进程，相对缓慢些。

（2）次生裸地（secondary barren）。指曾经有植被生长的地段，但是由于气候、生物等因素以及人类活动的影响，原有群落被破坏而不复存在，原有植被影响下的土壤基本存在或很少受到破坏，甚至还残留原有植物的种子或繁殖体。因此，次生裸地上群落的形成或重建，必然或多或少地受到原有群落和土壤的影响，群落形成的速度和进程相对会快，所经历的时间较短。

2）植物群落的形成

无论哪一种群落类型的形成过程，都要经历侵移、定居和增殖、竞争到群落的形成等几个阶段。

（1）侵移。侵移（immigration）指植物生活的繁殖结构（包括传播体和繁殖体）进入裸地或以前不存在这个物种的一个生境的过程。是群落形成的首要条件和群落变化与演替的重要基础。侵移在很大程度上取决于传播体的可动性、传播因子和地形条件。一般来说，传播体轻、小以及具有翅、冠毛等特殊构造，其可动性大，传播距离较远；而传播体重、大又无特殊结构，其传播距离较近；传播因子即传播的动力，主要包括风、动物、水及自力等。风布距离很远并受风向和风速的影响；动物散布除了鸟类的散布距离较远、可越过地形的障碍，绝大多数受动物活动范围的限制；水布距离较远，尤其是河流和海流的传播；自布距离极其有限。人类对传播的作用较大，无论是有意识的或无意识的传播，常把植物传播到其他动力所不及的地方；地形条件主要作用于传播因子而间接地影响侵移，或有利于侵移、或成为传播的障碍，并或多或少影响着传播的方向。地形的障碍对侵移来说，通常是难以逾越的，尤其是山岳和海洋。

（2）定居和增殖。定居（ecesis，establishment）指传播体生长发育直至成熟阶段的过程。当植物的传播体进入裸地，只有经过萌发、幼苗生长、成熟并繁殖后代，才能完成了定居过程。在最初阶段，可能有大量的繁殖结构进入裸地，但只有极少数的物种能够定居下来，它们往往具有较强的开拓新区的能力，对环境的耐受范围较宽，这些物种称为先锋植物（pioneer plant），如最先在裸地上定居下来的是地衣、苔藓植物等。

（3）竞争和群落的形成。随着定居物种的逐渐增多和种群数量的增长，裸地空间逐渐缩小，植物之间在空间和生存条件方面展开竞争。竞争的结果，生态幅较宽、繁殖能力强的物种往往占有优势，而处于竞争劣势的物种则会受到抑制，甚至趋于灭绝。那些优胜者分摊环境资源，各自占据其生态位，各组成者处于相对协调之中，对资源的利用更加有效，这样在裸地上就形成了植物群落。苏卡乔夫将裸地上植被的形成过程,分为3个阶段:开敞的植物群落,这一阶段的特征是先锋植物群落虽已形成,但植物种类单一,盖度小,形成不郁闭的植丛,大部分地面裸露,植物生长稀疏,在这些植物中有很多是具有易于传播种子的植物,一、二年生植物特别丰富,而多年生植物中营养器官能移动的植物占优势;郁闭未稳定的植物群落,这一阶段特征是植物种类增多,个别植丛郁闭,但未形成稳定的植物群落,外来植物可进入,早期植物(先锋植物)开始减少或消失,而被适应竞争的植物所代替;郁闭稳定的植物群落,这一阶段是成型的植物群落已形成,其特征是群落结构已分化,所有植物种类均匀混合,并趋于相对协调之中,多年生植物占优势,植物与环境也相对处于协调之中。

在群落的形成过程中,外界环境条件必然发生变化,这些变化与植物种群变化同步发生。环境的变化部分地是有机体本身活动的结果,即自发影响(autogenic influence);部分与植被覆盖无关的,即异发影响(allogenic influence)。在正常情况下,这两组影响力量同时发挥作用。自发影响在群落形成过程中,对土壤和空气条件的逐渐演变,起着较大的作用。一个生境中发育的群落改变了当初赋予这个生境特征的各个原生因子。因此,群落的形成改变了环境条件,创造了群落内部独特的群落环境,应该明确的是,在群落形成过程中,环境的变化不是群落变化的原因,而是它的结果。

2. 植物群落的发育

在自然条件下每一个植物群落随着时间的进程,一般都要经历一个从幼年到成熟,从成熟到衰老的过程。植物群落发育过程是一个时间上的连续过程,但按其发育时期的不同特点,可以把群落的发育过程划分为3个阶段。

(1) 发育初期。群落处于成长发展之中,群落的主要特征仍在不断地加强和增进。在这一时期,群落已形成雏形,群落的建群种或优势种发育良好,但未达到成熟期,它们在群落中的作用和地位仍在增进。因而,群落的结构尚未定型,尤其是垂直结构的分化尚不明显,植物种类组成尚未稳定,群落所特有的植物环境仍在形成之中,物种的多样性和群落的生产力没有达到最大。

(2) 发育盛期。群落发育成熟,并趋于相对稳定和平衡,群落特征处于最优状态。在这一发育时期,群落的物种多样性和生产力达到最大,群落的建群种或优势种在群落中的作用和地位已达到最大,群落的种类组成趋于稳定,结构分化明显,群落内形成其独特的植物环境,主要的种类组成在群落内能正常地更新。

(3) 发育末期。在这个时期内,建群种或优势种趋于衰退,在群落中的作用和地位已下降,缺乏更新能力,逐渐为其他种类取代。一批新侵移的物种定居,原有的物种部分逐渐消失,群落的种类组成趋于变动之中,群落的结构和植物环境的特点也渐趋变化,群落的生产力和物种多样性下降。

6.5.2 植物群落的变化

植物群落的变化指一个群落内部的季节变化、波动(年际变化)及群落的更新(群落内老的个体死亡后,被同种的新的个体替代)。具有经常性、可逆性和不定性的特点。从整个群落来看,其仍然处于相对稳定的平衡状态。植物群落的变化取决于群落种类组成的生物学和生态学特性以及气象、水文等生态因子的周期性变化。下面重点讨论植物群落的波动。

1. 波动的概念

群落波动(fluctuation)又称为年际变化或逐年变化，指植物群落年际间发生的变化，这种变化不涉及新种的侵入，是围绕着一个平均数的波动，并且是可逆的。波动现象在荒漠、草原群落中最为常见。

2. 波动的特点

波动多数是由群落所在地区气候条件的不规则变动引起的，其特点表现为：群落逐年或年际变化方向的不定性；变化的可逆性，即尽管群落在成分、结构和生产量上有相当变化但只要终止引起变化的因素，群落就能恢复到接近原来的状态。这种可逆是不完全的，一个植物群落经过波动之后的复原，通常不是完全地恢复到原来的状态，而只是向平衡状态靠近。群落中各种生物生命活动的产物总是有一个积累过程，土壤就是这些产物的一个主要积累场所。这种量上的积累到一定程度就会发生质的变化，从而引起群落的演替，即群落基本性质的改变；群落区系成分的相对稳定性。此外，在波动中，群落在生产量、各成分的数量比例、优势种的重要值以及物质和能量的平衡方面，也会发生相应的变化。

3. 波动产生的原因

造成群落波动的原因很多，归纳起来包括以下 3 个方面的原因。

(1) 环境条件的波动。生态环境波动的特性决定于地区气候和群落所在地水文状况的逐年变化，例如，多雨年与少雨年、地面水文状况年份变化等。在干旱和半干旱地区，如果降水量波动在年平均降水量的 25%～30%，就会使群落发生明显的变化。此外，群落所在地的水文状况，例如，河谷受淹的地段，泛滥时间和沉积作用的差异也会导致群落的波动。在大陆性气候较强的地区，波动最为明显。

(2) 生物活动周期的影响。植物群落波动特性也取决于组成群落的植物种类。树木种子年的周期性出现，除了与气象条件有关外，也还取决于树木的内部节律，这种内部节律与必需的营养物质在树木体内的积累相关，而大量营养物质的积累又与有利的土壤和气候条件有关，因此，在有利的环境条件下，种子年常重复出现，反之，则出现较少。森林群落优势树种的每一个种子年之后，通常出现该树种的大量幼苗，影响到森林中草本植物，特别是它们的幼苗，另一方面大量的结实年常把大量的、以种子为食的动物吸引到群落中来。一般说来，草地群落的波动比森林更为明显；动物大量繁殖造成波动；由于寄生植物如真菌类和有花附生植物大量繁殖引起。

(3)人类活动的影响。由于人类逐年活动的形式和强度不同所引起的，如放牧强度的改变等。

4. 波动的类型

根据群落变化的形式，可将波动划分为以下 3 种类型：

(1) 不明显波动。是群落各成员的数量关系变化很小，群落外貌和结构基本保持不变。这种波动可能出现在不同年份的气象、水文状况差不多一致的情况下。

(2) 摆动性波动。群落成分在个体数量和生产量方面的短期变动(1～5 年)，它与群落优势种的逐年交替有关。

(3) 偏途性波动。这是气候和水分条件的长期偏离而引起一个或几个优势种明显变更的结果。通过群落的自我调节作用，群落还可回复到接近于原来的状态。这种波动的时期可能较长(5～10 年)。

6.5.3　植物群落的演替

1. 演替的概念

演替(succession)是指某一地段上的植物群落经过一定的历史发展时期,由一种植物群落被另一种植物群落所取代的过程。包括了能量分配、物种结构和群落过程随着时间的变化。

当没有受到外力干扰时,演替是具有方向性的,因此也是可以预测的。演替是植物与环境反复相互作用,发生在时空上的不可逆变化,物理环境决定了演替的类型、方向和速度,但群落的演替由群落本身所控制,并且群落演替也极大地改变了物理环境;演替以形成顶极群落为其发展的顶点。这是与群落的变化明显不同的地方。

在特定区域,群落内发生的顺序演变过程称为演替系列(sere)。在演替系列中,相对短暂出现的群落称为演替系列阶段(seral stage),如先锋期、发展期、系列顶极等。最初的演替系列阶段称为先锋阶段(pioneer stage),最终阶段或成熟的稳定系统称为顶极(climax)。

2. 演替的原因

植物群落的演替是群落内部关系(包括种内和种间关系)与外界环境中各种生态因子综合作用的结果。到目前为止,人们对于演替的机制了解还不够深入。要搞清演替过程中每一步发生的原因以及有效地预测演替的方向和速度,还有大量的工作要做;因此,下面列出的仅是部分原因。

(1) 植物繁殖体的迁移、散布。植物繁殖体的迁移和散布普遍而经常地发生。因此,任何一块地段,都有可能接受这些扩散来的繁殖体。当植物繁殖体到达一个新环境时,植物的定居过程就开始了。植物的定居包括植物的发芽、生长和繁殖 3 个阶段。我们经常可以观察到这样的情况:植物繁殖体虽到达了新的地点,但不能发芽;或是发芽了,但不能生长;或是生长到成熟,但不能繁殖后代。只有当一个种的个体在新的地点上能繁殖时,定居才算成功。任何一块裸地上植物群落的形成和发展,或是任何一个旧的群落为新的群落所取代,都必然包含有植物的定居过程。因此,植物繁殖体的迁移和散布是群落演替的先决条件。

(2) 群落内部环境的变化。这种变化是由群落本身的生命活动造成的,多与外界环境条件的改变没有直接的关系;有些情况下,是群落内物种生命活动的结果,为自己创造了不良的居住环境,使原来的群落解体,为其他植物的生存提供了有利条件,从而引起演替。由于群落中植物种群特别是优势种的发育而导致群落内光照、温度、水分状况的改变,也可为演替创造条件。例如,在云杉林采伐后的林间空旷地段,首先出现的是喜光草本植物。但当喜光的阔叶树种定居下来并在草本层以上形成郁闭树冠时,喜光草本便被耐阴草本所取代。以后当云杉伸于群落上层并郁闭时,原来发育很好的喜光阔叶树种便不能更新。这样,随着群落内光照由强到弱及温度变化由不稳定到较稳定,依次发生了喜光草本植物阶段、阔叶树种阶段和云杉阶段的更替过程,也就是演替的过程。

(3) 外界环境条件的变化。虽然决定群落演替的根本原因存在于群落内部,但群落之外的环境条件诸如气候,地貌、土壤和火等常可成为引起演替的重要条件。气候决定着群落的外貌和群落的分布,也影响到群落的结构和生产力。气候的变化,无论是长期的还是短暂的,都会成为演替的诱发因素。地表形态(地貌)的改变会使水分、热量等生态因子重新分配,转过来又影响到群落本身。大规模的地壳运动(冰川、地震、火山活动等)可使地球表面的生物部分或完全毁灭,从而使演替从头开始。小范围的地表形态变化(如滑坡、洪水冲刷)也可以改造一个植物群落。土壤的理化特性对于置身其中的植物、土壤动物和微生物的生活有密切的关系。土壤性质的改变势必导致群落内部物种关系的重新调整。火也是一个重要的诱发演替的因子,火烧可以造成大面积的次生裸地,演替可以从裸地上重新开始。火也是群落发育的一种刺激因素,它可使耐火的种类更旺盛地发育,而使不耐火的种类受到抑制。当然,影响演替的外部环境条件并不限于上述几种,凡是与群落发育有关的直接或间接的生态因子都可成为演替的外部因素。

(4) 种内和种间关系的改变。组成一个群落的物种在其内部以及物种之间都存在特定的相互关系。这种关系随着外部环境条件和群落内环境的改变而不断地进行调整。当密度增加时,种群内部的关系紧张化,竞争能力强的种群得以充分发展,而竞争能力弱的种群则逐步缩小自己的地盘,甚至被排挤到群落之外,这种情形常见于尚来发育成熟的群落。处于成熟、稳定状态的群落在接受外界条件刺激的情况下也可能发生种间数量关系重新调整的现象,进而使群落特性或多或少地改变。

(5) 人类的活动。人对植物群落演替的影响远远超过其他所有的自然因子,因为人类社会活动通常是有意识、有目的地进行的,可以对自然环境中的生态关系起着促进或抑制、改造或建设的作用。放火烧山、砍伐森林、开垦土地等可使植物群落改变面貌。人还可以经营,抚育森林,管理草原,治理沙漠,使群落演替按照不同于自然发展的道路进行。人甚至还可以建立人工群落,将演替的方向和速度置于人为控制之下。

3. 演替的类型

演替类型的划分可以按照不同的原则进行。

(1) 按照演替发生的时间进程划分。世纪演替(era succession),延续时间相当长久,一般以地质年代计算,常伴随气候的历史变迁或地貌的大规模改造而发生(冰川);长期演替(long-terms succession),延续达几十年,有时达几百年,云杉林被采伐后的恢复演替可作为长期演替的实例;快速演替(quick succession)。延续几年或十几年。草原弃耕地的恢复演替可以作为快速演替的例子,但要以撂荒面积不大和种子传播来源就近为条件,否则弃耕地的恢复过程就可能延续达几十年。

(2) 按裸地性质划分:原生演替(primary succession),开始于原生裸地上的群落演替;次生演替(secondary succession),开始于次生裸地的群落演替。

(3) 按基质性质划分:水生演替(hydroach succession),演替开始于水生环境或湿润的土壤上开始的演替,如从池塘开始的演替;旱生演替(xerach succession),演替从干旱缺水的基质上开始,如从岩石表面开始的演替。

(4) 按主导因素划分:群落发生演替(syngenesic succession),植物在生境中定居的过程;内因生态演替(endogenous succession),由群落生命活动控制的群落演替;外因生态演替(exoecogenous succession),外界环境因子作用所引起的群落演替。

4. 群落演替模式

1) 原生演替

从原生裸地上开始的群落演替,称为原生演替。其演替系列就称为原生演替系列(primary sere)。

(1) 旱生演替系列。对旱生演替系列描述一般采用从岩石表面开始的演替。裸岩对植物来说,环境是极端恶劣的,一无土壤,二光照强、温差大、十分干燥。旱生演替系列一般包括以下阶段:

地衣植物阶段:壳状地衣最早出现在裸岩上,它将极薄的一层植物体紧贴在岩石表面,其假根可分泌有机酸腐蚀岩面,加上岩面的风化作用及壳状地衣的一些残体,在岩石表面逐渐积累了极少量的剥离层,土壤条件有了改善。在壳状地衣群落中出现了叶状地衣。叶状地衣可以含蓄较多的水分,积累更多的残体,使土壤形成速度加快;在叶状地衣遮没岩面上,枝状地衣出现。由于植物体较高(可达几厘米),生长能力强,枝状地衣群落逐渐取代了叶状地衣群落。地衣植物阶段是岩石表面群落原生演替系列的先锋群落阶段。在整个系列中持续的时间最长,一般越到后面,由于环境条件的逐渐改善,发展所需要的时间缩短。在地衣群落发育的后期,苔藓植物开始出现。

苔藓植物阶段:生长在岩面的苔藓植物,与地衣相似,可以在干旱状况下停止生长,进入休眠,待到温和多雨时,又大量生长,这类植物能积累更多的土壤,为以后生长的植物创造了更多的条件。

在上述两个最初阶段,与环境的关系主要表现在土壤的形成和积累方面,对岩面小气候的作用很不显著。

草本植物阶段:一些蕨类、一年生或二年生被子植物中较矮小和耐旱的种类,首先个别出现在苔藓群落中,以后大量增加而取代了苔藓植物。土壤继续增加,小气候逐渐形成,多年生草本植物开始出现。开始草本植物全为高为 35cm 以下的低草,随着生态条件的改善,中草(高约 70cm)、高草(高 1m 以上)相继出现形成群落。在草本植物阶段,岩石表面的环境条件有了较大的改变,郁闭度增加、土壤增厚、蒸发减少,调节了温、湿度变化。

木本植物阶段:草本群落发展到一定时期,环境变得较为适宜,一些阳性灌木首先出现与高草混生而形成"高草灌木群落",以后灌木大量增加,成为优势的灌木群落。继而,阳性乔木树种生长,逐渐形成森林。至此,林下环境荫蔽,耐阴性树种得以定居,耐阴性树种增加,阳性树种在林内不能更新而逐渐消失,林下耐阴性灌木与草本植物复合的森林群落出现。

在整个旱生演替系列中,旱生生境因群落的作用而变为中生生境。

(2) 水生演替系列。水生演替发生在一切可以为植被定居的自由水面,这里以淡水湖泊的群落演替为例。淡水湖泊中,水分充足但缺乏阳光和空气。水生演替演替系列使生境中水分减少并改良土壤的通气性,从而使水生生境逐渐变为陆生生境。淡水湖泊的水生演替系列包括以下阶段(图 6.13)。

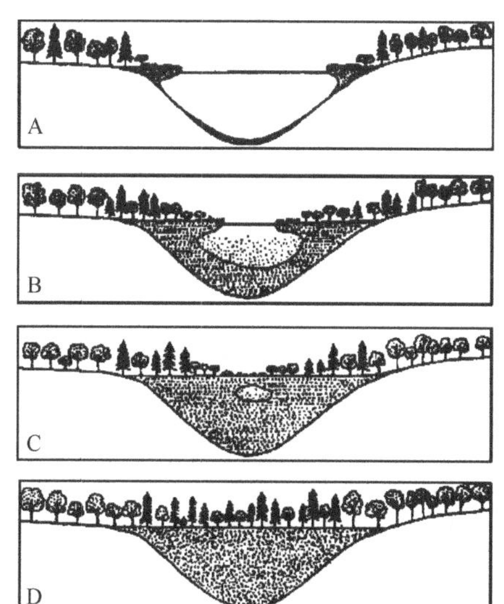

图 6.13 湖泊沼泽的演替(Whittaker,1975)

自由漂浮植物阶段(裸底阶段):植物飘浮生长,其死亡残体增加湖底有机质的积聚,湖岸雨水冲刷所带来的矿质微粒也能垫高湖底。

沉水植物阶段:在水深 5～7m 处,首先出现的先锋植物是轮藻属(*chara*),其生物量相对较大,残体在湖底缺氧条件下分解不完全,使湖底有机质积累加快,湖底进一步抬高。至水深 2～4m 时,金鱼藻(*Ceratophyllum*)、眼子菜(*Potamogeton*)等出现,这些植物繁殖能力更强，垫高湖底的作用也更强些。

浮叶根生植物阶段：随着湖底日益变浅，浮叶根生植物如睡莲、莲等开始出现。这些植物生物量较大，对湖底抬高作用明显。其次，这些植物的叶浮在水面或在水面以上，使水下光照强度减弱，不利于沉水植物的生长，迫使沉水植物向湖心方向转移。

挺水植物阶段：浅湖底为挺水植物如芦苇、香蒲、泽泻等创造了良好生长条件，此类植物的出现和繁衍，最终取代了浮叶根生植物。这类植物的根茎极其发达，常常盘根错节地交织在一起，不仅使湖底迅速抬升，而且还可以形成浮岛。原来被水淹没的土地开始露出水面与大气接触，开始具有陆生环境的特点。

湿生草本植物阶段：新从湖中升起的地面，含有极丰富的有机质，而且有近于饱和的土壤水分。湿生的沼泽植物（莎草科、禾本科的一些湿生种类）开始在这种生境中生长。在草原地带，这一阶段不能延续很长，因为随着地下水位降低和地面蒸发加强，土壤很快变得干燥，湿生草本也将很快为旱生草本植物所代替。而在适于森林发展的地带，群落演替将继续进行。

木本植物阶段：在湿生草本植物群落中，首先出现的是湿生灌木。而后，随着树木的渗入，逐渐形成了森林，地下水位降低、大量地被物改变了土壤条件，湿生生境改变为中生生境。

水生演替系列实际就是湖泊池塘的填平过程。这个过程是从湖泊或池塘的边缘向中央水面逐渐推进的，在离岸不同距离的地方（水的深浅不同），有时可以看到处于同一演替系列中不同阶段的几个群落，这些群落都围绕着湖心呈环状分布，并随着时间的变化而改变其位置，每一带都为次一带的“进攻”准备了土壤条件。

原生演替系列说明了群落演替实质上就是群落组成成分和群落环境的更替，每一阶段的群落总是比上一阶段的群落结构更为复杂，更高，利用环境更为充分，改变环境的作用更强，为下一个群落创造了条件，新的群落在原有群落的基础上形成和产生。

应该注意的是，并不是地球上的任何地带，都可以按照上述系列达到森林群落阶段，例如，北极地区及高山雪线附近，只能达到地衣植物阶段；草原地区能达到草本植物阶段；只有具有温暖、湿润季节的地区，才能形成森林。

(3) 进展演替和逆行演替。上述群落演替系列，无论是旱生演替系列或是水生演替系列，都显示演替总是从先锋群落经过一系列阶段，而达到中生的顶极群落。这样沿着顺序阶段向着顶极群落的演替过程，称为进展演替(progressive succession)；反之，如果是由顶极群落向着先锋群落的演变，则称为逆行演替(retrogressive succession)。进展演替程序是生物体逐渐增多的程序，也是生物组合建立的程序，这些程序在时间上不断地利用自然界的生产力，可以看到结构逐渐复杂化的群落发展，说明这个过程具有进步的性质。由于是从植物种在某一地段上定居的简单过程开始的，因而没有独特的特有种；当群落结构简化时，那么其发展就具有逆行的性质，群落中有大量的特殊适应环境的特有种（表 6.12）。

表 6.12 进展演替和逆行演替的比较（王伯荪，1987）

进展演替的特征	逆行演替的特征
群落结构复杂化	群落结构简单化
群落空间的最大利用	群落空间利用不充分
群落生产率增加	群落生产率降低
新兴特有现象存在，以及对群落环境的特殊适应的物种形成	残遗特有现象存在，以及对外界环境的适应的物种形成
群落中生化	群落旱生化或湿生化
对外界环境的改造加强	对外界环境的改造减弱

2）次生演替

没有人类或外界因素的影响，在自然条件下形成的各类植物群落，统称原生群落(primary community)。原生群落遭外力破坏即发生次生演替，处于次生演替系列不同阶段的不稳定的群落，称为次生群落(secondary community)。顺序发生的各类次生群落共同形成次生演替序列(secondary sere)。引起次生演替原因有火灾、病虫害、严寒、干旱、冰雹等自然因素以及人类大规模的经济活动，如森林砍伐、放牧、垦荒、开矿等。

(1) 次生演替实例。各类原生群落(如热带雨林、常绿阔叶林、针叶林、草原等)遭破坏后，破坏程度及迹地环境条件的差异使次生演替的方式和趋向也是多种多样的。云杉林是优良的用材林，是我国西部和西南地区亚高山针叶林中的一个主要森林群落类型。下面以云杉采伐后，从采伐迹地开始的次生演替为例介绍次生演替系列(图6.14)。

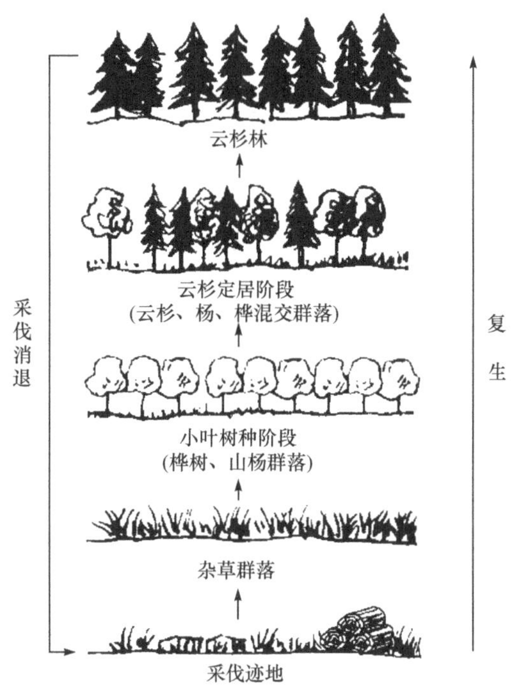

图6.14 云杉林的次生演替(曹凑贵等，2002)

采伐迹地阶段：即森林采伐时的消退期。这时产生了较大面积的采伐迹地，原来森林内的小气候条件完全改变：阳光直射地面，风大，温差大，容易形成霜冻等。因此，不能忍受日灼或霜冻的植物、原来林下的耐阴性或阴性植物消失。喜光植物，尤其是禾本科、莎草科以及其他杂草到处蔓生起来，形成杂草群落。

小叶树种阶段：云杉和冷杉生长缓慢，幼苗对霜冻、日灼和干旱都很敏感，很难适应迹地上改变了的环境条件。而新的环境却适合于一些喜光的、幼苗不怕日灼和霜冻的阔叶树种如桦树、山杨(*Populus davidiana*)、桤木(*Alnus cremastogyne*)等的生长。在原有云杉林所形成的优越土壤条件下，它们很快地生长起来，形成以桦树和山杨为主的群落。当幼树郁闭起来、开始遮蔽土地时，太阳辐射和霜冻作用面由地面移至林冠上，喜光植物受到抑制和排挤，开始衰弱，甚至完全消失。

云杉定居阶段：桦树和山杨等上层树种缓和了林下小气候条件的剧烈变动，改善了土壤环境，为云杉和冷杉幼苗的生活创造了条件。大约经历30年，云杉就在桦树、山杨林中形成第二层。加之桦树、山杨林天然稀疏，有利于云杉树的生长，于是云杉逐渐伸入到上层林冠中。虽然这个时期山杨和桦树的细枝随风摆动时开始撞击云杉，击落云杉的针叶，甚至使一部分云杉树因此而具有单侧树冠，但云杉继续向上生长。一般当桦树、山杨林长到50年时，许多云杉树就伸入上层林冠。

云杉恢复阶段：过了一些时候，云杉的生长超过了桦树和山杨，位居森林上层。桦树和山杨因不能适应上层遮阴而开始衰亡。到了80～100年，云杉终于又高居上层，形成严密的遮阴，并在林内形成紧密的酸性落叶层。桦树和山杨根本不能更新。这样，又形成了单层的云杉林，其中混杂着一些留下来的山杨和桦树。

云杉林的复生过程不等于复原，新形成的云杉林，只是在外貌和主要树种上相同，树木的配置和密度都不同于原来的云杉林。桦树、山杨留下了比较肥沃的土壤（落叶层较软，土壤结构良好），山杨和桦树腐烂的根系在土壤中造成了很深的孔道，云杉利用这些孔道伸展根系，增加了云杉林的抗风能力。

森林采伐后的复生过程，除了取决于演替各阶段中不同树种的喜光或耐阴性等特性外，还与综合生境条件的变化特点有关，尤其是引起森林消退原因的作用的强度和持续时间，对森林采伐演替的速度和方向具有决定的意义。如果森林采伐面积过大，而又缺乏种源，如果采伐后水土流失严重发生，那么森林复生所必需的基本条件就不具备。群落的演替也就朝完全不同的方向进行了。

（2）次生演替的特点。次生演替所经历的阶段、方向和速度，取决于原生群落受到破坏的方式、程度和外界作用力持续的时间。大多数的次生裸地，还多少保存了原有群落的土壤条件，甚至某些植物的繁殖体，裸地附近也可能存在着未受破坏的群落。总之，具有一定的土壤条件和种实来源。因此，次生演替系列中的各个阶段，演替速度一般都较快。

每一个自然区域中的原生群落，是与当地自然环境条件长期适应而形成的复杂整体，具有一定的相对稳定性。因此，原生群落一般都具有复生的能力，次生演替一般趋向于恢复到原生群落类型，但过去所有的各种比例不可能完全重现，即原生群落的稳定性和复生能力是相对的，复生后形成的群落，只是在类型上和原生群落相同，而质量上已经完全不同了。如果原生群落在整个分布区被破坏，而且外界作用力持续时间很长甚至群落被彻底破坏，则群落复生条件不复存在，即使气候条件适宜，次生演替过程也不会与上述模式相同，很可能成为原生演替。

5. 顶极群落

1）顶极群落的概念

在演替过程中，植物群落的结构和功能发生着一系列的变化，植物群落通过复杂的演替，达到最后成熟阶段的、不存在物种更替证据的、与周围物理环境取得相对平衡的稳定群落，称为顶极群落（climax community）或演替顶极（climax）。climax的含义是“梯子”、“阶梯”或“梯子的最后一级”，即演替的最终阶段。

无论原生演替或次生演替，植物群落总是由低级向高级、由简单向复杂的方向发展，经过长期不断的演化，最后达到一种相对稳定状态。演替顶极概念的中心点是群落的相对稳定性，即不存在物种更替的证据，区系组成和结构已经稳定。顶极群落中的种类在发展起来的环境中能够很好地彼此配合，能在群落内繁殖，而且排除新的种类尤其是可能成为优势的种类在群落中定居，它们对环境资源的利用达到最大。整个群落处于相对平衡状态。除了灾难或气候的改变以外，这种群落可以无限期地继续，由于任何一种原因，个体消失后，将为它们自己的后代所代替。

2）顶极群落的类型

关于演替顶极类型的划分，至今没有一种赢得人们普遍接受赞同的分类系统。在众多的系统中，1935年，Tansley提出的分类系统较易被人们接受。他根据模造顶极群落主要特征的关键因子，将顶极群落分为以下类型。

(1) 气候顶极群落(climatic climax community)。在大气候作用下发展起来的顶极群落。这些群落在不受小气候、不正常土壤、外力的干扰下，能将大气候的特点反映出来。这些群落或称为正常顶极群落(normal climax community)，或地带性顶极群落(zonal climax community)。

(2) 土壤顶极群落(edaphic climax community)。在偏离地带性土壤的土壤上发展起来的顶极群落。这种群落在特殊土壤类型的作用下发生了特化，如盐土植被、沙漠植被等。在肥力很低，特别干燥或溶质不平衡的土壤上演替的土壤顶极群落，往往表现低的生产力；相反，如果土壤有丰富的热、水、营养物质供应，加之有温暖的气候，则可能形成世界上最富生产力的顶极群落。

(3) 地形顶极群落(topographic climax community)。特定的地形、地貌特征往往形成特殊的土壤条件和特殊的小气候，二者之间协调作用形成的顶极群落。如通过小气候而起作用的局部地形(如温带地区的阴坡和阳坡、位于猛烈暴风风道的热带山脊等)产生的一种具有特色的植被。

(4) 火烧顶极群落(fire climax community)。在周期性火灾的作用下仍能维持种类成分和结构的稳定群落。火烧演替顶极往往是人类经济活动的结果。

(5) 动物顶极群落(zootic climax community)。某一种动物经常的、强有力的活动制约了某一个群落的结构和组成，导致该群落脱离原先的顶极群落，朝向与动物所施加的压力相平衡方向变化的稳定群落。在这种群落中，占优势的动物与改变了的群落之间构成了一个动态和相互联系的系统。

3）演替顶极理论

演替顶极学说为英美学派的形成奠定了基础，并深刻地影响着英美学派的发展，反映了英美学派的特色和风格。随着群落的演替最终出现一个稳定的顶极群落，这个事实已由深入的观察与合理的理论而获得普遍的承认。但是，关于顶极群落的性质或者在解释这个事实上，却存在着不同的理论。

(1) 单元顶极理论(monoclimax theory)。该理论由美国学者Clements(1916，1936)首先提出，按其观点认为：任何一个地区，一般演替系列的终点取决于该地区的气候条件，主要表现在顶极群落的优势种，能够很好地适应于地区的气候条件，即气候顶极群落。只要气候没有发生剧变，没有人类活动和动物的显著影响，或其他侵移方式的发生，它们便一直存在，而且不可能出现任何新的优势种。一个气候区只有一个潜在的气候顶极群落，同一气候区的任何生境，如果给以充分时间，最终都能发展到这种群落。由以上观点，势必得出这样的结论，一个气候相当一致的区域，最终将由一种连续的、整齐一致的植被覆盖。但事实并非如此，在一个气候区，总有土壤或地形的差异，这些局部环境因素的复合，同普遍的气候环境有很大的差异，在这生境中，虽然演替进展到稳定和永久性的群落，但和典型的气候顶极不同，气候顶极可能永远也不会在这种生境中发生，单元顶极理论没有忽视这些极端的情况，但是过于强调预期的结果。对于各种特殊情况，Clements将其归为亚顶极(sunbclimax)、偏途顶极(disclimax)、前顶极(preclimax)、后顶极(postclimax)等特殊类型，这些特殊类型无论是哪一种形式，按照 Clements 的观点，只要给予充分的时间，它们都将发展成为气候顶极群落。

(2) 多元顶极理论(polyclimax theory)。该理论由英国的 Tansley(1935)提出，他认为：如果一个群落在某种生境中基本稳定，能自行繁殖并结束其演替过程，就可看作是顶极群落。在一个气候区域内，群落演替的最终结果不一定都要汇集于一个共同的气候顶极终点。除了气候顶极之外，还可有土壤顶极、地形顶极、火烧顶极、动物顶极，同时还可存在一些复合型的顶极，如地形-土壤和火烧-动物顶极等。

(3) 演替顶极格局假说(population pattern climax theory)。该理论由 Whittaker(1953)提出，实际是多元顶极的一个变型，也称种群格局顶极理论。他认为：在任何一个区域内，环境因子连续不断地变化，随着环境梯度的变化，各种类型的顶极群落，如气候顶极、土壤顶极、地形顶极、火烧顶极等不是截然呈离散状态，而是连续变化的，因而形成连续的顶极类型，构成一个顶极群落连续变化的格局。在这个格局中，分布最广泛且通常位于格局中心的顶极群落，叫做优势顶极(prevailing climax)，它是最能反映该地区气候特征的顶极群落，相当于单元顶极论的气候顶极。

综上所述，三种顶极理论都承认顶极群落是经过单向的变化后达到稳定状态的群落，而顶极群落在时间上的变化和空间上的分布，都和生境相适应。三者的不同之处在于：单元顶极理论认为，只有气候才是演替的决定因素，其他因素只是第二位的，但可阻止群落发展成为气候顶极。其他两个理论则强调各个因素的综合影响，除气候以外的其他因素，也可以决定顶极的形成。顶极配置假说认为，顶极的变化，也会因为一个新的种群分布格局而产生新的顶极；单元顶极理论认为，在一个气候区域内，所有群落都有趋同性的发展，最终形成气候顶极，而其他两个理论都不认为所有群落最后都趋于一个顶极；单元顶极理论与多元顶极理论认为群落是一个独立的不连续的单位，而顶极配置假说认为群落为一个连续体。

6. 两种不同的演替观

1) 经典的演替观

经典的演替观有两个基本观点：每一演替阶段的群落明显不同于下一阶段的群落；前一阶段群落中物种的活动促进了下一阶段物种的建立。但是在一些对自然群落演替研究中并未证实这两个基本点。例如，在 Hubbard Brook 生态研究站对森林砍伐后的演替研究表明：全部演替阶段中的繁殖体(包括种子、籽苗和活根等)，在演替开始时都已经存在于该地，而演替过程仅仅是这些初始植物组成的展开(生活史)，演替过程中各阶段形成的优势种虽有变化，各物种相对重要性也在改变，但绝大多数参加演替过程的物种都在未砍伐的森林中存在着，或者是活动状态或者是休眠状态。大量埋在土中的种子，许多可存活百年以上。经典演替观受到质疑的另一原因是有许多演替早期物种抑制后来物种的发展。例如，弃耕田的早期植物改变了土壤的化学环境，抑制后来物种的生长发育；一些森林中去掉先锋树种促进了演替后期树种的出现和生长。同样，认为杂草的生长毁灭了其自身繁荣而使演替向前推进的看法也有明显谬误。每一物种所表现的生存特征是自然选择的结果，指向于更多的后裔。

2) 个体论演替观

1952 年，个体论演替观的提倡者 Egler 提出，初始物种组成是决定群落演替后来优势种的假说。20 世纪 70 年代以来，基于很多实验和观察的证据，使个体论演替观再度兴旺起来。当代的演替观强调个体生活史特征、物种对策、以种群为中心和各种干扰对演替的作用。究竟演替的途径是单向性的，还是多途径的？初始物种组成对后来物种的作用如何？演替的机制如何？这些是当代演替观研究的活跃领域。

1977年，Connell和Slatyer总结演替理论时，认为机会种对开始建立群落有重要作用，并提出了三种可能的和可检验的模型，即促进模型、抑制模型和耐受模型(图6.15)。

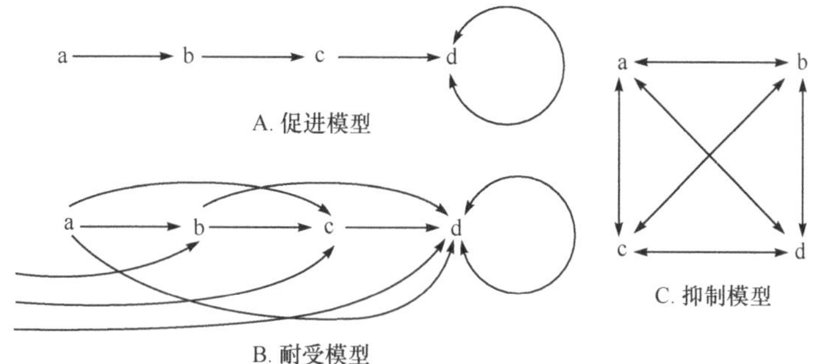

图6.15 三种演替模型图解(李博等，2000)

a、b、c、d代表4个物种，箭头代表代替与被代替

(1) 促进模型。相当于Clements的经典演替观，物种替代是由于先来物种改变了环境条件，使它不利于自身的生存，而促进了后来物种的繁荣，因此物种替代有顺序性、可预测性和具方向性。

(2) 抑制模型。演替具有很强的异源性，因为任何一个地点的演替都取决于哪些植物种首先到达。植物种的取代不一定是有序的，每一个种都试图排挤和压制新来的定居者，使演替带有较强的个体性。演替并不一定总是朝着顶极群落的方向发展，所以演替的详细途径是难以预测的。该学说认为，演替通常是由个体较小、生长较快、寿命较短的种发展为个体较大、生长较慢、寿命较长的种。显然，这种替代过程是种间的，而不是群落间的，因而演替系列是连续的而不是离散的。

(3) 耐受模型。该模型介于促进模型和抑制模型之间。认为早期演替物种先锋种的存在并不重要，任何种都可以开始演替。植物替代伴随着环境资源的递减，较能忍受有限资源的物种将会取代其他种。演替就是靠这些种的侵入和原来定居物种的逐渐减少而进行的，主要取决于初始条件。

上述三类模型的共同点是演替过程中先锋物种最先出现，它们具有生长快、种子产量大、有较高的扩散能力等特点。这类易扩散和移植的物种一般对相互遮阴和根间竞争的环境是不易适应的，所以在三类模型中，早期进入物种都是比较易于被挤掉的；三者之间的区别表明，重要的是演替的机制，即物种替代的机制是促进还是抑制，或是现存物种对替代影响不大，而演替机制取决于物种间的竞争能力。

6.6 植物群落的分类与排序

植被是重要的自然资源，要合理地利用和管理植被，必须识别和确定植被类型，并加以划分和归类。一个好的分类有助于为制定各种植被类型合理利用提供可靠的基础资料。一般说来，根据植物群落主要特征的相似或差异程度进行比较和归类，基本可以达到分类的目的。但是不同群落之间通常是沿着许多关系复杂的环境梯度彼此发生关系，群落间的界限并非截然分开。在这种情况下，可以采用排序(ordination)的途径来认识群落。实际上，植物群落的存在既有连续性的一面，又有间断性的一面。虽然排序适于揭示群落的连续性，分类适于表述群落的间断性，但是如果排序的结果构成若干点集的话，也可达到分类的目的，同时如果分类允许重叠的话，也可以反映群落的连续性。因此两种方法都同样能反映群落的连续性或间断性，只不过是各自有所侧重，将二者结合使用效果更好。

6.6.1 植物群落的分类

迄今为止，要像植物系统分类那样，制订一套全球通用的完整的植物群落分类系统，还存在困难。天然植物群落同一类型的各个植物群落之间并无遗传上的亲缘关系，其内部常常沿着某一环境梯度发生变化，不存在绝对的一致性。不同群落之间通常是沿着许多关系复杂的环境梯度彼此发生关系，群落间的界限并非截然分开。由于不同国家或不同地区的研究对象、研究方法和对群落实体的看法不同，其分类原则和分类系统有很大差别，甚至成为不同学派的重要特色。尽管如此，每一种分类都承认要以群落本身的特征作为分类依据，同时注意群落之间的生态关系。

1. 植物群落的分类原则

植物群落的分类原则常常随着不同学派或不同学者而异，常用的主要为外貌、结构、植物区系、生态、演替等原则。

《中国植被》所采用的是群落学-生态学原则，即以群落本身所固有的特征综合作为分类的依据，同时考虑群落与环境的生态关系，这些特征包括以下几个方面。

(1) 植物种类组成。基本上是采用优势种原则。把群落中各个层或层片中数量最多、盖度最大、群落学作用最明显的种，称为优势种。主要层片(建群层片)的优势种称为建群种(或为共建种)。在植被类型复杂、采用优势种原则有困难时，则以标志种作为划分类型的标准。

(2) 外貌和结构。主要根据生活型来划分。从演化形态学的角度，把植物分为木本、半木本、草本和叶状体 4 类，以下按主轴木质化程度及寿命长短分出乔木、灌木、半灌木、多年生草本、一年生草本等类群，再按体态和发育节律(落叶、常绿)划分第三级和第四级等。

(3) 生态地理特征。由于历史原因，有时生活型和外貌不一定完全反映现代环境条件，按外貌原则划分的植被类型，常常包括异质的类群。如针叶林在生活型和外貌上是相似的，但却分布在不同的环境中。分类时应考虑生态地理因素，根据分布地区热量的不同，划分为寒温性针叶林、暖温性针叶林、热带性针叶林等。

(4) 动态特征。优势种的原则着重群落的现状，没有特别分出原生类型和次生类型。但是在某些情况下，需要考虑动态特征。例如，我国森林区荒山坡灌草丛，按生态外貌原则应该是一独立的植被，但考虑到它的次生性质以及与灌丛的演替关系，而把它与灌丛合为一植被型组。

2. 植物群落分类的单位

不同的学派采用群落分类的单位有所不同，同时由于分类原则的差异，各级单位的含义显然不同。《中国植被》所采用的分类单位是 3 个基本等级制：植被型(高级单位)、群系(中级单位)和群丛(基本单位)。每一等级之上和之下又各设一个辅助单位和补充单位。高级单位的分类依据侧重于外貌、结构和生态地理特征，中级和中级以下的单位则侧重于种类组成。

(1) 植被型(vegetation type)。通常把建群种生活型(一级或二级)相同或相似，同时对水热条件的生态关系一致的植物群落联合为植被型，如寒温性针叶林、落叶阔叶林、温带草原、热带荒漠等。属于同一植被型群落的结构、区系组成、发生发展的历史大致相似。

(2) 群系(formation)。凡是建群种或共建种相同(在热带、亚热带有时是标志种相同)的植物群落联合为群系。例如，凡是以油松为建群种的任何群落都可归为油松群系，以此类推，如芦苇群系。如果群落具共建种，则称共建种群系，如落叶松、白桦混交林。一般来说，地带性群系的分布局限在气候带的范围内，非地带性群系的分布局限在某一特定生态因子的一定梯度范围内。

(3) 群丛(association)。指主要种类组成相同、外貌结构一致、并与生态环境构成一定相互关系的植物群落的联合。属于同一个群丛的群落，在种类组成上，各层优势种上必须相同，还需要相同的伴生种(至少在主要层)或是标志种类，但不要求所有的种类都一致。群落的层次结构、生活型的类型要求一致，具有相似的生态环境，特别是小环境的一致性，同时也伴随相同的周期性变化。据此可以把分布在不同地段上，符合上述概念的各个植物群落称为群丛。如马尾松-桃金娘-铁芒萁群丛。

《中国植被》一书系统地总结了我国长期积累的植被资料，其采用的分类单位如下：

植被型组(vegetation type group)

植被型 (vegetation type)

　植被亚型 (vegetation subtype)

　　群系组(formation group)

　　　群系 (formation)

　　　　亚群系(subformation)

　　　　　群丛组(association group)

　　　　　　群丛(association)

　　　　　　　亚群丛(subassociation)

根据上述系统，将中国植被分为10个植被型组，29个植被型。560多个群系，群丛则不计其数。

3. 植物群落的命名

关于群落的命名尚无统一的方法。对水生植物群落，在缺少特大的植物或优势种对群落中其他物种的影响相对较弱时，一般都用自然环境的物理条件加以命名，例如，山泉急流群落、砂质海滩群落、岩岸潮间带群落等；对于陆生植物群落一般以植物来命名。

1) 群丛与群系的命名

(1) 优势种命名法。单优群落直接用群落中优势种的拉丁学名来命名，并在学名之前或之后加上分类单位名称的全称或缩写。例如，芦苇群丛(*Phragmites communis* Association)，马尾松群系(*Pinus massoniana* Formation)；多优群落按优势度的大小依次列出最主要的优势种，之间用"+"号相连，如华栲+厚壳桂群系(*Castanopsis chinensis*+*Cryptocarya chinensis* Formation)；多层结构的群落逐层列出最主要的优势种，并将主要层的优势种列在前面，各层之间用"-"联结，例如，马尾松-桃金娘-铁芒萁群丛(*Pinus massoniana-Rhodonyrtus Tomentosa-dicranopteris Dichotoma* Ass.)。

(2) 改变优势种拉丁学名的字尾。通过改变群落优势种的拉丁学名字尾，以形成群落的名称。这种方法较为普遍，但比较复杂。群丛的命名通常是把主要优势种或建群种的拉丁属名字尾改为*-etum*，次要优势种的拉丁属名的字尾改为*-osum*，例如，马尾松-铁芒萁群丛(*Pinetum Dicranoptero-*

sum)。在某些情况下,当具有 2 个以上的优势种时,可以把相应的优势种属名以-*eto* 连接起来组成复合词,例如,马尾松-桃金娘-芒萁群丛(*Pineto-Rhodomyrtetum Dicranopterosum* 或 *Pinetum Rhodomyrteto-Dicranopterosum*);群丛组的命名把主要优势种属名字尾改为-*eta*,次要优势种的属名字尾改为-*osa*。如马尾松-桃金娘群丛组(*Pineta Rhodomyrtosa*);群系的命名是把建群种或优势种的属名字尾改为-*eta*,种名字尾改为-*ae* 或-*e*,如马尾松群系(*Pineta massomianae*)。

2) 高级单位的命名

群系以上高级植被分类单位的命名,通常以群落的外貌特征来命名,如荒漠植被型(Desert)、木本植被型(Lignosa)等;或采用当地的俗名或土名来命名,如北美的草原叫普列利群落(Prairia),南美的草原称为潘帕斯群落(Pamopos),而匈牙利草原则称为普斯塔群落(Puszta)。这些俗名或土名,虽然不是严格的科学术语,但是在很多情况下能有效地使用。

4. 群落的数量分类

群落的数量分类研究始于 20 世纪 50 年代,由于计算工作量大,60 年代电子计算机普遍应用之后才迅速地发展起来。许多具有不同观点的传统学派如法瑞学派、英美学派等都进行数量分类的研究,并用它去验证原来传统分类的结果。目前国外生态学研究已广泛采用数量分析的方法,每年都发表大量论文和专著,并不断涌现新方法。国内也开展了这方面的研究,并取得了一定的成绩。

数量分类方法的一般过程:首先将生物概念数量化,包括分类运算单位的确定、属性的编码(code)及原始数据的标准化等;然后以数学方法实现分类运算,如相似系数计算(包括距离系数、信息系数)、聚类分析、信息分类、模糊分类等,其共同点是把相似的单位归在一起,而把性质不同的群落分开。

进行分类的单位(如样方、标地、地段、群落等),称为实体(entity);描述实体的各个信息项目,如种的存在与不存在,种的频度、盖度或重量等,称为属性(attribute)。对同一数据的集合,实体与属性的地位可以对调,即按属性去分类实体,称为正分析(normal analysis)或叫 Q 分析(Q analysis),也可按实体去分类属性,称为递分析(inverse analysis),或叫 R 分析(R analysis)。数量分类的方法很多(图 6.16),但常用的分类方法几乎都是不重叠的、内在的,其中最主要的是等级的聚类分类和分划分类两种,而重叠的分类只能用在很特殊的情况下。

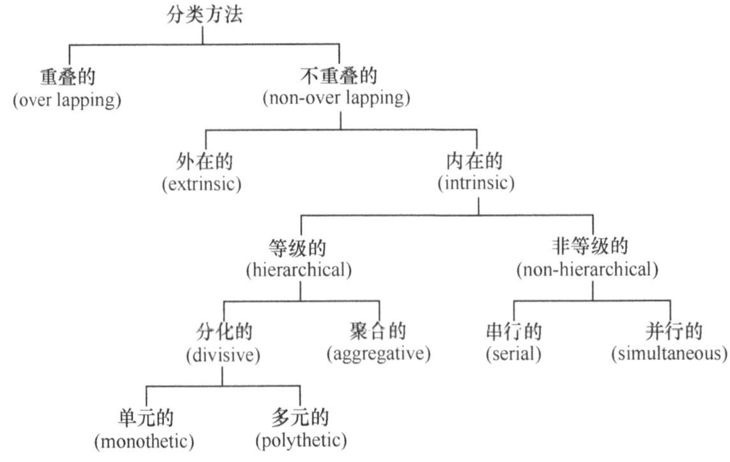

图 6.16 植物群落数量分类的方法

6.6.2 植物群落的排序

1. 排序的概念

排序(ordination)一词最早由 Ramansky 于 1930 年提出。所谓排序，就是把一个地区内所调查的群落样地，按照相似度(similarity)来排定位序，从而分析各样地之间及其与周围生境之间的相互关系。

2. 排序的方法

排序基本上是一个几何问题，即把实体作为点，在以属性为坐标轴的 P 维空间中(P 个属性)按其相似关系把它们排列出来。为了简化数据，排序时首先要降低空间的维数，即减少坐标轴的数目。排序总是力图用二、三维的图形去表示实体，以便于直观地了解实体点的排列。排序应使由降维引起的信息损失尽量少，以免发生太大的畸变。通过排序可以显示出实体在属性空间中位置的相对关系和变化的趋势。如果它们构成分离的若干点集，也可达到分类的目的；结合其他生态学知识，还可以用来研究演替过程，找出演替的数量指标。如果既用物种组成的数据，又用环境因素的数据去排序同一实体集合，从两者的变化趋势，容易揭示出物种与环境因素的关系，从而提出生态解释的假设。特别可以同时用这两类不同性质的属性(种类组成及环境)一起去排序实体，更能找出两者的关系。

1) 直接梯度分析

直接梯度分析(direct gradient analysis)利用环境因素的排序，即以群落生境或其中某一生态因子的变化，排定样地生境的位序，又称为直接排序(direct ordination)，或梯度分析。Whittaker 于 1956 年创造了一种较简单的排序方法，它适用于植被变化明显决定于生境因素的情况。他沿美国圣卡塔利娜山脉垂直方向设置一系列的样带，并将山地从深谷到南坡分为 5 个湿度梯度级(实际上这是一个综合指标，不仅土壤水分不同，其他生境因素也有变化)。然后将每一样带中的树种按对土壤湿度的适应性而分为 4 等。他用这种湿度指标为横坐标，再用样带的海拔高度为纵坐标，将各个样带排序在一个二维图形中(图 6.17)。

2) 间接梯度分析

间接梯度分析(indirect gradiant analysis)是用群落本身属性(如种的出现与否，种的频度、盖度等)排定群落样地的位序称为群落排序或间接排序(indirect ordination)或组成分析。这一分析技术的特点是通过分析植物种及其群落自身特征对环境的反应而求得其在一定环境梯度上的排序与分类，客观地和定量地把植物群落的分布格局与环境资料联系和比较。它不仅给出植物群落类型及其梯度的物理原因，并且赋予它们以数量指标；不仅可据此建立群落及其梯度的空间分布模型，并可为植被的经营管理和开发利用提供数据。

(1) 极点排序法。间接梯度分析最早使用的是极点排序法(polar ordination)，这种方法是 20 世纪 50 年代中期由美国 Wisconsin 学派创立的，它以其作者姓氏而称为 Bray-Curtis 法，简称 BC 法。BC 法在 50 年代后期曾得到广泛的应用，到了 60 年代，数学上较为严格的主分量等排序方法相继建立，并有取代 BC 法的趋势。但一些研究结果表明，它人为地选择坐标轴更能适合非线性数据的情况，加之计算简单，所以不少人仍在使用这种方法。

(2) 主分量或主成分分析。主分量或主成分分析(principal components analysis)简称 PCA 法，是近代排序方法中用得最多的一种。一般讲，排序的实体所表现的性状很多，相应的数值矩阵很大，在众多属性的情况下，分析事物内在的联系是一件复杂的问题。如果将众多性

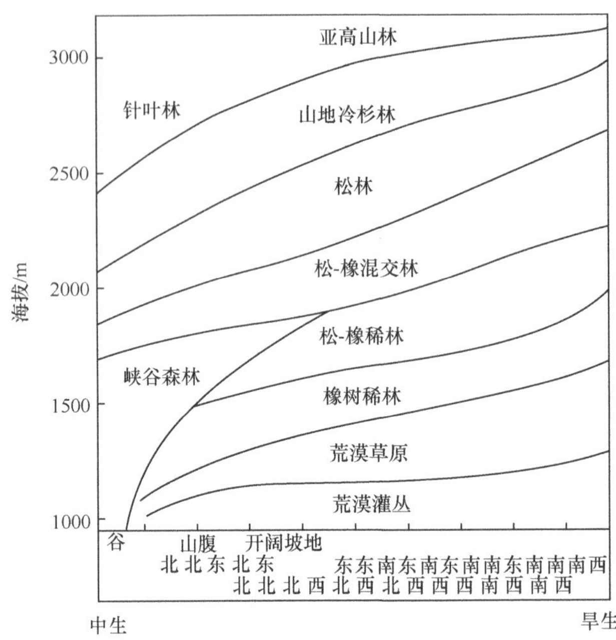

图 6.17　美国圣卡塔利娜山脉植被分布图(仿 Whitaker,1981)

状相互比较,会看出各个属性所处的地位和所起的作用不同。从许多性状中找到一两个主要方面,而使一个多性状的复杂问题转化为比较简单的问题,从而使损失的信息量最少(即发生最小的畸变),这正是主分量分析数学方法的精神实质。所谓主要方面,在客观实际问题中,往往并不是简单地归结于某一两个性状,主要方面是许多相互独立的性状综合产生的效果。具体地说就是将一个综合考虑许多性状(如 P 个)的问题(P 个属性就是 P 维空间),在尽量少损失原有信息的前提下,找出1～3个主分量,然后将各个实体在一个 2～3 维空间中表示出来,从而达到直观明了地排序实体的目的。大量的应用证明 PCA 法是一种非常有效的排序方法,它既适用于数量数据,也可用于二元数据。在许多应用中,往往只取前 2、3 个主分量就可以反映原数据离差的 40%～90%。但是,它也存在以下两方面的不足:第一,PCA 只适于原数据构成线性点集的情况。对于分离的点集,PCA 的结果还有助于形象地分类样方点。但对非线性的点集,诸如马蹄形的,PCA 却无能为力。此时可以先缩小数据范围,使数据在小范围内大致呈线性的,或者进行平方根变换或其他变换使数据转换成线性的。很多人发现 PCA 对非线性数据的适应力是很弱的;第二,如果原始数据对各性状的方差大致相等,而且性状的相关又很小,就找不到明显的主分量。此时取少数主分量所占的信息比例较低。

(3) 无倾向(消拱)对应分析。无倾向(消拱)对应分析(detrended correspondence analysis, DCA) 有效地克服了普通对应分析、主分量分析种的“拱形”(或马蹄形)现象,有利于从群落数据中提取由真实环境因子变化而引起的群落结构的改变。

思 考 题

1. 解释名词:植被　植物群落　最小面积　群落成员型　优势种　建群种　物种多样性　季相　季相演替　层片　层间植物　小群落　群落交错区　边缘效应　边缘种　植物环境　裸地　群落波动　群落演替　顶极群落　排序
2. 阐明地球表面群落物种多样性变化的规律及成因。
3. 阐明群落主要层与次要层的作用。
4. 小群落是怎样形成的?

5. 阐明群落交错区的特点。
6. 阐明群落的光照条件及其成因，并说明群落内植物对光条件的适应特征。
7. 阐明群落内的温度条件及其成因。
8. 植物群落在水分循环中有何作用？在实践上有何指导意义？
9. 森林群落为什么能增加降水量？
10. 阐明群落的形成过程和群落发育阶段的特点。
11. 群落的波动与演替有何区别？什么叫原生演替？阐明水生演替系列和旱生演替系列。
12. 以云杉林的采伐演替为例，阐明次生演替的过程及特点。
13. 阐明三种顶极群落理论的异同。
14. 阐明《中国植被》的分类原则。

第 7 章　世界植被地理

7.1　植被的分布规律及植被区划

7.1.1　植被分布的规律性

地理环境条件的差异是导致不同植物群落类型产生及其分布的主要原因。任何地区所分布的不同植物群落，都是对该地区环境条件综合的反应，都是植物群落对该地区环境条件长期适应的历史产物。

1. 地带性植被和非地带性植被

陆地表面地带性植被类型的分布主要取决于气候条件。热量和水分是气候的两个主要因素，热量和水分以及两者的配合状况反映了气候的根本特征。在地球表面，热量随纬度位置的不同而不同，水分随距离海洋的远近而发生变化。水热组合导致气候、土壤、植被等自然地理环境要素在地表近于带状分布，按一定方向发生有规律的更替，这种现象称为地带性（zonality），包括纬度地带性（latitudinal zonality）、经度地带性（longitudinal zonality）和垂直地带性（vertical zonality），三者并称为“三向地带性”。植被分布主要取决于气候和土壤，它是气候和土壤的综合反映，所以地球上气候带、土壤带和植被带是相互平行，彼此对应的。

与气候带（型）的界线大致相符，能充分反映一个地区气候特点并在地球表面呈带状分布的植被类型称为地带性植被（zonal vegetation）或显域植被；与地带性植被相对应的概念是非地带性植被（azonal vegetation），或隐域植被，指受地下水、地表水、地貌部位或地表组成物质等非地带性因素影响而生长发育的植被类型。非地带性植被具有广布性特点，可以出现在两个甚至两个以上的气候带，如草甸从湿润区到干旱区、从寒带到热带，在山地的一定高度上及一些河床谷地都有可能发育。由于非地带性植被在生长发育过程中同时也受地带性因素的影响，其在种类组成和生理生态方面，都在一定程度上打上了地带性的烙印，即地带性差别。在分布上，非地带性植被常受某一生态因素，如水分、基质等的制约，呈斑点或条状嵌入地带性植被类型中。地带性植被、非地带性植被的概念是前苏联植物群落学派提出的，类似于英美植物群落学派的气候顶极植物群落和土壤顶极植物群落的概念。

2. 陆地植被水平分布的基本规律

植被沿纬度和经度方向呈水平更替的现象，称为植被分布的水平地带性（horizontal zonality），这是地球表面植被分布的基本规律之一。

1）世界植被的水平地带性

在很早以前，植物地理学家就开始关注和研究世界植被水平分布的一般规律性。Brockman-Jerosch 和 Rüble 根据欧洲和非洲西海岸植被分布状况，编制了理想大陆植被分布模式（图 7.1）。他们假定：大陆表面是均匀一致，海洋位于大陆的西侧，气候的大陆性由西向东增加。他们虽然力求反映温度和湿度变化所引起的植被的有规律的空间变化，但和实际情况有很大出入。因为任何一个大陆，海洋总是位于大陆东西两侧，降水多，湿度大；而大陆中心则气候干旱、大陆性强。大陆上植被分布模式受东西两侧海洋的影响，并不仅仅受西侧海洋的影响。

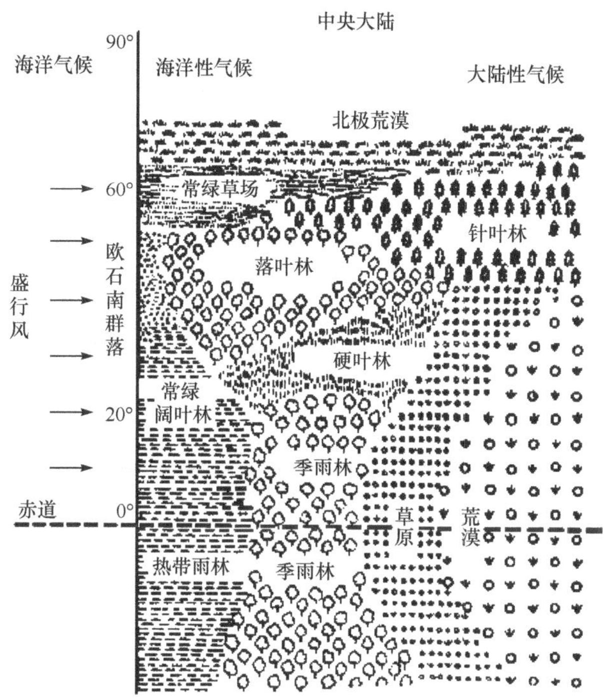

图 7.1　Brockman-Jerosch 的理想大陆植被分布模式(王伯荪,1987)

后来，Walter 根据 Troll 的工作加以修改。他把所有的大陆合在一起而不改变其纬度，绘制了“平均大陆”的植被模式图(图 7.2)。从图上可以看出如下的趋势：在南半球没有和北半球相对应的北方针叶林及苔原带，生物群落带大致与纬线平行，说明纬度地带性的存在；在 40°N 和 40°S 之间由于信风的影响，西侧为干旱区域，东侧为湿润的森林区域；在亚热带，荒漠伸展到海岸，而在南半球，它们只限于沿海地区。

(1) 纬度地带性。世界植被分布的纬度地带性规律在欧亚大陆东部太平洋沿岸、欧亚大陆内部西西伯利亚-中亚-阿拉伯、欧洲-非洲西部大西洋沿岸、北美大陆东部大西洋沿岸以及南美大陆太平洋沿岸等地区表现得较为明显。但是这种地带性现象是相对的，如西欧大西洋沿岸，因气候温湿，落叶阔叶林分布到了斯堪的纳维亚半岛的南端，占据了寒温带针叶林的位置。又如，赤道上也不全是雨林，非洲雨林的分布仅限于几内亚湾沿岸和刚果盆地，而同纬度的索马里则是荒漠(这与寒洋流经过及南亚干燥的东北信风有关)。南美的雨林也只出现在安第斯山以东的亚马孙河流域，同纬度的秘鲁则发育着荒漠(这是由于东来的湿气受阻于高山，西岸又受到南极来的寒洋流影响所致)。

欧亚大陆东部太平洋沿岸：由北向南带谱为苔原→北方针叶林→针阔叶混交林→落叶阔叶林→常绿阔叶林→季雨林、雨林。该系列的显著特征是温带沿海岛屿(日本群岛)含有水青冈的偏湿性落叶阔叶林较为发育，这是海洋影响显著之故。大陆部分冬季受西伯利亚高压的影响，沿岸又有海流经过，干燥寒冷，落叶阔叶林由较耐寒耐旱的落叶栎类等组成，且向内陆伸展不远，迅即消灭。落叶阔叶林带以南的中国南部和日本南部，夏季受强盛的东南季风的滋润，发育了面积辽阔的亚热带常绿阔叶林(东亚常绿阔叶林带大致从 35°N 向南延伸到北回归

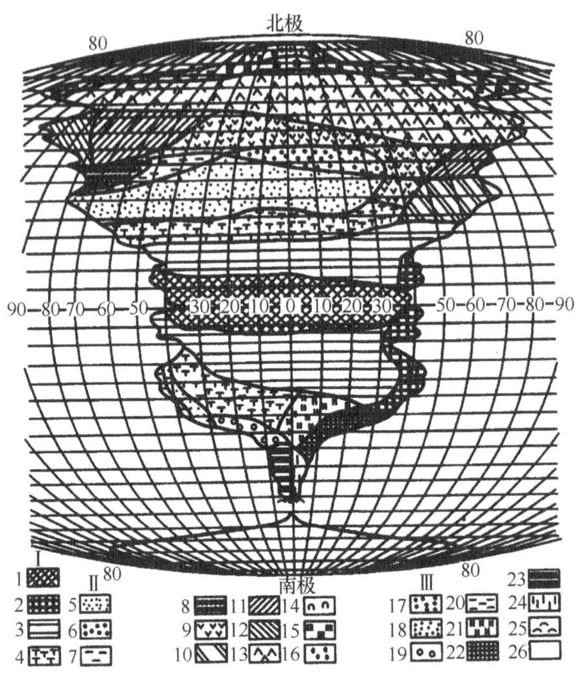

图 7.2 平均大陆植被分布模式

Ⅰ. 热带：1. 赤道雨林；2. 信风、地形雨的热带雨林；3. 热带落叶林(和湿润萨瓦纳)；4. 热带刺灌丛(和干萨瓦纳)
Ⅱ. 北半球外热带：5. 热带荒漠；6. 寒冷内陆荒漠；7. 冬雨半荒漠和草原；8. 冬雨硬叶疏林；9. 寒冬草原；10. 暖温带常绿林；11. 落叶林；12. 海洋性森林；13. 北方针叶林；14. 亚北极桦木林；15. 冻原；16. 冻荒漠
Ⅲ. 南半球外热带：17. 海岸荒漠；18. 雾荒漠；19. 冬雨硬叶疏林；20. 半荒漠；21. 亚热带草地；22. 暖温带雨林；23. 寒温带森林；24. 具垫状植物的半荒漠或草原；25. 南极生草丛草地；26. 南极大陆冰川

线，从100°E向东伸展到135°E，南北占据差不多12°的纬度，东西至少占有35°的经度，这在世界上是独一无二的)，这与北非的亚热带荒漠形成鲜明的对比，造就了欧亚大陆(包括北非)东西两岸植被地带的强烈“不对称性”。

欧亚大陆内部西西伯利亚-中亚-阿拉伯：由北向南带谱为苔原→北方针叶林→温带草原→温带荒漠→亚热带荒漠。这一系列的特点是北部连续分布北方针叶林带，落叶阔叶林带基本上不存在，干旱的草原和荒漠植被占绝对优势。原因是海洋性气团难以达到大陆内部或经过长距离后成为大陆气团，气候具有显著的大陆性特征，干燥少雨。降水量的减少是阔叶林无法分布的原因。

欧洲-非洲大陆西部大西洋沿岸：由北向南带谱为苔原→北方针叶林→针落叶混交林→落叶阔叶林→常绿硬叶林→亚热带及热带荒漠→稀树草原→季雨林→雨林。这一系列的温带地区(西欧)，由于位居西风带，受来自大西洋的西风湿润气流影响，强大的墨西哥湾暖流经过沿岸，全年湿润多雨，落叶阔叶林带以较喜湿的欧水青冈(*Fagus silvatica*)、英国栎(*Quercus robur*)等为主，并且向东延伸很远，差不多一直到达乌拉尔山；地中海沿岸地区属地中海气候，夏季晴朗干燥，冬季温和多雨，主要分布着常绿硬叶林。北非虽然濒临大西洋，但沿岸有冷洋流经过，且全年大部分时间受副热带高压的控制，属于亚热带干旱气候，发育了最广阔的亚热带荒漠——撒哈拉大沙漠。

北美大陆东部大西洋沿岸：由北向南带谱为苔原→北方针叶林→针阔叶混交林→落叶阔

叶林→常绿阔叶落叶混交林。北美南部陆地面积狭小，亚热带纬度大部分为海洋所占据，没有大面积常绿阔叶林的存在。

南美大陆太平洋沿岸：智利位于安第斯山脉的西麓，绵延于 18°～57°S，长 4800km，宽 200km。由北向南更替的植被为亚热带荒漠→矮灌木与旱生灌木区→常绿硬叶林→落叶阔叶林→冻原。

(2) 经度地带性。世界植被分布的经度地带性，与海陆位置密切相关。

欧亚大陆：大西洋沿岸的西欧受海洋性气候影响，发育着各类森林；太平洋沿岸的东亚受太平洋季风影响，南亚受印度洋西南季风的影响，从东北向西南出现各类森林；大陆内部因距离海洋较远，湿气不易达到，开始出现草原与荒漠。

北美大陆：经度地带性规律在北美大陆中纬度地区表现最为明显。北美大陆两侧都是海洋，东临大西洋，西滨太平洋，东、西两岸降水多，湿度高，生长着各类森林植被。东部降水主要来自大西洋湿润气团，雨量自东向西递减，相应出现森林→草原→荒漠；西部降水来自于太平洋湿润气团，雨量充沛，但是由于南北走向的落基山脉阻挡了太平洋湿润气流向东运行，森林仅限于山脉以西。因此，北美大陆中纬度地区沿经度方向(自东向西)植被更替系列为森林→草原→荒漠→森林。

2) 中国植被分布的水平地带规律性

中国位于亚洲大陆的东南，东部和南部面临太平洋，西北伸入亚洲大陆腹地，南端到了热带区域(约 4°N)，北端则是寒温带(几乎达到 54°N)。冬季盛行大陆来的极地气团或北冰洋气团，常形成寒潮由北向南运行。夏季盛行由海洋来的热带气团和赤道气团，主要是太平洋东南季风和印度洋西南季风带着湿气吹向大陆。西部由于青藏高原的存在，在一定程度上破坏了高空西风环流，以及受该环流影响的气候系统。温度由南到北依次降低，大陆地势由东向西渐增。雨量主要来自夏季风，因此，雨量和湿度由东南向西北递减，对植被水平分布产生了巨大的影响，使中国植被水平分布独具特色。植物群落的分布整体表现为从东南向西北斜行，依次出现森林→草原→荒漠。

(1) 纬度地带性。沿着大兴安岭→吕梁山→青藏高原东缘一线，可将中国分为东南半壁和西北半壁。在东部湿润森林区，热量自南向北逐渐递减，植被自北向南依次为寒温带针叶林→温带落叶阔叶林→北亚热带常绿落叶阔叶混交林→中亚热带常绿阔叶林→南亚热带季风常绿阔叶林→热带雨林、季雨林；西部内陆腹地受强烈的大陆性气候影响，由于青藏高原的隆起，从北至南出现的一系列东西走向的巨大山系，打破了原有的纬度地带性，使植被自北向南发生如下变化：温带荒漠、半荒漠带→暖温带荒漠带→高寒荒漠带→高寒草原带→高寒山地灌丛草原带。

(2) 经度地带性。植被分布的经度地带性在中国温带地区表现较为明显，沿着昆仑山→秦岭→淮河一线以北的温带或暖温带地区，自东向西和自东南向西北依次分布：落叶阔叶林(或针阔叶混交林)→草原(草甸草原→ 典型草原→荒漠草原) → 荒漠(草原化荒漠→典型荒漠)。

3. 陆地植被分布的垂直地带性

垂直地带性是山地植被最显著的特征。从山麓到山顶，气候条件差异很大。海拔每升高 100m，气温下降 0.5～1℃，而湿度、风力、光照强度、水分、土壤条件等也随海拔的升高而发生变化。这些因素综合作用导致植物种类组成随海拔升高而发生有规律的更替，表现出成带状分布的格局，这种成带分布的植被大致与山体的等高线平行，并具有一定的垂直厚度，称为植被分布的垂直地带性。山地植被垂直带的组合排列和更替顺序形成的体系，称为植被垂直带谱(altitudinal zonations)。在高山上，植物群落不可能分布到任一海拔，随着海拔升高，群落结构越来越简单，种类减少，群落高度降低。森林群落分布的上限，称为树线(tree line)。每一座高山只要山顶存在永久雪盖，就都有它的树线高度。树线以上，植物分布的上限往往和永久雪线(perpetual snow line)(常年为冰雪所覆盖的界线)的高度一致。同一气候带内，由于距离海洋远近不同，而引起干旱程度不同，因此植被垂直带谱也不相同。因而可以把植被垂直带分为海洋型植被垂直带谱和大陆型植被垂直带谱两类。一般来说，大陆型垂直带谱的每一个带所处的海拔比海洋型同一植被带的高度要高些，而且垂直带的厚度变小。在不同气候带，垂直带谱差异更大。一般来说，从低纬度的山地到高纬度的山地，构成垂直带谱的带数逐渐减少，同一个垂直带的海拔逐渐降低。

1) 植被垂直地带性与水平地带性的关系

每一个山体都有其特有的植被垂直带谱。在一个足够高的山地，从山麓到山顶更替的植被带系列，大体上类似于从该山体所在地的水平地带到极地的植被带系列(图 7.3)。山地植被垂直谱的结构和每一垂直带的群落组合，反映了该山系所处的一定纬度和一定经度的水平地带的特征，即垂直带谱受山体所在水平地带的制约，垂直带从属于水平带；另一方面，山地的垂直带谱受山体高度、山脉走向、坡向、坡度、山坡在山地中的位置等影响，位于同一水平植被地带中的山地，其垂直带总是比较近似的。在水平地带性和垂直地带性的相互关系中，水平地带性是基础，它决定了山地垂直地带性的系统。

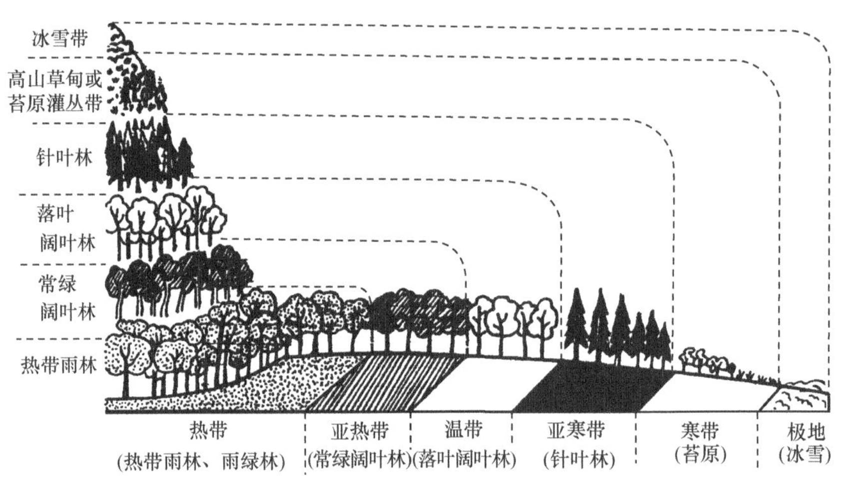

图 7.3　植被水平分布与垂直分布的模式图(祝廷成等，1988)

垂直地带性和水平地带性之间仅是类似，绝不是相同。二者之间有质的区别：第一，引起纬度带形成的环境因素和引起垂直带形成的环境因素，性质和数量以及配合状况上都是不同的；第二，纬度带和垂直带的宽度不同。纬度带是以几百千米计，很少是几十千米的，垂直带的宽度是以几百米计，很少是几千米的；第三，纬度带相对不间断，而垂直带有较大的间断性。纬度带绝大部分连续成片，而山地垂直带的植被常为河谷、岩屑堆、岩石露头所间断，带状植被类型在面积上不是经常占优势的。植被成分随着坡向和坡度而发生明显的改变，同一垂直带在山坡的不同坡向，占据着不同的高度，某一带的楔状现象广泛存在；就在一座山上，因山体位置、形态、海拔高低、坡度、坡向、小地形变化等因素的影响，使垂直带的分布界限并不是很均匀整齐的，而是在一个较宽的海拔高度范围内变动，带间的交错和过渡现象十分明显。因此，垂直带与水平带植被类型分布的相似性，只是从群落分类的高级单位而言，即成带植被的优势生活型与外貌基本相似而已。例如，亚热带山地的寒温性针叶林与北方的寒温性针叶林，中低纬度山地的高山冻原及其高山植被类型与极地冻原带的植被等，尽管所在地平均温度相同，但群落外貌、种类组成、区系性质、结构特点和历史发生等等，会有很大的差异，而历史发生和现代生态条件的不同，是造成这种差异的根本原因。

2）中国山地植被垂直带

中国山地植被垂直带性，大致可分为湿润区和干旱区两大类型。

(1) 湿润区。由于受到海洋性季风的影响，中国湿润区山地植被垂直带谱(图7.4)一般具有中生性质，在带谱中各类森林植被占有优势，高山植被也以低温-中生的灌丛和草甸植被为代表。山地植被垂直带谱的系列特点，取决于山地所处的纬度或水平植被带以及山体高度，带谱的结构从北向南逐趋复杂，层次增多。一般由于山地不高，通常仅由3～5个垂直带构成，缺乏典型的高山、亚高山植被垂直带，由于“山顶效应”形成的矮林或灌丛。各个垂直带的海拔位置随纬度带由北向南而相应升高。各纬度带的山地植被基带，一般是所在地的水平植被带，并在其山地植被垂直带谱中具有本地带特有的山地植被类型。同时，在其以南的纬度植被带系列的山地植被带谱中的位置，向南依次升高。

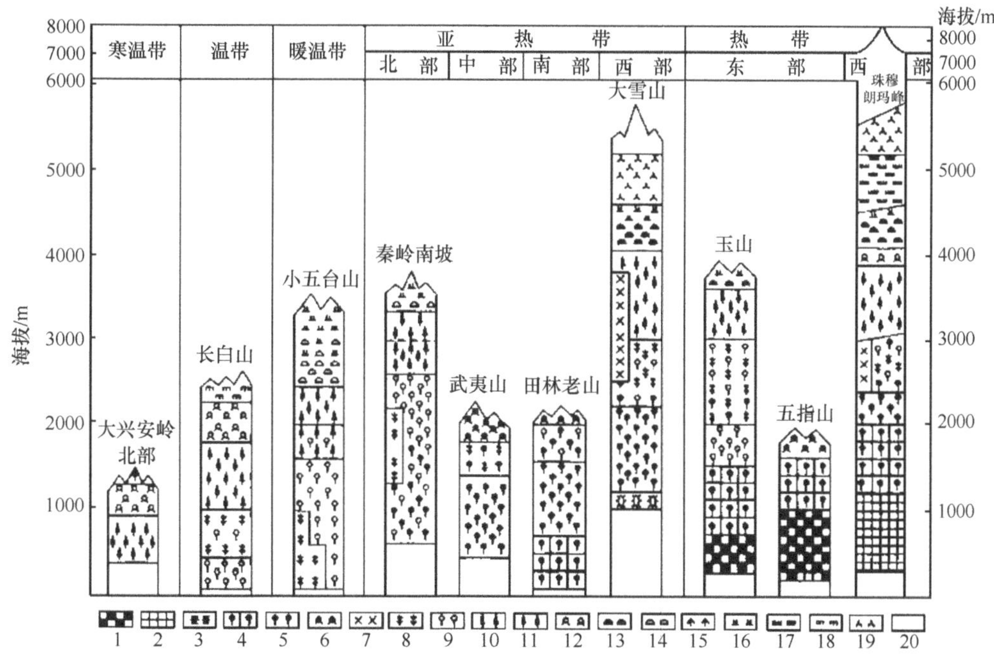

图7.4　中国湿润区各纬度地带的山地植被垂直带谱(中国植被编辑委员会，1980)

1. 季雨林、雨林；2. 季雨林；3. 肉质多刺灌丛；4. 季风常绿阔叶林；5. 常绿阔叶林；6. 常绿阔叶苔藓矮林；7. 硬叶常绿阔叶林；8. 温性针叶林；9. 落叶阔叶林；10. 寒温性常绿针叶林；11. 寒温性落叶针叶林；12. 矮曲林；13. 亚高山常绿革叶灌丛；14. 亚高山落叶阔叶灌丛；15. 常绿针叶灌丛；16. 亚高山草甸；17. 高山蒿草草甸；18. 高山冻原；19. 亚冰雪稀疏植被；20. 高山冰雪带

(2) 干旱区。中国干旱区山地植被具有不同于湿润海洋性地区的植被垂直带谱结构和性质(图7.5)，森林植被在干旱地区的山地植被带谱中，通常居于次要地位，甚至全然消失，而以旱生的草原或荒漠植被占据主要地位，即使在高山植被中也带有明显的干旱气候烙印。一般来说，气候越干旱，山地植被垂直带谱结构越趋于简化，基带由东到西随着干旱程度的加强，从

草甸草原→典型草原→荒漠草原→温带荒漠与暖温带荒漠变化。森林带通常为寒温性针叶林，荒漠区山地的森林带实际上呈现森林草原景观。

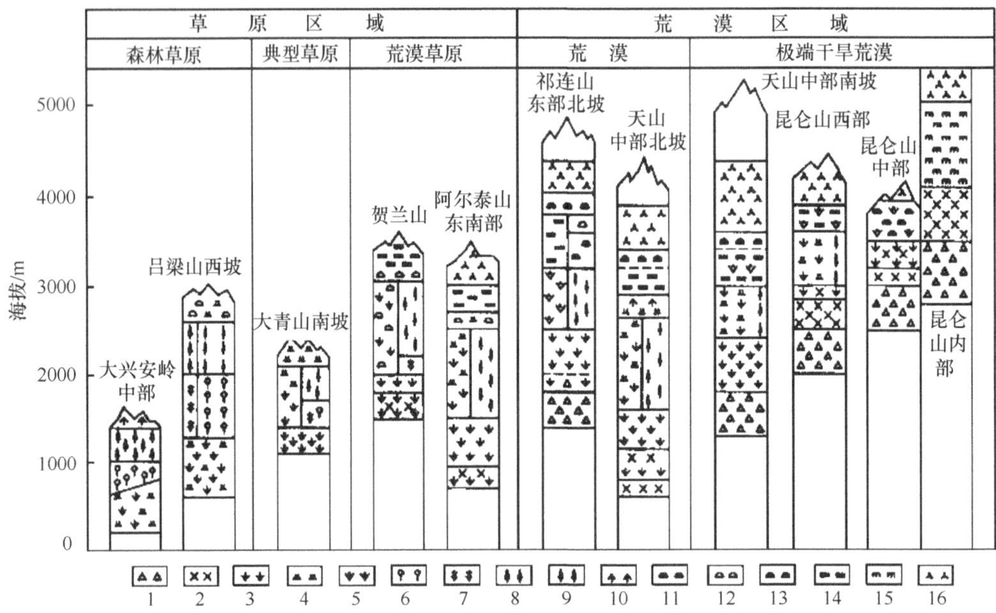

图 7.5　中国干旱区各地带的山地植被垂直带谱(中国植被编辑委员会，1980)

1. 盐柴类半灌木荒漠；2. 蒿类荒漠；3. 禾草草原；4. 山地草甸；5. 高寒草甸；6. 落叶阔叶林；7. 温性针叶林；8. 寒温性落叶针叶林；9. 寒温性常绿针叶林；10. 常绿针叶灌丛；11. 亚高山常绿革叶灌丛；12. 落叶阔叶灌丛；13. 高山垫状植被；14. 高山嵩草草甸；15. 高寒荒漠；16. 亚冰雪稀疏植被

7.1.2　植被区划

植被区划(division of vegetation)或称植被分区(zonation of vegetation)，是根据植被空间分布及其组合，结合其形成因素而划分的不同地域，它是关于地区植被地理规律的总结。植被区划是在研究区域性的植被分类、植被与环境之间的生态关系、分析植物区系及植被历史发展过程的基础上，归纳出的植被空间结构的地理特征。

1. 植被区划的意义

植被区划是植被研究中的一个重要理论性问题和实际任务。植被分区可以显示出现阶段植被形成与一定环境条件的因果关系，反映出植被的历史发展途径和过程，并有可能把特定地区植被的起源与分布和邻近地区相比较，揭示它们之间的内在联系。除此之外，植被区划在生产实践上也有重要意义，它可以帮助人们掌握各地区的不同植被资源，预见和寻找新的植物资源，提供引种栽培的科学依据，以发挥地区的有利因素以及植被本身的生产潜力，是制定地区农、林、牧、副业生产规划所必需的科学依据和基本资料，故植被区划对于综合自然区划和生物圈的研究也具有很大意义。

2. 植被区划的原则与依据

植被分区着重于植被空间分布规律性的研究，强调地域分异性原则。植被分区的最主要依据包括以下几个方面。

(1) 植被类型。植被类型尤其是反映气候条件的地带性植被类型是植被区划高级单位的依据，植被类型的中、低级单位则是植被区划中级和低级单位划分的依据，一些重要的非地带性植被类型也可以作为较低级区划单位划分的依据。但是，植被区划与植被分类不同，植被分类只强调类型的划分，而区划则着重综合体的研究。区域的划分往往不是根据某一类型，而是根据一系列类型的组合，同时又必须在这些植被组合中找出占优势的、具有代表性的植被类型来确定一个植被地理区的基本性质以及它们在区划系统中的位置。

(2) 植物区系。植被由一定的种类所组成，它们的区系成分尤其是群落建群种、优势种以及标志种的地理成分对于植被区划具有重要的标志意义，但这并不意味着植被区划与区系区划是等同的，两者任务不同，后者着重于研究分类单位的地理分布与起源，因此它们区划的界线并不一定吻合。

(3) 地区的环境条件。植被是在一定的气候、地貌、地质、土壤等综合作用下，在长期的竞争与适应过程中发展的结果。因此植被区划必然与气候、地貌、土壤等因素具有密切的联系，某些重要的生态气候指标，如降水量及其季节分配、积温、无霜期、干燥度或湿润指数、最冷月均温或极端温度等都可作为植被区划的重要参考，但是植被区划的对象是植被，绝不应片面地根据气候、地貌、土壤或其他因素进行植被区划并决定它的界线。

3. 中国植被区划的单位

根据我国的自然条件、植被特点、区划的原则和依据，按着先地带性后非地带性、先水平地带性后垂直地带性、先高级分类单位后低级分类单位、先水热(大气候)条件后地貌、基质等划分的单位由高而低是：植被区域-植被地带-植被区-植被小区，各级单位可以划分出亚级。

(1) 植被区域(region)。是区划的高级单位。具有一定水平地带性的热量-水分综合因素所决定的，具有一个或数个占优势的地带性“植被型”和一定的、占优势的植物区系成分。我国划分出 8 个植被区域。

(2) 植被地带(zone)。指植被区域内(或亚区域内)，由于南北向的光热变化或由于地势高低引起的热量分异，而表现出植被类型或植被亚型有差异的部分，有时可再划分出植被亚地带。

(3) 植被区(province)。是区划的中级单位，在植被地带内，根据水、热状况，尤其是地貌条件所造成的差异及占优势的中级植被分类单位，如群系组或其组合所划分出不同的部分。

(4) 植被小区(district)。植被区划中的较小单位，根据优势的低级植被类型单位，划分出各种植被小区。

中国植被分为 8 个植被区域，24 个植被地带、85 个植被区。具体如下：

A. 寒温带针叶林区(1. 寒温带针叶林地带)；B. 温带针阔叶混交林区(2. 温带针阔叶混交林地带)；C. 暖温带落叶阔叶林区(3. 暖温带落叶阔叶林地带)；D. 亚热带常绿阔叶林区：D_1. 东部湿润亚区(4. 北亚热带常绿落叶阔叶混交林地带，5. 中亚热带常绿阔叶林地带，6. 南亚热带季风常绿阔叶林地带)，D_2. 西部半湿润亚区(7. 中亚热带常绿阔叶林地带，8. 南亚热带季风常绿阔叶林地带)；E. 热带季雨林、雨林区(9. 热带季雨林、雨林地带)；F. 温带草原区；F_1. 东部亚区，F_2. 西部亚区；G. 温带荒漠区：G_1. 西部亚区，G_2. 东部亚区；H. 高寒植被区；H_1. 山地寒温性针叶林亚区，H_2. 灌丛、草甸亚区，H_3. 草原亚区，H_4. 荒漠亚区

7.1.3 植被制图

植被图(vegetation map)或地植物学图(geobotanical map)指植物群落类型分布图,它是某一地区各级植被分类单位依其空间分布状况,按比例绘制而成的地图,是以植物群落为主要对象,按不同目的和分类系统而制作的专题地图。它体现了某一地区植被研究的具体成果,常被作为国家和地区的基础资源数据,是植被研究的一项重要内容。植被图的应用也非常广泛。可用于生产力估测、土地利用规划、森林管理和各类土地评估、环境影响评价等,指导生态恢复和各种土地改良工作;可以辅助工程设计、新建和扩建道路、矿区开发、自然保护区规划、旅游区规划、军事等目的。

植被图更广泛概念还包括植被区划图、植物群落图、生境图、区系图和植物地理分布图。在这些图件中,植被类型图是最基本和最重要的,可派生出许多其他图类。

1. 植被制图的目的

植被图能够概括一个地区植被的研究成果,反映植被分布的基本规律和当地环境条件的特点。植被制图是植被科学、景观生态学等科学研究的重要方法之一。通过植被制图可以达到以下的目的。

(1) 对群落样地以及已确定的植被单位进行空间定位。植被图为人们提供该项研究的地域范围、样地设置的地理位置、植被分类单位的空间排布和面积等,能提供一个地区自然资源的基本信息。

(2) 帮助校正植被分类。制图必须以植被分类为基础,图上表示的是一定的群落分类单位。有时某些单位表面上看是理想的,但当野外实际制图时,就可能出现漏洞,因此,制图可以作为检验分类的依据,它将迫使研究者调整方案中的各种变化,从而有助于推动植被分类。

(3) 促进群落和环境的相关分析。根据现状植被所制作的植被类型图,可以和各种自然要素图,如地质图、土壤图以及历史图等作比较(在进行这种比较时最好应用同一比例尺),把植被类型和各种环境因子联系起来,从而推动景观生态和生态系统的研究,这也有助于对植被分布原因的解释。

(4) 为演替研究提供帮助。严格根据现状植被制成的植被图是把当时的植被固定在地图上,这样的图同时就成为植被的历史文件,随着时间的推移可以用来说明群落的演替。

(5) 明确某种特定的植被单位的地理分布。如对某些生态组合或特殊群丛的地理分布定位。要做到这一点需要进行详细的因果分析,拓宽到历史的研究,在这种情况下,可以在小比例尺上画出它们的地理分布,或画出区域轮廓以表示它们总体的分布情况。

(6) 便于实际的应用。植被图反映了植被资源的分布和蕴藏量,有助于对现有植被的利用状况及其潜力的了解,并有助于相应的土地评价。因而,植被图是农、林、牧、副、渔合理开发、利用和改造的重要依据之一,在水土保持、沙漠治理、自然保护、绿化、轻工业原料和中草药基地的建立和规划设计,以及国防建设等方面起着重要作用。由此可见,植被图无论在理论上还是在实践上都具有重要意义。

2. 植被图的类型

植被图的种类取决于其内容和比例尺。每一张植被图都有其制图对象、制度范围和制图目的,以及它需要反映信息的详细程度、精确度和准备花费的时间与费用。常见的植被图类型见图 7.6。

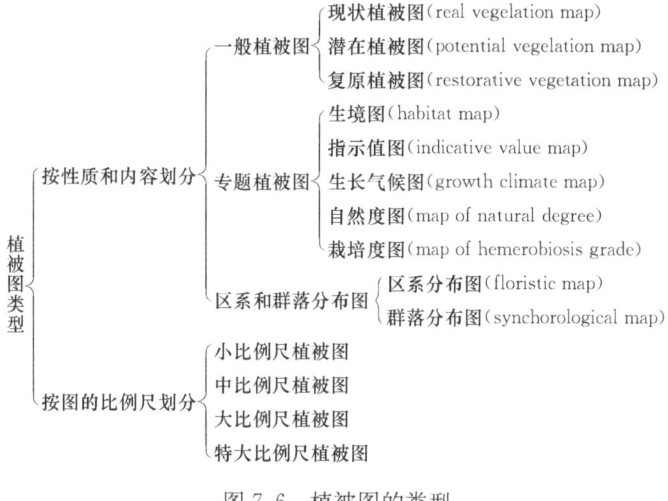

图 7.6　植被图的类型

3. 植被制图的基本要求

某地的植被图是该地植被研究的结晶,图上的内容和表现出来的结果取决于对该地植被认识的深度和研究水平。对一个地点进行植被制图应满足以下几点要求:完成了制图地区的植被分类,划分出了适合于制图目的和相应比例尺的群落单位;能够在准备上图的群落单位间划分出界线,做到这一点常常是困难的,因为实际的野外群落间总是存在着或宽或窄的过渡区,可是在植被制图时要求划出的是一条线,而不是一条宽的过渡带,这就要求当以区系特征划分群落时能够用“区分种组”或相似性系数以确定群落的界线,当以生态外貌划分群落时,能够用优势层片优势种的比例划定群落界线;全面掌握制图地区的植被,包括所有群落片段和群落的各种镶嵌状况,以便需要时以复合群落制图。

4. 植被制图过程

目前世界各国出版的植被图以现状植被图数量最多,制作比较精细,方法较为成熟,这种植被图用途较广泛,是编绘其他图类的基础资料。现状植被图一般多为大比例尺或特大比例尺的植被图,制图过程见图 7.7。

(1) 选定适当比例尺的地形图作为底图。底图一般都用现成的,只是在做特大比例尺植被图而又无现成底图时才需自测,无论如何在开始制图之前就要做好选定底图的工作,以便野外制图能够顺利进行。

(2) 制图地区的植被调查。一个地区的植被制图,首先要对这个地区植被进行调查。可用 Braun-Blanquet 的典型样地记录法,也可以用标准样方法,总之要取得大量的样地记录,这是植被制图的基础。

(3) 通过植被分类确定制图单位。对样地记录进行综合分析得出植被的分类单位,根据图的比例尺及各分类单位的分布状况,确定上图的单位等级。

(4) 编制作图指南。图的单位确定后,就要为上图单位编制制图检索表(map keys)。人们利用这张制图检索表或称制图指南,就可以在野外准确地鉴定群落单位,因此用以编制检索表的群落特征在野外应该是容易掌握的。法瑞学派用的是区分种。如果用生态外貌或按群落

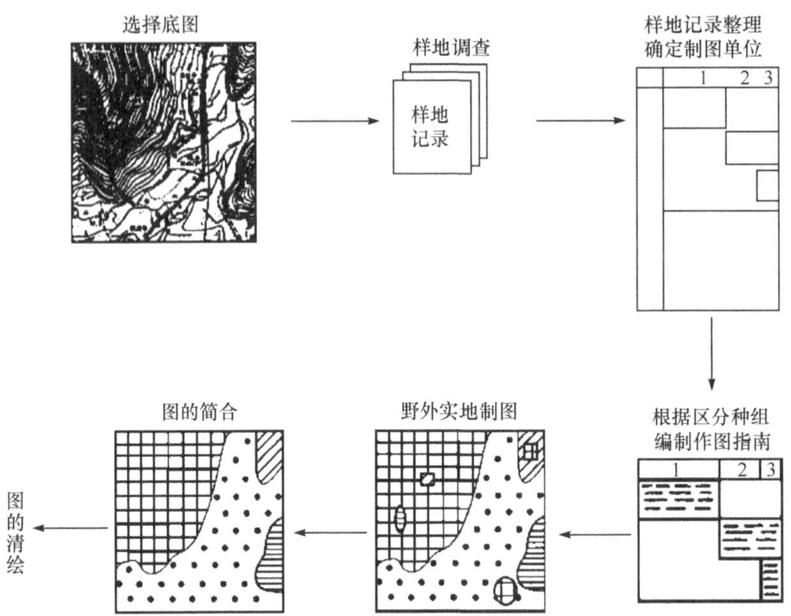

图 7.7　现状植被图的制图步骤(宋永昌,2001)

结构划分植被单位,应该把它们的显著特征用文字描述出来,以便根据这个指南允许几个工作者以完全一样的途径来制图。

(5) 野外实地作图。制作大比例尺现状植被图均需在野外实地进行,一般要在制图地区纵横交叉穿越几条路线以便找出每一类型的边界并标绘在图上。

(6) 图的简合。简合(generalization)是植被制图中图斑形状和内容的选择和综合过程,是为了使图清晰易读,重点突出。简合并不是在缩图时将图中形状和内容简单的剔除,而是把一些次要的细节合并和简化,从而反映出更一般性的地理分布规律。植被图内容的简合,通常包括把低级单位综合成高级单位,选择典型植被类型和去掉过渡性植被类型,以及把个别植被类型合并为组合。图斑形状的简合通常是为了反映不同植物群落面积的相互关系和分布规律,进行某些形状的选择和合并,或是为了避免图面上杂乱无章,而去掉那些即使在该比例尺图面上能表示出来,但妨碍分布规律明显性的次要图斑,并把图斑较小的次生植被类型,综合在顶极群落类型中。

(7) 植被图的清绘。为了得到一幅合格的植被图,对于野外或室内制成的草图要进行清绘,其中包括符号和颜色的选择以及图例的拟定。由于植被的多变特点,关于植被图上的色标和符号这类技术性问题至今并未达到完全的统一。

为了使植被图易读易懂,每一张植被图都应附有图例。图例的拟定必须以一个完整的植被分类系统为基础。一般来说,不同比例尺图上的制图单位,必须采用与之相应的植被分类等级。但应注意,在同一幅植被图中,不一定都采用同一等级的植被分类单位,可根据情况采用植被分类单位的不同等级。实际上,除了部分大比例尺的详测图采用同一等级的植被分类单位——群丛外,大多数植被图都采用不同等级的植被分类单位和类型的组合。例如,在生态环境比较单一,植物群落又不复杂的地区,中比例尺一般采用群丛组或群系作为制图单位;在生态环境比较复杂、植物群落在空间上变化大,类型又复杂的地区,就不能采用群系作为制图单位,而必须采用群系的组合或群落复合体作为制图单位。简单的图例是用色标和符号加上数字即可，详细的则需附以图例的说明。

5. 新技术在植被制图中的应用

随着计算机软硬件技术、航天技术和“3S”技术的迅猛发展，植被制图的技术和方法也取得了很大进步。海量的信息源和方法革新为制作各种比例尺的植被图提供了基础和技术保障。

遥感(remote sense，RS)是指不直接接触物体本身，从远处借助于能记录不同波长电磁波的传感器记录远距离的景物。遥感包括航空遥感和卫星遥感。遥感技术则是根据传感器所测得的目标物体的信息数据，通过数据处理和分析判读，探测和识别目标物体及其现象的技术和方法。借助于遥感技术编制植被图具有许多不可替代的优点：视野广阔，有利于对地面宏观现象如植被带的观察，从而容易划出植被单位的边界，在整张图面上保持单位的相对一致性；能够迅速获得植被动态变化的资料，有利于植被图内容的及时更新；不受地面自然条件的限制，能够获得人们难以到达或不能久留地区的制图资料，有利于编绘更大范围甚至世界性的植被图。

地理信息系统(geographic information system，GIS)是在计算机软硬件的支持下，对空间相关数据进行采集、存储、管理、操作、分析、模拟和显示，并以多种形式输出数据或图形产品的计算机技术系统。地理信息系统最基本的功能是将各种来源的数据汇集在一起，通过系统的统计、覆盖和分析等，按多种边界和属性条件，提供区域多种组合形式的要素统计和进行原始数据的快速再现。GIS 除了具有数据库存储信息、检索、修改、放大、缩小、开窗、显示和输出信息的功能外，还具有测量、统计、运算、分析、预测、预报、区划和规划等功能。因此利用 GIS 进行计算机制图既可获得植被空间分布信息，同时也可获得植被的属性信息、位置信息、拓扑信息，并在地图的数字化过程中生成有关数据库文件。通过查询和复合操作，根据用户的需要衍生出新的信息并制作出很多专题图件。除了按各种目的和要求进行植被制图和生境制图外，地理信息系统还可以用于植被和生态系统(包括草场资源、森林资源等)的数据库系统的建立和信息管理；植被的动态监测，包括森林火灾的监测和预警系统，植被演替各阶段变化情况的监测，及其过程和机制的数学建模；自然植被和人工植被生产力估算，生产力动态变化，生产力分布格局及其制图等方面。

全球定位系统(global positioning system，GPS)是美国国防部研制的一种全天候的，空间基准的导航系统，它是一个中距离圆形轨道卫星导航系统。它可以为地球表面绝大部分地区(98%)提供准确的定位、测速和高精度的时间标准。该系统的组成包括太空中的 24 颗 GPS 卫星；地面上的 1 个主控站、3 个数据注入站和 5 个监测站及作为用户端的 GPS 接收机。最少只需其中 4 颗卫星，就能迅速确定用户端在地球上所处的位置及海拔；所能接收连接到的卫星数越多，解码出来的位置就越精确。GPS 技术所提供的 3 维定位方法，以其精度高、速度快、使用方便和价格便宜，已被广泛应用在导航、测绘、军事等领域，有助于准确、及时地收集植被信息。

RS 对遥感图像采集、处理和识别分类的功能很强，能为 GIS 及时提供大范围的资源和环境信息。GIS 对图形的处理、管理和空间分析功能很强，可以为 RS 提供空间数据管理和分析技术，弥补 RS 不能解决的“同物异谱”和“异物同谱”的现象以及地物属性问题。同时，GPS 的快速精确定位功能弥补了 RS 的不足，能将 RS 获取的数据实时、快速进入 GIS 系统，并保证 RS 数据与地面同步监测数据获取的动态配准，动态地进入 GIS 数据库。目前，海量的数据、日臻成熟的GIS技术和具有高的价格性能比的计算机软硬件，促进了RS、GIS和GPS的集成，使3S技术的发展趋于一体化、智能化及综合应用，在3S集成环境下开展植被制图工作已经成为关注的热点领域。

7.2 热带植被类型

7.2.1 热带雨林

热带雨林(tropical rain forest)是在热带雨林气候条件下发育形成的、耐阴、喜湿、喜高温、结构层次不明显、层间植物丰富的木本植物群落，是当前地球上面积最大，对人类生存环境影响最大的森林生态系统。

1. 环境特征

热带雨林发育的气候条件是赤道气候，主要特征是全年温度高而温差小，雨量充沛而均匀。年均温为25～30℃。不同地点的平均温度变化非常小。最热月和最冷月的平均温差约1～6℃，离赤道越远年较差越大，但也很少超过13℃。最冷月平均温度在18℃以上，最高温度很少超过36℃(图7.8)。温度日较差大于年较差；全年降水量为2000～4000mm，雨量特大的地区(如夏威夷群岛的山区)可达12 000～40 000mm，虽然各地降水总量和季节分配有所差异，但总的来说全年降水分布均匀；相对湿度很高，有的可达90%以上。夜间相对湿度经常处于饱和状态；云量很高，赤道地区差不多差是永远有云的地带。

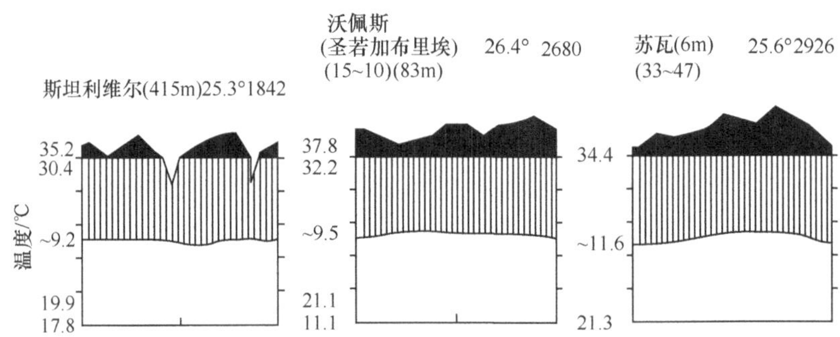

图7.8 热带雨林地区的气候图：刚果、亚马逊流域、新几内亚(武吉华等，2004)

雨林地区风化过程强烈，母岩崩解层深厚；土壤强烈淋溶，留下Al_2O_3、Fe_2O_3等三氧化物，土壤类型为呈酸性的砖红壤。在热带雨林中，1hm^{2}面积上有机物质产量可以达到100～200t，在高温高湿气候的作用下，有机物质分解迅速，很快被植物吸收利用，土壤中几乎没有存留的养分，故土壤极为贫瘠。

2. 群落特征

1）种类组成

热带雨林成为地球上的种类组成最丰富的一种植被类型，原因除了雨林地区具有现代有利的气候条件外，热带陆地的古老性也是一个重要原因。自第三纪以来，这里的环境较稳定，没有经历剧烈的环境演变。组成雨林的高等植物有45 000种以上，并且乔木树种十分丰富，Walter曾经在巴西约8km^{2}的面积发现400种乔木；我国云南平均60种乔木/100m^2；马来半岛具有 9000 种以上的乔木；亚马孙河森林其大乔木不下2500种。因此，热带雨林具有热带密林之称。在热带雨林中很少能够找到优势种。另外，在雨林中还发育着丰富的灌木、草本以及富有特色的层间植物。从区系组成来看，热带雨林的植物种类有些科是泛热带分布的，而有些科具有地区性。热带雨林种类繁杂是构成雨林其他特征的基础。

2）外貌特征

热带雨林以裸芽的高位芽植物占绝对优势（表 6.5），并且许多植物都是速生树种。雨林中大多数植物具常绿、全缘的中叶（表 6.9），另有一些植物具有大型羽状复叶。幼叶多下垂，色彩多样。叶具滴水尖(图 7.9)是雨林中的一个普遍现象，如加纳雨林中 90％以上的植物具有滴水尖，滴水尖是对雨林湿度高、多雨环境的适应，通过滴水尖能将叶面积水迅速排走。滴水尖的形成是由于生长迅速，不能形成支持组织，叶尖迅速分化的结果；雨林无明显的季相交替，群落全年都呈深绿色。在马来西亚曾经报道过，在潮湿的天气中，老叶在嫩叶出现以后脱落，但在干燥的天气中，它们甚至在新叶生长以前就脱落，所以有的树木可能短时间内没有叶子；也有可能看到同种的邻近两株树木，一株无叶，而另一株长满叶子，或者一株树木的枝条在不同的时间长出叶子。雨林植物的开花也是如此。同种的不同植株可能在不同的时间开花，或同一植株的不同枝条可能在不同的时间开花，也就是说雨林中没有集中开花的季节，一年四季均有植物开花，尽管这些花大而美丽，但与占优势的绿色背景相比仍然很不显眼。

图 7.9　雨林植物叶的滴水尖

3）群落结构

热带雨林是地球上结构最复杂的植物群落。群落种类组成丰富，生态位分化极为明显。植物对群落环境的适应达到完善的程度，每一个种的存在几乎都以其他物种的存在为前提。每种植物各自占据自己的生态位，使雨林结构层次相当复杂，大体分为乔木层、灌木层、草本层三个基本层次。另外，还具有丰富多彩的层间植物。

（1）乔木层。雨林的乔木一般可分三层，第一层高 30～40m，有时甚至高达 60m 以上。树冠宽广，有时呈伞形，往往不连续；第二层一般 20m 以上，树冠长、宽相等；第三层 10m 以上，树冠锥形而尖，生长极密。雨林中的乔木具有十分独特的结构：树干高大挺直，常常达到 46～55m，有的甚至高达 92m，分枝少，树皮光滑、薄、色浅，这与雨林高温湿润有关。雨林乔木尤其是上层高大乔木，常常发育着板状根(图 7.10)。板状根是由地面或离地面一定距离的粗大侧根发育而成，常常为扁平三角形。板状根产生的原因说法不一。雨林气候多雨，根系无需扎入土壤深处即可吸收到水分，故植物的根系往往是浅根系，但是浅根系植物经不起风吹，容易倒伏。由侧根发育而来板状根从树干基部生长出来，每一树干一般具有 3～5 条，有的甚至达到 10 条，高度可达地面以上 9m，像一根根支柱对树干起支持作用；雨林中下层乔木常常具有老茎生花现象，即直接在无叶的木质茎上开花和结果，花或花序无柄或只有很短的无叶的柄附着在主干或老枝上。雨林中至少有 1000 种以上的乔木具有茎花现象，如可可属(*Theobroma*)、木菠萝属(*Artocarpus*)(图 7.11)、柿属(*Diospyros*)、榕属(*Ficus*)等等。关于茎花现象形成的原因尚无定论，主要有以下几个方面的解释：一种观点认为，雨林下层小乔木得不到充分阳光和空间的一种适应。这种适应得以使花朵展开于喜阴蝶类面前，而完成传粉过程。茎花现象几乎常是下层蝙蝠媒小乔木所特有也支持了这种观点；第二种观点认为茎花现象是一种原始性状，表现为繁殖部分和营养部分在空间上的彼此隔离，也被一些古植物学资料所证实；第三种观点是从生理学角度解释茎花现象，雨林中常绿树开花和结实所需要的养分贮藏在主干和大枝里，茎花现象便于养分的输送、减少能量消耗的适应。但这种观点的缺陷是难于解释为何在高大乔木上很少见到茎花现象；第四种观点认为热带雨林中树木的果实大多大而重，细嫩的枝条无法承载，只有树干才能负荷。雨林中的一些乔木发育着支柱根或气生根，如在雨林村寨附近的榕树(*Ficus*)具有"独树成林"现象。榕树的树枝上垂直向下生长许多气生根，当气生根插入土壤后，很快长粗长大，支持着树枝，由一棵母植株不断向外展开，覆盖地面 1000～2000m^2，俨然一座森林。

图 7.10　雨林乔木的板状根

图 7.11　木菠萝的茎花现象

(2) 灌木层。热带雨林的灌木层种类丰富，一般很少分枝，叶大而薄，气孔常常开放，具排水器或滴水尖。

(3) 草本层。雨林的草本层稀疏，在阴暗地段几乎无草本植物，明亮地段草本比较茂盛，但通常为一种植物占绝对优势。蕨类(卷柏属、石松属、真蕨类)在该层中起主要作用，禾本科植物也很多。草本植物多具花叶现象，以适应林下光质的改变。

(4) 层间植物。藤本植物丰富是热带雨林突出特征之一，包括木质藤本、草质藤本、各种附生植物和寄生植物等。

寄生植物。雨林中的寄生植物主要有根寄生的蛇菰科和大花草科。苏门答腊雨林中的大花草(*Rafflesia arnoldii*)(图 7.12)就寄生在青紫葛属(*Ciessus*) 的根上，它无茎、无根、无叶，只有直径达 1m 的大花，具臭味。此外桑寄生科的附生性半寄生植物也常见。

图 7.12　寄生植物大花草

藤本植物。富有藤本植物是雨林的一大特色，尤其在雨林的林缘地带。藤本植物中包括夹竹桃科、萝藦科、葡萄科、桑科、棕榈科、大戟科、豆科、卫矛科、防己科、无患子科、牛栓藤科、使君子科等科植物。雨林中藤本植物多为木质藤本，形状多种多样，粗的如手臂、大腿，它们凭借吸盘、卷须等攀援器官旋转运动，不断缠绕在其他植物身上，直到林冠顶部，一般长 70m 左右，有时可达 300m 以上，如棕榈科的省藤(*Calamus platyacanthoides*)。被缠绕上藤本植物的许多大树将会被活活箍死，稍小的幼树由于支撑不了巨藤而被折断。藤本植物多为阳性植物，在雨林阴暗的林下很难生存，但是一旦爬上树冠，便迅速展开枝叶，使支持植物饱受暗光的威胁。所以藤本植物在森林内部并不常见，往往分布在阳光充沛的林缘。

附生植物。大量附生在树干和枝条上或叶片上，在一定面积上超过草本植物。附生植物的种类丰富，包括藻类、菌类、地衣、苔藓、蕨类植物以及天南星科、兰科、凤梨科、萝藦科、仙人掌科、石南科、野牡丹科、茜草科等科有花附生植物。这些附生植物的孢子或种子细小，轻微的气流也能把它们吹到任何地方。森林中的树丫处经常积水，并积累了薄薄的腐殖质，为附生植物创造了生存的条件。有些附生花朵美丽芳香，构成了绚丽多彩的"空中花园"；鸟巢蕨、王冠蕨、虎头兰等附生植物在树丫处簇生，它们与支持植物接触的地方，盘根错节，富集了许多腐殖质和尘土，阻截雨水，使林间上部潮湿多水，犹如"空中沼泽"；此外，雨林中还有独特的叶附生现象，多为藻类、地衣和苔藓。

绞杀植物。绞杀植物属于藤本植物和附生植物之间的过渡类型，称半附生植物(hemiepiphyte)。绞杀植物的种子依靠鸟类传播。当果实被鸟吞食后种子随粪便排到大树的树丫上，萌发后先长出一个小枝和气生根，气生根向下扩展，一部分与土壤建立联系吸收水分和养分，另一部分大量分枝，彼此靠合，最后愈合成一个网状的套子把树干套在里面，最初支持树干还能增粗，但是绞杀植物根系非常强大，生长迅速，枝叶繁茂，与支持植物争夺养料、水分、阳光和空间，最终导致支持植物死亡。这些绞杀植物的根茎进一步愈合，成为一株独立生长的大树。对于挺直的大树来说，只要被绞杀植物缠上，用不了几年就被活活绞杀致死。

3. 地理分布

热带雨林的分布一般局限于赤道南北5°～10°的热带范围内，但个别地区可延伸至15°～25°，使热带雨林南北界限不是明显与热带的纬度界限相吻合，在一些地方可能还未达到地理上的热带，而另一些地区则超出了热带。除欧洲外，其他各洲都有分布，而且在外貌结构上也都非常相似，只是在种类组成上有所差异。热带雨林主要分布在中、南美洲亚马孙河流域、非洲刚果盆地、东南亚等地区。Richards(1952)将热带雨林划分为3个群系。

1）印度马来雨林群系

面积为250×10^6 hm^2。此群系包括亚洲和大洋洲所有的热带雨林。由于大洋洲的雨林面积较小，而东南亚却有大面积的雨林，因此，印度马来雨林群系又可称为亚洲的雨林群系。亚洲雨林主要分布在菲律宾群岛、马来半岛、中南半岛的东西两岸，恒河和布拉马普特拉河下游，斯里兰卡南部以及我国的南部等地。该群系植物种类成分复杂。其特点是以龙脑香科为优势，通常由该科的若干种组成森林的上层，构成混优群落，或者由该科的某一种组成单优群落。具有高大的木本真蕨类植物桫椤属(*Alsophila*)、棕榈科植物白藤属(*Calamus*)和兰科附生植物。

2）非洲雨林群系

非洲雨林群系的面积不大，约为180×10^6 hm^2，主要分布在刚果盆地。在赤道以南分布到马达加斯加岛的东岸及其他岛屿，在赤道以北分布到几内亚海湾沿岸、尼日利亚和加纳，向东则达维多利亚湖，西部延伸至加蓬和喀麦隆。尼日利亚沙沙森林保护区(Shasha Forest Reserve)的原始混交雨林是这一群系的代表。非洲雨林的种类较贫乏，但有大量的特有种，其中棕榈科植物如棕榈、油椰子(*Elaeis guineensis*)、旅人蕉(*Ravena madagascariensis*)等尤其引人注意，咖啡属种类很多(全世界具有35种，非洲占20种)。在西非以楝科为优势，豆科植物也占有一定的优势。

3）美洲雨林群系

该群系面积最大，为400×10^6 hm^2，以亚马孙河为中心，向西扩展到安达斯山的低麓，向东止于圭亚那，向南达玻利维亚和巴拉圭，向北则到墨西哥南部及安的列斯群岛。与亚洲雨林相比，该群系种类较为贫乏，以豆科植物为优势科，常常由该科的鳕苏木属(*Mora*)、木荚苏木属(*Eperua*)等属的植物构成单优群落。藤本植物和附生植物特别多，如凤梨科、仙人掌科、天南星科和棕榈科植物十分丰富；经济作物三叶橡胶、可可、椰子属植物等均原产于此。特有植物王莲(*Victoria regia*)的叶子直径可达1.5m。

4. 中国的热带雨林

中国的热带雨林主要分布于台湾南部、海南南部、广东和广西南部、云南南部、西藏东南部等地的山前低地或沟谷。尽管中国热带地区有较明显的干季并受寒流影响，但不少地方的植被确实具有热带雨林的基本特征。

中国的雨林与东南亚的雨林有一定的亲缘关系，是东南亚雨林的北方边缘类型。东南亚雨林的特征植物——龙脑香科植物在我国雨林中亦有发现(5属10种，东南亚约有25属400种)，具备雨林的基本特征，如树木高大、板状根和老茎生花现象显著、藤本植物较为丰富等，但与典型雨林相比，种类组成和结构比较简单，各项特征仍有较大差异，乔木高度一般为

30～40m，板状根从树干基部向外伸展仅达2～3m，龙脑香科的种类和个体数量不多，附生植物种类较少，某些常绿种类在旱季有一个集中的换叶期等。此外，中国雨林在中国热带地区的分布仅局限于极小的范围内。

中国雨林分为湿润雨林、季节雨林和山地雨林3个植被亚型。湿润雨林主要分布在受东南季风控制的台湾南部和海南，生境的水湿条件较好，干季的干燥程度较小，外貌的常绿性较强；季节雨林主要分布在受西南季风控制的云南南部和西藏东南部，生境热量条件较好，冬季寒流影响微弱，干湿季较为明显(干季前期常有浓雾，空气湿度较大)；群落组成成分以热带的常绿科属为主，但上层乔木中有一定比例的种类具有较短而集中的换叶期，外貌仍为终年常绿，雨林的其他特点亦明显，可以认为是雨林向季雨林过渡的类型；山地雨林垂直分布于热带山地海拔500～1500m的地段，山地雨林垂直分布的下限系低地雨林的分布上限；生境气温较低，气温的年际变化较小，降水丰富，降水的季节分配较为均匀，云雾较多，空气湿度较大；外貌和结构仍具有雨林的各种基本特征，但组成成分中樟科的种类明显增加，山茶科、壳斗科和裸子植物亦较常见，但这些植物绝大多数都是热带山地特有的种类。

7.2.2 季雨林

季雨林(monsoon forest)是热带季风气候下形成的、分布在热带有周期性干湿季节交替地区的一种地带性植被类型。

1. 环境特征

季雨林分布地区为热带季风气候区(图7.13)。与雨林分布区气候相比，表现为具有明显的干湿季交替，降水量小，温差大(表7.1)。长夏无冬，春秋极短，年平均温度为20～25℃，年温差为8～10℃(热带雨林的温差在6℃以下)。北界最冷月平均温度为10～13℃，极端低温不低于5℃；降水集中在夏季5(4)～9(10)月，年降水量为800～1500mm，雨较多，但分布极不均匀，具有明显的干湿季之分。

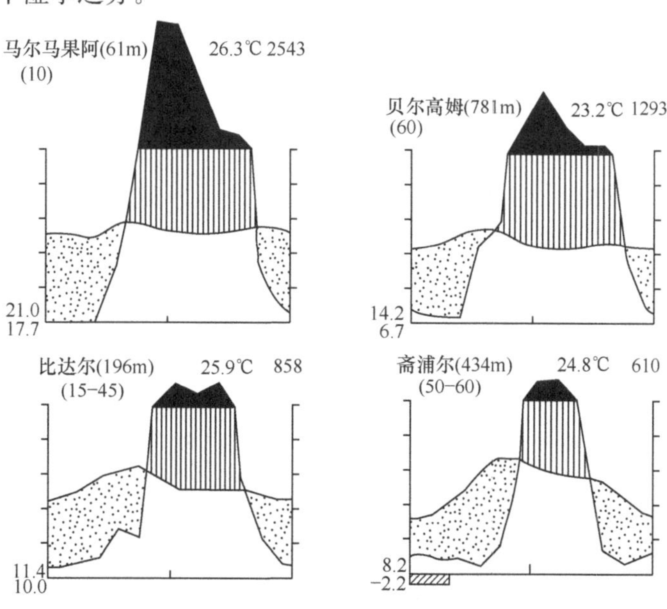

图7.13 印度的常绿、半常绿和干旱季风林内各站的气候图解(武吉华等，2004)

表 7.1 季雨林与雨林气候比较(武吉华等,2004)

项目	低山雨林	常绿季雨林	半常绿季雨林	落叶季雨林
年降水量/mm	>1800	>1800	800~1300	800~1300
旱季延续时期	无	3个月,每月低于100mm,超过50mm	5个月,每月低于100mm,超过25mm	5个月以上,每月低于100mm,其中有2个月低于25mm
最热月和最冷月的温差/℃	1~6	6~8	8	>8

土壤类型主要为砖红壤,其次为赤红壤和石灰性土,有机质分解不及热带雨林强烈,故含量较多,枯枝落叶层较厚,土壤并不干燥。

2. 群落特征

1) 种类组成

季雨林种类较雨林贫乏,由较耐旱的热带常绿和落叶阔叶树种组成,优势种较明显。乔木层由桑科、楝科、无患子科、橄榄科、番荔枝科、藤黄科、木棉科、梧桐科、大戟科和樟科等科树种组成,龙脑香科的青皮属(*Vatica*)、擎天树属(*Parashora*)的某些种可成为乔木层的优势种。乔木树种中落叶成分亦比较多,大多属于印度洋季风区的热带成分。

2) 外貌特征

季雨林以木本高位芽植物占优势,占70%~80%,落叶乔木所占比重变化较大;叶级小于雨林,中叶占60%以上(雨林80%以上),表现为明显的热带类型特征;群落季相变化明显,主要树种在干旱季节来临之前落叶,雨季来临之前长出新叶。下层仍然具有一些常绿树种,但或多或少带有旱生特征。大部分灌木和草本植物在雨季相继开花,开花期较为集中,大约2/3的植物集中在2~5月开花,某些植物具有大型的花朵,故季雨林的外貌比雨林华丽。

3) 结构特征

季雨林结构较雨林简单,分为乔木层、灌木层和草本层3个基本层次。

(1) 乔木层。除榕属外,板状根不发达,茎花现象不及雨林丰富。乔木层可分为2~3层,第一亚层乔木高度在25m以下,少数树木可高达30m以上,林冠稀疏,彼此不相连接,树干稍直,分枝较低,树皮厚、粗糙,干季落叶;第二亚层乔木多为半常绿成分,种类数量和植株密度大于第一亚层,高10~15m,树冠连续,形成盖幕,树皮较第一亚层的树种光滑,具茎花现象;第三亚层的乔木在常绿季雨林中发育较好,植株密度较大,多为前两个亚层中常绿乔木的幼树,耐阴。在落叶季雨林中没有第三亚层。

(2) 灌木层。高度在1m以下,大多为乔木幼树。灌木多以耐阴性植物为主,落叶季雨林林下透光度大,林下灌木大多为阳性或多刺灌木。

(3) 草本层。比较稀疏,盖度仅5%左右。常绿季雨林的草本植物以茜草科、百合科、禾本科、姜科和蕨类等耐阴性植物为主;落叶季雨林林下的草本植物以禾本科和莎草科植物为主。

(4) 层间植物。大型木质藤本和有花附生植物不及雨林丰富,草本附生植物比较常见。

3. 地理分布

季雨林在世界上不连续地分布在亚洲、非洲和美洲的季风热带地区。

东南亚季风盛行,季雨林发育最为典型,从印度德干高原、经过缅甸、泰国、老挝到越南、中国南部等地的干热河谷和盆地中,以及在加里曼丹、苏拉威西、伊里安等岛屿中受干燥季风影响的地方都有热带季雨林分布。缅甸和泰国的柚木林是落叶季雨林的典型类型,包括湿润柚木林和干燥柚木林。

季雨林在非洲分布比较分散,往往在雨林的外围地区,如西非的尼日利亚。在非洲东部和北部常散布在旱生有刺林和热带草原之中,或形成走廊林而残存在局部的低温河谷中。季雨林在非洲称为混合落叶林或半旱生性热带林。

美洲的季雨林分布在南美巴拉那河上游拉普拉塔草原和卡廷加斯的博尔博雷马台地、西印度群岛(如特立尼达岛)和巴拿马到墨西哥的沿岸等地。

4. 中国的季雨林

中国季雨林主要分布在北回归线附近及以南的地区,包括台湾、海南、广东、广西、云南和西藏的热带部分地区,是我国热带季风气候地带的代表性植被类型,其特点是一方面是向雨林方向发展,另一方面向亚热带常绿阔叶林过渡。

中国的季雨林与印度半岛、中南半岛的季雨林在区系成分上有着密切的关系,种类组成富于热带性,据统计 80%以上的种类为泛热带成分。乔木层组成树种以桑科、楝科、无患子科、椴树科、紫葳科、大戟科、榆科、橄榄科、番荔枝科、藤黄科、四数木科、山榄科、漆树科、木棉科、梧桐科和豆科的种类为主,龙脑香科的种类较少,常见有青皮、擎天树等。

《中国植被》(1980)根据生态外貌特征和结构特点以及种类组成,将中国的季雨林分为 3 个植被亚型。

(1) 落叶季雨林。主要分布在海南西部和云南南部的干热河谷和盆地中,包括 2 个群系。乔木旱季大部分或全部落叶,乔木层一般只可分为 2 个亚层,群落比较低矮,结构比较简单,优势种比较显著,并具有喜阳耐旱的生态适应,如木棉(*Bomax malabarica*)、楹树(*Albizia chinensis*)、鸡占(*Terminalia hainanensis*)、厚皮树(*Lannea coromandelica*)等。

(2) 半常绿季雨林。该类型主要分布在台湾南部、海南、广东南部、广西南部和西南部、云南南部和西南部等地,是我国分布最广的一种季雨林,在水分条件较好的地方发育最为典型,划分为 7 个群系。分布区是由玄武岩或花岗岩等构成的台地。群落具有雨林的某些特征,但群落的高度、茎花现象、藤本植物和附生植物的种类等均不如雨林发达。主要树种有榕树(*Ficus* spp.)、小叶白颜树(*Gironniera cuspidata*),香花蒲桃(*Syzygiuim odoratum*)、青皮(*Vatica astrotricha*)等。

(3) 石灰岩季雨林。石灰岩季雨林分布于热带海拔 700m 以下的石灰岩丘陵山地,如云南南部、广西西南部等,包括 3 个群系。由常绿和落叶树种混合组成,且多为石灰岩特有种类,由于石灰岩山地地面干燥,因此植物具有耐旱的生态适应,如根系发达、叶呈革质等。主要种类有擎天树(*Parashorea chinensis* var. *kwangsiensis*)、蚬木(*Burretiodendron hsienmu*)、四数木(*Tetrameles nudiflora*)、方榄(*Canarium bengalense*)、肥牛树(*Cephalomappa sinense*)等。擎天树、蚬木均为珍贵树种,材质优良,抗虫耐腐性强。

7.2.3　稀树草原

稀树草原(parkland)或称为萨瓦纳(Savanna),是热带稀树草原气候(savanna climate)作用下形成的一种成带状分布、多少含有散生乔木或灌木的热带草原植被。有些稀树草原是天然的,有的是在人类放牧和周期性火烧作用下形成的一种顶极群落。

1. 环境特征

稀树草原气候又称为热带干湿季气候(图 7.14)，出现在热带雨林气候区的外围。与季雨林的气候相似，全年气温均较高，但雨量较少(900～1500mm)，旱季更长(4～6个月)，雨量分布更不均匀。干季出现在正午太阳高度角小的时候，这时太阳直射另一半球，本区受热带大陆气团控制，盛行下沉气流。湿季出现在正午太阳高度角大的时候，这时太阳直射本半球，赤道气流辐合带移来，本区受赤道海洋气团控制，潮湿多雨。干季与湿季的长短，与所在地理位置有关，在接近热带多雨气候的地区，干季短，湿季长；相反，在接近干旱半干旱气候的地区，则干季长，湿季短。即全年保持相对高的温度和降水量的相对不均匀是稀树草原发育的原因。

土壤为砖红壤，十分干燥。

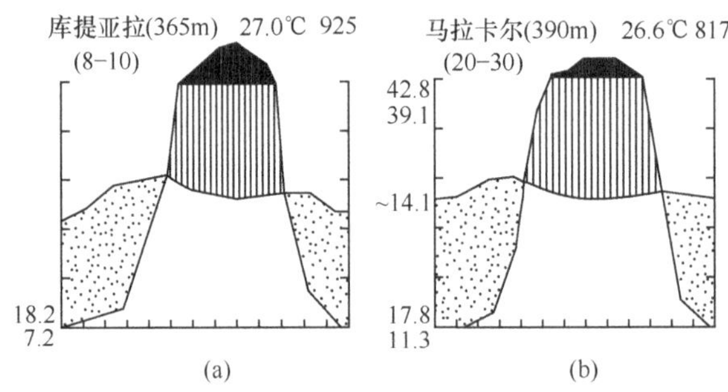

图 7.14　非洲干性萨瓦纳群落的气候图(武吉华等，2004)

2. 群落特征

由两种不同生活型的植物形成了特殊的组合。旱生型的乔木独株分散在草本植物组成的草被上，树木之间的距离是高度的 5～10 倍。这些乔木多半矮生、分枝多，树干不整齐，树冠伞状、扁平，边缘狭窄而上部平整，这些散生的伞形树构成了稀树草原独特的景观。乔木具有旱生适应特征：叶子常为羽状，小叶能动，排列到最能避免阳光损害的位置，在不良季节中脱落，芽具芽鳞，树皮很厚，有时乔木的树干粗大，其中储存大量水分，地下部分发达等等。各地的稀树草原木本植物的种类有所不同。

草本植物构成了整个群落的背景。环境较湿润处草高达 1～3m，较干燥处则不足 80cm，但均由 C_4 植物组成，这是与温带草原的重要区别。以热带禾本科植物占优势，这些植物常常组成密草丛，密草丛之间可见裸露的红色地面。草本植物的旱生适应也突出，例如禾本科植物的叶子狭窄而直立，茎秆坚硬；双子叶植物的叶子不大，硬质而常萎缩，有些植物有块茎以储存水分。在干季里呈现黄褐色的色调，由于干燥残体的存在而缺乏鲜绿色调，除非在火烧后，至雨季初期才呈现为鲜绿色。

层间植物比较少见，藤本植物很少，附生植物几乎不存在。

3. 地理分布

稀树草原广泛分布在热带地区，包括非洲东部、南美圭亚那和奥里诺科河沿岸以及巴西、大洋洲和亚洲的印缅一带。总面积可达 2300 万 km^2，占全球陆地的 20%，在非洲、澳大利亚和南美洲分别占其土地面积的 65%、60%和 45%。由于各大陆环境的差异，从热带森林到热带荒漠之间广大地区的植被变化多样，树木和草层生长状态差别显著。世界各地稀树草原差异较大。

1）非洲

非洲稀树草原面积最大，类型多样。萨瓦纳(Savanna)一词原本就指非洲稀树草原。从非洲中部热带林向北依次分布有：几内亚带-高大的萨瓦纳疏林；苏丹带-萨瓦纳园林并伴以矮乔灌木萨瓦纳(金合欢为主)；萨希尔(Sahel)带-矮乔灌木萨瓦纳，在东非分布广泛。非洲中南部有大面积萨瓦纳疏林分布。

非洲东部撒哈拉大沙漠的南部，稀树草原特别发达，草本植物主要是禾本科的须芒草(*Andropogon*)、黍(*Panicum*)和龙胆科的绿草(*Chlora*)等属的植物，双子叶草本植物很少，散生的乔木以伞状金合欢(*Acacia spirocarpa*)和猴面包树(*Adansonia digitata*)最为典型。

2）南美洲

南美的稀树草原见于雨林的南北地区，主要分布在委内瑞拉、圭亚那和巴西，其中以委内瑞拉的稀树草原面积最大。

(1) 里亚诺群落。南美北部的委内瑞拉和圭亚那等地的广阔河谷冲积平原上，因为砖红壤风化壳(硬盘)埋藏较浅，树木根系一般难以穿透，故常以草地为主或杂有少量乔木，这种稀树草原称为里亚诺群落(Lianos)。草本植物主要是禾本科的黍(*Panicum*)、苞茅(*Hyparrbenia*)、雀稗(*Paspalum*)等属植物，典型乔木是第伦桃科的擦枪木(*Curatella americana*)，另有棕榈科的毛瑞榈(*Mauritia flexuosa*)和哥白尼棕(*Copemicia tectorum*)，后者常为榕属植物所绞杀。

(2) 坎普群落。在巴西亚马孙河与巴拉那河间的巴西高原上，分布的萨瓦纳疏林称为坎普群落(Campos)，乔木高仅4～8m，可能因干旱顶芽死亡而导致树干扭曲，树皮厚而开裂，叶虽大但质地坚硬，故叶能较长时期维持其生命力，仅仅短期无叶。主要的禾本科植物有黍、雀稗、须芒草和三毛草属(*Trisetum*)，此外，还有莎草科的藨草(*Scirpus*)、刺子莞(*Rhynchospora*)等属的植物。双子叶草本则以豆科和菊科占优势。

(3) 卡汀珈群落。分布在美洲巴西高原东部的卡汀珈群落(Caatinga)是多刺疏林的一个极为特殊的群落类型。群落内的乔木散生，相距很远，大多数旱季落叶，其最典型的乔木是木棉科的纺锤树(*Cavanillesia arborea*)，其树干两端缩小，中部膨大如桶形，木质部为疏松柔软的储水组织，并在夏季开花，特别引人注目。卡汀珈群落具有大量的多刺肉质植物，如仙人鞭、仙人掌(*Opuntia*)及大戟(*Euphorbia*)等属的植物。并具有大量的附生植物，如松萝凤梨(*Tillandsia usneoides*)和香子兰属(*Vanilla*)，在草本层中几乎没有禾本科和菊科植物，这点与典型的稀树草原有极大的差别。

3）澳大利亚

澳大利亚的稀树草原占据着东部和北部的大片地区，并局部分布于西部和南部。矮乔灌木萨瓦纳和萨瓦纳草地面积最大，疏林分布于东、北两侧的准平原化高台地上。占优势的乔木为桉属(*Eucalyptus*)、金合欢属(*Acacia*)、木麻黄属(*Casuarina*)等，以及特殊的"草本乔木"黄万年青(*Xanthorrhoea hastilis*)。另有独特的瓶子树(*Brachychiton australe*)，高达20m以上，树干粗大。澳大利亚的稀树草原旱季显著，此时河流完全干涸。

4)亚洲

亚洲的稀树草原分布在印度半岛22°N以南、斯里兰卡的北半部、巴基斯坦、中南半岛及东南亚地区。许多地区原来分布雨林和季雨林，这些森林被反复垦殖与火烧，才出现了次生群落——稀树草原。

4. 中国的稀树草原

在中国热带和亚热带南部，由于受到季风气候的影响，干湿季明显，稀树草原通常出现在砖红壤或红棕壤以及砖红壤性红壤的地区，其中大多数是由于森林受到人为破坏后产生的一种次生性的植被。但局部也有些是由于季节性干旱影响引起的。中国稀树草原面积不大，主要分布在云南南部干热河谷的低丘和台地上，以及广东南部和海南滨海沉积台地上。种类组成中虽多属于热带成分，但缺乏稀树草原本身所特有的成分，树冠一般是顶部稍平的半球状，很少有顶端平齐的伞形树冠，与稀树草原的典型乔木树冠有所不同。在元江干热河谷的稀树草原，其生境为特别干旱炎热河谷，以扭黄茅（*Heteropogon contortus*）占优势，高度 60～80cm，盖度可达 90%，另外可见虾子花（*Woodfordia*）、木棉（*Bombax ceiba*）等木本植物；广东南部和海南滨海沉积台地上常见的群落为扭黄茅、刺篱木（*Flacourtia*）、鹊肾树（*Streblus*）稀树草原。

7.2.4 红树林

红树林（mangrove）是分布在热带海滩潮间带上部、受周期性海水浸淹，以红树植物为主体的一类常绿木本植物群落。是海滩良好的防浪保堤植被，也是鞣料资源之一。

1. 环境特征

红树林分布于风浪平静和淤泥深厚的海滩上，其基质是通气不良的淤泥，并受海潮的影响。海湾内或河口地区背风的地形有利于海泥和冲积物的积累，也有利于红树植物的固定和发展。在砂质土的海岸未见红树林发育。

红树林分布中心气温在 25～30℃，海水平均温度在 25～27℃，年较差 8℃。红树林的种类组成、结构和生长状态与温度高低有关。

滨海盐土，含盐量较高（3.5%左右）。土壤质地、含盐量的浓度以及潮水淹浸时间的长短，影响着红树林群落在海滩上的带状分布。

2. 群落特征

1）种类组成

组成红树林的植物称为红树植物（Mangrove plants），指生长在热带浅水海滩潮间带或周期性海潮能够到达的入海河流中的木本植物。凡是不受周期性海水或含海水的河水浸渍的植物，就不是红树植物。红树科的植物不等同于红树植物，红树科植物并非都能生在受海水浸润的海滩上或含海水的河流中，例如，红树科中的竹节树（*Carallia*）和山红树（*Pellacalyx*）两属中的植物，都是生长在山区的森林中，因此它们不是红树植物。

由于红树林生境的特殊性，其种类组成相对贫乏。约有 81 种，分属于 23 个科。主要包括大戟科、紫金牛科、爵床科、使君子科、卤蕨科、海桑科、梧桐科、茜草科、楝科、棕榈科、千屈菜科、玉蕊科、夹竹桃科和锦葵科等。

2）红树植物的生理生态适应

红树林生境十分特殊，故而红树植物具有特殊的生理生态适应：

（1）支柱根与板状根。支柱根和板状根具有固定作用，是红树植物抵抗海岸风浪作用的一种生态适应。支柱根和板状根的周皮上具有粗大的皮孔，内部具有发达的通气组织。支柱根多自树干基部伸出，逐渐下伸，呈拱状的插入土壤中，常交织成网状，高度过人；木榄属(*Bruguiera*)、角果木(*Ceriops tagal*)和木果楝(*Xylocarpus granatum*)均有明显的板状根，可高达 30～50cm。

(2) 呼吸根。在土壤通气状况不良的条件下，许多红树植物都发育着各种突出于地面的呼吸根，如海南省的白骨壤(*Avicennia marina*)在 $1m^2$ 的面积内有 500 多条呼吸根。呼吸根呈指状、蛇状、匍匐状等，外表有粗大的皮孔，便于通气，内有海绵状的通气组织，可贮藏空气。呼吸根具有很强的再生能力。

(3) 胎生。某些植物的种子在成熟之后不离开母体，通过吸收母体的营养而萌发，发育到一定的阶段才脱离母体，独立生活，以这种方式繁殖后代的植物称为胎生植物(viviparous plants)。红树林植物种子在还没有离开母树的果实中就开始萌发，长出绿色棒状的胚轴，长 13～30cm，下端粗大，顶端渐尖，到一定时候便和果实一起下落或脱离果实坠入淤泥中，数小时内即可扎根生长成为独立的植株。若幼苗下落时被海流带走，则因胚轴富含丹宁不易腐烂，组织疏松而富含空气，可飘浮海上 2～3 月而不失其生命力，一旦到达海滩便扎根生长。胎生现象是幼苗对淤泥环境能及时扎根生长的适应，也是使植物体从胚胎时就逐渐增加细胞液浓度，以适应过浓的海水盐分。红树植物的这种繁殖方式，为红树林在热带海岸普遍发育提供了条件。

(4) 具有旱生和盐生结构。红树林生境中温度高，海水含盐量高，对植物造成盐胁迫和水分胁迫，形成生理干旱。红树植物长期适应环境的结果，形成了一整套旱生结构和盐生结构：细胞水势低；叶肥厚革质，叶表皮角质层厚，气孔下陷，有的植物具有表皮毛；叶片上具有发育良好的盐腺，能排除体内多余的盐分。

(5) 富含单宁。红树类植物全株均含有丰富的丹宁，特别是茎皮中含有较多的优良丹宁，是鞣料资源之一。丹宁含量因种类、年龄、产地等而异。据报道红树(*Rhizophora apiculata*)含有丹宁 13.58%，红海榄(*R. stylosa*)16%～24.08%，秋茄树(*Kandelia candel*)11%～23%，海莲(*Bruguiera sexangula*)23.18%，木果楝 30.23%，海桑(*Sonneratia caseolaris*)13.59%，桐花树(*Aegicerus corniculatum*)8.95%，海漆(*Excoecaria agallocha*)6.8%～9.3%等。

3) 群落的外貌和结构

红树林的外貌与结构在分布中心与边缘地区差异较大。马来西亚发育成熟的红树林由高大的乔木组成，高可达 35～40m，呈森林状，随着纬度增高，红树林的高度逐渐降低，如中国海南岛的红树林高 10～15m，福建的红树林仅有 6～10m，呈灌丛状。

3. 地理分布

红树林在热带海岸最为发达，大致分布在南、北回归线的范围内，但也不限于热带地区，在南半球甚至远伸至 40°S 左右的新西兰和 44°S 的查坦姆群岛，在北半球可延伸至 32°N 的日本鹿儿岛和北美的百慕大。以马来半岛及其邻近岛屿的海岸的红树林生长得最繁茂，而且种类最丰富。

世界上的红树林有两个分布中心：东亚和中、南美洲。由此红树林分为 2 个群系：东方群系和西方群系，2 个群系在外貌及生态关系上大体类似，不过前者的种类比较丰富。西方红树林的各属都能在东方群系中找到，但是种类差异较大，只有东方的红茄冬(*Rhizophora mucronata*)和西方的美洲红树同时生长在太平洋斐济岛和东加岛的红树林中。

(1) 东方群系。东方群系分布的区域比较广泛,包括亚洲及其热带岛屿、非洲的东海岸(包括阿拉伯)和大洋洲。以马来半岛及其附近岛屿为中心。东方群系种类非常丰富,约70种。种类成分以马来亚地区最为丰富,从这里向西到非洲,在太平洋则向东、向北和向南而渐次减少,到了东方红树林的最远界线,如红海和日本南部只有1种。

(2) 西方群系。西方群系分布于太平洋东岸及大西洋沿岸的热带亚热带地区,北至加利福尼亚南部和佛罗里达半岛,南至巴西,向东经大西洋分布至非洲西海岸。西方群系的种类成分极为贫乏,仅有10种。

4. 中国的红树林

中国的红树林广泛分布于海南、广东、广西、福建、台湾等地。南从海南最南端的榆林港(约18°9′N),北至福建的福汀(约27°20′N)都有间断分布。并在浙江南部的平阳(约28°N)的海滩上引种成功。中国的红树林属东方群系的一部分,种类组成较为丰富,约有16科,20属,29种,其中85%为中南半岛、菲律宾及印度所共有,显示出彼此的密切关系。中国的红树林以海南文昌县的清澜港和铺前港发育最好,随着纬度的北移,热量条件的减弱,群落结构从高10～15m的多层结构的森林群落,逐渐过渡到高1～2m的单层结构的密灌丛,种类也逐渐减少,福汀仅有秋茄1种。

7.3　亚热带植被类型

亚热带位于热带与温带之间,其气候具有热带向温带过渡的性质,由于大气环流与海陆分布的影响,亚热带明显地分为3种气候型:大陆东岸受季风的影响,是湿润的亚热带森林气候,发育着常绿阔叶林;大陆西岸夏季干热,冬季温暖多雨,为地中海气候发育着常绿硬叶林;内陆气候干燥,属于亚热带荒漠气候,发育着亚热带荒漠。

7.3.1　常绿阔叶林

常绿阔叶林(evergreen broad-leaved forest),通常称为照叶林或樟叶林(laurisilvae)。是亚热带温暖湿润地区的常绿双子叶植物构成的阔叶树森林。

1. 环境特征

常绿阔叶林分布的地区属于亚热带海洋性气候,主要特征是四季分明,夏季炎热而潮湿,冬季稍为干寒,春秋温和。降水分配不均,冬季降水少,但无明显干旱。年平均温度为16～18℃,最热月的平均温度达24～27℃(28～30℃),最冷月的平均温度在3～8℃,年较差15～19℃;由于夏季风的关系,夏季降水特别丰富,水热同期,特别有利于植被发育,年雨量在1000mm以上,在典型的常绿阔叶林地区,一般可达1500mm;空气湿度较大(相对湿度平均在75%～80%),蒸发量小于降水量,全年都较湿润(图7.15);云量较大,故光线变弱,导致植物叶片与光线垂直。

土壤类型为红壤、山地黄壤和山地黄棕壤。土壤反应呈微酸性至酸性,pH 4.2～6。在成土过程方面富铝化作用较明显,土壤次生黏土矿物中以高岭石含量相对较高,土壤质地较黏重。

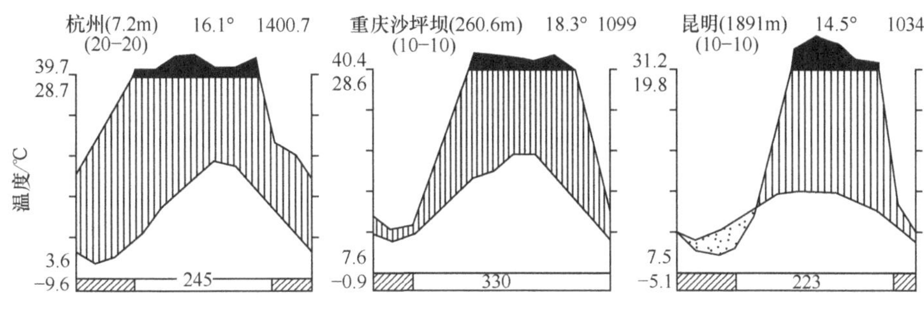

图 7.15 中国常绿阔叶林地区的气候图(武吉华等,2004)

2. 群落特征

1) 种类组成

常绿阔叶林在种类组成上没有热带雨林丰富,主要的组成者是樟科、壳斗科、山茶科、木兰科、金缕梅科等科的常绿植物,真蕨植物在林下占有一定优势。

2) 外貌特征

群落以木本中高位芽植物占优势,芽具有鳞片保护,林下植物无鳞芽;群落以单叶种类为主,复叶种类较少。小叶为主,中叶次之,林下植物叶片具有滴水尖的种类较少。乔木的叶子普遍具有樟科月桂叶的特征:椭圆、渐尖、革质,带有光泽,被蜡质,故而群落被称为"樟叶林",同时叶片排列方向与入射光线垂直,故称"照叶林";群落终年常绿,一般呈暗绿色而稍闪烁反光。林冠整齐,上层乔木树冠浑圆,林冠呈微波起伏。季相变化不明显,仅在上层乔木季节性换叶时或开花时才出现嫩绿、褐黄色和绿色相间的外貌。花期大部分集中在春夏季,秋季植物进入果期。

3) 结构特征

群落结构较热带雨林简单,一般可以划分出乔木层、灌木层和草本层 3 个基本层次。

(1) 乔木层。树冠较整齐,茎花、板根等现象大大减少或罕见。发育良好的乔木层一般分为 2～3 个亚层:第一亚层高 16～20m,很少超出 25m,总盖度在 70%～90%,树冠层多连续,乔木多数是壳斗科和樟科等的常绿种类,胸径常在 20～60cm,树皮较厚、粗糙,常如鳞片状、条沟状剥裂;第二亚层的树冠多不连续,常见的为樟科、山茶科和木兰科等;第三亚层有时往往与高大的灌木层相交错。

(2) 灌木层。可分亚层,比较稀疏。

(3) 草本层。可按高度分层,有的群落以蕨类植物为主,有的群落以禾本科植物或莎草科植物为主。

(4) 层间植物。附生植物比雨林大大减少,主要以苔藓、地衣为主,种子植物仅有兰科附生植物,无叶附生现象;藤本植物有常绿和落叶两类,但以常绿藤本在群落中占优势,落叶藤本一般多处于从属地位。在本类型的南部,藤本植物较为发达,生长茂盛,茎干粗大,常可攀援到森林的中上部,在森林结构中的作用较为显著。

3. 地理分布

除欧洲外,其余各大洲均有常绿阔叶林分布,其中以中国常绿阔叶林面积最大,发育最典型。

（1）亚洲。主要分布于日本和朝鲜半岛南部、中国秦岭以南的广阔地区，以中国的常绿阔叶林最为典型。日本的常绿阔叶林主要分布于九州、四国和中部山地，以栎属（*Quercus*）和栲属（*Castanopsis*）组成的群落最为典型，遭受了较大的破坏。朝鲜半岛的常绿阔叶林分布的北界约35°30′N，与日本常绿阔叶林相似。

（2）美洲。由于冷气团从北至南抵墨西哥湾的移动以及东南低地上沼泽和砂地的广泛分布，使北美的常绿阔叶林不能成地带性分布，主要分布在美国东南部的佛罗里达，以各种常绿栎类占绝对优势；南美的常绿阔叶林主要分布在智利、巴塔哥尼亚等地，具有显著的雨林特征，部分木本植物如假山毛榉（*Nothofagus dombeyia*）属于新热带起源，藤本植物非常丰富，树干树枝上常常附生大量的蕨类植物和兰科植物，林下具有树蕨和棕榈科植物，常被人们称为温带雨林。

（3）大洋洲。澳大利亚的常绿阔叶林主要分布于昆士兰、新南威尔士、维多利亚直到塔斯马尼亚，但仅在沿海呈狭带分布。主要是由桉属、假山毛榉（*Nothofagus dombeyi*）和各类木本蕨类所构成；新西兰的常绿阔叶林以假山毛榉属植物起着重要作用。

（4）非洲。在南非的德拉肯斯堡山脉前沿地及其北部高地的陡坡，特别是在大陆的最南端，气候较为湿润，发育着典型的常绿阔叶林。

4. 中国的常绿阔叶林

由于海陆位置和大气环流的影响以及青藏高原的存在，中国亚热带湿润型气候区域广阔，占全国总面积的1/4以上，因此，常绿阔叶林在中国分布面积广泛，从秦岭、淮河以南，一直分布到广东、广西中部，东至黄海、东海海岸，西达青藏高原东缘，纬度跨度大约为11个纬度（23～34°N），南北气候条件差异明显，群落类型亦较复杂，通常分为北亚热带常绿阔叶林、中亚热带常绿阔叶林和南亚热带常绿阔叶林。自中生代侏罗纪以来，这些地区的地史、海陆分布和气候的变化较小，历次冰川破坏作用的影响不大，且一直处于比较稳定的温暖湿润气候条件下，因而保存第三纪就已基本形成的植被类型和大批较古老的种属，如银杏、水杉、银杉、鹅掌楸、珙桐、喜树（*Camptotheca acuminata*）等。同时，随着历史的发展，又衍生出一些新种，因此我国常绿阔叶林植物区系种类丰富，起源古老，是我国特有属最多的地区。

（1）北亚热带常绿阔叶林。北界大体为秦岭—淮河一线，与暖温带落叶阔叶林交界。上层乔木常含有较多的落叶成分，以栎属为主，常绿树种多为耐寒性较强的种类。常绿成分不占优势，外貌上接近落叶阔叶林，或称为混交林或含有常绿成分的落叶阔叶林，显示了向温带森林过渡性质，或隶属于温带林范畴。

（2）中亚热带常绿阔叶林。是中国亚热带地区最典型的地带性植被类型，其分布范围位于23°40′～32°N，99°～123°E之间的中亚热带地区。其分布的海拔在西部为1500～2800m，至东部渐低，降至海拔1000～200m以下。主要由壳斗科、樟科、山茶科、木兰科、金缕梅科和杜英科的常绿阔叶树种组成。群落外貌终年常绿，一般呈暗绿色而稍微闪烁反光。林冠整齐而呈微波状起伏，群落一般高15～20m，乔木可分2～3个亚层，上层树冠多相连续，下层树冠则多不连续。层间植物不发达，缺乏木质大藤本。本类型可以南岭山地的莽山、五指山等地的森林群落类型为代表。

（3）南亚热带常绿阔叶林。是中国南亚热带的地带性植被类型，为亚热带常绿阔叶林向热带雨林或常绿季节雨林过渡的一个类型，《中国植被》中将其称为季风常绿阔叶林。主要分布于台湾玉山山脉北半部、福建戴云山以南及两广南岭山地南侧等海拔800m以下的丘陵、台地，以及云南中南部、贵州南部、东喜马拉雅南侧等海拔 500～1000m 的盆地和河谷地区。本类型群落较高，分层复杂，林冠凹凸不平，乔木层一般分为 3 层，上层以樟科和壳斗科的一些喜暖种类为主，还有桃金娘科、楝科、大戟科、桑科等一些种类，中下层则有较多热带成分，如茜草科、棕榈科、杜英科、豆科等。本类型具有某些雨林特征，如板状根、茎花、绞杀植物、大型木质藤本植物、附生植物以及树蕨等，尤其是在沟谷潮湿生境中，雨林特征更为显著，因而本类型也被称为亚热带雨林。

5. 暖性针叶林

在常绿阔叶林分布的相似范围内，广泛分布着喜温暖湿润的、具有扁平枝叶的裸子植物所组成的暖性常绿针叶林（warm needle-leaved forest），它们在生态上和外貌结构上，均与双子叶组成的常绿阔叶林相似。根据形态可分为三类：

（1）具有扁平针叶的针叶林。具有光泽的扁平针叶，在枝上的排列方式似双子叶植物的羽状复叶，枝与光线垂直。紫杉属、粗榧属、巨杉属、水杉属、水松属等均属此类。在亚热带常绿阔叶林分布的范围内，异叶铁杉（*Tsuga heterophylla*），巨杉（*Sequoia sempervirens*）等构成的暖温性常绿针叶林遍布于北美太平洋沿岸；南美也有大量的针叶树类型，如罗汉松属、南洋杉（*Araucaria araucana*）等；新西兰北岛的北部则分布着由针叶树贝壳杉（*Agathis austnalis*）构成森林，南岛则广泛发育着罗汉松和陆均松（*Dacrydium pierrei*）所构成的常绿针叶林。在我国杉木林大多为由人工栽植的纯林，适生于湿润肥沃的土壤上。

（2）具鳞状针叶的针叶林。鳞状针叶紧密着生在枝条上，枝条似一长叶，并多少与光线垂直，如美洲的金钟柏属（*Thuja*）。这类针叶林在北美太平洋沿岸特别典型。柏木林分布在石灰岩低山丘陵，当土层很薄时多成疏林。

（3）长针状叶的针叶林。本类型对湿润养分条件要求比常绿阔叶林低，在我国的亚热带常绿阔叶林区分布广泛。叶长针状，如马尾松（*Pinus massoniana*）林、云南松（*P. yunnanensis*）林等。马尾松林是中国东南部湿润亚热带地区分布最广、资源最丰富的森林植被，在亚热带东部海拔 1000 m 以下地区的酸性土壤上最适生长，并可忍耐贫瘠，裸地上亦可成林，林冠较稀疏。马尾松林以天然林为主，也有大片的人工林。其分布北界在秦岭—伏牛山—淮河一线，南界抵广西百色和雷州半岛北部，与热性海南松林相交错。西界达四川青衣江流域，在台湾也有分布；云南松林是云贵高原上广泛分布的针叶林，分布范围以滇中高原为中心，东至贵州和广西西部，南达云南西南部，北至藏东和川西高原，西界中缅国界线。云南松林分布环境一般偏干燥，群落结构简单，郁闭度多在 0.5 左右。

上述针叶树亦可与阔叶树种混交成林，森林结构较复杂，主要组成成分多为常绿阔叶林的代表植物。

6. 常绿阔叶-落叶阔叶混交林

常绿阔叶-落叶阔叶混交林（evergreen and deciduous broad-leaved mixed forest）是落叶阔叶林和常绿阔叶林之间的过渡类型，有天然林，也有次生林。这种植被在中国分为三个植被型。

（1）典型常绿落叶阔叶混交林。指分布在暖温带（或称北亚热带）地区的地带性植被类型，乔木层主要由喜温的落叶栎类和耐寒的常绿栎类所组成。

（2）山地湿润常绿落叶阔叶混交林。主要分布在海拔 200～2000m 的中山地带，所在地海拔较高,温度低,湿度大,雨量多,生境温和湿润。性喜凉湿的落叶树等与一些耐寒的常绿阔叶树组成混交林。主要落叶种类有水青冈、栎、栗、槭、椴、鹅耳枥等,常绿树种为多脉青冈(*Cyclobalanopsis multinervis*)、甜槠(*Castanopsis eyrei*)、包石栎(*Lithocarpus cleistocarpus*)等。其中有许多中国特有植物和起源古老的植物如珙桐、银鹊树(*Tapiscia Sinensis*)、伯乐树(*Bretschneidera sinensis*)、金钱槭(*Dipteronia*)、连香树(*Cercidiphyllum japonicum*)、水青树(*Teracentron sinense*)、七叶树(*Aesculus chinensis*)、枫香等。

(3)石灰岩常绿落叶阔叶混交林。属于亚热带石灰岩山地的原生植被。组成种类以榆科及其他喜钙树种为主,如朴树(*Celtis sinesis*)、青檀(*Pteroceltis tatarinowii*)、糙叶树(*Aphananthe aspera*)、乌桕(*Sapium sebiferum*)、化香(*Platycarya strobilacea*)等,常绿树有苦槠(*Castanopsis sclerophylla*)、青冈栎(*Cyclobalanopsis glauca*)、石楠(*Photinia serrulata*)等。

7.3.2　常绿硬叶林

常绿硬叶林(evergreen sclerophyllous forest)分布在亚热带大陆西岸的地中海气候区,并与冬季温和多雨、夏季干旱密切相关的一种群落类型。

1. 环境特征

常绿硬叶林发育于亚热带大陆西岸地中海气候地区,气候的主要特征为冬季温和多雨,夏季干燥炎热。夏季各地的温度差异较大,最热月平均温度22～28℃。冬季非常温和,无特别寒冷的天气,月平均温度5～12℃。年较差在17～22℃;年降水量为500～750mm,集中于冬季降落,夏季降水量很少;日照特别丰富,夏季尤甚。

土壤一般浅薄,含水量随季节变化强烈。美国加利福尼亚州一个试验站观测表明,一年之内土壤含水量从冬春季的20%(或更多),降到夏季的10%以下。土壤总蓄水量在旱季强光高温条件下不能满足植物需求。

2. 群落特征

(1) 种类组成。常绿硬叶林种类组成相对比较贫乏。乔灌木以旱生阳性植物为主,根系发达。以壳斗科栎属、桃金娘科桉属、木犀科油橄榄(*Olea europaea*)等植物组成(各地有差别);林下草本植物以旱生植物或短命植物为主,多年生草本种类丰富,尤其具鳞茎、球茎及根茎的植物特别多。植物花色十分鲜艳,其中黄花尤多。植物体能分泌挥发油,连同芳香的花朵使得植物群落具有特殊的强烈香味。

(2) 外貌特征。由于冬温多雨,常绿硬叶林的种类以裸芽植物为主;由于夏季相当干旱,乔灌木的叶子具有旱生适应特征:常绿,叶小,厚革质,叶缘具有尖齿或锐齿,叶表面角质层发达,常被有茸毛,叶呈灰绿色,无光泽。具有发育良好的机械组织,气孔深陷,以防止过多蒸腾;叶排列方向与入射光线交成锐角以避免阳光照射时发生强烈的灼热,有些植物的叶子常常退化或缩小变成刺,叶变刺是本群落的典型特征。常绿硬叶是充分利用全年有利的温度和光能,减少光合成物消耗的适应特征。茎为绿色,能行光合作用;由于冬季温暖多雨,群落终年常绿,在最干旱季节,林下一片枯黄与上层绿叶相映。

(3) 结构特征。群落乔(灌)木层一般不分亚层。乔木层林木不高,树高不超过20m;生长稀疏,林下常绿植物较多,生长茂密,往往使人难于通行;硬叶林下草本层生长稀疏。层间植物较少，缺乏有花附生植物，仅有少数附生孢子植物，藤本植物稀少，仅具草本攀援植物。

3. 地理分布

常绿硬叶林分布于欧洲地中海地区，美洲加利福尼亚以及大洋洲西部与东部。此外，非洲南部、南美智利中部也有小片分布，其中地中海地区最为典型。

1）地中海地区

除了利比亚和埃及沿岸外，常绿硬叶林在整个地中海都有分布。原生植被主要是由常绿、革质叶的栎属植物所组成。西部（包括葡萄牙、西班牙、摩洛哥、阿尔及利亚）是木栓栎（*Quercus variabilis*），东部（包括希腊、克里特岛和塞浦路斯岛等）是刺叶栎（*Q. spinosa*）。这些森林内部具有充足的光照，所以林下灌木层和草本层发育良好。各地栽培的油橄榄在景观中起着极重要的作用。但是，由于开垦、放牧等人类活动，该区原生植被受到强烈破坏，目前分布于地中海地区的植被基本上是常绿硬叶林退化的次生植被。目前在地中海地区分布最广泛的是硬叶灌木群落，这种群落是在干热的夏季与有雨的冬季（最高温与最大降雨不一致）的气候条件下、森林遭受破坏而发展起来的。灌丛在各地有不同的民族地方名称。

马基群落（Maguis）：分布于整个地中海，但西部（尤其在科西嘉）比较发达。群落高度通常为 1.5～2.5m，由硬叶石南状叶的灌木和帚状灌木组成，常见优势种为大果黑钩叶（*Arbutus unedo*）、淡红半日花属（*Cistus*）、夹竹桃（*Nerium oleander*）、乳香黄连木（*Pistacia lentiscus*）等。

佛里干那群落（Phrygana）：分布于巴尔干半岛，特别是希腊、克里特岛、小亚细亚。主要种类是具有小刺和粗刺的常绿灌木，如灌木栎（*Q. coccifera*）、刺叶染料木（*Genesta acanthocade*）等。

托米里亚群落（Tomillares）：或称为西班牙百里香群落，分布于地中海西部，是天然常绿栎林遭到破坏后形成的次生矮生灌丛。主要优势种为一些芳香植物如百里香（*Thymus mongolicus*）、迷迭香属（*Rosmarinus*）及薰衣草属（*Lavandula*）等，植物常被有茸毛。

加里哥宇群落（Garigue）：比马基群落分布更为广泛，尤其是在法国南部。是马基群落被砍伐后形成的次生群落，由矮生常绿灌木和半灌木构成，群落高度不及 1m，种类较为贫乏。主要植物有灌木栎、百里香属、迷迭香属、欧瑞香（*Daphne gnidium*）、矮棕竹（*Rhapis humilis*）等。春季短命植物丰富。

施布里亚克群落（Sheebliak）：分布于巴尔干岛和克里木半岛南岸，是一种夏绿灌丛，由落叶灌木构成，占优势的灌木有柔毛栎（*Quercus pubescens*）等。

2）美洲

北美西岸的加利福尼亚具有典型的地中海气候，分布着与马基群落十分相似的沙巴拉群落（chapparal）或称为北美夏旱灌木群落，是由常绿栎类、瓔珞黑钩叶（*Arbutus menziesii*）等组成的常绿硬叶灌木群落，与马基群落十分相似的。沙巴拉群落是在降水不多的气候条件作用下形成的原生植被。种类组成十分丰富，全部优势种（44 种）均为常绿植物。加利福尼亚南部的沙巴拉群落主要由威氏栎（*Quercus wislizeni*）和黄鳞栎（*Q. chrysolepis*）组成；墨西哥的沙巴拉群落由含羞草科和苏木科的植物组成。还有麻黄属（*Ephedra*）、巴豆属（*Croton*）和仙人掌属（*Opuntia*）的一些种。

智利的常绿硬叶林与地中海的刺叶栎林相似，高度 10～15m。可划分为 *Lithraea caustica*（漆树科）、*Quillaja saponaria*（蔷薇科）和博路都树（*Peumus boldus*）构成的旱生林和由厚壳桂(*Cryptecarya rubra*)、琼楠(*Beilschmidia miersii*)构成的较湿润的森林。

3) 澳大利亚

澳大利亚的常绿硬叶林主要分布在西南和东南地区，由桉属构成乔木层，树高 40m，有时高达 70～90m。下木主要有黄万年青属和山龙眼科的一些种类。澳大利亚常绿灌木称为斯克雷布(Scrub)群落，与地中海的马基群落相似。由桉树和金合欢组成。

4) 非洲

常绿硬叶林在非洲南部分布面积较小，但其种类成分十分丰富，由于区系成分的特殊性，故划出了一个独立的植物区——好望角植物区。在开普半岛(长 50km，宽不到 10km)，可见到 2000 种植物。好望角省的地带性植被与马基群落相似，以硬叶常绿灌丛为主，称为丰博斯(fynbos)群落，占优势植物主要是具有石南型和针叶型叶子的不同科的种，石南科和山龙眼科种类最多(前者超过 400 种以上)，起作用最大。这里唯一的乔木是银树(*Leucadendron argenteum*)，高 15m，仅见于桌状山海拔 500m 以下的湿润山坡。

4. 中国的常绿硬叶林

中国的硬叶常绿林主要分布于川西、滇北的高海拔山地，以及西藏东南的一部分河谷中。金沙江河谷两侧的高山中部是本类型分布的中心。但是，这里夏季多雨而冬季干冷，不是冬雨夏旱的典型硬叶常绿林。中国硬叶常绿林可能是古地中海近海热带植被的直接衍生物，因喜马拉雅山抬升、地史环境的改变而产生了分化和新的适应。因此，它是一个特殊类型，或是世界硬叶常绿林的一个亚洲山地变型，称为“山地硬叶常绿阔叶林”。主要分布范围是海拔 2600～4000m的山地，个别可下延至 1500m，最高可达海拔 4300m，由壳斗科栎属的高山栎组树种所构成。分为两个植被型。

(1) 山地常绿硬叶林。主要分布在 2600m 以上(纬度偏北地区在 2000m 以上)的山地。分布地点气候温凉，年平均温度小于 10℃，最热月均温不超过 20℃，冬多霜雪，生长季短。群落具有耐寒的能力。主要群落为：川滇高山栎林(Form. *Quercus aquifolioides*)、黄背栎林(Form. *Quercus pannosa*)、帽斗栎林(Form. *Quercus guyavaefolia*)、川西栎林(Form. *Quercus gilliiana*)等。

(2)河谷常绿硬叶林。主要分布在 2600m 以下的干热河谷的两侧山地上，向下可延伸分布至 1500m 甚至 1000m 处。气候温热而干燥，一般年均温 15～18℃，年降水 700～900mm，群落具有一定的耐干旱能力。主要群落为：铁橡栎林(Form. *Quercus cocciferoides*)，锥连栎林(Form. *Quercus franchetii*)，光叶高山栎林(Form. *Quercus rehderiana*)以及灰背栎林(Form. *Ouercus senescens*)等。

7.3.3 荒漠

荒漠(deserts)是极度旱生、覆盖稀疏(小于 30%)的植被类型。自然地理景观的荒漠概念，是指降水稀少、蒸发量大、极端干旱的强大陆性气候的地区或地段。其上植被通常十分稀疏，甚至无植被，土壤中富含可溶性盐分。本章讨论的荒漠包括亚热带与温带荒漠。

1. 环境特征

荒漠的生态条件十分严酷，多大风与尘暴，植物常受风蚀和沙埋。

荒漠气候属于极端干燥的大陆性气候(图 7.16)，其主要特点为降水量少，降水变率大；气温高,温差大;蒸发强,相对湿度小;光照强烈。年水量少于 250mm,如我国若羌年降水量仅 19mm,有的地方好几年不下雨,如北非的阿斯卡经常连续多年无雨;蒸发量大于降水量数倍或数十倍,干燥度在 4 以上。空气湿度特别小,大部分内陆荒漠相对湿度为 15%～30%,撒哈拉沙漠中常常出现相对湿度仅有 2%的记录;夏季炎热,最热月的平均温度可达 40℃,在撒哈拉沙漠可连续几天出现 69.3～74.4℃,日较差大,有时可达 80℃。

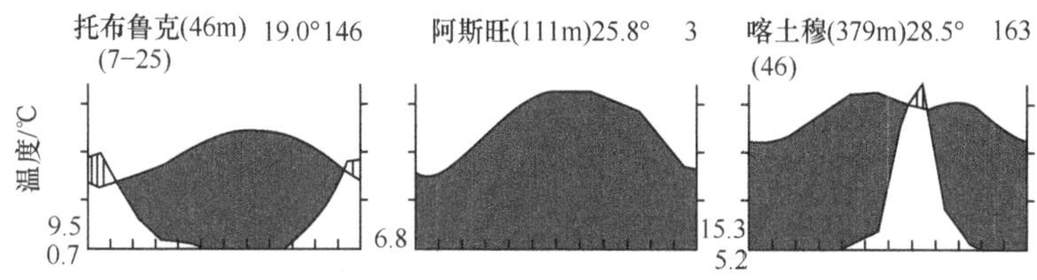

图 7.16　荒漠地区气候图解(武吉华等,2004)

由于植被稀少,土壤的形成过程主要受气候状况和母质的影响。荒漠土壤的生物积累过程很弱,缺乏明显的腐殖质层,土体厚度很薄。漆皮化、龟裂化、砾质化和碳酸盐的表聚化以及石膏、易溶性盐分的积累,乃是荒漠土形成过程的基本特点。各种类型荒漠土的共同特点是:①土壤的组成与母质非常近似,腐殖质含量很少,通常在 0.5%或 0.3%以下;②地表多砾石,龟裂土壤表层为孔状结皮;③普遍含有石膏和较多易溶性盐,土壤反应呈碱性,pH 通常高于 8。

2. 群落特征

1) 种类组成

(1) 种类组成特征

组成荒漠植被的植物种类十分贫乏,有时 $100m^2$ 的面积上只有 1～2 种植物。主要由半灌木、灌木和禾本科植物组成。常见种类有假木贼(*Anabasis*)、麻黄、密叶滨藜(*Atriplex confertifolia*)、三齿艾(*Artemisia tridentate*)、仙人掌属、地肤属(*Kochia*)、三芒草属(*Aristida*)、蒿属、梭梭、沙拐枣属(*Calligonum*)等。在长期荒漠严酷生境的自然选择进程中,荒漠植物形成了各种不同的生理机制和形态结构,生活型多种多样,如超旱生小灌木、半灌木、灌木、半乔木等。

(2) 荒漠植物的适应

旱生植物。荒漠中旱生植物类型多样,除多浆液植物和少浆液植物外,还有一类窄水旱生植物。这类植物能在水分不足的征兆出现时关闭气孔,阻止细胞液浓度的升高,气体交换和光合作用被迫停止,植物处于饥饿状态。这类植物的叶子在长期干旱下不干枯,但是变黄并最终凋落,一些非肉质的大戟属植物属于此类。在荒漠中,植物地上部分之间没有竞争,对它们唯一重要的事情是忍受干旱,而不是制造大量的有机物,它们往往借助于降低生活力来达到这一点,并且可以活 100 年以上。

短命植物或类短命植物。一般荒漠都有短暂的降水季节,一些一年生的短命植物和多年生的类短命植物可利用这一有水的短暂时期进行生命活动,待干旱来临时,以种子或地下器官来度过不利的干旱季节,所以,荒漠中的短命植物和类短命植物是一类适应干旱环境、利用仅有水分的非旱生植物(旱中生植物)。

变水植物。它们在干旱时体内水分蒸发散失,呈风干状态,但原生质并未凝固死亡,一旦获得水分，立即恢复生命活动，属于这类植物的有地衣、苔藓和某些蕨类。

盐土植物。盐土植物是许多荒漠中十分重要的生态类群。它们的出现主要与盐渍化土壤有关。

2）群落的外貌和结构

在严酷的生态条件下，荒漠植被以稀疏性、有大面积裸露的地面为其显著外貌特征。植被的这种特征与降水量密切相关，降水量越小，植物生长越稀疏，在年降水量不足 100mm 的极端干旱区，植物全部集中到侵蚀干沟或低地生长，正地形表面完全裸露。

3. 地理分布

荒漠植被分布于亚热带与温带的干旱内地区，在地球上占有相当大的面积。从非洲北部的大西洋岸起，往东经过撒哈拉沙漠、阿拉伯半岛的大、小内夫得沙漠、鲁卜哈利沙漠、伊朗的卡维尔沙漠和卢特沙漠、阿富汗的赫尔曼丹沙漠、印度与巴基斯坦的塔尔沙漠，中亚荒漠、我国西北与蒙古的大戈壁，形成了世界上最为广阔的荒漠区，即亚非荒漠区；此外，北美西部大沙漠、南美西岸的阿尔塔卡马沙漠、澳大利亚中部沙漠，南非的卡拉哈里荒漠等。荒漠分布广泛，各大陆气候和土壤条件很不一致，加上区系成分差异，类型多种多样，因受局部环境变化的影响，各类群落常呈复合体状分布。

1）非洲荒漠

(1) 非洲荒漠面积达 40%，其中撒哈拉大沙漠面积最大，达 900 万 km^2。因地处热带和亚热带，气温高，地表温度有时可达 69.8～74.4℃。降水各地不同，北部有春雨和秋雨，中部雨量很少。由于降水量和地质条件的不同，发育着不同类型的荒漠。

(2) 北部撒哈拉荒漠：为冬雨区，年降水量不到 150mm，植物大都有一定的抗寒能力，种类组成属于全北植物区成分，以藜科、柽柳科、蒺藜科等为主。在绿洲最典型的植物是海枣(*Phoenix dactylifera*)。

(3) 撒哈拉和阿拉伯半岛中部荒漠：干燥度居世界大荒漠之首，为极端干旱区。浩瀚的沙漠和石漠中几乎没有任何植物，个别石漠生有地衣和零星分布的藜科垫状植物。

(4) 撒哈拉南部荒漠：为夏雨型气候，没有低温出现，植被紧缩在干涸的河床，其他土地裸露。优势种类中可分为强烈蒸腾型和弱蒸腾型，属于古热带植物区成分，其净光合作用比撒哈拉北部植物高 2.5 倍。

(5) 南非亚热带荒漠：南非的纳米布、卡拉哈里和卡鲁等荒漠，以禾本科植物三芒草和几种肉质植物松叶菊属(*Mesenbr yamthemum*)、春锁龙属(*Crassula*)、乔木状芦荟(*Aloearboressens*)等为主。滨海的纳米布荒漠为极端干旱区，虽然每年有 200 个雾日，总降雾量仅 40～50mm。在地下水位较高处常生有孑遗裸子植物百岁兰；卡鲁荒漠有季节性降水，发育着肉质旱生植物构成的荒漠群落，在石质丘陵上，生长着大量芦荟，高者达 2～3 m。

2）美洲荒漠

(1) 北美。北美的荒漠主要分布在美国西南部和墨西哥高原，二者连成一片。根据区域环境和优势种的性质分为四个类型：

大盆地荒漠(Great Basin)：位于内华达州南部和犹他州南部，主要以藜科灌木如密叶滨藜(*Atriplex confertifolia*)和菊科蒿属如三齿艾、刺艾(*Artemisia spinescens*)植物为优势种。

莫哈伟荒漠(Mohave)：位于加利福尼亚州，向南到内华达山脉南端以东。海拔较高处以短叶丝兰(*Yucca brevifolia*)为主要优势种。海拔较低处以石炭酸木(*Larrea divaricata*)和刺果菊(*Franseria dumosa*)为主要优势种。

索诺拉荒漠(Sorona):位于加利福尼亚海湾低地,向南延伸到墨西哥北部,为美国主要的荒漠。低地索诺拉荒漠和低海拔的莫哈伟荒漠相似。但在亚利桑那和北索诺拉海拔较高的地区,以 *Cercidiummi crophyllum* 为优势种,并伴生许多木本的仙人掌科植物,如大仙人柱(*Carnegiea gigantea*)和仙人掌属种类。因由仙人掌科的许多种属组成,又可称为仙人掌荒漠(*Cactus desert*)。

奇华华荒漠(Ghihuahua):从新墨西哥南部向东扩展到得克萨斯州西部,再向南到墨西哥。是比较特殊的荒漠类型,以灌木和半灌木占优势,富含许多肉质茎植物,如丝兰、酒瓶兰(*Nolina*)、龙舌兰(*Agave*)、沙漠凤梨(*Hechtia*)、柱状仙人掌和长叶稠丝兰(*Dasylirion longissimum*)等。

(2) 南美。南美洲西海岸 3°～30°S 狭长地带降水很少,广泛分布着沙质和盐土荒漠。植物是具有旱生结构的多刺灌木、盐生灌木、仙人掌科植物及草本植物;阿根廷巴塔哥尼亚荒漠分布在大陆东岸,气候大陆性不强烈,风大,降水少。由垫状旱生灌木、低矮的仙人掌植物、硬叶禾草等组成稀疏荒漠群落。

3) 澳大利亚

澳大利亚荒漠分布在大陆中部,北部为热带荒漠,30°S 以南为亚热带荒漠。

(1) 盐土荒漠:主要植物有藜科肉质植物,如地肤属、滨藜属(*Atriplex*)和盐角草属(*Salicornid*)以及大洋洲型的灌木,如金合欢属、木麻黄属和桉属的种类。

(2) 沙质荒漠:种类贫乏,占优势的植物有鬣刺属(*Spinifex*)和三齿稃属(*Triodia*)的一些种类。

(3) 辛普森(Simpson)荒漠:位于埃尔湖北部,是澳大利亚最干旱的荒漠,根据干燥度在世界性大荒漠中位居第五。

4) 亚洲荒漠

地处亚洲内陆,面积最大,类型多样。包括中亚(土兰低地)荒漠,藏北高寒荒漠,新疆、河西走廊和内蒙古西部荒漠,以及蒙古境内荒漠,其中以塔里木盆地为干旱核心。它的东半部属极端干旱类型,向外围雨量逐渐增加最后向草原带过渡。中亚受西来气旋影响,冬春有雨,春季短命植物较多。新疆准噶尔盆地也稍具此特点。其他地区冬春酷旱,降水集中于夏季,短命植物较少。荒漠植物均属全北区成分,以古地中海成分为主。在亚洲西部的阿拉伯荒漠,属亚热带荒漠,部分属于暖温带荒漠,是撒哈拉荒漠向北延伸的部分。植物种类贫乏,比较常见的有具旱生特征的三芒草属、一些半灌木和多汁植物。还有一些属风滚草型的一年生植物,如含生草属(*Anastatica*)和齿子草属(*Odonstopermum*)。在绿洲生长着海枣(*Phoenix dactylif* L.)、树头棕属(*Borassus*)和金合欢属(*Acacia*)的植物;盐质荒漠在小亚细亚占相当大的面积。在伊拉克有石质荒漠和砾质荒漠,后者以梭梭属的一些种为主。波斯湾两岸有世界上最大的海枣林;伊朗高原的荒漠种类与北非和阿拉伯荒漠类似;中亚荒漠分为北方荒漠和南方荒漠。前者雨量分配比较均匀,以旱生的小半灌木为主;后者春雨较多,有很多短命植物。按照基质和植被的特征可以划分为:

(1) 蒿荒漠(黏土荒漠):典型植物是蒿属植物,其中最主要的是地白蒿(*A. terraealbae*),常与藜科的盐生假木贼(*Anabasis salsa*)、白滨藜(*Atriplex cana*)、梭梭分别组成各种特别单调的荒漠。

(2) 猪毛菜荒漠(盐土荒漠):主要是肉质的盐生植物,例如盐节木、盐穗木、盐角草等。还有许多泌盐植物，例如柽柳属、琵琶柴属(*Reaumuria*)等。这一类荒漠在春、夏、秋季构成很多彼此更替的季相，没有蒿荒漠那样单调。

(3) 灌木荒漠(砂土荒漠)：因具有良好的水分状况，植物种类并不贫乏。生活型多样，不仅有草本植物，而且有灌木、半灌木和半乔木。灌木种类包括沙拐枣属 30 种，银砂槐属(*Ammodendron*)5 种，盐豆木属(*Halimodendron*)和柽柳属的一些种。

(4) 短命植物荒漠：以粗柱苔(*Carex pachystylis*)和鳞茎早熟禾(*Poabulbosa*)等为优势种，在春季生长得非常茂密，形成这类荒漠的密草丛背景，同时还伴生另外一些类短命植物和短命植物，短命植物占所有植物的 80%以上。

4. 中国的荒漠

位于亚洲荒漠的东部，与中亚荒漠相连，绝大部分属于暖温带荒漠，分布在西部各省，包括新疆的准噶尔盆地和塔里木盆地、青海的柴达木盆地、内蒙古与宁夏的阿拉善高原以及内蒙古的鄂尔多斯台地。由于位于亚洲内陆腹地，受强烈的大陆性气候即蒙古-西伯利亚高压气旋的控制，又有从北到南一系列的东西走向的巨大山系，打破了纬度的影响，从而导致从北到南的植被水平分布的纬向地带性变化为：温带半荒漠、荒漠带→暖温带荒漠带→高寒荒漠带→高寒草原带→高寒山地灌丛草原带，其中高寒荒漠带、高寒草原带和高寒山地灌丛草原带都分布在青藏高原。

中国荒漠与中亚荒漠相比，由于冬春降水的缺乏，春雨型短命植物不发达，仅在西部的准噶尔荒漠中有发育，且不占优势；灌木荒漠则相对比中亚荒漠发达。在极端干旱的核心地带出现了近 1 000 000km^2 广大面积无植被、或仅疏生个个别植物的戈壁、石漠和沙漠。按其建群种的生活型分为 3 种类型。

(1) 小乔木荒漠。建群种是超旱生的无叶小乔木——藜科的梭梭和白梭梭。梭梭群落分布于准噶尔盆地、塔里木盆地北部、嘎顺戈壁、柴达木盆地和阿拉善地区；白梭梭群落仅分布于准噶尔盆地古尔班通古特沙漠和艾比湖东部河岸，零星见于乌伦古河、额尔齐斯河两岸的沙地。

(2) 灌木荒漠。灌木荒漠是由超旱生或真旱生的灌木和小灌木为建群种的荒漠类型。为亚洲中部荒漠区域内的地带性植被。群落结构简单，盖度很小；群落的种类组成贫乏，一般不超过 10 种，甚至仅由 1～2 种组成。以亚洲中部古老的残遗种类为主组成的灌木荒漠占很大比重，包括 3 种类型：典型灌木荒漠，建群种主要有膜果麻黄(*Ephedra przewalskii*)等；草原化荒漠，建群种主要有沙冬青(*Ammopiptanthus mongolicus*)等；沙生灌木荒漠，建群种由几种沙拐枣(*Calligonum*)、银砂槐(*Atmmodendron argenteum*)等分别构成。

(3) 半灌木、小半灌木荒漠。此类荒漠是由超旱生半灌木和小半灌木为建群种的荒漠类型，广泛分布于温带荒漠区。它们适应幅度很广，其分布的生境有砾质戈壁、剥蚀残丘、壤土平原、沙丘直至石质山地与黄土状山地以及高寒平原。分为四种类型：盐柴类半灌木、小半灌木荒漠。建群种主要为盐生假木贼(*Anabasis salsa*)等；多汁盐柴类半灌木、小半灌木荒漠。建群种主要为盐穗木(*Halostachys belangeriana*)等；蒿类荒漠。如沙蒿(*Artemisia arenaria*)荒漠；垫状小灌木高寒荒漠。主要分布在新疆境内的昆仑山内部山区、青藏高原西部与帕米尔高原。多在海拔 4500m 以上高山的山原、高原湖盆。环境极端干旱寒冷，降水量不足 100mm，年平均温度在－8～10℃。有大面积永冻土发育，土壤以粗松的石砾堆为主。在这种生境条件下，植被稀疏，种类贫乏，全区总计也只有 50 余种植物。建群种的生活型以垫状小灌木为主。

建群种为垫状驼绒藜(*Ceratoides compacta*)、藏亚菊(*Ajania tibetica*)、粉花蒿(*Artemisia rhodanlha*),其伴生种以禾本科、菊科、十字花科和豆科植物较多。

7.4　温带植被类型

7.4.1　落叶阔叶林

落叶阔叶林(deciduous broad-leaved forest)是温带地区半湿润气候下的地带性植被之一,通常指具有明显季相变化、夏季盛叶、冬季落叶的阔叶林,故称为夏绿阔叶林(summergreen broad-leaf forest)。

1. 环境特征

落叶阔叶林分布地区的气候属温暖湿润的温带海洋性气候,主要特征是四季分明,夏季炎热多雨,冬季寒冷(图 7.17)。全年至少有 4 个月的温度在 10℃以上,最热月的平均温度为 13～23℃,最冷月平均温度－6℃,大陆性强的地区可达－12℃;年降水量 500～1000mm,大部分集中在夏季降落。

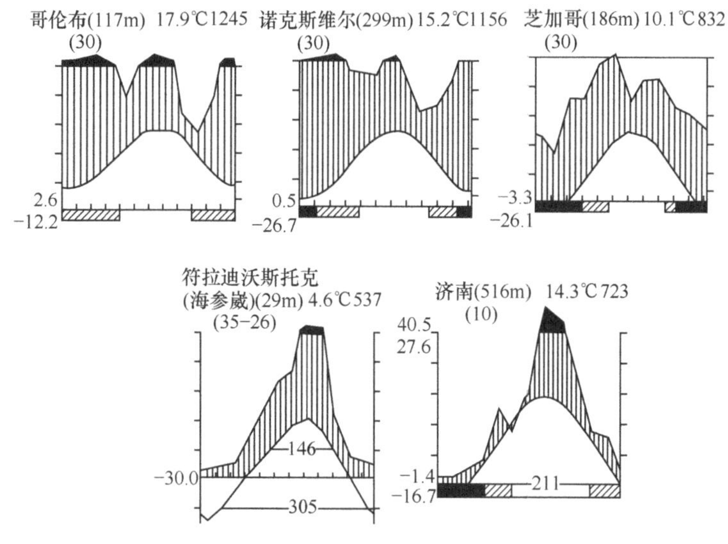

图 7.17　夏绿阔叶林区的气候图解(武吉华等,2004)

落叶阔叶林分布地区的地带性土壤主要是棕壤和褐土,二者共同特点在于具有明显的黏化现象,但褐土具有明显的钙化过程,表现出一定的森林土壤向草原土壤过渡的特色。土壤反应为微酸性到微碱性。淋溶和黏化过程并存使土壤剖面中形成一个明显的黏化层次,其黏粒含量可高达 30%左右,在褐土的剖面中,在黏化层下面具有明显的钙积层。土壤在不同深度中存在的物理和化学性质的差异,对乔木根系的生长产生影响。

2. 群落特征

(1) 种类组成。生长季节里水热条件充沛,中生植物能在此茂盛生长。种类组成相当丰富,乔木一般具有宽阔的叶片,为夏季盛叶,冬季落叶的阳性树种。常见种类有壳斗科的山毛榉属、栎属、栗属;桦木科的桦属和鹅耳枥属;榆科的榆属和朴属;槭树科的槭属;杨柳科杨属和柳属。这些树种大部分为风媒植物，种子与果实具翅，常常由一个种组成纯林，在不同地区、不同生境中形成单优群落；林下的灌木也为落叶种类。冬季，草本植物地上部分枯死或以种子越冬。林下的灌木与草本植物靠动物来传粉和传播果实。

（2）外貌。地面芽植物和地下芽植物占优势，高位芽植物占一定比例，植物具有坚实的芽鳞；落叶小叶为主，故落叶阔叶林也称为小叶林。叶质地薄，无革质叶，也无茸毛，呈鲜绿色；群落季相更替十分明显是落叶阔叶林的显著特征。构成群落的乔木，都是冬季落叶的阔叶树，林下的灌木也为落叶种类。当春季气温开始回暖，乔木随即萌叶抽枝，大多数乔木为风媒植物，凭借春风授粉，进入花期。夏季是群落茂盛的生长季节，枝繁叶茂，树冠郁闭。秋季气温下降，叶色转黄、脱落。乔木从放叶、密茂到枯黄、脱落的有规律的更替，影响林下的光照和湿度条件，进而影响到整个群落的结构和季相更替。春季，草本层中的多年生短命植物，非常迅速地抽叶开花，花朵艳丽，数量众多，构成显著而华丽的草本层。夏季，树木茂盛发育，形成郁闭林冠，这些春季多年生短命植物则已结束自己的生活周期，地上部分逐渐枯死，出现了耐阴的草本植物。这时，开花植物减少、季相显得单调。至秋季，一些禾本科植物花后陆续结籽，并日趋干枯，而最终完成了整个生活周期。

（3）结构特征。落叶阔叶林的结构比较简单，分为乔木层、灌木层、草本层和地被层。乔木层分 1～2 个亚层，乔木往往分枝强烈，树冠发育良好，上层乔木往往仅由 1 种或少数优势种构成，形成顶部较为平整的林冠。乔木树干与树枝具有厚的皮层保护，芽具有坚实的芽鳞，常有树脂保护，以抵御严寒；灌木层仅有 1 层；草本层可分为 2～3 个亚层；由于地表被落叶覆盖，地被层不发达；层间植物不发达，藤本植物以草质或半木质为主，攀援能力不强，主要有葎草属（*Humulus*）、常春藤属（*Hedera*）、铁线莲属、菝葜属等。附生植物有苔藓、地衣，有花附生植物几乎不存在。

3. 地理分布

世界范围内的落叶阔叶林集中分布在三大区域：北美大西洋沿岸；西欧和中欧海洋性气候的温暖区域；亚洲东部，包括中国、朝鲜和日本。南半球由于没有适宜的条件，落叶阔叶林分布极少。

1）欧洲

由于墨西哥暖流的有利影响，落叶阔叶林在西欧沿着伊比利亚半岛的北部开始，一直延伸到斯堪的纳维亚半岛的南端，甚至达到 58°N；在东欧和中欧，则向东延伸至德聂伯河一带。

（1）欧洲落叶阔叶林的特点。种类组成贫乏，尤其是上层乔木种类组成极度贫乏。植物区系上的贫乏性是更新世冰川作用的结果。当时的高山冰川和地中海阻止了森林植被南移，大量的阔叶树种被消灭或不能恢复。主要种类有欧山毛榉（*Fagus sylvatica*）、桦叶鹅耳枥（*Carpinus betulus*）、无梗栎（*Quercus petraea*）和英国栎（*Q. robur*），每一个种都可以形成优势群落。植被分布的特点与气候由东向西的明显变化相关联：在大西洋沿岸，森林遭受破坏后发育着欧石南灌丛，在中欧才分布着真正的落叶阔叶林，在东部又过渡为混交林。

（2）欧洲夏绿林的类型。① 山毛榉林。是欧洲典型的乔木群落。通常在不同地区由不同的种类组成单优群落，如乌克兰为欧山毛榉林、克里木为塔乌里山毛榉林、高加索为东方山毛榉林。此类森林夏季形成浓密的林冠，林内十分阴暗，缺乏草本植物与灌木，称为阴暗夏绿林。春季放叶前有发育良好的短命植物，林内可见华丽的季相；② 栎林。由落叶栎类植物构成，林内明亮，故称为明亮夏绿林。栎林是比山毛榉林分布更广的一类森林，在西欧和中欧均有分布。林下植物发育良好，层次结构显得复杂，发育最好的栎林可以分为7层。

2）北美洲

北美洲的落叶阔叶林分布在五大湖以南，密西西比河流域以及向东的大西洋沿岸的低地（可达45°N左右），以及阿巴拉契亚山脉的下部。这里具有较长（5～8个月）和温暖的生长期以及相当丰富的降水量（760～1300mm）。特别在25～35°N的大西洋沿岸，更为显著。由于有利的水热条件，该区域的森林发育良好，种类十分丰富，主要包括两个类型。

（1）山毛榉林。分布于美国东部与加拿大东南部，以美洲山毛榉（*Fagus americana*）和糖槭（*Acer saccharum*）占优势，林内乔木40余种，林内较明亮，草本植物发育良好。林冠层在秋季外貌呈红色、黄色等色彩，季相特殊。

（2）栎林。分布于大西洋沿岸，并深入内地，与欧洲栎林不同，常常有多种栎树和其他阔叶树混交，种类较欧洲丰富。常见种类有红栎（*Quercus rubra*）、白栎（*Q. alba*）、大果栎（*Q. macrocarpa*）、黑栎（*Q. velutina*）等，在海拔较低处，常见齿栗（*Castanea dentata*）组成森林，其中有较多的冬青栎（*Q. prinus*）、灌木栎（*Q. coccinea*）、北美鹅掌楸等。

3）南美洲

智利南部为温暖湿润气候，分布有以落叶假山毛榉属植物为主，杂以常绿阔叶树与针叶树组成的温带森林。

4）亚洲

分布于东部沿海的区域，包括我国的东北和华北、朝鲜以及日本北部。在俄罗斯的远东仅在萨哈林岛南部有小片分布。以中国的落叶阔叶林分布最为广泛，发育最典型。日本典型的落叶阔叶林是以日本山毛榉（*Fagus japonica*）为优势，混生有大落叶栎（*Quercus crispula*）的山毛榉林。在日本海一侧，因冬季有大量降雪，水分充足，林下生长有高而密实的箬竹（*Sasa*）层，富有常绿阔叶成分。太平洋沿岸冬季相对干燥，故这些成分不能保存。此外，山地亦有山杨-桦木林分布。其中一些树种与中国的相同。

4. 中国的落叶阔叶林

中国的落叶阔叶林主要分布于华北和东北南部的暖温带区域，位于32°30′～42°30′N，103°30°～124°10′E的范围内。包括辽宁省的南部、河北省、山西省恒山至兴县一线以南、山东省、陕西省黄土高原南部以及秦岭北坡、河南省伏牛山与淮河以北、安徽省和江苏省的淮北平原。

由于人类活动干扰，中国落叶阔叶林原始植被已经被破坏，现存的落叶阔叶林大多为次生群落。根据残存的树种来看，各地均以栎属落叶树种为主，如麻栎（*Quercus acutissima*）、栓皮栎（*Q. variabilis*）、蒙古栎（*Q. mongolica*）、槲栎（*Q. aliena*）、槲树（*Q. dentata*）、辽东栎（*Q. wutaishanica*）等。此外，还有山毛榉、槭、椴、胡桃、鹅耳枥、桦、桤、杨、苹果、朴、钻天柳（*Chosenia*）等属的落叶植物，林下植物主要有忍冬、丁香、杜鹃、女贞等欧洲所没有的属种，同时落叶阔叶林向南逐渐过渡到常绿阔叶林，向北逐渐过渡到针叶林，具有混交林的性质。包括3个类型：典型落叶阔叶林（栎林、落叶阔叶杂木林、野苹果林）、山地杨桦林（山杨林和桦木、桤木林）和河岸落叶阔叶林（荒漠河岸林、温性河岸落叶阔叶林、胡颓子林）。

我国落叶阔叶林区广泛生长着温性针叶树种。油松适应幅度较宽，生长较快，为荒山绿化的主要树种。赤松（*P. densiflora*）只适生于滨海地区。松林一般较稀疏，林下灌木草类与落叶阔叶林内相同，松栎混交林也较常见。

7.4.2 寒温性针叶林

寒温性针叶林(boreal forest)由耐寒的松柏类植物形成的森林，为寒温带地带性植被类型，其分布的北界为森林分布的最北界限。

1. 环境特征

针叶林分布区比落叶阔叶林具有更强的大陆性特点。由于纬向跨度大，气候状况很不一致。一般来说，夏季温和湿润，冬季十分严寒。冬季长，夏季短(图 7.18)。最暖月平均温度在10℃以上，但不超过 20℃；最冷月平均温度为－20～－10℃，在西伯利亚可达－52℃；降水量为 300～600mm，大部分在春季降落。冬季降雪，但水量不多。

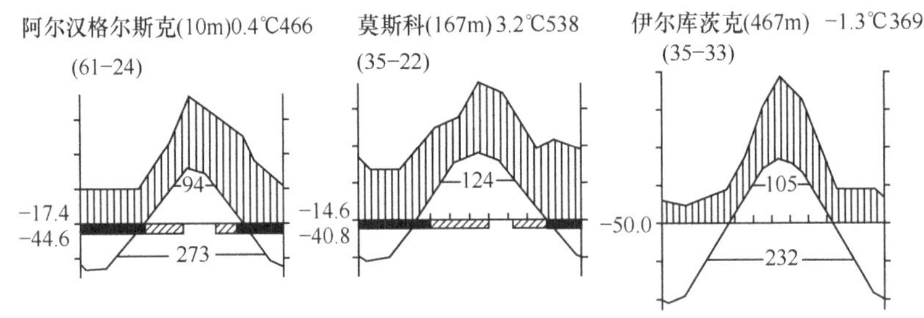

图 7.18　北方针叶林地区的气候图解(武吉华等，2004)

寒温性针叶林下的地带性土壤为灰化土。地表凋落物层后，有机质分解程度低，表层有滞水，使土壤终年处于湿润状态。土壤有机质含量很高，可以高达 20%以上，土壤反应呈强酸性，pH 高达 3.9～5.0。在积雪不多的情况下，冬季的低温会形成永冻土。

2. 群落特征

1）种类组成

寒温性针叶林由松柏类植物组成，这类植物是对生长季节短，低温引起生理干旱的适应。随气候不同，组成针叶林的植物种类不同，往往由一个树种组成纯林。主要种类为云杉属(*Picea*)、冷杉属(*Abies*)、松属(*Pinus*)、落叶松属(*Larix*)组成，在北美还可以见到铁杉属(*Tsuga*)、崖柏属(*Thuja*)、扁柏属(*Chamaecyparis*)和圆柏属(*Sabina*)的很多种类。

2）外貌特征

寒温性针叶林具有十分特殊的外貌，极易与其他森林类型区别开来。常由单一树种构成纯林，其外貌随建群种不同而各具特色，例如，云杉属和冷杉属的树冠是圆锥形或尖塔形的，松属的树冠是近圆形的，落叶松属树冠塔形而稀疏，因其冬季落叶，极易与云杉林和冷杉林相区别。根据寒温性针叶林的郁闭状况划分为暗针叶林和明亮针叶林。

(1) 阴暗针叶林。云杉林、冷杉林是这类森林的代表。其林冠稠密郁闭，分枝低垂，群落林内阴暗潮湿，故称为阴暗针叶林。地表苔藓层发育良好，下木发育微弱。草本植物在这种特殊条件下，形成一系列生态特点：进行营养繁殖、具典型的白色花朵、有一些植物具常绿叶子以及无春季短命植物。主要建群种有欧洲云杉(*Picea excelsa*)、西伯利亚云杉(*P. obovata*)、紫果云杉(*P. purpurea*)、青杆(*P. wilsonii*)、雪岭云杉(*P. schrenkiana*)、云杉(*P. asperata*)、西伯利亚冷杉(*Abies sibirica*)、欧洲冷杉(*A. excelsa*)、岷江冷杉(*A. faxoniana*)、喜马拉雅冷杉(*A. spectabilis*)。由西伯利亚冷杉、西伯利亚云杉和西伯利亚松一起生长并在西伯利亚低地上形成大片的,稍微沼泽化的森林,当地称为泰加群落(Taiga)。其基本特点是阴暗、沼泽化和缺乏阔叶成分。但广义理解的泰加群落包括了欧亚大陆高纬度和高海拔山地的一切针叶林,也包括明亮的、非沼泽化的、含有少量阔叶成分的针叶林。

(2) 明亮针叶林。松树和落叶松比较喜阳,组成的针叶林较稀疏、明亮,因此把这类森林称为明亮针叶林。松林由松属中最耐寒的种类组成,主要建群种有欧洲赤松(*Pinus silvestris*)、西伯利亚红松(*P. sibirica*)等,林内有时可出现旱生植物;落叶松林林冠稀疏透光,建群种属阳性树种,对土壤要求不严,在阳坡干燥瘠薄、粗粒质的土壤以及沼泽化土壤都能生长,在气候极其干燥寒冷的地区也分布有落叶松林。主要建群种兴安落叶松(*Larix gmelini*)、西伯利亚落叶松(*L. sibirica*)、红杉(*L. potaninii*)、西藏落叶松(*L. griffithii*)、华北落叶松(*L. principis-rupprechtii*)等。

3) 结构特征

寒温性针叶林群落结构非常简单,乔木层、灌木层、草本层和地本层各一层。

3. 地理分布

寒温性针叶林的分布,在欧亚大陆从大西洋岸延伸到太平洋岸,连续成片占据非常广阔的面积。在北美,从阿拉斯加的育空河和加拿大的马更些河以南经过大奴湖,沿苏必利尔湖北岸而达大西洋沿岸。北方针叶林的北方界限就是整个森林带的北方界限。南半球则没有北方针叶林分布。

(1) 欧亚大陆。阴暗针叶林是欧亚大陆分布最广的森林植被类型之一,南北跨50多个纬度,东西遍及东经140多个经度。北界可达65°N,局部可达70°N,南界一般不低于24°N,而且在50°N以南构成了湿润山地垂直带谱中分布最高的森林类型。在欧洲西部,德国云杉(*Picea sibirica*)和欧洲赤松(*Pinus sylvestris*)在寒温性针叶林中起着基本作用,仅在欧洲东部德国云杉才被西伯利亚云杉替代,当延伸到东西伯利亚,德国云杉完全消失。此外,欧亚大陆高纬度和高海拔山地分布着泰加林。日本寒温性针叶林分布于北海道,为亚极地针叶林。主要种类为冷杉、鱼鳞云杉(*Picea jezoensis* var. *microsperma*)、云杉等,混生有岳桦(*Betula ermanii*)和马氏桦(*B. maximowicziana*)等落叶阔叶成分。

(2) 北美洲。北美大陆北方针叶林带的针叶树种丰富,因为第四纪冰期时它们具有有利的南移条件。加拿大中部北方针叶林的建群种为云杉、冷杉、真落叶松(*Larix larisina*)和邦克斯松(*Pinus banksiana*);安大略省、魁北克省和纽芬兰省北方针叶林的建群种由球果松(*P. strobus*)、树脂松(*P. resinosa*)以及加拿大铁杉(*Tsuga canadensis*)构成;东海岸42°N以北的北方针叶林是道格拉斯黄杉(*Pseudotsuga douglasii*)林;北美大陆52°N以北地区的北方针叶林则是以西特卡云杉(*Picea sitchensis*)、异叶铁杉(*Tsuga heterophylla*)和奴特卡花柏(*Chamaecyparis nootkatensis*)为建群种。北美大陆北方针叶林树种中,只有北美白云杉(*Picea glauca*)一直从纽芬兰分布到白令海峡。

4. 中国的针叶林

中国针叶林属于欧亚大陆针叶的一部分,分布在大、小兴安岭、长白山、阿尔泰山、青藏高原的东缘、天山、祁连山、秦岭等山地,大、小兴安岭的针叶林是欧亚大陆北部泰加林南延部分。在大兴安岭由兴安落叶松构成了浩瀚的林海,间或混有白桦、樟子松等;小兴安岭以冷杉、云杉和红松组成;在阿尔泰山地主要由西伯利亚落叶松、西伯利亚云杉和西伯利亚冷杉组成;长白山有小面积的红皮云杉(*Picea koraiensis*)、鱼鳞云杉(*P. jezoensis*)和臭冷杉(*Abies nephrolepis*)暗针叶林。《中国植被》将中国针叶林分为两个类型:寒温性落叶针叶林(落叶松林)、寒温性常绿针叶林(云杉、冷杉林、寒温性松林和圆柏林)。

7.4.3 草原

草原(steppe)是在温带气候条件下发育起来的地带性植被之一,属于夏绿旱生性草本群落,主要种类为多年生抗旱抗寒的禾本科植物。

1. 环境特征

草原地区的气候属于温带半干旱气候,其气候特点是气候干燥,雨量少变率大,冬季寒冷漫长(图7.19)。年均温−3~9℃,最冷月平均气温−29~−7℃,最热月平均气温19.4~22.4℃;年降水量150~500mm;干燥度1~4;无霜期在120~200d。

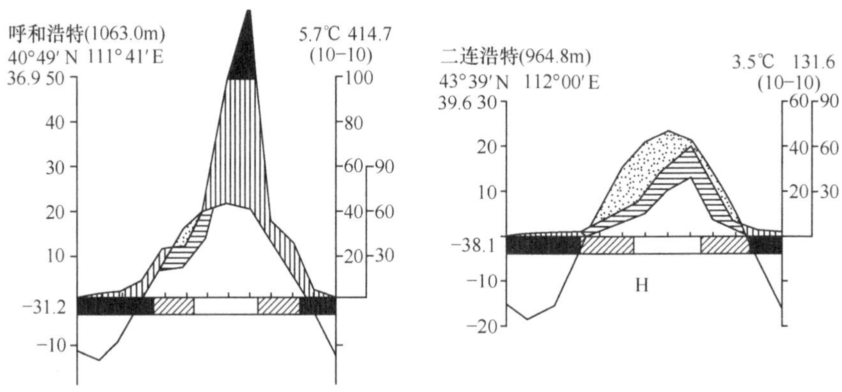

图7.19 草原地区气候图解(武吉华等,2004)

草原植被下的土壤主要为黑钙土、棕钙土、栗钙土等。通常淋溶作用较弱,土壤盐基物质丰富,大多数草原土壤下部均有明显的钙积层。土壤有机质含量自表层向下逐渐减少,土壤反应大多呈中性至碱性。

2. 群落特征

1)种类组成

草原植物种类大多是丛生的禾本科植物,针茅属(*Stipa*)植物是其典型植物,尤其是在欧亚大陆,"草原(steppe)"这一名称即由此而获得。除禾本科植物外,莎草科、豆科、菊科、藜科等植物占有相当大的比重。

2)外貌特征

草原植被高度不高,外貌呈暗绿色。在水热条件比较优越的地方,草被比较郁闭;干旱地区植被稀疏。生活型以地面芽植物、地上芽植物为主,还有一定数量的地下芽植物、一年生植物、半灌木和小半灌木。由于开阔,草原上风滚草型植物较多;草原植物多具有耐旱的形态特征,如叶面狭窄、有茸毛、卷叶、气孔下陷、有蜡质层、机械组织发达等;草原具有明显的季相变化。我国东北的温带草原的冬季季相(hibernal aspect)是一片枯黄;春季季相(vernal aspect)是一片嫩绿,夏季季相(aestival aspect)是由于双子叶植物的花期,使草原的色彩变得极为华丽。但当禾草类抽穗开花掩盖着双子叶植物时，草原的色彩又转向单调，秋季季相(autumnal aspect)则常由于菊科，尤其是蒿类占有优势，而使草原以黄绿色为主。

3）结构特征

草原的群落结构一般分为 3 层：高草层、中等层和矮草层(下层)。植物地下部分强烈发育，其层次结构远远超过地上部分。

3. 地理分布

草原的分布很广，在欧亚大陆、北美中部、南美南部以及非洲南部等地均有大面积的分布。世界两大草原分布区为欧亚草原区和北美草原区。不同地区的草原，在群落外貌生态上具有或多或少的相似性，在种类成分上虽也有某些共同的属，但往往有很大的差异，各有其典型特征或专称。

(1) 欧亚大陆。分布面积广泛，占据欧亚大陆中部，是世界上草原面积最大的地区。从黑海沿岸往东，横贯中亚细亚，经蒙古而至中国的黄河流域、内蒙古和东北的西部。介于荒漠与森林之间，东西绵延近 110 个经度，构成一条世界上最宽广的草原植被带，称为欧亚草原区。分布于匈牙利和多瑙河低地的草原当地称为普斯塔群落(Pussta)。其中分布最广泛的植物是针茅(*Stipa capillata*)、约翰针茅(*S. joannois*)、须芒草、拂子茅(*Calamagrostis epigeios*)等，这些植物组成了高大浓密的植丛；俄罗斯与乌克兰境内的草原面积约 400 万 km^2，植物种类丰富，大约在 500 种植物以上，主要种类为针茅属和羊茅属，豆科、莎草科和菊科等杂类草也占有一定的比重。可以划分为南方类型与北方类型。北方草原冷湿，草层高；南方草原稍温暖干燥，植物稀疏，草层低。

(2) 北美。称为普列利群落(prairie)，分布于北美中部，北起加拿大，南到美国境内，面积很大，从南到北跨纬度 30°～60°，东西跨经度 89°～107°。降水从东向西逐渐减少，温度由北向南逐渐增高，依次出现高草普列利→混合普列利→矮草普列利的植被更替。主要优势植物是针茅、冰草(*Agropyron*)、格兰马草(*Bouteloua*)等属植物，其中格兰马草是北美普列利群落的特有植物。

(3) 南美。称为潘帕斯群落(pampos)，分布于南美 29°～39°S 的广大平原上，南起巴塔哥尼亚，北达察科区，东起大西洋沿岸，西达科德勒拉山麓，几乎占据了阿根廷和乌拉圭的大部分，其主要成分是臭草(*Melica*)、三芒草、针茅、须芒草、黍、雀稗等属的多年生禾草植物。此外在草群中尚有茄(*Solanum*)、马齿苋(*Portulaca*)，马鞭草(*Verbena*)、酢浆草(*Oxalis*)等属和菊科等双子叶植物，菊科植物特别丰富是潘帕斯群落的典型特征。

(4)南非。草原面积很小，分布在南非南端的桔河上游的小部分地区和个别的中部山地，以及卡拉哈里沙漠的边缘。主要优势植物是菅属(*Themeda*)，植被十分稀疏，类似于半荒漠植被。

4. 中国的草原

中国的草原是欧亚草原区的一个组成部分，集中分布于 51°～35°N，南北跨 16 个纬度。从东北平原到湟水河谷，东西绵延达 2500km。在松辽平原、内蒙古高原、黄土高原连续呈带状分布，一小部分分布于新疆北部的阿尔泰山区，通过蒙古草原区与内蒙古高原的草原区相联系。青藏高原的高寒草原主要分布在 4000m 以上的山地和高原。《中国植被》根据草原水热条件的差异和植被生态外貌的特点，将中国草原群落分为 4 个类型。

(1) 草甸草原。多分布于东北平原和内蒙古东北部森林和草原的中间地带。草甸草原是最湿润的类型，建群种为中旱生或广旱生的多年生草本植物，经常混生大量中生或旱生植物，它们主要是杂草类，其次是根茎禾草与丛生苔草。典型旱生丛生禾草仍起一定作用，但一般不占优势；草原旱生小层片几乎不起作用。

(2) 典型草原(干草原、真草原)。分布在内蒙古高原、鄂尔多斯高原、东北平原西南部及黄土高原东西部。建群种由典型旱生或广旱生植物组成，其中以丛生禾草为主。群落组成中，旱生丛生禾草层片占最大优势，可伴生不同数量的中旱生杂类草以及旱生根茎苔草，有时还混生旱生小灌木或小半灌木，中生杂类草层片不起什么作用。

(3) 荒漠草原。分布于内蒙古中部及宁夏一带。荒漠草原是最旱生的类型，建群种由强旱生丛生小禾草组成，经常混生大量强旱生小半灌木，并在群落中形成稳定的优势层片。在一定条件下，强旱生小半灌木可成为建群种。一年生植物层片和地衣、藻类层片的作用明显增强。在基质较粗的条件下，草原旱生灌木在群落中也起一定作用。

(4) 高寒草原。高寒草原分布于祁连山向西南延至羌塘和藏南，是在高山和青藏高原寒冷条件下，由非常耐寒的旱生矮草本植物或小半灌木为主组成的植物群落。经常混生一些垫状植物。

7.5　寒带植被类型

苔原(tundra)也叫冻原，tundra 这一词来源于芬兰语 tunturi，意思是没有树木的丘陵地带。由微温的北极和北极-高山成分的藓类、地衣、小灌木、矮灌木及多年生草本植物组成的植物群落。

1. 环境特征

苔原气候为极地长寒气候，冬季漫长严寒，夏季短促凉爽(图 7.20)。植物生长期仅 2～3 月。最暖月平均温度一般不会超过 10℃，最低温可以达到－55℃；年降水量 200～300mm，主要集中在夏季降落，但由于蒸发较小，气候仍然湿润；风力很大，冬季风速可达 15～30m/s；光照特殊，夏季白昼很长，黑夜较短，在靠近极地的纬度地区，则完全没有黑夜；云量大是苔原地区的一个特点。风大、云多更加显示出苔原气候的严酷。

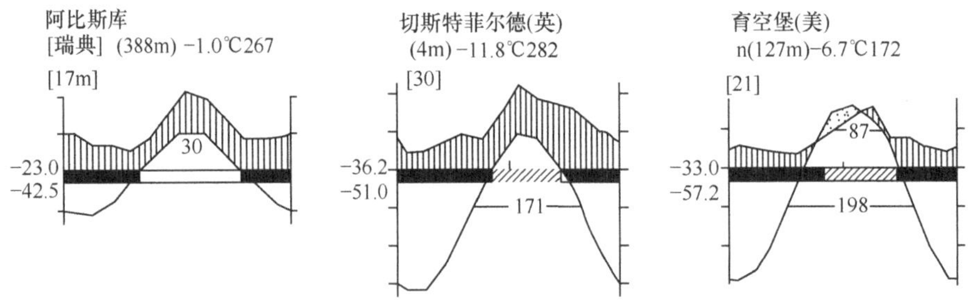

图 7.20　苔原地区的气候图解(武吉华等，2004)

土壤为冰沼土。土壤非常寒冷，在夏季土温也不会超过 8～10℃。在一定深处具有永冻层(40～200cm)。夏季土壤仅仅融解到 15～20cm 之处。由于永冻层的存在，过多的水分不能渗入地下，常常引起土壤沼泽化。由于空气和土壤温度低，分解过程缓慢，在土壤 A_1 层不能形成腐殖质，植物残体的碳化或泥炭化占优势，泥炭积累是苔原的一个普遍特征。

纬度差异、地形特征(尤其是坡向)和地表物质组成等因素对苔原近地面的空气和土壤温度产生强烈影响。

在上述冷湿的生态条件下，植物受到生理干旱的影响。

2. 群落特征

(1) 种类组成。由于环境严酷，苔原种类组成极度贫乏。通常为 100～200 种，较南部地区可以达到 400～500 种，由于该植被在地球历史上形成时间较晚，因此没有特殊的科，代表植物主要为石南科、杨柳科、莎草科、禾本科、毛茛科、十字花科和蔷薇科等。典型的灌木有矮桦(*Betula nana*)、匍匐柳(*Salix repens*)、极柳(*S. polaris*)、北极果(*Arctous alpinus*)、多瓣木(*Dryas octopetala*)等；草本植物主要有薹草属(*Carex* sp.)、高山早熟禾(*Poa alpina*)、发草属(*Deschampsia*)、马先蒿属(*Pedicularis*)等；苔原地衣、苔藓植物很发达，主要代表有金发藓属(*Polytrichum*)、冰岛衣属(*Cetraria*)、石蕊属(*Cladonia*)等。大多数植物具有石南型叶，故又称为石南荒原(heath)。在长期演化过程中，苔原植物形成了一系列苔原生境的适应特征。

耐冻多年生植物占优势。苔原气候寒冷，由于生长期短促，一年生植物不能完成其生活周期，因此苔原植物都是抗寒性很强的多年生植物，在极度低温的环境下营养器官也不会受到损伤。尽管冬季温度低至－30℃，芽与叶依然可以在雪被下安全过冬。这些植物均在上一暖季产生花芽，在随后而来的暖季一开始就进入花期，有些植物如十字花科的 *Braya humilis* 的生长发育延续数年之久，冬天到来时可以在任何阶段中止发育，在生长季节之初或稍晚些时候开花。开花时其花芽大都形成于两年之前。北极辣根草(*Cochlearia arctica*)能够耐受－46℃的温度，花和幼小的果实在冬季可能被冻结，但到春季解冻后继续发育。

大多数苔原灌木是常绿植物，可以在春季很快地进行光合作用，不必耗时形成新叶，如矮桧(*Juniperus nana*)、越橘(*Vaccinium vitisidaea*)、酸果蔓(*Oxycoccus palustris*)、喇叭茶(*Ledum palustre*)等小灌木和灌木。

形态矮小，匍匐状植物和垫状植物十分典型。苔原植物枝叶和地下器官的比例为 1∶5，地上部分较小，大部分细胞均直接参与制造和储藏有机物质，地面老叶起着保护生长点的作用，以弥补缺乏芽鳞带来的缺陷。许多苔原植物呈匍匐伏地型和垫状，如网状柳(*Salix retticulata*)紧贴地面匍匐生长，高山葶苈(*Draba alpina*)为垫状植物，这些形态有利于抗风、保温和减少蒸腾失水，因为越靠近地面风速越小，土壤表层的温度状况相对较好。植物根一般分布在比较不寒冷的土壤表层。

生长缓慢。由于营养期短促，苔原植物通常生长缓慢，例如，极柳的枝条一年中仅增长 1～5mm。

苔原植物多数都为长日照植物，具有大型的花和花序，如北极罂粟(*Papaver radicatum*)等，这与苔原地区的长日照有关。

(2) 外貌特征。苔原具有地下永冻层，地处森林线以外，无林现象是其基本特征。大多数植物为地面芽植物和地上芽植物，缺乏一年生植物。

(3) 结构特征。苔原植物群落结构简单，层次少而不明显，一般情况下可分为 1～2 层，最多不超过 3 层，即小灌木、矮灌木层，草本层和地被层。其中地被层在群落中起着特殊作用，灌木、草本植物的根、根茎、茎的基部以及更新芽都隐藏在地衣苔藓层中，并受到其保护。

3. 苔原的类型

苔原植被类型可以根据基质的不同，划分为在黏壤土上的：藓类苔原、草丘苔原、藓类斑状苔原、草丛苔原和草甸苔原；砂质土上的：地衣苔原、灌木地衣苔原、灌木苔原和草丛苔原；泥炭基质上的：丘状苔原、苔草苔原等。由于土质、永冻土埋深、小地形雪被等条件局部变化很快，苔原具镶嵌状结构。

4. 地理分布

苔原广布北半球，主要分布于北冰洋周围沿岸，在欧亚大陆北部和北美北部占据广阔面积，形成一个大致连续的地带。西伯利亚北部是最大的苔原区。南半球苔原仅分布在马尔维纳斯群岛、南佐治亚群岛和南奥克尼群岛。

1）欧亚大陆

欧亚大陆的西部由于暖流的存在，气候条件较有利，故苔原带最狭窄，随着大陆性气候的增强，苔原带逐渐扩大，而在西西伯利亚、中西伯利亚和东欧则向南移了很多。在亚洲东部，由于太平洋的作用，气候又较温和，这里主要是发育着山地苔原。俄罗斯境内的苔原面积最大，从南向北可分为3个类型。

（1）灌木苔原。是最南方的类型，这里已完全没有森林。群落的结构分为3个层次：灌木层、小灌木和草本层以及苔藓地被层。灌木以矮桦（*Betula pumila*）为代表，其他植物有圆叶柳（*Salix rotundifolia*）、极柳、匍匐柳、沼泽乌饭树（*Vaccinium ulinosum*）和越橘等。

（2）藓类-地衣苔原。位于灌木苔原以北，是最典型的苔原。分布于所有平坦的地区以及丘陵坡地上。在砂质土上藓类苔原被地衣苔原所代替。灌木分布到坡地上，且越向北越稀疏。

（3）北极苔原。是最北部的苔原，植被稀疏，不连续成片，无小灌木，藓类很少。由于土地的冻融作用形成具有不规则多边形的平坦石质表面地段，故亦称多边形苔原，受到风力作用，有不少裸露地段；在风力较小的地方，发育着干燥的藓类苔原和仙女木（*Dryas octopetala*）苔原，代替了多边形苔原。

2）北美

苔原在北美大陆北部及其邻近的岛屿上占据着巨大的面积，往南一直可分布到51°N的哈得孙湾和58°N的拉布拉多半岛。美洲大陆西部的阿拉斯加气候较温和，苔原分布在较高纬度地区。

北美苔原与欧亚大陆苔原在群落结构、生活型和类型方面都很相似。在种类成分上也有很多相同和相似的种。地衣苔原在北美分布最为广泛，典型植物是冰岛衣（*Cetraria islandica*）、兜状冰岛衣（*C. cucullata*）、黑松萝属（*Alectoria*）和石蕊属（*Cladonia*），还有很多匍匐的灌木；除地衣苔原外，还非常广泛地分布着薹草属占优势的群落，混生有早熟禾、北极剪股颖（*Arctoagrostis*）和三毛草属（*Trisetum*）等。在经常积雪比较潮湿的地方，发育着草甸苔原，有时鲜艳的花朵构成了整片地被。

5. 中国的苔原

中国没有极地苔原，在长白山2100m以上和阿尔泰山3000m以上的高山带发育着高山苔原（alpine tundra）或称山地苔原（montane tundra），是适应高海拔寒冷、湿润气候与寒冻土壤的群落类型。植物大多呈匍匐状、垫状或莲座状，株高一般不超过10～20cm，植物区系成分多属北极-高山成分和北温带成分，这与第四纪初期冰川活动有很大关系。随着大陆冰川的南侵，北极寒地植物南移，冰川退却后，一部分北极植物被保留在南部山地的高寒处。我国高山苔原植物区系发生更为古老，苔原植物成分中至今保存的常绿小灌木就是第三纪古热带种类的后裔，这些东亚山地苔原成分，也随着第四纪冰川的北退，迁到了北极附近的苔原与泰加林内，构成了今日北极苔原、泰加林与南部高山苔原间的联系。中国高山苔原可以分为 3 个类型。

(1) 小灌木藓类高山冻原。是长白山高山冻原的主要群落类型，在 2100m 的山地上有大面积分布，以仙女木最占优势，其次为越橘、牛皮杜鹃(*Rhododendron xanthostephanum*)、松毛翠(*Phyllodoce caendea*)、圆叶柳等，其间混生有密织的藓类和地衣。

(2) 类藓类高山冻原。多以小面积镶嵌在小灌木藓类高山冻原之间。分布在土层浅薄、常遭风蚀、地表岩石裸露处，以高山罂粟(*Papaver pseudoradicatum*)、高山棘豆(*Oxytropis anertii*)、长白岩菖蒲(*Tofieldia nutana*)以及极地漆姑草(*Minuartia arctica*)等为主；在地形低洼而避风处则以红景天(*Rhodiola rosea*)和长白红景天(*R. rosea var. tschangpaischanica*)为主，其间也常常混生有藓类和地衣。

(3) 藓类地衣高山冻原。分布在阿尔泰山西北部的高海拔山地。植物种类组成中有多种真藓(*Bryum* spp.)、镰刀藓(*Drepanocladus* spp.)以及其他高山藓类。这些藓类在高寒地带常成密集丛生的垫状群落。在多石山坡上组成的种类主要有多种冰岛地衣(*Cetraia* spp.)、壳状梅衣(*Parmelia* spp.)等，种子植物甚为贫乏。

7.6 隐域植被

7.6.1 草甸

草甸(meadow)是在中等湿润条件下形成和发展起来的，由多年生中生草本植物组成的植物群落。草甸一般不呈地带性分布，广泛分布于欧、亚、美各洲的森林地带，草甸所要求的中生性环境条件，也具有各类森林的环境条件，因此，草甸大多是森林破坏后形成的次生植被，在高纬度或高海拔有原生草甸类型。

1. 生境特征

由于草甸可以形成于各气候带内，因此，各地的草甸环境中气温和降水差异较大。但环境的共同特点是土壤中水分充足，地下水距地表较近，埋藏深度在 1～3m。在高原和山地的草甸，降水量较多，多在 400～700mm，大气比较湿润。在草原区和荒漠区低地的草甸，降水量显然较少，多在 400mm 以下，有的不足 100mm，但地表径流和地下水丰富。在植物生长旺盛季节，地下水可沿毛管经常地上升至地表，植物生长茂盛。

土壤为各种类型的草甸土以及黑土，土层深厚，富含有机质，土壤肥力高。

2. 群落特征

1) 种类组成

草甸的植物种类组成特别丰富，以多年生根茎禾草为主，丛生禾草较少，伴生植物为双子叶植物。主要种类为禾本科、莎草科、蔷薇科、菊科、豆科、蓼科、毛茛科、鸢尾科、牻牛儿苗科、玄参科、唇形科等科的植物。除了中生植物以外，还有旱中生植物、盐中生植物，在干旱地区有时还有旱生植物。在潮湿地区还出现湿生植物。

2）外貌特征

草甸为浓密的草被，主要以多年生的地面芽植物为主，也有少量一年生植物。季相变化亦多种多样，开花盛期时，五颜六色极为华丽，故又称“五花草甸”(multicolored meadow)。

3）结构特征

草甸结构比较清晰，在水平分布上可分为成群结构和分散结构两类，前者呈丛状相互镶嵌着，保持着层片的独立性，是未定型草群的一种特征；分散结构不存在独立的水平层片。在垂直方向上，可以把草甸草群分为高位禾草层、低位禾草层、矮草层、近地面植物层（如三叶草）、苔藓地被层。有的草甸没有苔藓层。

环境条件的状况和变动对草甸草群的特征有显著影响。当生态条件不利时，典型的现象是以一、二种植物占优势的单纯草群。例如，经常遭到河水浸淹的低洼河漫滩，常大面积蔓延着植物种类单一的草甸。

4）草甸的类型

草甸类型的划分可以依据植物地形学方法和植物群落学方法进行划分。目前认为植物地形学的方法比较完善。

(1) 河漫滩草甸(floodplain meadow)。又称为泛滥地草甸，分布于河流和湖泊岸边的广大泛滥地，或地下水位较高的地方。泛滥现象、冲积现象、地下营养是河漫滩草甸发育的条件。由于周期性河水泛滥及伴随而来的侵蚀和沉积，土壤肥沃，植被茂密，植物种类多种多样。草甸类型随环境条件而异：比较干燥的地方双子叶植物占优势，较湿润的地方以禾本科占优势，更潮湿的地方以莎草科占优势，在水退初期，常以中生喜湿的植物为主，随着地表的干燥，形成以中生植物为主的季相，个别地方可见有少数旱生植物。群落外貌受控于地形部位、植物成分及季相演替；河漫滩草甸森林不易发育，原因较为复杂，可能与放牧、割草、砍伐、垦荒有关；也有可能是由于周期性水淹对乔木生长不利；或是由于土壤盐渍化的结果；或者是上述原因共同影响的结果。因此，河漫滩草甸有些可能是原生类型，有些可能是次生类型。

(2) 大陆草甸(continental meadow)。是不受河水、湖水和海水周期性淹浸和得不到冲积土的草甸，分布于森林带或森林草原带，湿度条件是大气湿润，结构外貌上类似于草甸化草原，故通常又称为草原化草甸。在大陆草甸中，中生植物或旱中生植物占优势，但有中旱生植物和旱生植物混在其中，并且杂类草的优势大于禾草，禾草中又以根茎类占优势，一年生植物数量很少，几乎没有短命植物。

(3) 低地草甸(lowland meadow)。通常分布于地下水接近地表的地方，即位于营养物质流动的区域内，土壤具有丰富的无机营养元素。但因地下水位较高，易遭受沼泽化，使土壤成为生理贫瘠。森林带的低地草甸属于次生草甸，类型多样，可以按照其所在地湿度差异，划分为正常低地草甸、河谷极湿草甸、低地沼泽化草甸等。若无人为影响，低地草甸很快会恢复为原来的森林。

(4) 亚高山草甸(subalpine meadow)。分布于山地森林上界，在我国西部和西北部为2000～3500m，在高加索和中亚为1500～2600m。由植株较高的多年生草本植物构成，层次多而季相显著，种类复杂，尤以各种双子叶植物占优势，如毛茛科的飞燕草(*Delphinium*)、金莲花(*Trollium*)、银莲花(*Anemone*)、乌头(*Aconitum*)等属，菊科的橐吾(*Ligularia*)、蓟(*Cirsium*)、千里光(*senocio*)等属，唇形科的白芷属(*Heracleum*)，以及蓼科、龙胆科、唇形科、石竹科和蔷薇科等科的植物所组成。这些植物在夏秋之间盛花期时，花大色艳，形成美丽的五花草甸外貌。由于冬季积雪，地面温度稍高，大多数植物是中生的多年生植物，地表有藓类覆盖。

(5)高山草甸(alpine meadow)。分布在亚高山草甸之上。其生境日平均温度低(盛夏季节也可能降雪),昼夜温差大,风大,日照强烈,紫外线特别丰富;土壤为高山草甸土,在一定深度存在着永冻层。在强烈的寒冻作用下,形成丘状或泥流阶地等小地形。群落由一些特有的高山植物组成,如双子叶植物中的龙胆属(*Gentiania*)、报春属(*Primula*)、马先蒿属(*Pedicularis*)、勿忘草属(*Myosotis*)等,单子叶植物中的薹草属、蒿草属(*Kobresia*)和多种禾本科植物等。在特殊生境的作用下,群落外貌单纯,植物具有旱生结构,植株低矮,节间缩短,常常呈莲座状和垫状,密铺地面,可称为铺地植被。高山草甸植物花大而艳丽,使高山草甸在整个夏季呈现出五光十色的景象。

3. 中国的草甸

主要分布在青藏高原东部、北方温带地区的高山和山地以及平原和海滨,以北温带成分为主。《中国植被》根据优势种的生活型和层片结构的差异,将中国的草甸分为 4 个类型:

(1) 典型草甸。分布于落叶阔叶林和草原区域、亚热带森林区及荒漠区的山地。以高草及中草为主,多数具华丽外貌,森林草甸以草甸特有种占优势,优势生活型类群是中生杂类草根茎禾草,主要建群种有地榆(*Sanguisorba officinalis*)、裂叶蒿(*Artemisia laciniata*)、高山糙苏(*Phlomis alpina*)、无芒雀麦(*Bromus inermis*)、野青茅(*Deyeuxia arundinacea*)等。

(2) 高寒草甸。分布于青藏高原东部。以矮草为主,外貌不华丽,草绿色,高原及高山种类为主,多为根茎蒿草和低杂草,以蒿草、苔草、蓼等属种为优势。

(3) 沼泽化草甸。分布于温带森林、草原以及荒漠区的河滩、沟谷、滨湖等低湿处。以中草为主,生长较密,外貌嫩绿色,沼泽草甸成分为主,根茎或丛生苔草,根茎禾草及湿中生杂草类占优势,主要建群种为薹草、蒿草、荸荠等。

(4) 盐生草甸。分布于干旱、半干旱区的盐渍低地及温带海滨。为高草和中草,群落比较稀疏,盐中生丛生禾草与根茎禾草、盐中生杂草为优势,主要建群种有芨芨草(*Achnatherum splendens*)、罗布麻(*Apocynum venetum*)等。

7.6.2　沼泽

沼泽(swamp,marsh,bog)是分布在土壤过湿,或有薄层积水并有泥炭积累,或有机质开始碳化生境中的植被类型。

沼泽是最典型的湿地,也是世界湿地中分布最广、自然与社会功能最重要的生态系统。沼泽具有积累、生物循环、地球化学、水文、空气和气候调节等方面的多种特殊功能。沼泽是一种具有半水半陆过渡性质的自然生态系统,为许多特有植物和动物提供了生活的场所,生物种类极其丰富。植物残体的有机质积累量大于有机质分解量,从而形成沼泽特有的产物——泥炭,并在有利的地质环境条件下转变为褐煤或石煤。沼泽具有蓄洪、排洪功能,沼泽堆积物和沼泽植物具有很大的吸附能力,能沉淀、排除和吸收水体中的有毒物质和杂质,净化水体,起到“排毒”、“解毒”的功能。

1. 沼泽的生境特点

沼泽通常都出现在积水的低地和地形的低陷部位。在降水量很多的情况下,沼泽也可能分布于平坦的分水岭上,例如,在森林带北部和森林冻原亚带。土壤过湿或水分积聚是沼泽形成的首要条件,沼泽的形成主要取决于水热条件和地貌条件。温度过低和过高都不利于泥炭的形成和积累,因为气温过低,植物生长量小,而气温过高,微生物分解强度大;适于汇水的地貌,不宜渗水的地面组成物质,充足的水源补给,构成了沼泽发育的有利条件;土壤为各种沼泽土,总体上土壤肥力较差。

2. 沼泽的共同特征

沼泽植被主要由沼生植物组成,以草本植物为主,也有乔木和灌木。沼泽植被由少数特殊的科属组成,约有 90 科,其中维管植物 74 科。它们主要是泥炭藓科、莎草科、禾本科,其次为毛茛科、茅膏菜科、狸藻科、天南星科、雨久花科、蓼科、灯芯草科、玄参科、黄眼草科、木贼科、泽泻科、玄参科、蔷薇科、菊科、杜鹃花科等。其中以莎草科、禾本科、毛茛科、狸藻科、伞形科、天南星科、蓼科及水麦冬科等为广布科。这些科的某些种在各地带都有分布,芦苇、水蓼(*Polygonumhydropiper*)、花蔺(*Butomus umbellatus*)和席草(*Scirpus lacustris*)是一般沼泽所共有的,特别是芦苇分布异常广泛,反映出非地带性植被的特点;有的植物是某个带所特有的植物,如在草原带的沼泽上具有水烛(*Typha angustifolia*),而在森林带的沼泽上则具有宽叶香蒲(*T. latifolia*)。

为了适应水下缺氧环境,大多数沼泽植物发育了很好的通气组织。很多植物的叶、茎和根由细胞间隙和气腔系统通连,以利于满足根部通气的需要。例如,芦苇、睡菜(*Menyanthes trifoliata*)等的根、茎都有比较发达的气腔;沼泽虽然一年中大部分时间积水,但植物并不完全沉没于水中,它们的营养部分永远高出水面。有些沼泽植物具有不定根和特殊的无性繁殖能力,如茅膏菜(*Drosera peltata* var. *multisepala*)和狭叶泽芹(*Sium suave*),随着泥炭堆积层的增高,而不断在茎上长出不定根;一些密丛型根茎薹草以分蘖节逐年上升等方式,适应土层不断增高的环境,使植物体免遭埋没;有些植物具食虫的习性。当沼泽发育到后期,在土壤的无机养分十分贫乏的情况下,有些植物形成食虫特征,通过肉食来弥补氮、磷、钾的不足。如茅膏菜、狸藻和猪笼草等。

泥炭积累是沼泽的普遍现象。沼泽的土壤因为处于过度积水的条件下,所以具有厌气条件的特点,有机残余物分解困难,从而引起泥炭的积累。

3. 沼泽的类型

关于沼泽的分类目前尚无一个统一的标准,可以按照沼泽的发育阶段、沼泽中有无泥炭积累以及沼泽的生态外貌进行分类。我国学者多按照沼泽的生态外貌将沼泽分为 3 类:

(1) 草本沼泽(herb swamp)。或称低位沼泽(nonraised swamp,nonraised bog),这类沼泽不抬高或不明显地抬高周围的基质和水面,沼泽的表面一般较周围为低,植物可直接借助富含无机物质的地下水进行营养,可称为富养沼泽(eutrophic swamp)。占优势的植物是薹草属、羊胡子草属(*Eriophorum*)、香蒲属(*Typha*)等湿生性的高草和矮草,其中间或散生一些矮灌木,苔藓植物较少。草本沼泽有时是由草甸沼泽化而成,有时是水生植被向陆生植被发展的一个演替阶段。由于草本沼泽植物残体分解缓慢,逐渐地抬高沼泽表面,地下水较难输入沼泽表面,营养条件逐渐变差,从而向泥炭藓沼泽演变。

(2) 藓类沼泽(moss swamp)。或称高位沼泽(raised swamp,raised bog),此类沼泽由于泥炭藓的生长而逐渐抬高,超出周围地表,同时抬高了地下水位,形成自身的地面水位,并逐渐断绝了与地下水的联系,进入大气营养阶段。大气中的尘埃、降水带来的有机物质和矿物元素以及鸟兽的粪便，是泥炭藓沼泽植物的氮素和灰分元素的主要来源，故又称为贫养沼泽(oligotrophic swamp)。泥炭藓沼泽酸性很强，pH3～5，群落中的种类贫乏，乔木树种几乎绝迹，只有少量湿冷生的灌木和草本植物，但却具有较多的食虫植物，如茅膏菜等。

(3) 木本沼泽(woody swamp)。多为发育在常年积水低洼地上的森林，又可称为森林沼泽(forest swamp)，其分布常从属于相应的森林带，如寒温带针叶林带内的落叶松沼泽和松树沼泽；落叶阔叶林带内的桦木沼泽、桤木沼泽；暖温带、亚热带森林带内的落羽松沼泽和水松沼泽等，红树林也是一种木本沼泽。

4. 沼泽的分布

除南极洲的冰盖外，沼泽广布世界各地，以森林带、森林冻原带、冻原带最为广泛。西西伯利亚低地区是地球上最大的泥炭沼泽区，这个地区包括鄂毕-额尔齐斯盆地，构成宽阔的贫养沼泽，从北方的森林苔原到南方的草原，延伸800km，而从西部的乌拉尔到东部的叶尼塞河有1800km。地球的全部泥炭堆积的40%在这个地区。

5. 我国的沼泽

我国的沼泽植被类型多、分布广，总面积约10万km^2，以温带地区及青藏高原的分布面积较大，东北三江平原、川西北的若尔盖高原是我国沼泽分布最集中、面积最大的地区。这两地合起来约占全国沼泽总面积的20%。亚热带平原和山地的沼泽比较零星，除分布在长江中下游及各大湖区外，在山间盆地或水蚀谷地等负地形上，发育着小片沼泽。如在江西南昌西山、井冈山，湖南雪峰山，四川的大、小凉山，贵州的雷公山等处均有沼泽分布。草本沼泽是我国沼泽的主体，类型多，面积大，遍布全国各地，其中尤以东北三江平原和若尔盖沼泽面积最大。主要群落如：木里薹草(*Carex muliensis*)沼泽、毛果薹草沼泽，乌拉薹草(*Carex meyeriana*)沼泽、香蒲沼泽、藨草(*Scirpus triqueter*)沼泽、芦竹(*Arundo donax*)沼泽以及芦苇沼泽等；泥炭藓沼泽主要分布在大兴安岭、小兴安岭以及长白山地区；木本沼泽主要分布在温带如大、小兴安岭地区。

7.6.3　水生植被

水生植被(aquatic vegetation)是由水生植物所组成、生长在水域环境中的植被类型。就水生植被种类组成而言，应包括低等水生植物与高等水生植物，就其所在水域的水质来说，有淡水和咸水两大类。但通常所说的水生植被是指水生维管植物组成的水生群落，除一个群落生于咸水水中外，大都生长在淡水中。根据主要组成者的生活型特征及水环境，水生植被分为4个类型。

(1) 沉水植物群落。组成此类水生植被的主要植物是沉水水生植物，其中包括固着沉水水生植物和悬浮水生植物。它们的共同特点是植物体完全生长在水中，分布于近水面到4～5m的深水处。分布在浅水处的群落有时伴生有固着浮叶水生植物。根据水域的水质可以划分2个类型：淡水沉水植物群落和咸水沉水植物群落。前者如金鱼藻(*Ceratophyllum demersum*)群落、黑藻(*Hydrilla verticillata*)群落等。后者只有川蔓藻(*Ruppia rostellata*)群落。

(2) 漂浮植物群落。主要由漂浮水生植物所组成。植物体漂浮于水面，只与水分和空气相接触，而不与水底基质相接触，可以随水流和风吹而移动，因此，其组成植物可以漂浮到固着浮叶植物群落、挺水植物群落以及沉水植物群落中，成为它们的组成成分。常见的植物群落如:满江红(Azolla)、槐叶萍(*Salvinia natans* L.)群落,紫萍(*Spirodele*)、浮萍(*Lemna*)群落,凤眼莲群落等。

(3) 固着浮叶植物群落。主要由固着浮叶水生植物所组成。一般分布在水深3m以内的水域。常见的群落如水鳖(*Hydrocharis dubia*)群落、芡实(*Euryale ferox*)群落、睡莲群落等。

(4) 挺水植物群落。主要由挺水水生植物所组成,一般分布在沿岸水深1.5m以内的水域,水浅时和沼泽难以区分,常见的群落如菖蒲群落等。

思 考 题

1. 解释名词:地带性植被　非地带性植被　垂直带谱　红树植物　泰加林　阴暗针叶林　明亮针叶林
2. 阐明植被分布的三向地带性学说。
3. 结合中国实际,阐明植被分布的水平地带规律性。
4. 比较热带雨林和常绿阔叶林的特征。
5. 阐明红树植物的生理生态适应。
6. 阐明落叶阔叶林的群落特征。
7. 阐明荒漠的环境特点,以及植物的适应性。
8. 草甸与草原有何区别?
9. 阐明苔原的环境特征,并说明苔原植物的生理生态适应特点。

参考文献

北京大学,兰州大学,南京大学等. 1980. 植物地理学. 北京:高等教育出版社

北京大学生命科学学院编写组. 2000. 生命科学导论. 北京:高等教育出版社

曹凑贵,严力蛟,刘黎明. 2002. 生态学概论. 北京:高等教育出版社

陈炳涛. 1991. 土壤地理与生物地理. 上海:华东师范大学出版社

陈鹏. 1986. 动物地理学. 北京:高等教育出版社

陈圣宾, 欧阳志云,方瑜等. 2011. 中国种子植物特有属的地理分布格局. 生物多样性, 19(4): 414-423

戈锋. 2002. 现代生态学. 北京:科学出版社

姜汉侨,段昌群,杨树华等. 2004. 植物生态学. 北京:高等教育出版社

蒋高明,常杰,高玉葆等. 2004. 植物生理生态学. 北京:高等教育出版社

金银根. 2006. 植物学. 北京:科学出版社

李博,杨持,林鹏. 2000. 生态学. 北京:高等教育出版社

李俊清,朱春全,柴一新等. 1989. 阔叶红松林的营养结构与动态特性. 吉林林学院学报,5(2):1-16

李天杰, 郑应顺,王云. 1983. 土壤地理学. 北京:高等教育出版社

李振基,陈小麟,郑海雷. 2004. 生态学. 北京:科学出版社

林鹏. 1986. 植物群落学. 上海:上海科学技术出版社

林育真. 2004. 生态学. 北京:科学出版社

刘庆,钟章成. 1995. 无性系植物种群研究进展及有关概念. 生态学杂志,14(3):40-45

刘胜祥,黎维平. 2007. 植物学. 北京:科学出版社

陆时万,徐祥生,沈敏健. 1991. 植物学. 北京:高等教育出版社

马丹炜. 1999. 九寨沟自然保护区油松种群的生命表. 西南民族学院学报·自然科学版,25(1):59-62

马丹炜,张宏. 2008. 植物地理学. 北京:科学出版社

马丹炜,张宏,李群等. 2009. 植物地理学实验与实习教程. 北京:科学出版社

马炜梁,王幼芳,李宏庆. 2009. 植物学. 北京:高等教育出版社

潘晓玲,党荣理,武光和. 2001. 西北干旱荒漠区植物区系地理与资源利用. 北京:科学出版社

曲仲湘,吴玉树,王焕校等. 1983. 植物生态学(第二版). 北京:高等教育出版社

尚玉昌. 2002. 普通生态学. 北京:北京大学出版社

史文中,贺志勇,张肖宁. 2003. 浅析 3S 技术集成与公路交通建设. 测绘通报,3:12-15

四川师范学院,山东大学. 1989. 生态学概论. 济南:山东大学出版社

宋永昌. 2001. 植被生态学. 上海:华东师范大学出版社

苏建荣, 张志钧,邓疆等. 2005. 云南红豆杉的地理分布与气候关系. 林业科学研究, 18(5):510-515

孙儒泳,李博,诸葛阳等. 1993. 普通生态学. 北京:高等教育出版社

孙儒泳,李庆芬,牛翠娟等. 2002. 基础生态学. 北京:高等教育出版社

孙振钧,王冲. 2007. 基础生态学. 北京:化学工业出版社

塔赫他间 A J I. 1988. 世界植物区系区划. 黄观程译,张宏达校. 北京:科学出版社

汤彦承,路安民,陈之端. 1997. 活化石植物——亟待拯救、保护和研究. 生物多样性, 5(4):307-308

汪劲武. 1985. 种子植物分类学. 北京:高等教育出版社

王伯荪. 1987. 植物群落学. 北京:高等教育出版社

王荷生. 1992. 植物区系地理. 北京:科学出版社

王荷生,吴志芬,张镱锂. 1997. 华北植物区系地理. 北京:科学出版社

王孟本. 2001. 英汉-汉英生态学词汇. 北京:科学出版社

邬建国 1989. 岛屿生物地理学理论模型与应用. 生态学杂志,8(6):34-39

邬建国. 1990. 自然保护区学说与麦克阿瑟-威尔逊理论. 生态学报,10(2):187-191

吴鲁夫 E B. 1964. 历史植物地理学. 仲崇信等译. 北京:科学出版社
吴征镒. 1991. 中国种子植物属的分布区类型. 云南植物研究,Supp. Ⅳ:1-178
吴征镒,孙航,周浙昆等. 2006. 种子植物分布区类型及其起源分化. 昆明:云南科技出版社
吴征镒,孙航,周浙昆等. 2011. 中国种子植物区系地理. 北京:科学出版社
武吉华,刘濂. 1983. 植物地理实习指导. 北京:高等教育出版社
武吉华,张绅,江源等. 2004. 植物地理学(第四版). 北京:高等教育出版社
武吉华,张绅. 1995. 植物地理学(第三版). 北京:高等教育出版社
魏娜,王中生,冷欣等. 2008. 海洋岛屿生物多样性保育研究进展. 生态学杂志,27(3):460-468
徐海根,王健民,强胜等. 2004. 外来物种入侵·生物安全·遗传资源. 北京:科学出版社
徐汝梅,叶万辉. 2003. 生物入侵——理论与实践. 北京:科学出版社
阎传海. 2001. 植物地理学. 北京:科学出版社
阎传海,张海荣. 2003. 宏观生态学. 北京:科学出版社
阎凤鸣. 2003. 化学生态学. 北京:科学出版社
杨继,郭友好,杨雄等. 1999. 植物生物学. 北京:高等教育出版社,施普林格出版社
殷秀琴,侯威岭,李贞. 2004. 生物地理学. 北京:高等教育出版社
应俊生 . 1996. 中国种子植物特有属的分布区学研究. 植物分类学报,34(5):479-485
应俊生,陈梦玲 . 2011. 中国植物地理. 上海:上海科技技术出版社
云南大学生物系. 1980. 植物生态学. 北京:人民教育出版社
翟中和,王喜忠,丁明孝. 2007. 细胞生物学. 北京:高等教育出版社
张翠萍,牛建明,董建军等 . 2005. 植被制图的发展与现状. 中山大学学报(自然科学版),44(Sup·2):245-249
赵福庚,何龙飞,罗庆云. 2004. 植物逆境生理生态学. 北京:化学工业出版社
赵志模,郭依泉. 1990. 群落生态学原理与方法. 重庆:科学技术文献出版社重庆分社
郑师章,吴千红,王海波等. 1994. 普通生态学——原理、方法和应用. 上海:复旦大学出版社
中国科学院植物研究所. 1972. 中国高等植物图鉴. 北京:科学出版社
中国湿地植被编辑委员会. 1999. 中国湿地植被. 北京:科学出版社
中国植被编辑委员会. 1980. 中国植被. 北京:科学出版社
中山大学生物系,南京大学生物系. 1978. 植物学(系统、分类部分). 北京:人民教育出版社
钟章成. 1988. 常绿阔叶林生态学研究. 重庆:西南师范大学出版社
周纪纶,郑师章,杨持. 1992. 植物种群生态学. 北京:高等教育出版社
周云龙. 2004. 植物生物学. 北京:高等教育出版社
周云龙,刘宁,刘全儒等 . 2011. 植物生物学. 北京:高等教育出版社
祝廷成,钟章成,李建东. 1988. 植物生态学. 北京:高等教育出版社
宗浩,蒋光藻,刘智慧等. 1996. 生态学原理. 成都:电子科技大学出版社
宗浩,马丹炜,罗怀良 . 2011. 应用生态学. 北京:科学出版社
Alberts B et al. 2002. Molecular biological of the cell (3rd ed.). New York &London: Garland publishing Inc.
Clements E F. 1916. Plant succession: on analysis of the development of vegetation. Carnegie Institution of Washington publication
Clements E F. 1936. Nature and structure of the climax. Journal of Ecology, 24: 252-284
Fisher R A,Corbet A S,Williams G B. 1943. The relation between the number of species and the number of individuals in a random samples from an animal population. J. Anim. ECOL, 12: 42-58
Grime J P. 1979. Plant strategies and vegetation processes. New York: John Wiley & Sons
Harper J L. 1977. Population Biology of plant. London:Academic Press
Humphries CJ, Parenti LR. 2004. 分支生物地理学——植物和动物分布的解释性格局(第二版). 张明理等

译. 北京:高等教育出版社

Jarchow M E, Cook B J. 2009. Allelopathy as a mechanism for the invasion of Typha angustifolia. Plant Ecology, 204(1): 113-124

José L H , Callaway R M. 2003. Allelopathy and exotic plant invasion. Plant and Soil, 256: 29-39

Karp G. 2010. Cell and Molecular Biology: Concepts and experiments. 6th ed. New York: John Wiley & Sons

Manuel C M Jr. 2002. Ecology: Concepts and Applications(second Edition)(影印版). 北京:高等教育出版社

McIntosh R P. 1967. An diversity and the relation of certain concepts to diversity. Ecology, 48: 392-404

Odum E P. 1971. Fundamentals of Ecology. Philadelphia: W. B. Saunders

Odum E P, Barrett G W. 2009. 生态学基础(第五版). 陆建建,王伟,王天慧等译. 北京:高等教育出版社

Phillips D L,MacMahon J A. 1981. Competition and spacing patterns in desert shrubs. Journal of Ecology, 69: 97-115

Pianka E R. 1970. On r and K selection. American naturalist, 102:592-597

Pielou E C. 1969. An introduction to mathematical ecology. New York: John Wiley & Sons

Rice E L. 1984. Allelopathy. New York:Academic Press

Ricklefs R E. 2004. 生态学(第五版). 孙儒泳等译. 北京:高等教育出版社

Simpson E H. 1949. Measurement of diversity. Nature, 167: 688

Tansley A G. 1935. The use and abuse of vegetational concepts and terms. Ecology, 16:284-307

Tilman D. 1994. Competition and biodiversity in spatially structured habitats. Ecology, 75: 2-16

Westoby M. 1998. A leaf-height-seed(LHS)plant ecology strategy scheme. Plant and soil,199:213-236

Whittaker R H. 1965. Dominance and diversity in land plant communities. Science, 147: 250-260

Whittaker R H. 1972. Evolution and the measurement of species diversity. Taxon, 21: 213-251

Whittaker R H. 1986. 植物群落排序. 王伯荪译,张宏达校. 北京:科学出版社

Wissinger S A. 1992. Niche overlap and the potential for competition and intraguild predation between size-structured populations. Ecology,73:1431-1444